计算机“十四五”精品教材

WPS Office 2019 高效办公实例教程

主　编　李寅杰　徐贵登　李风风
副主编　林土水　谢怀民　王凤华　汪翠翠

哈尔滨工程大学出版社
Harbin Engineering University Press

内容简介

本书共 10 章，主要包括认识 WPS Office 2019、录入办公文档、编排图文和美化文档、录入表格数据、使用公式和函数数据、创建数据透视表和数据透视图、创建与编辑演示文稿、放映与输出演示文稿、应用 WPS 组件与云操作，以及行业办公综合案例等内容。

本书可作为应用型本科院校和职业院校的教材，也可作为具有一定 WPS Office 操作技能并希望进一步提高的读者阅读，同时还可作为电脑办公人员和电脑初学者的最佳自学教材。

图书在版编目（CIP）数据

WPS Office 2019 高效办公实例教程 / 李寅杰，徐贵登，李风风主编. -- 哈尔滨 ：哈尔滨工程大学出版社，2022.1

ISBN 978-7-5661-3282-6

Ⅰ. ①W… Ⅱ. ①李… ②徐… ③李… Ⅲ. ①办公自动化－应用软件－教材 Ⅳ. ①TP317.1

中国版本图书馆 CIP 数据核字(2021)第 231292 号

WPS Office 2019 高效办公实例教程
WPS Office 2019 GAOXIAO BANGONG SHILI JIAOCHENG

责任编辑 张林峰
封面设计 赵俊红

出版发行 哈尔滨工程大学出版社
社　　址 哈尔滨市南岗区南通大街 145 号
邮政编码 150001
发行电话 0451-82519328
传　　真 0451-82519699
经　　销 新华书店
印　　刷 唐山唐文印刷有限公司
开　　本 787 mm×1 092 mm　1/16
印　　张 15
字　　数 384 千字
版　　次 2022 年 1 月第 1 版
印　　次 2022 年 1 月第 1 次印刷
定　　价 68.00 元
http：//www.hrbeupress.com
E-mail：heupress@hrbeu.edu.cn

前　言

WPS Office 2019 是由金山软件股份有限公司研发推出的办公软件套装，有功能强大和易于掌握的特点。WPS Office 2019 在多个领域的应用非常广泛，受到各领域从业者的一致好评。随着软件的不断升级，本书立足于这款软件的实际操作及行业应用，完全从一个初学者的角度出发，循序渐进地讲解核心知识点，并通过大量实例演练，让读者在最短的时间内成为 WPS Office 2019 操作高手。本书具有以下特色：

（1）10 章专题技术讲解。本书体系结构完整，由浅入深地对录入办公文档、编排图文和美化文档、录入表格数据、使用公式和函数数据、创建数据透视表和数据透视图、创建与编辑演示文稿、放映与输出演示文稿、应用 WPS 组件与云操作以及 WPS Office 行业办公综合案例内容进行了全面细致的讲解，帮助读者从零开始到完全精通，快速掌握 WPS Office 2019 软件。

（2）150 个实战技巧放送。本书是一本可操作性很强的技能实例手册，读者通过书中的实例可以逐步掌握软件的核心技能与操作技巧，从新手快速成长为 WPS Office 2019 软件高手。

（3）40 多个专家提醒放送。作者在编写时，将平时工作中总结的各方面 WPS Office 2019 的实战技巧、心得体会与制作经验等毫无保留地奉献给读者，不仅大大地丰富和提高了本书的含金量，而且方便了读者提升实战技巧与经验，从而提高学习与工作效率，学有所成。

（4）190 多分钟视频演示。本书的技能实例全部录制成带语音讲解的演示视频，时间长达 190 多分钟，重现书中所有技能实例的操作，读者既可以结合本书，也可以独立观看视频演示，像看电影一样进行学习，让整个过程既轻松又高效。

（5）850 多张图片全程图解。本书采用 850 多张图片，对软件的技术与实例的讲解进行全程式的图解，通过大量的辅助图片，让实例内容变得更加通俗易懂，读者可以一目了然，快速领会所学知识，大大提高学习效率，且印象更加深刻、深远。

本书共 10 章，主要包括认识 WPS Office 2019、录入办公文档、编排图文和美化文档、录入表格数据、使用公式和函数数据、创建数据透视表和数据透视图、创建与编辑演示文稿、放映与输出演示文稿、应用 WPS 组件与云操作，以及行业办公综合案例等内容。

本书由李寅杰（辽阳职业技术学院）、徐贵登（宁德师范学院）和李风风（信丰中等专业学校）担任主编；由林土水和谢怀民（福州软件学院），王凤华（河南信息统计职业学院），汪翠翠（郑州澍青医学高等专科学校）担任副主编。本书相关资料和售后服务可扫描封底微信二维码或通过登录网址 www.bjzzwh.com 下载获得。

由于编者水平有限，书中难免存在疏漏和不当之处，敬请各位专家及读者不吝赐教。

编　者

前言

目 录

第 1 章 认识 WPS Office 2019

第 2 章 录入办公文档

第 3 章　编排图文、美化文档

第 4 章　录入表格数据

第 5 章　使用公式和函数数据

第 6 章 创建数据透视表和数据透视图

第 7 章 创建与编辑演示文稿

第 8 章　放映与输出演示文稿

第 9 章　应用 WPS 组件与云操作

第 10 章　行业办公综合案例

第 1 章 认识 WPS Office 2019

WPS Office 是由金山软件股份有限公司研发推出的办公软件套装，具有强大的办公功能。本章主要介绍 WPS Office 2019 软件入门、WPS Office 2019 的新增功能、WPS Office 2019 的基本操作以及 WPS Office 2019 的工作界面等，希望读者可以熟练掌握。

本章重点

- WPS Office 2019 软件入门
- WPS Office 2019 的新增功能
- WPS Office 2019 的基本操作
- WPS Office 2019 的工作界面

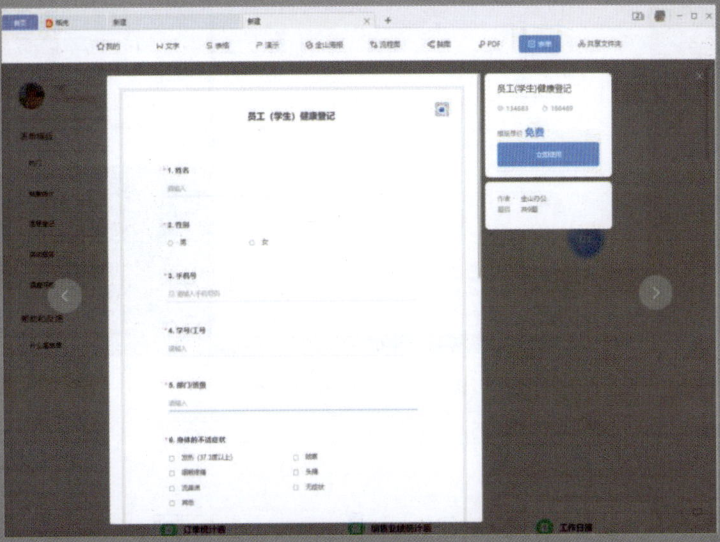

1.1 WPS Office 2019 软件入门

WPS 是英文 Word Processing System（文字处理系统）的缩写，具有丰富的编辑功能，为广大的 Windows 用户提供了免费的应用软件。

从功能上，WPS Office 2019 在以前的版本基础上进行了更好的改进，如组件运行逐渐实现智能化，在各功能界面上加入了新的主题。更重要的是：针对 Windows 10 操作系统环境设计出了相应按钮，体现了独特的设计风格。本节主要介绍 WPS Office 2019 的软件概况和新增功能。

1.1.1 认识 WPS 文字

WPS 文字是 WPS Office 2019 中的重要组件之一。随着计算机技术的发展，用纸和笔来进行文字处理的时代即将过去。文字处理软件经过多年的整理和完善，已经成为目前应用最广泛的软件之一。

在 WPS 文字中，可以快速设置多种段落文本样式。用户在输入文本、绘制表格时，可以轻松地应用精美的样式，还可以在文档中插入图片、文本框和艺术字等对象，制作出图文并茂的各种办公文档。如图 1-1 所示为各种文档模板。

图 1-1　各种文档模板

1.1.2 认识 WPS 表格

WPS 表格提供了更专业的表格应用与格式设置。加强了数据处理的能力，主要体现在更强大的“数据排序与筛选”功能，新增了丰富的“条件格式化”功能，更容易使用的数据透视表、丰富的“数据导入”功能等。具体内容如下。

1．制作表格

在 WPS 表格中，可以方便地制作出各种电子表格，还可以套用模板中的各种表格格式，如图 1-2 所示。

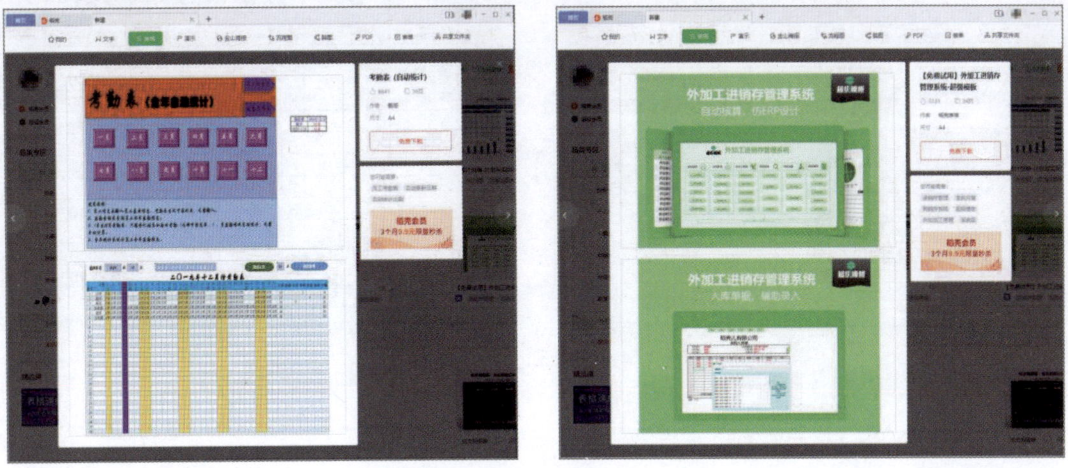

图 1-2　各种表格模板

2．图表转换功能

在 WPS 表格中，可以将数据转换为各种形式的可视性图表，并显示或打印出来，如图 1-3 所示。

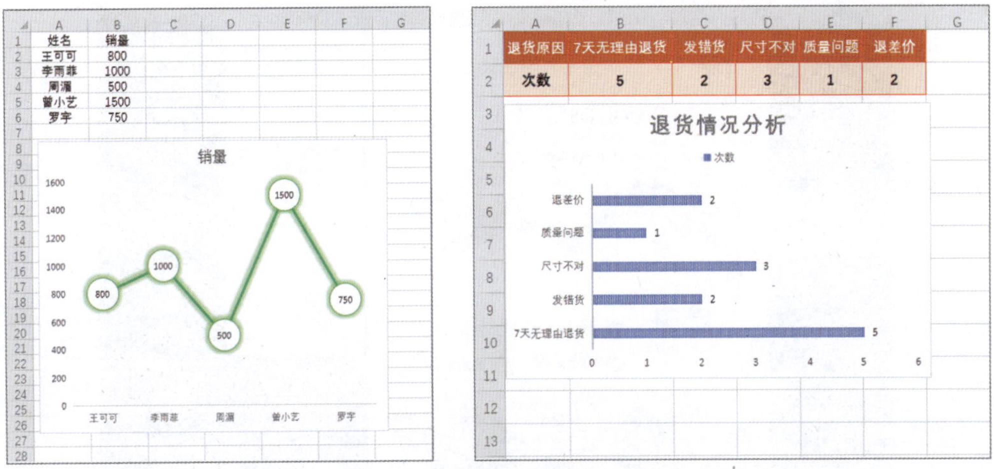

图 1-3　数据转换为可视性图表

3．进行数据筛选

数据筛选是指从工作表中筛选出满足条件的数据记录，是查找数据时常用的一种方法。对筛选出满足条件的数据记录，可以继续使用排序功能对其进行排序操作。

数据筛选功能可以只显示符合条件的数据记录，将不符合条件的数据隐藏起来，更便于在大型工作表中查看数据。

在 WPS 表格中，可以对数据进行排序和筛选，便于用户进行数据的统计和分析等操作，如图 1-4 所示。

	A	B	C	D	E
1	部门	职务	姓名	学历	基本工资
2	财务部	员工	李江	大专	5000
3	销售部	部门经理	张团	大学	5400
4	销售部	员工	王明	本科	3000
5	财务部	员工	胡风	高中	2500
6	销售部	员工	夏砘	研究生	4200
7	市场部	员工	孙小洁	研究生	3000
8	市场部	部门经理	方全	硕士	3400
9	市场部	员工	杨柳	硕士	3200
10	销售部	员工	李东东	大专	5300
11	财务部	部门经理	张键	大专	2000
12	市场部	部门经理	周俊	本科	4000
13	财务部	员工	杨洛	本科	3700
14	财务部	员工	旷建辉	硕士	6000
15	销售部	员工	郭伟	本科	5800

K29 fx

	A	B	C	D	E	F	G	H
1	部门	职务	姓名	学历	基本工资	奖金	全勤加奖	实发工资
2	财务部	员工	李江	大专	5000	196	100	5296
5	财务部	员工	胡风	高中	2500	200	100	2800
11	财务部	部门经理	张键	大专	2000	300	60	2360
13	财务部	员工	杨洛	本科	3700	200	20	3920
14	财务部	员工	旷建辉	硕士	6000	200	60	6260
16								
17								
18								

图 1-4　统计和分析表格数据

1.1.3　认识 WPS 演示文稿

WPS 演示文稿也是 WPS Office 2019 中的重要组件之一，可以制作和播放 PPT 课件、PPT 会议演讲等。WPS 演示文稿具有全新的外观，使用起来也更加简洁；适合在笔记本电脑、平板电脑和手机上投屏使用，如图 1-5 所示。

图 1-5　WPS 演示文稿模板

1.1.4　认识 PDF

PDF 是工作中最常见的一种文档格式，在打开时不会受到计算机环境的影响，也不会被随意更改内容，常用于企业办公文档的传输与查看，如图 1-6 所示。

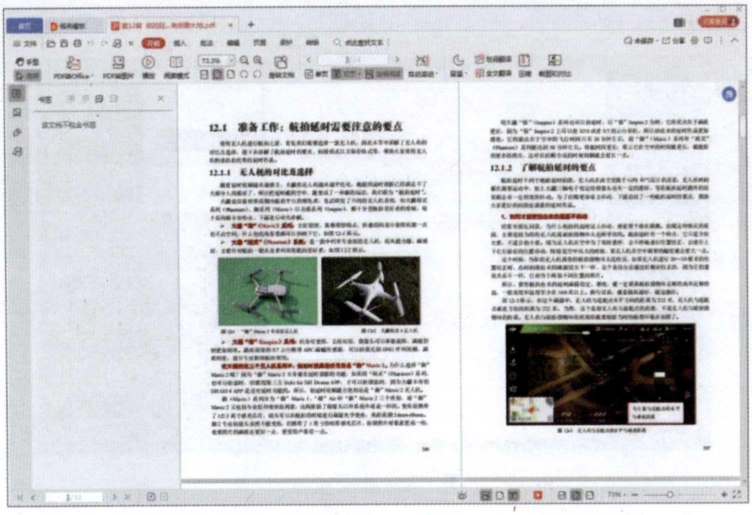

图 1-6 PDF 模板

1.1.5 认识流程图

流程图是由一些特定意义的图形、流程线以及简单的文字说明而构成的，这样更能清晰明确地表示程序的运行过程，常用于绘制各种专业的业务流程图以及组织结构图等，如图 1-7 所示。

图 1-7 流程图模板

1.1.6 认识脑图

在 WPS Office 2019 的首页中，脑图是 WPS 中的编辑工具之一，又称为思维导图。常用于制作工作笔记、梳理产品思路以及分析商业数据等，如图 1-8 所示。

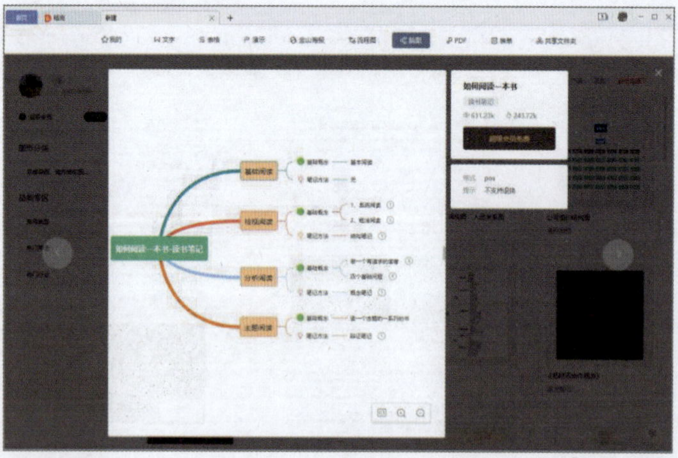

图 1-8　脑图模板

1.1.7　认识表单

表单是目前应用较多的工具之一。可以将问题发布到网络上，如被选中可以通过表单填写信息，这样浏览信息就很方便，如图 1-9 所示。

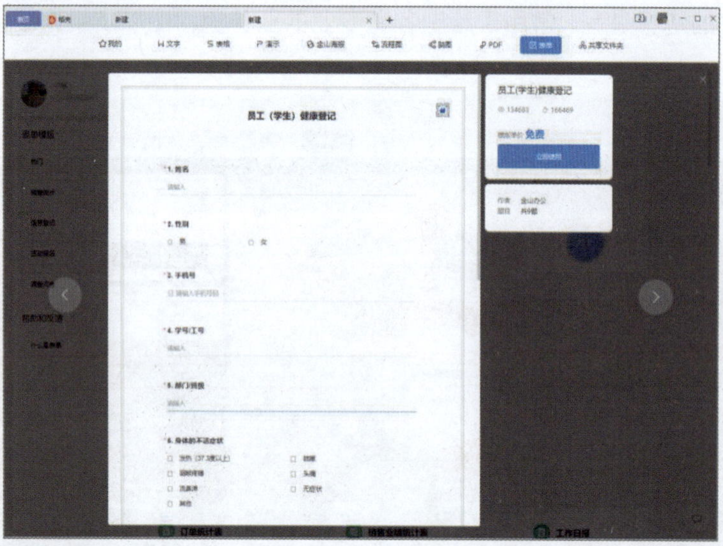

图 1-9　表单模板

1.2　WPS Office 2019 的新增功能

WPS Office 2019 在 WPS Office 2016 的基础上增加了许多功能，如整合桌面图标、整合任务窗格、新增全局搜索功能、新增流程图与脑图等。

1.2.1　整合桌面图标

安装 WPS Office 2016 后，桌面上就会添加 WPS 文字、WPS 表格、WPS 演示以及 WPS H5 等快捷方式的图标。而安装 WPS Office 2019 后，多个桌面图标被整合成为了一个 WPS Office 图标，使桌面更加干净整洁，如图 1-10 所示。

图 1-10　桌面图标

1.2.2　整合任务窗格

在 WPS Office 2019 的首页中，左侧是功能选择栏，其中包括新建、打开、文档、待办以及稻壳会员等功能。在第二栏中包括最近、星标、共享等附加功能。在功能的最右侧显示了话题投票、成长任务、WPS 学院以及功能特权，如图 1-11 所示。

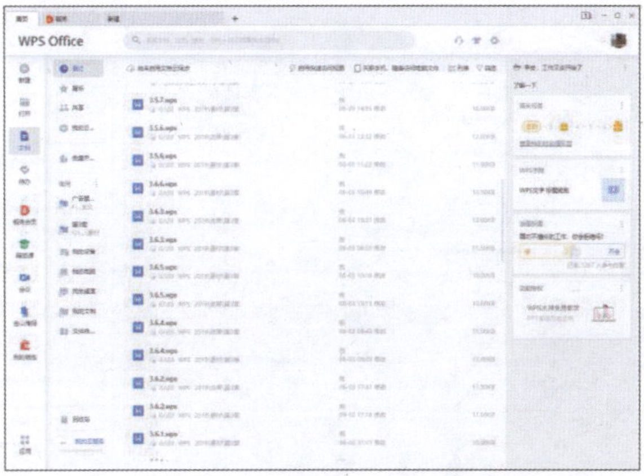

图 1-11　任务窗格模板

1.2.3　新增全局搜索功能

在 WPS Office 2019 的首页中，新增了一个搜索框，可以搜索文档、应用、模板、Office

技巧或直接访问网址等。如输入“人事档案”在下方将显示相应文档，可以快速提升工作效率，如图 1-12 所示。

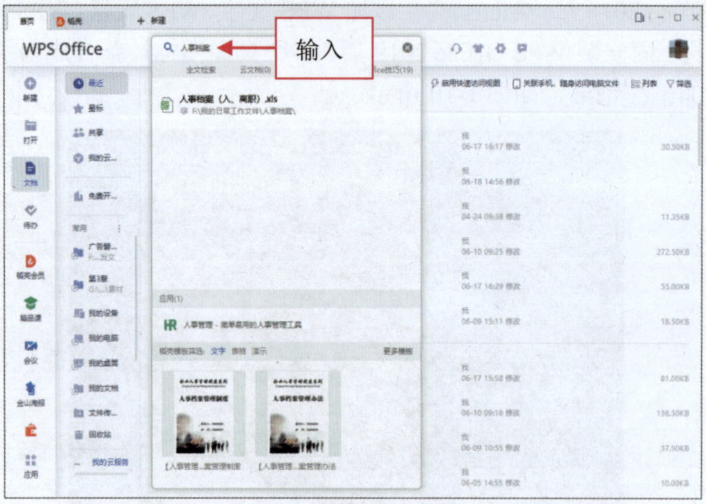

图 1-12　全局搜索功能

1.2.4　新增流程图与脑图

除了有 WPS 文字、WPS 表格以及 WPS 演示文稿这三大功能外，WPS Office 2019 还新增加了流程图易于方便阅读和理解，内置的类型与模板一样丰富多彩，如图 1-13 所示。

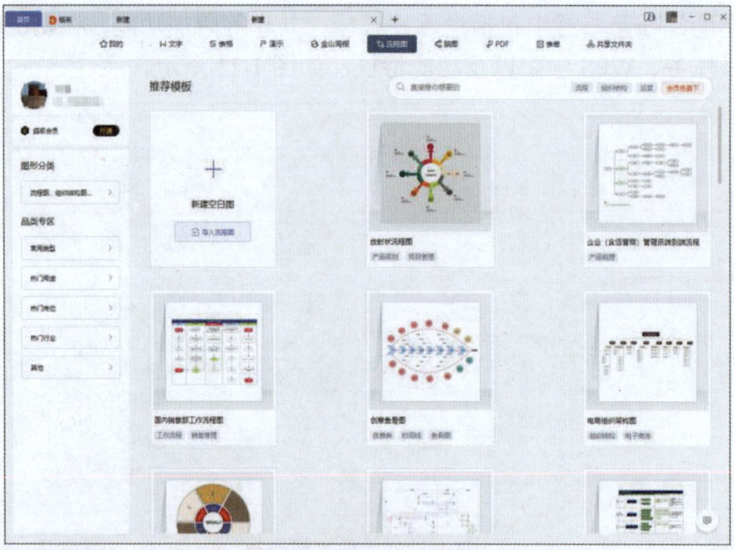

图 1-13　流程图界面

同时，WPS Office 2019 还支持脑图，同样内置模板丰富。所以，使用 WPS Office 2019 不再需要安装其他软件，就可以使用这两种比较常用的文档，如图 1-14 所示。

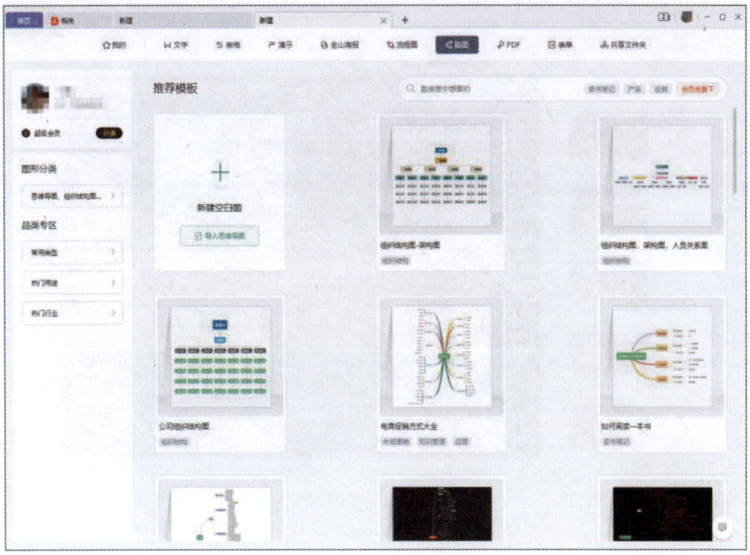

图 1-14　脑图界面

1.2.5　内置 PDF 阅读工具

WPS Office 2019 内置 PDF 阅读工具，除了可以快速打开 PDF 文档、转换、拆分以及合并 PDF 文档外，还可以将已有的文件另存为 PDF 文档或通过扫描仪新建 PDF 文件，如图 1-15 所示。

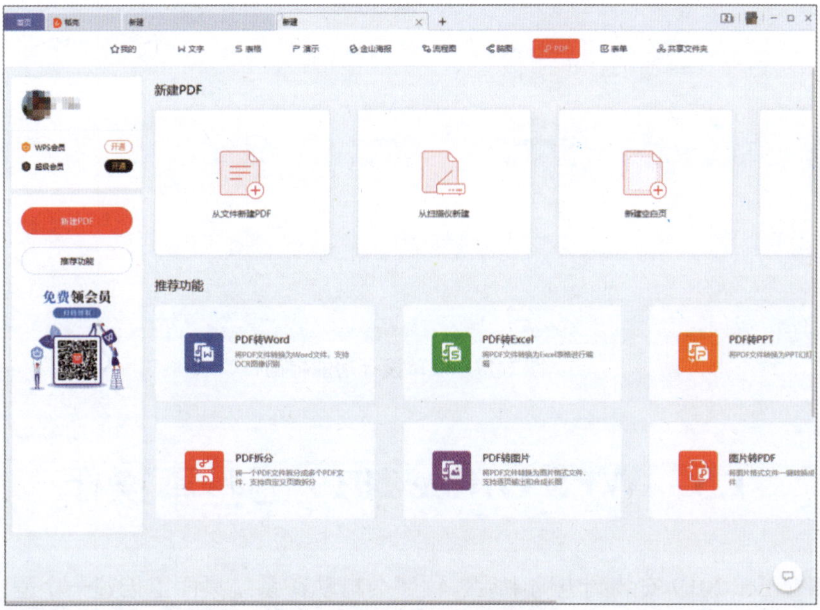

图 1-15　PDF 阅读工具界面

文档转换完成后，可以在 WPS 中编辑 PDF 文档，如图 1-16 所示。

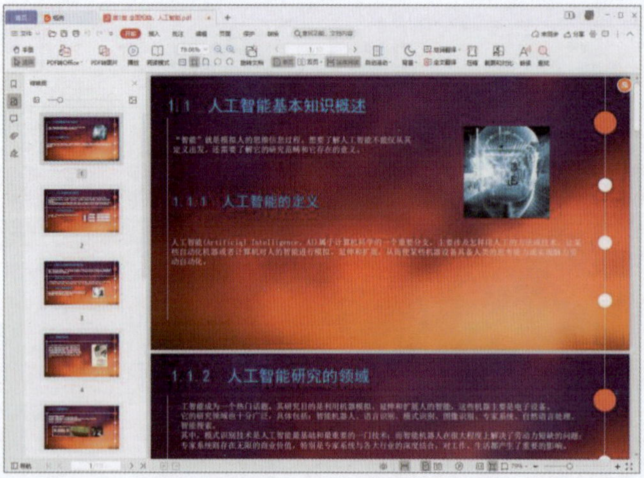

图 1-16　PDF 文档

1.2.6　加入表单设计功能

在 WPS Office 2019 软件中增加了表单设计功能。该功能可用于订单统计、在线考试、手机个人信息、日报、问卷投票等，如图 1-17 所示。

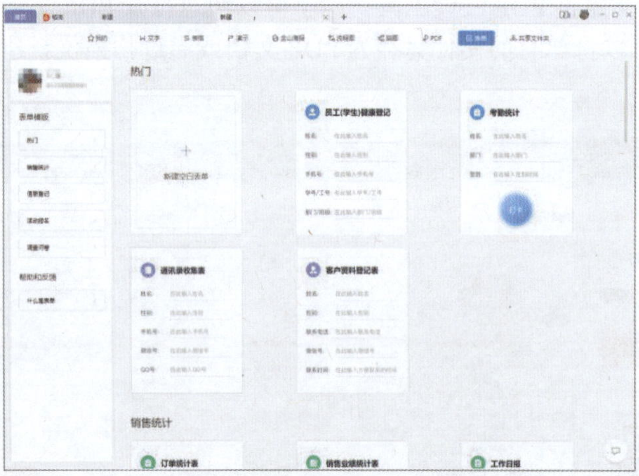

图 1-17　表单设计功能界面

1.3　WPS Office 2019 的基本操作

将 WPS Office 2019 安装到电脑中后，程序会自动在系统桌面上创建一个程序快捷方式，双击该快捷方式可以快速启动应用程序；还可以从“开始”菜单中，单击相应命令，启动 WPS Office 2019 应用程序。下面以从桌面启动 WPS Office 2019 应用程序为例，主要介绍启动与关闭 WPS Office 2019 的操作方法。

1.3.1　启动 WPS Office 2019

启动 WPS Office 2019

使用 WPS Office 2019 制作案例前，首先需要启动 WPS Office 2019 应用程序。下面介绍启动 WPS Office 2019 的操作方法。

Step01　在桌面上，双击 WPS Office 的图标，如图 1-18 所示。

Step02　执行上述操作后，进入主界面首页单击“新建”按钮，切换至“文字”选项板，单击“新建空白文档”按钮，如图 1-19 所示。

图 1-18　双击 WPS Office 的图标

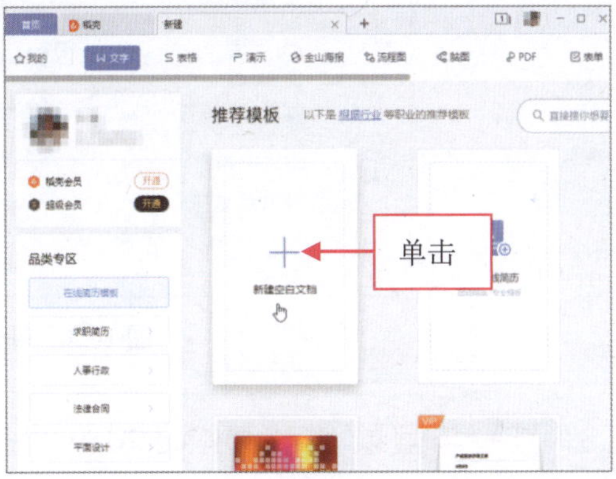

图 1-19　单击“新建空白文档”按钮

Step03　执行上述操作后，即可创建文字文稿 1，效果如图 1-20 所示。

图 1-20　创建文字文稿 1

1.3.2　关闭 WPS Office 2019

当使用 WPS Office 2019 完成对文档的编辑后，可退出 WPS 应用程序，提高系统的运行速度。在 WPS 程序中，单击应用程序窗口右上角的“关闭”按钮，如图 1-21 所示，即可退出 WPS 应用程序。

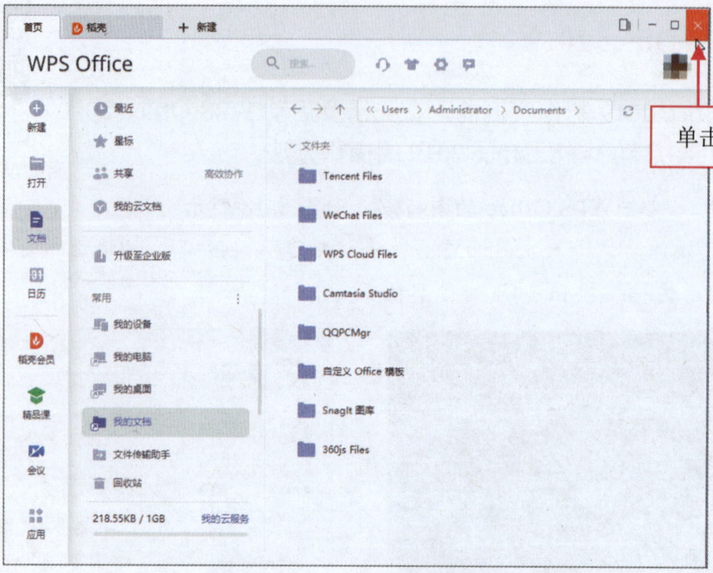

图 1-21　单击“关闭”按钮

1.3.3　注册与登录 WPS Office 2019

在使用 WPS 时，有些功能需要登录账户才能使用，如流程图、脑图以及云文档等。登录时可以选择使用微信、QQ 以及钉钉等账户信息，具体操作如下。

单击 WPS 主界面右上角的“您正在使用访客账号”按钮，如图 1-22 所示。

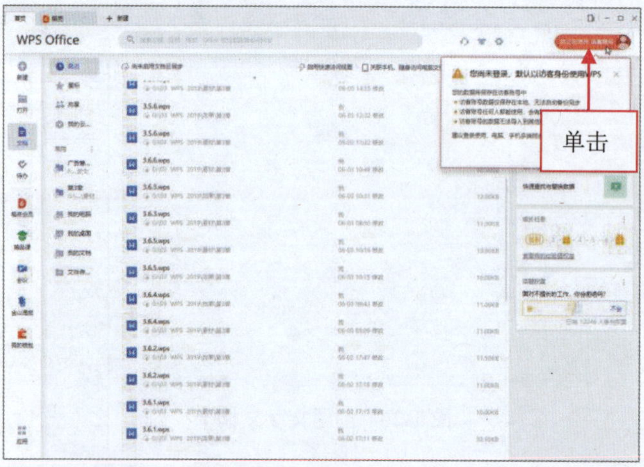

图 1-22　单击“您正在使用访客账号”按钮

执行上述操作后，弹出“WPS 账号登录”对话框，可以使用微信扫描二维码登录，也可以选择手机验证登录，还可以选择手机 WPS 扫码登录。本例选择微信登录，使用手机微信的扫一扫功能，扫描二维码，如图 1-23 所示。

登录完成后，在界面右上角会显示账号头像，如图 1-24 所示。

图 1-23　扫描二维码

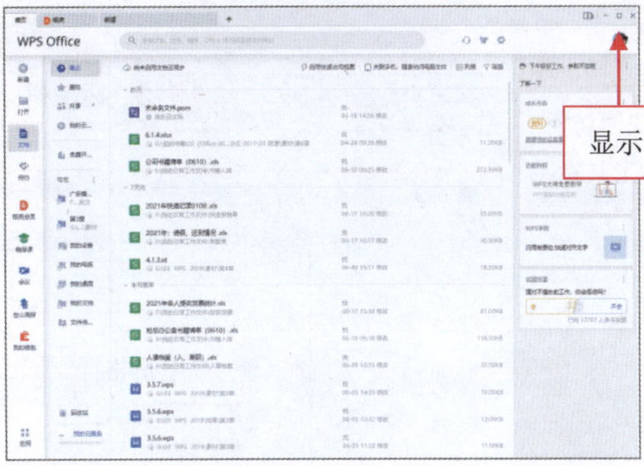

图 1-24　显示账号头像

如果需要退出登录，可以将鼠标移动到账号头像上，在弹出的列表框中单击“退出登录”按钮，如图 1-25 所示。

图 1-25　单击“退出登录”按钮

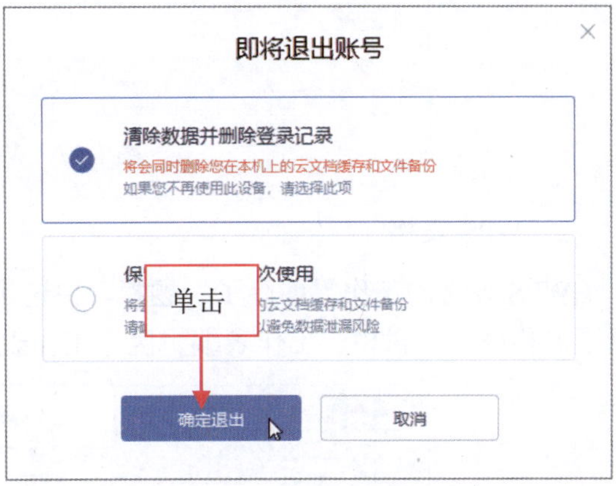

图 1-26　单击“确定退出”按钮

执行上述操作后，弹出“即将退出账号”对话框，根据需要选择是否清除数据并删除登录记录或者选择保留数据以供下次使用，选择完成后，单击“确定退出”按钮，如图 1-26 所示。

1.4　WPS Office 2019 的工作界面

在启动 WPS Office 2019 后，便可以看到工作界面比之前的版本更加简洁。本节将介绍 WPS 文字、WPS 表格以及 WPS 演示文稿这三大常用的工作界面。

1．WPS 文字

文字的工作界面主要包括标题栏、窗口控制区、快速访问工具栏、功能区、导航窗格、编辑区、状态栏以及视图控制区等部分，如图 1-27 所示。

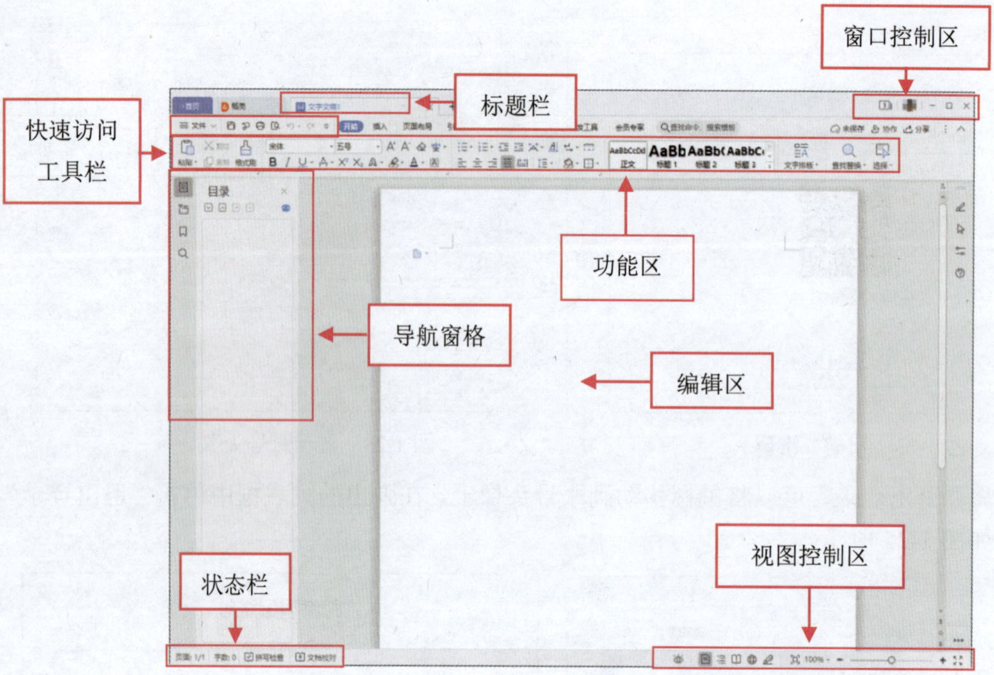

图 1-27　WPS 文字工作界面

2．WPS 表格

WPS 表格的工作界面除了标题栏、快速访问工具栏、功能区以及视图控制区之外，还包括了名称框、编辑栏、工作表编辑区、工作表列表区等，如图 1-28 所示。

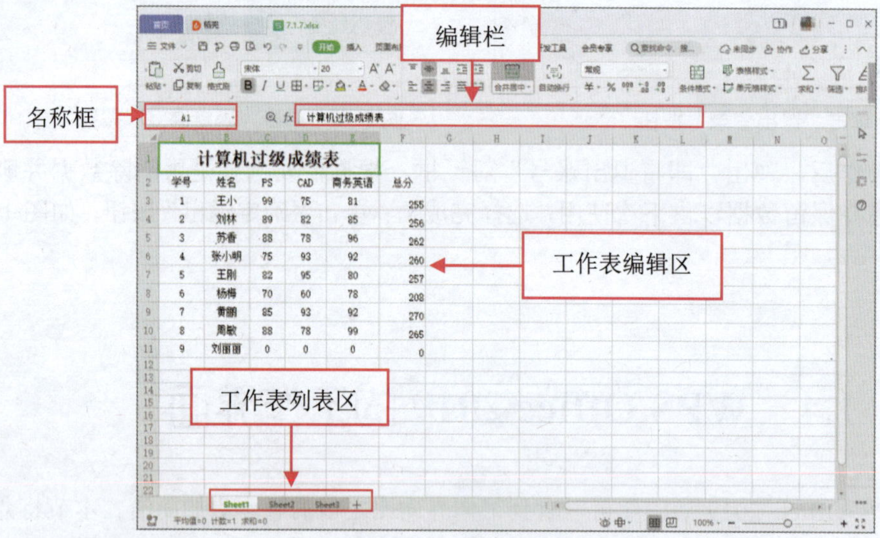

图 1-28　WPS 表格工作界面

3．WPS 演示文稿

WPS 演示文稿的工作界面除了标题栏、快速访问工具栏、功能区、状态栏以及视图控制区外，还包括视图窗格、幻灯片编辑区以及备注窗格，如图 1-29 所示。

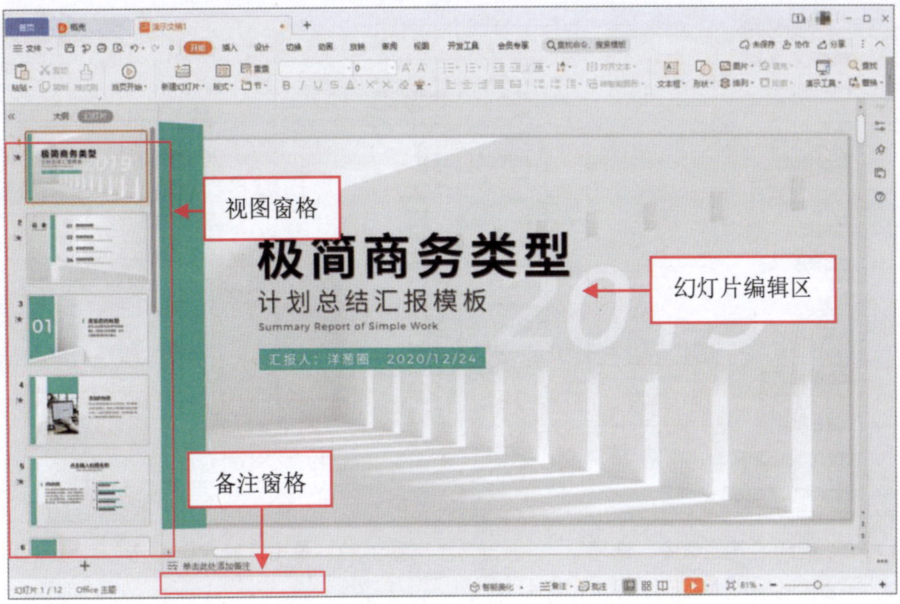

图 1-29　WPS 演示文稿工作界面

1.4.1　快速访问工具栏

快速访问工具栏

当某个按钮经常使用时可以将其添加到快速访问工具栏中，快速提高工作效率。下面介绍了快速访问工具栏的操作方法。

Step 01　单击“文件”|“打开”命令，打开素材文件“素材\第 1 章\1.4.1.wps”，如图 1-30 所示。

Step 02　单击快速访问工具栏中的“自定义快速访问工具栏”下拉按钮，如图 1-31 所示。

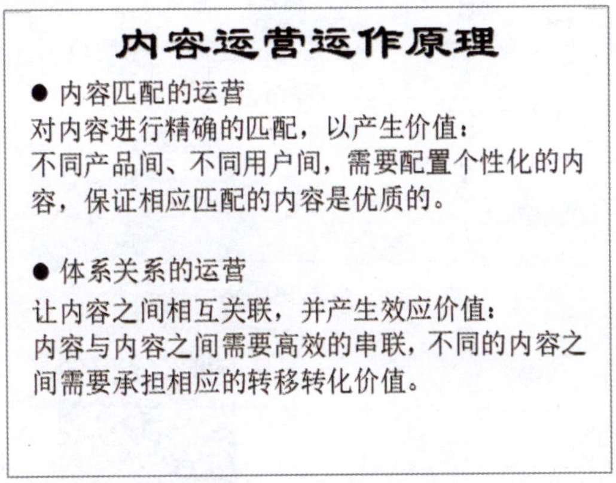
内容运营运作原理

● 内容匹配的运营
对内容进行精确的匹配，以产生价值：
不同产品间、不同用户间，需要配置个性化的内容，保证相应匹配的内容是优质的。

● 体系关系的运营
让内容之间相互关联，并产生效应价值：
内容与内容之间需要高效的串联，不同的内容之间需要承担相应的转移转化价值。

图 1-30　打开素材文件

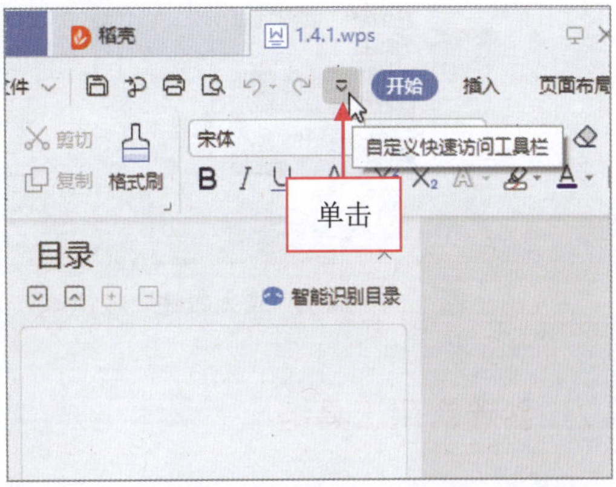

图 1-31　单击“自定义快速访问工具栏”按钮

Step 03　弹出下拉列表框，选择“其他命令”选项，如图 1-32 所示。

Step 04　弹出“选项”对话框，❶切换至“快速访问工具栏”选项卡；❷在“从下列位置选择命令”列表框中选择“插入批注”选项；❸单击“添加”按钮；❹单击“确定”按钮，如图 1-33 所示。

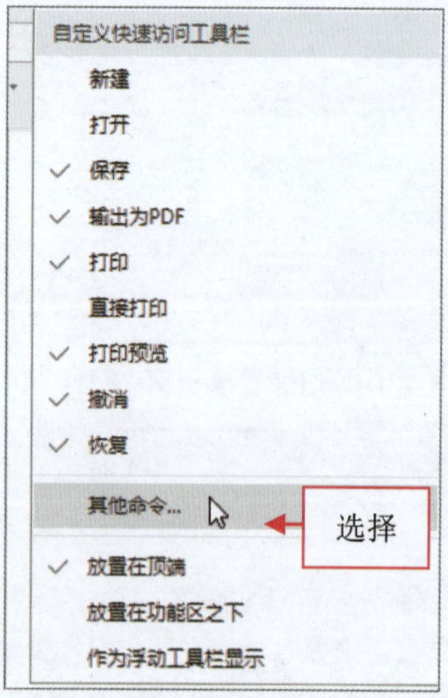

图 1-32 选择“其他命令”选项

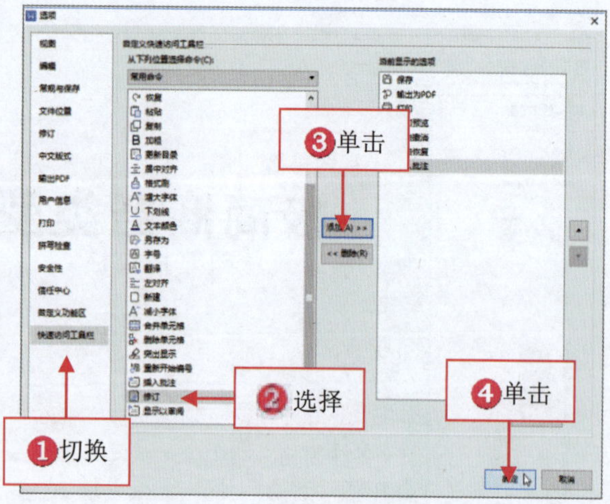

图 1-33 单击“确定”按钮

Step05 执行上述操作后，即可看到快速访问工具栏已添加“插入批注”按钮，效果如图 1-34 所示。

Step06 如果要删除快速访问工具栏中的按钮，可以重复第一步，弹出“选项”对话框，❶切换至“快速访问工具栏”选项卡中的“当前显示的选项”列表框中选择需要删除的选项；❷单击“删除”按钮，如图 1-35 所示。执行上述操作后，即可单击“确定”按钮。

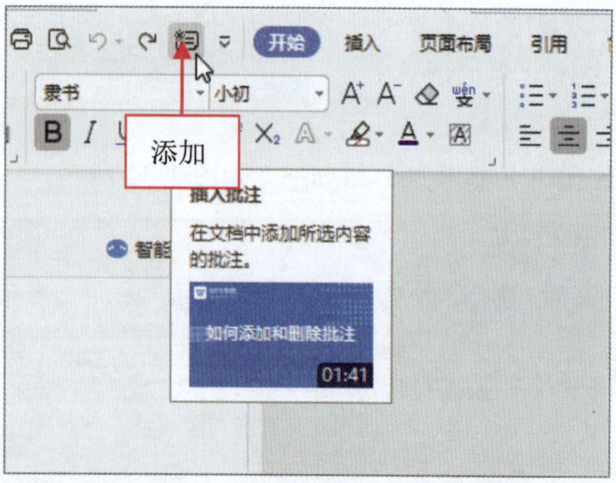

图 1-34 添加“插入批注”按钮

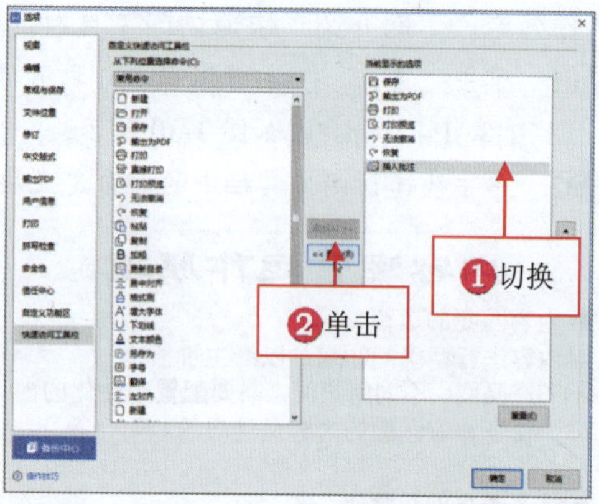

图 1-35 单击“删除”按钮

1.4.2 创建常用工具组

使用 WPS 时，将常用命令添加至一个新的选项卡，可以提高工作效率，下面介绍创建常用工具组的操作方法。

创建常用工具组

Step01 单击“文件”|“打开”命令，打开素材文件“素材\第 1 章\1.4.2.wps”，❶单击“文件”下拉按钮；❷在弹出的列表框中单击“工具”|“选项”命令，如图 1-36 所示。

Step02 弹出“选项”对话框，❶切换至“自定义功能区”选项卡；❷在对话框右侧单击“新建选项卡”按钮，如图 1-37 所示。

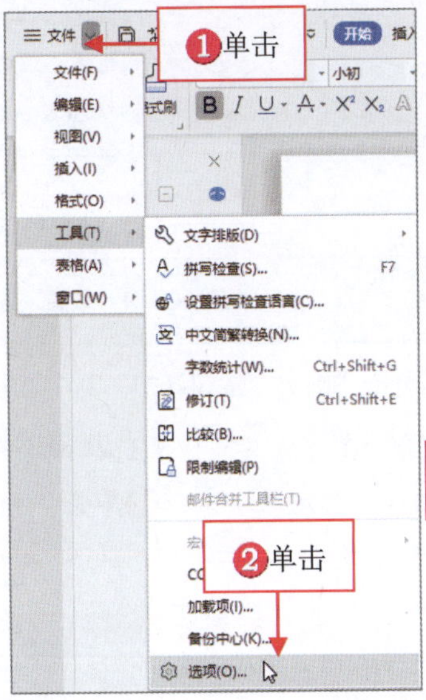

图 1-36　单击“工具”|“选项”命令

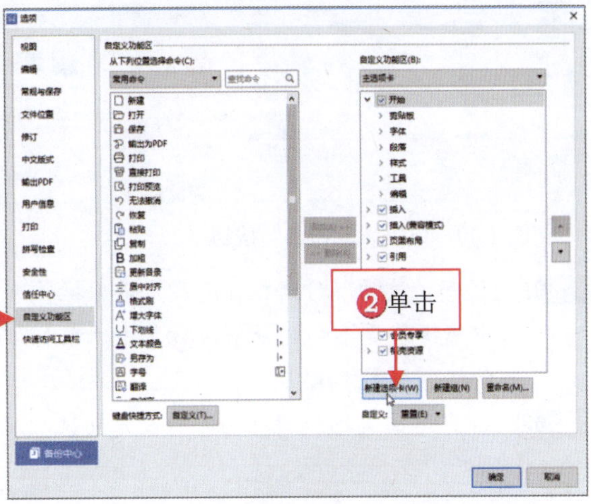

图 1-37　单击“新建选项卡”按钮

Step03 执行上述操作后，❶选中“新建选项卡（自定义）”复选框；❷单击“重命名”按钮，如图 1-38 所示。

Step04 弹出“重命名”对话框，❶在“显示名称”文本框中输入相应文本内容；❷单击“确定”按钮，如图 1-39 所示。

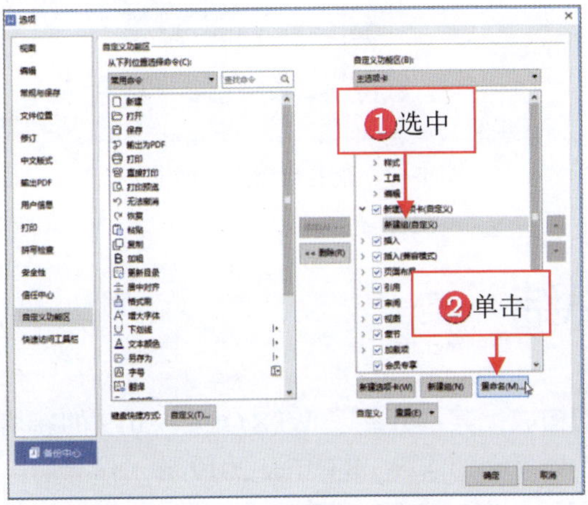

图 1-38　单击“重命名”按钮（1）

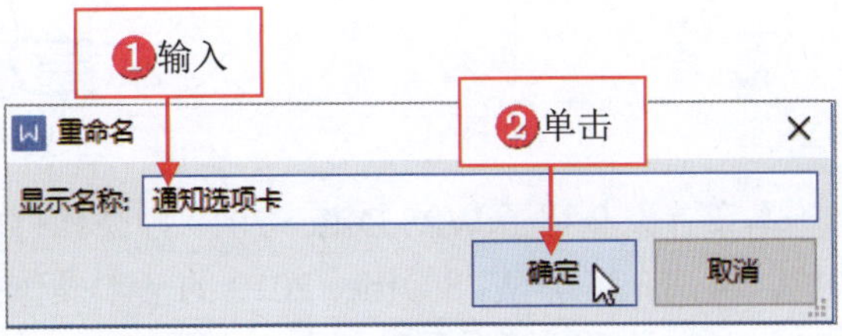

图 1-39　单击“确定”按钮（1）

Step05 返回“选项”对话框，❶选择“新建组（自定义）”选项；❷单击“重命名”按钮，如图 1-40 所示。

Step06 弹出“重命名”对话框，❶在“显示名称”文本框中输入相应文本内容；❷单击“确定”按钮，如图 1-41 所示。

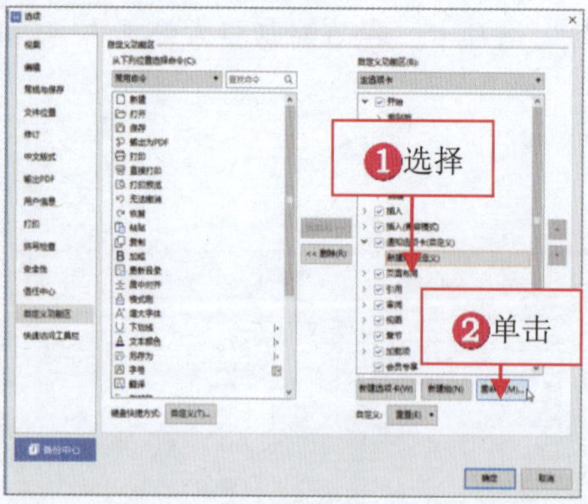
❶选择
❷单击

图 1-40　单击“重命名”按钮（2）

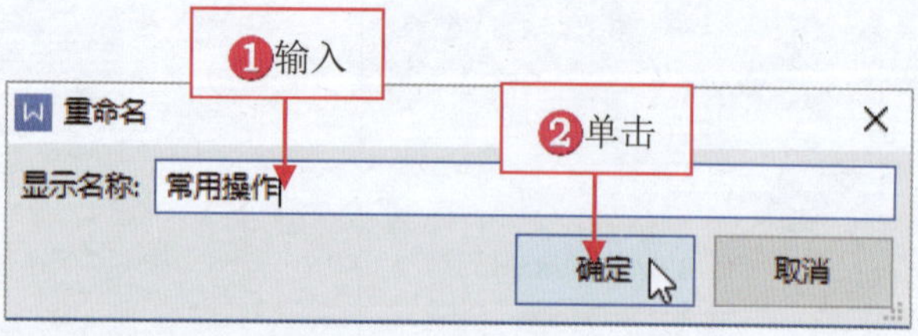
❶输入
❷单击
重命名
显示名称:
常用操作
确定
取消

图 1-41　单击“确定”按钮（2）

Step 07 返回“选项”对话框，选择“常用操作（自定义）”选项，在“从下列位置选择命令”栏中选择需要添加的命令，❶单击“添加”按钮在常用操作（自定义）中；❷单击“确定”按钮，如图 1-42 所示。

Step 08 即可返回文档编辑界面查看自定义选项卡已经创建成功，如图 1-43 所示。

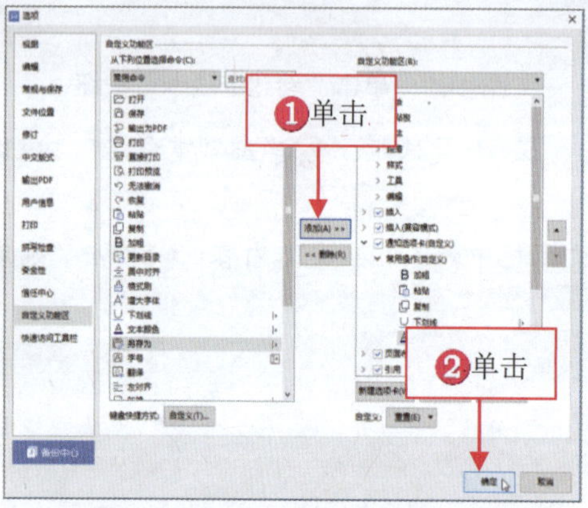
❶单击
❷单击

图 1-42　单击“确定”按钮（3）

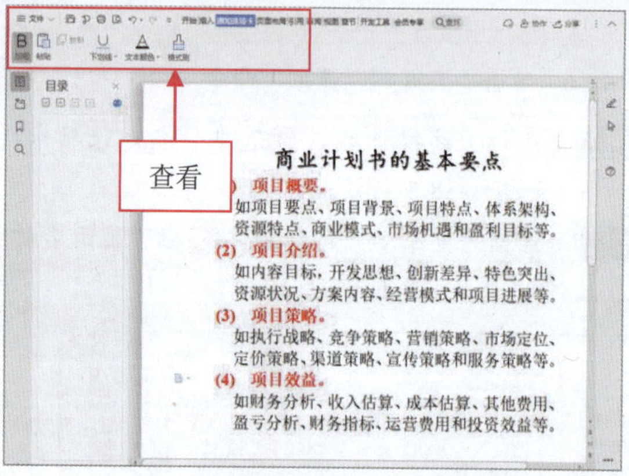
查看
目录
商业计划书的基本要点
(1) 项目概要。
如项目要点、项目背景、项目特点、体系架构、资源特点、商业模式、市场机遇和盈利目标等。
(2) 项目介绍。
如内容目标，开发思想、创新差异、特色突出、资源状况、方案内容、经营模式和项目进展等。
(3) 项目策略。
如执行战略、竞争策略、营销策略、市场定位、定价策略、渠道策略、宣传策略和服务策略等。
(4) 项目效益。
如财务分析、收入估算、成本估算、其他费用、盈亏分析、财务指标、运营费用和投资效益等。

图 1-43　查看自定义选项卡

本章小结

本章首先介绍了 WPS Office 2019 办公软件的构成；其次介绍了 WPS Office 2019 的新增功能；再次介绍了 WPS Office 2019 的基本操作；最后介绍了 WPS Office 2019 的工作界面。通过本章的学习，可以帮助读者全面了解 WPS Office 2019 软件的基础知识。

第 2 章 录入办公文档

在 WPS Office 2019 软件中，WPS 文字是专门为文本编辑、排版以及打印而设计的软件，具有强大的文字输入和处理功能。本章主要介绍录入文档内容、编辑文档内容、设置文档格式、创建与编辑表格以及美化表格的方法具体操作，希望读者可以熟练掌握。

本章重点

- 录入文档内容
- 编辑文档内容
- 设置文档格式
- 创建与编辑表格
- 美化表格的方法

人员名单		
章 键	文 芳	韩 文
李 浩	刘 也	邝 奇
李 昊	张 康	戴 军
彭 文	姚 林	周文涛
范 勇	段 峰	李 娟

2.1 录入文档内容

文档是文本等对象的载体，在文档中输入文本和插入图片进行编辑操作之前，首先需要新建文档。新建的文档可以是空白文档，也可以是包含一定文本内容和格式的文档，或者是博客和字帖等。本节主要介绍录入文本以及录入公式的操作方法。

2.1.1 录入文本

新建一个文档后，编辑文档的第一步就是在文本插入点处输入文本内容。下面介绍录入文本的操作方法。

录入文本

Step 01 新建一个空白文档，将光标定位在文档中输入相应文本，如图 2-1 所示。

Step 02 按【Enter】键，将光标移至第 2 行，如图 2-2 所示。

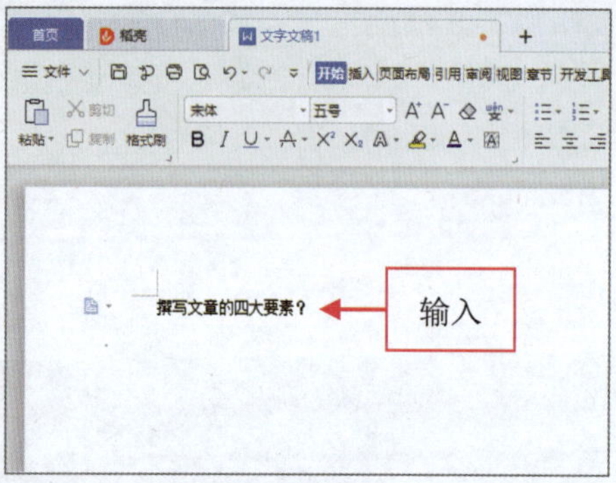
撰写文章的四大要素？
输入

图 2-1 输入相应文本

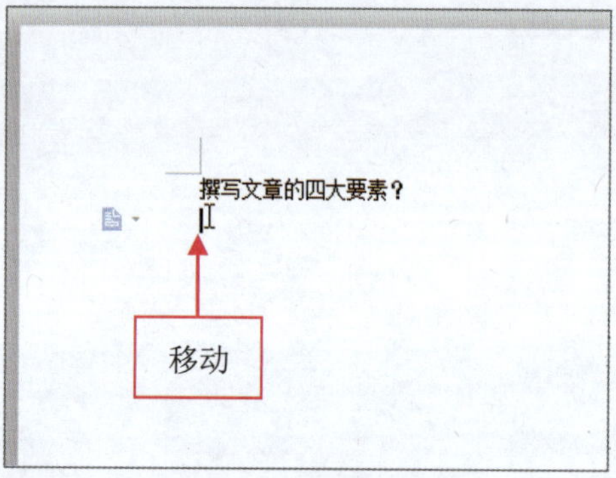
撰写文章的四大要素？
移动

图 2-2 移动光标

Step 03 在第 2 行输入相应的内容，即可完成对文字文本的录入，如图 2-3 所示。

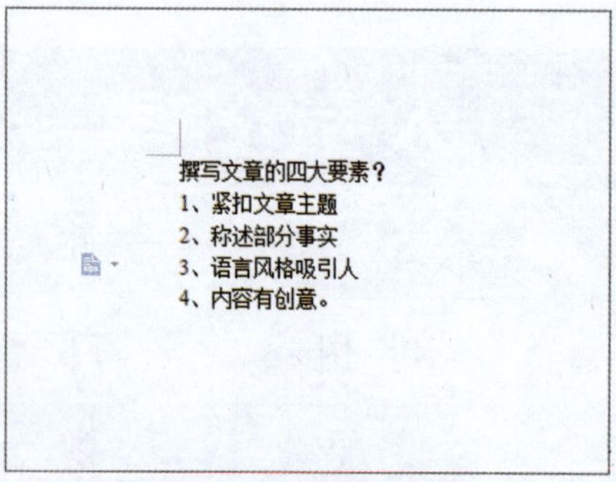
撰写文章的四大要素？
1、紧扣文章主题
2、称述部分事实
3、语言风格吸引人
4、内容有创意。

图 2-3 完成文本输入

2.1.2 录入公式

在编辑一个数学文档时，经常需要添加一些公式，例如：$(\sin x)^2=\cos x$，下面介绍录入公式的操作方法。

录入公式

Step01 单击“文件”|“打开”命令，打开素材文件“素材\第 2 章\2.1.2.wps”，如图 2-4 所示。

Step02 将光标定位在需要插入的公式位置，如图 2-5 所示。

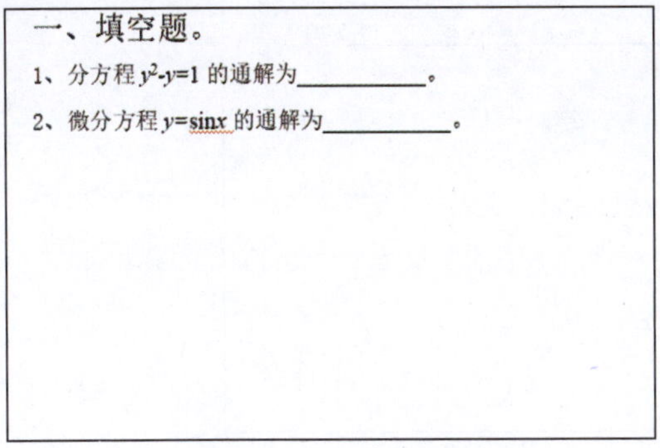

图 2-4　打开素材文件

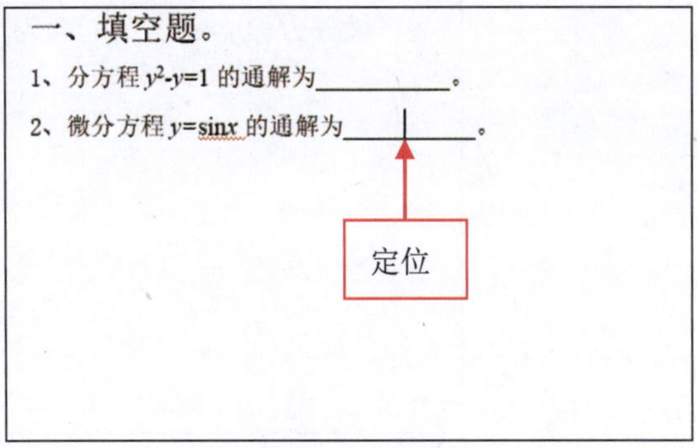

图 2-5　定位光标

Step03 单击“插入”菜单，在功能区中单击“公式”按钮 π ，如图 2-6 所示。

Step04 弹出相应对话框，❶在下面输入公式内容：(sin*x*)；❷单击“下标和上标模板”下拉按钮；❸在弹出的下拉列表框中选择“上标”选项，如图 2-7 所示。

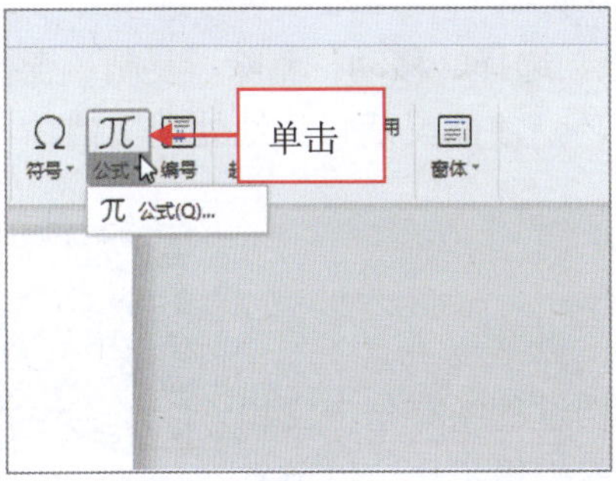

图 2-6　单击“公式”按钮

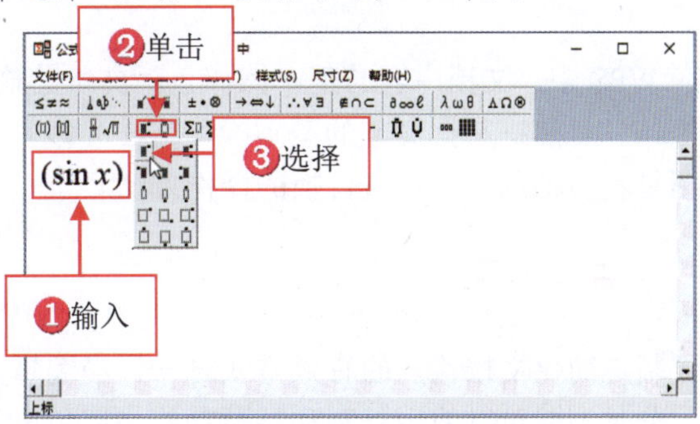

图 2-7　选择“上标”选项

Step05 执行上述操作后，在上标上输入数字 2，如图 2-8 所示。

Step06 执行上述操作后，输入其他公式内容，单击“关闭”按钮，如图 2-9 所示。

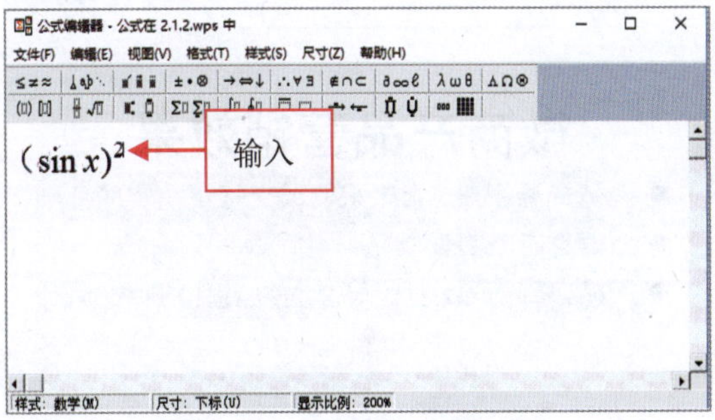

图 2-8　输入数字 2

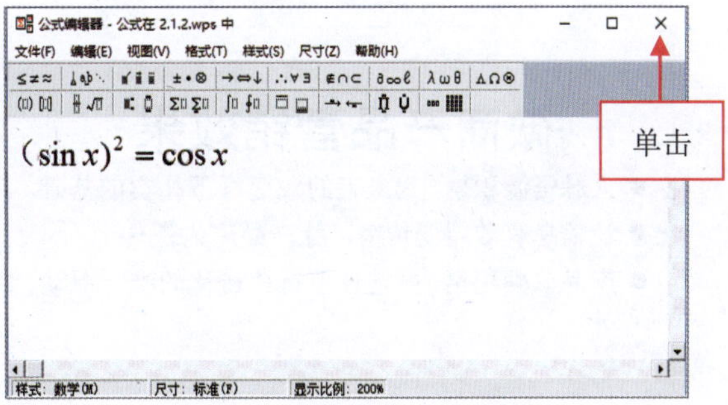

图 2-9　单击“关闭“按钮

Step07 即可查看录入的公式已经完成，效果如图 2-10 所示。

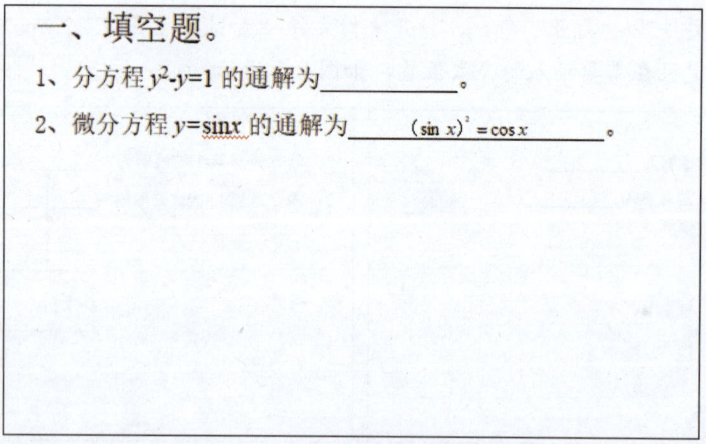
一、填空题。
1、分方程 y^2-y=1 的通解为____。
2、微分方程 y=sinx 的通解为 $(\sin x)^2=\cos x$ 。

图 2-10　最终效果

2.2　编辑文档内容

在 WPS 中，文档内容的基本操作包括文本的输入、选择、移动、删除、复制、查找以及替换等。只有熟练掌握文本的基本操作方法和编辑技巧，才能灵活自如地处理文档。本节主要介绍复制与粘贴、查找与替换的操作方法。

2.2.1　复制与粘贴

复制是简化文档输入的有效方式之一，当编辑文档过程中有与上文相同的部分时，就可以使用复制和粘贴功能来避免重复的编辑工作，以节省时间。下面介绍了复制与粘贴的操作方法。

复制与粘贴

Step 01　单击“文件”|“打开”命令，打开素材文件“素材\第 2 章\2.2.1.wps”，如图 2-11 所示。

Step 02　在编辑区中选择需要复制的文本内容，如图 2-12 所示。

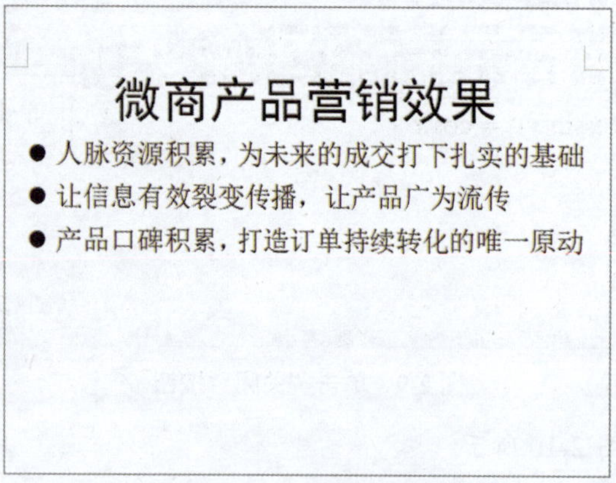
微商产品营销效果
人脉资源积累，为未来的成交打下扎实的基础
让信息有效裂变传播，让产品广为流传
产品口碑积累，打造订单持续转化的唯一原动

图 2-11　打开素材文件

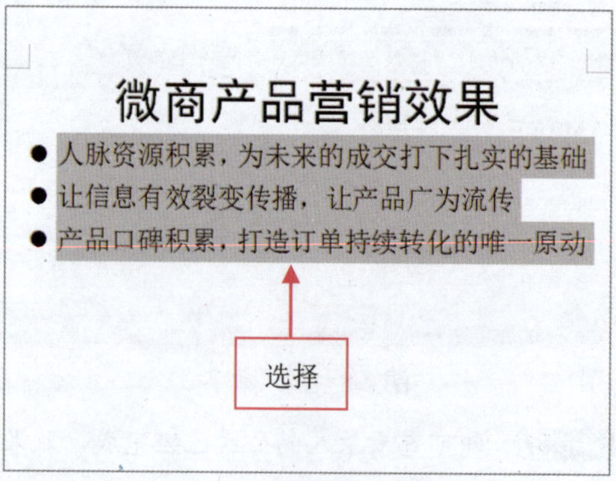
微商产品营销效果
人脉资源积累，为未来的成交打下扎实的基础
让信息有效裂变传播，让产品广为流传
产品口碑积累，打造订单持续转化的唯一原动
选择

图 2-12　选择文本内容

> **专家指点**
>
> 在 WPS 工作界面中，按【Ctrl + C】组合键，可以复制文本内容；按【Ctrl + V】组合键，可以粘贴文本内容。复制与剪切的功能差不多，不同的是复制只将选定的部分复制到剪贴板，而剪切在将选定的内容复制到剪贴板的同时，将选中的部分从原位置删除。

Step 03 单击“开始”菜单，在功能区中单击“复制”按钮，如图 2-13 所示。

Step 04 将鼠标定位在要粘贴文本内容的位置，如图 2-14 所示。

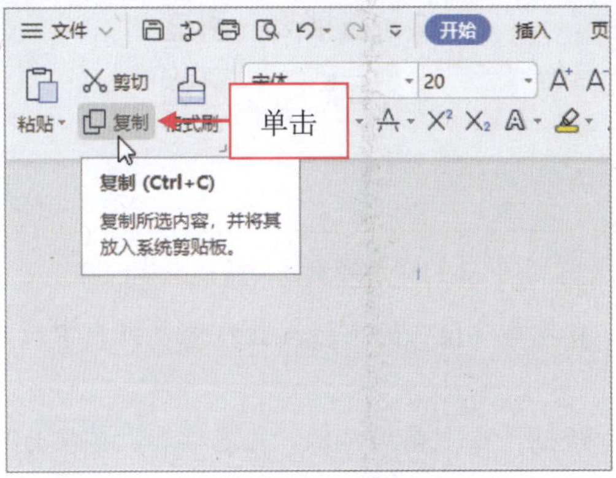
文件
开始
插入
剪切
复制
格式刷
粘贴
20
单击
复制 (Ctrl+C)
复制所选内容，并将其放入系统剪贴板。

图 2-13　单击“复制”按钮

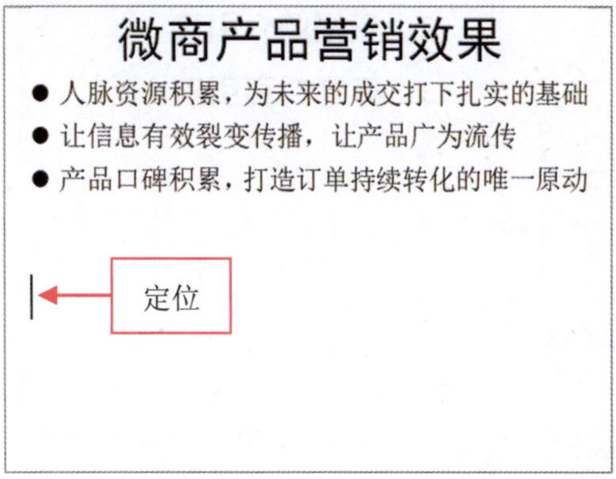
微商产品营销效果
人脉资源积累，为未来的成交打下扎实的基础
让信息有效裂变传播，让产品广为流传
产品口碑积累，打造订单持续转化的唯一原动
定位

图 2-14　定位鼠标

Step 05 单击“开始”菜单，在功能区中单击“粘贴”按钮，如图 2-15 所示。

Step 06 执行上述操作后，即可将复制的文本内容粘贴到目标位置，如图 2-16 所示。

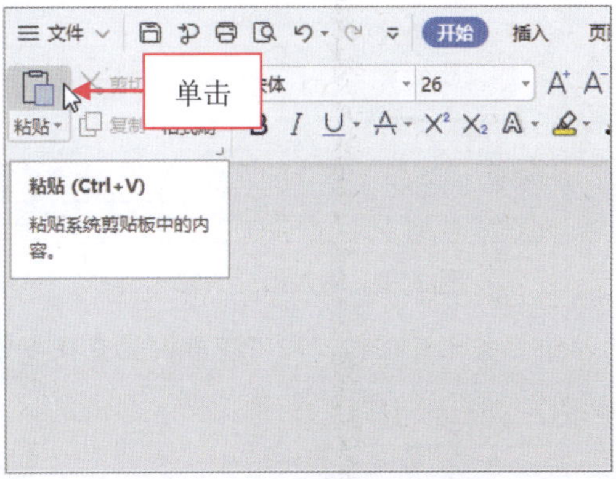
文件
开始
插入
单击
26
粘贴
粘贴 (Ctrl+V)
粘贴系统剪贴板中的内容。

图 2-15　单击“粘贴”按钮

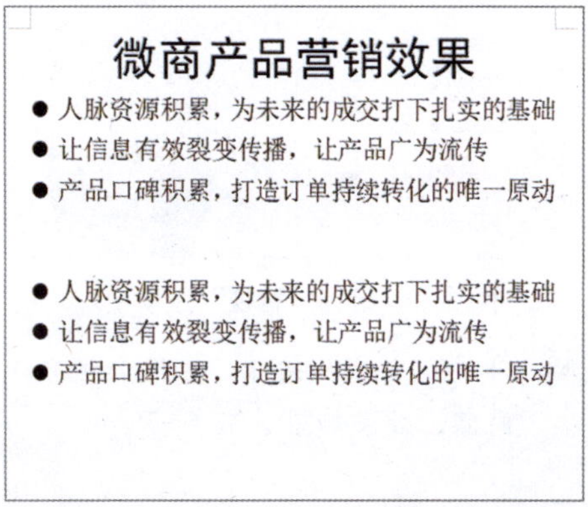
微商产品营销效果
人脉资源积累，为未来的成交打下扎实的基础
让信息有效裂变传播，让产品广为流传
产品口碑积累，打造订单持续转化的唯一原动
人脉资源积累，为未来的成交打下扎实的基础
让信息有效裂变传播，让产品广为流传
产品口碑积累，打造订单持续转化的唯一原动

图 2-16　粘贴文本内容

2.2.2　查找与替换

查找与替换

查找与替换是在编辑文档过程中经常要用到的操作。使用 WPS 文字中的查找与替换功能，可以轻松地解决大篇幅文档中的文字查找和替换问题。

- “查找”功能：查找文档中的文本、格式、段落标记、分页符和其他项目。
- “替换”功能：将指定的文本进行相应的替换。

下面介绍查找与替换文档的操作方法。

Step 01　单击“文件”|“打开”命令，打开素材文件“素材\第 2 章\2.2.2.wps”，如图 2-17 所示。

Step 02　在编辑区中选择需要查找与替换的文本内容，如图 2-18 所示。

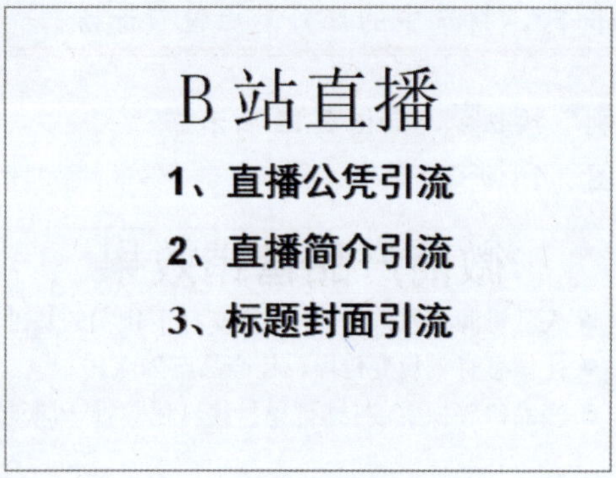

图 2-17　打开素材文件

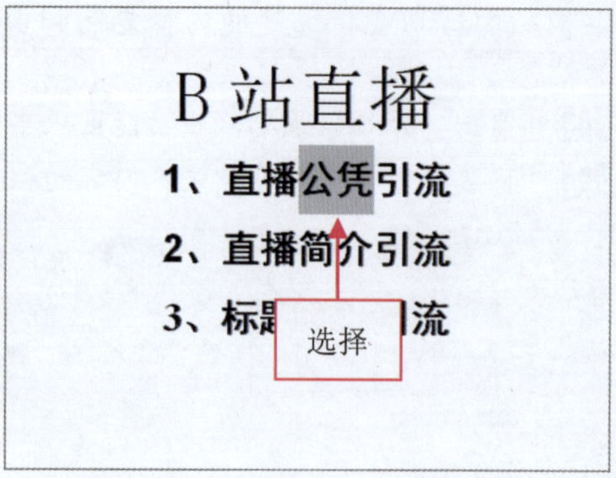

图 2-18　选择查找与替换文本内容

Step 03　单击“开始”菜单，❶在功能区中单击“查找与替换”的下拉按钮；❷在弹出下拉列表框中选择“替换”选项，如图 2-19 所示。

Step 04　执行上述操作后，弹出“查找和替换”对话框，在“查找内容”文本框和“替换为”文本框中分别输入相应内容，如图 2-20 所示。

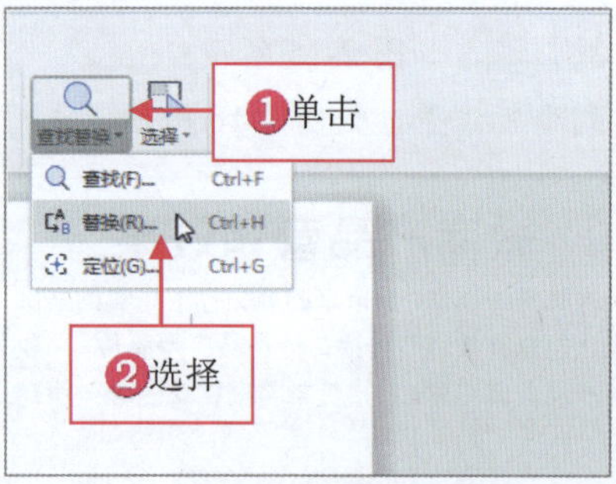

图 2-19　选择“替换”选项

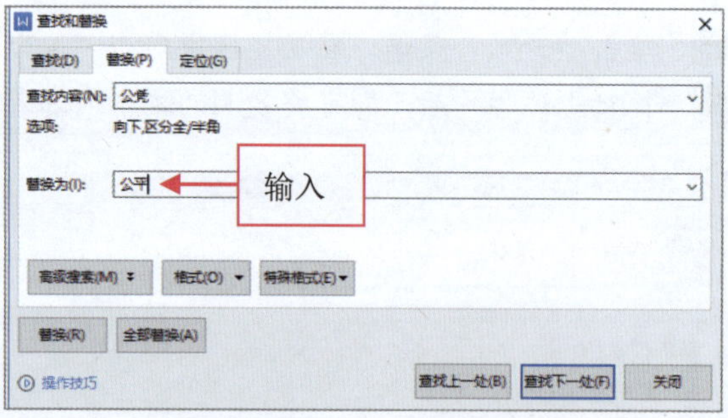

图 2-20　输入相应内容

Step 05　单击“替换”按钮，执行上述操作后，单击“关闭”按钮，即可查看设置查找与替换的内容，效果如图 2-21 所示。

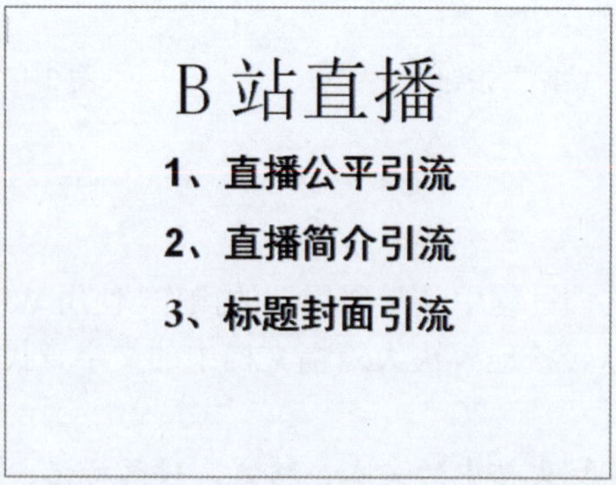

图 2-21　查找和替换后的内容

2.3　设置文档格式

设置文档中的文字样式，主要包括对文字的字体、字号、字形以及字符间距等方面的设置。本节主要介绍设置字体和字号、设置文本首行缩进、项目符号以及设置编号的操作方法。

2.3.1　设置字体和字号

在 WPS 文字中，系统默认的字体为“宋体”，字号为“五号”这也都是我们常用的字符格式，下面介绍设置字体和字号的操作方法。

设置字体和字号

Step 01 单击“文件”|“打开”命令，打开素材文件“素材\第 2 章\2.3.1.wps”，如图 2-22 所示。

Step 02 在编辑区中选择需要设置字体文本内容，如图 2-23 所示。

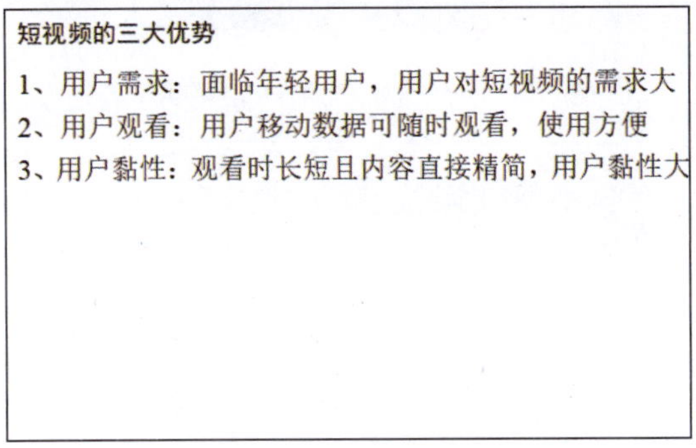
短视频的三大优势
1、用户需求：面临年轻用户，用户对短视频的需求大
2、用户观看：用户移动数据可随时观看，使用方便
3、用户黏性：观看时长短且内容直接精简，用户黏性大

图 2-22　打开素材文件

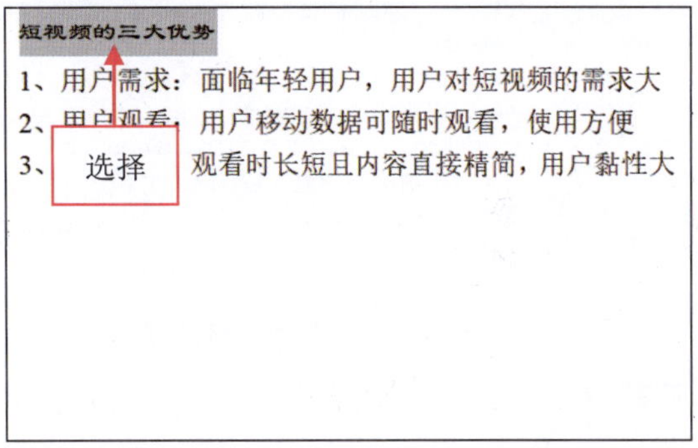
短视频的三大优势
1、用户需求：面临年轻用户，用户对短视频的需求大
2、用户观看：用户移动数据可随时观看，使用方便
3、用户黏性：观看时长短且内容直接精简，用户黏性大
选择

图 2-23　选择设置字体文本内容

Step 03 单击“开始”菜单，❶在“字体”选项板中单击“字体”右侧的下三角按钮；❷在弹出的下拉列表框中选择“隶书”选项，如图 2-24 所示。

Step 04 用与上述同样的方法，❶在“字体”选项板中单击“字号”右侧的下三角按钮；❷在弹出的下拉列表框中选择“字号”为“小初”，如图 2-25 所示。执行上述操作后，即可查看设置后字体和字号效果。

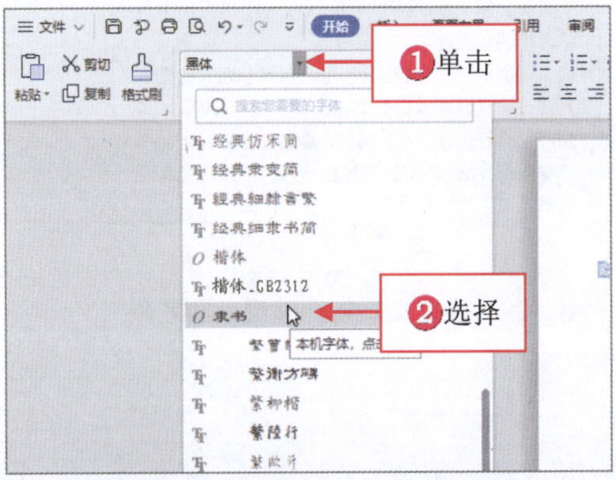
开始
黑体
❶单击
❷选择
隶书

图 2-24　选择“隶书”选项

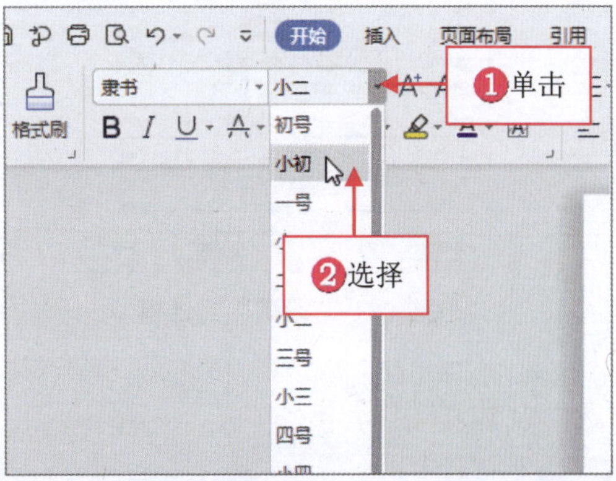
开始
插入
页面布局
引用
隶书
小二
❶单击
格式刷
初号
小初
一号
❷选择
三号
小三
四号

图 2-25　选择“字号”为“小初”

2.3.2 设置文本首行缩进

设置文本首行缩进

段落缩进的样式设置有首行缩进和悬挂缩进两种。下面介绍了设置文本首行缩进的操作方法。

Step 01 单击“文件”|“打开”命令，打开素材文件“素材\第2章\2.3.2.wps”，如图 2-26 所示。

Step 02 在编辑区中选择需要设置首行缩进的文本内容，如图 2-27 所示。

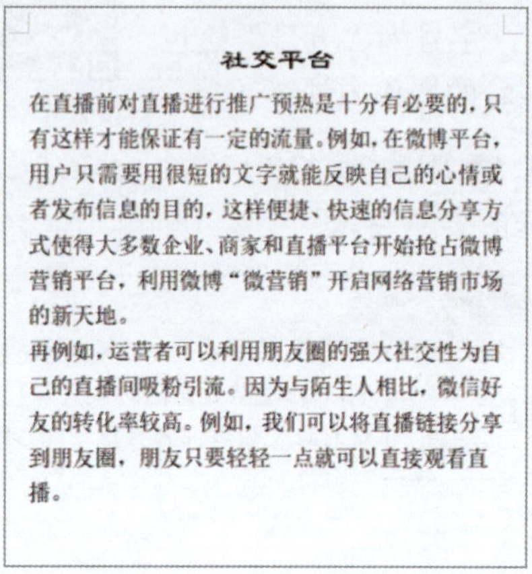

社交平台

在直播前对直播进行推广预热是十分有必要的，只有这样才能保证有一定的流量。例如，在微博平台，用户只需要用很短的文字就能反映自己的心情或者发布信息的目的，这样便捷、快速的信息分享方式使得大多数企业、商家和直播平台开始抢占微博营销平台，利用微博“微营销”开启网络营销市场的新天地。

再例如，运营者可以利用朋友圈的强大社交性为自己的直播间吸粉引流。因为与陌生人相比，微信好友的转化率较高。例如，我们可以将直播链接分享到朋友圈，朋友只要轻轻一点就可以直接观看直播。

图 2-26 打开素材文件

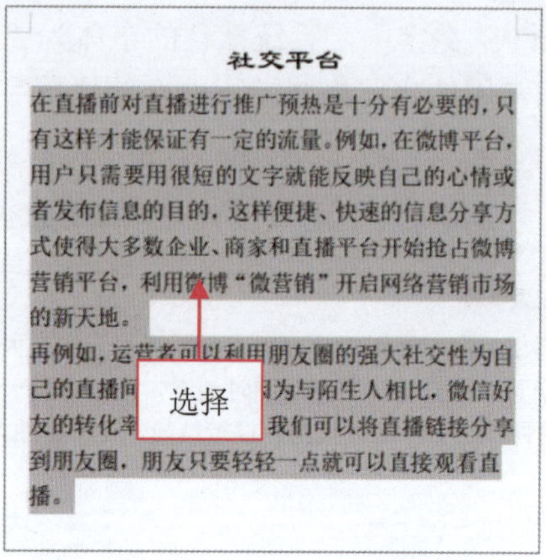

社交平台

在直播前对直播进行推广预热是十分有必要的，只有这样才能保证有一定的流量。例如，在微博平台，用户只需要用很短的文字就能反映自己的心情或者发布信息的目的，这样便捷、快速的信息分享方式使得大多数企业、商家和直播平台开始抢占微博营销平台，利用微博“微营销”开启网络营销市场的新天地。

再例如，运营者可以利用朋友圈的强大社交性为自己的直播间吸粉引流。因为与陌生人相比，微信好友的转化率较高。例如，我们可以将直播链接分享到朋友圈，朋友只要轻轻一点就可以直接观看直播。

图 2-27 选择设置首行缩进文本内容

Step 03 单击“开始”菜单，单击“段落”按钮，弹出“段落”对话框，在“缩进”选项区中设置“特殊格式”为“首行缩进”，如图 2-28 所示。

Step 04 单击“确定”按钮，即可设置文本首行缩进，效果如图 2-29 所示。

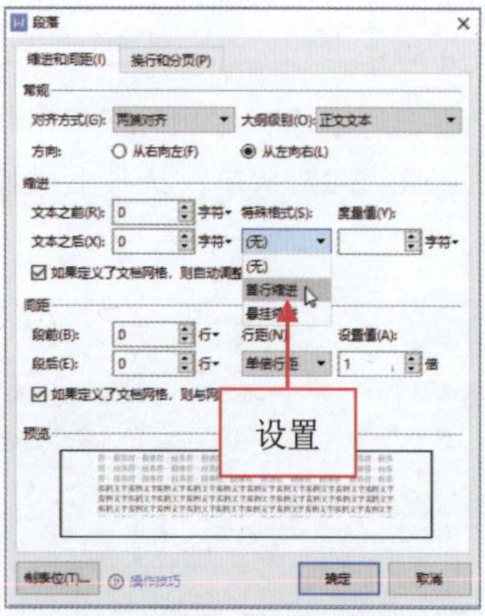

图 2-28 “段落”对话框

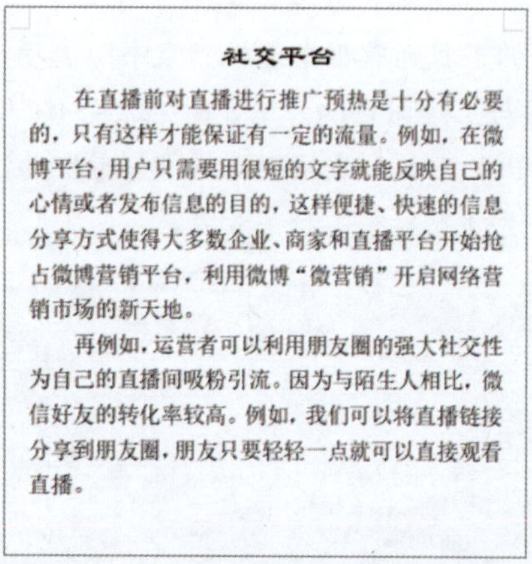

社交平台

在直播前对直播进行推广预热是十分有必要的，只有这样才能保证有一定的流量。例如，在微博平台，用户只需要用很短的文字就能反映自己的心情或者发布信息的目的，这样便捷、快速的信息分享方式使得大多数企业、商家和直播平台开始抢占微博营销平台，利用微博“微营销”开启网络营销市场的新天地。

再例如，运营者可以利用朋友圈的强大社交性为自己的直播间吸粉引流。因为与陌生人相比，微信好友的转化率较高。例如，我们可以将直播链接分享到朋友圈，朋友只要轻轻一点就可以直接观看直播。

图 2-29 设置文本首行缩进后的效果

2.3.3 设置项目符号

项目符号一般在表述并列意思的情况下使用，创建项目符号后，能够使文档结构更加清晰，便于阅读。下面介绍设置项目符号的操作方法。

Step 01　单击“文件”|“打开”命令，打开素材文件“素材\第 2 章\2.3.3.wps”，如图 2-30 所示。

Step 02　在编辑区中选择需要设置项目符号的文本内容，如图 2-31 所示。

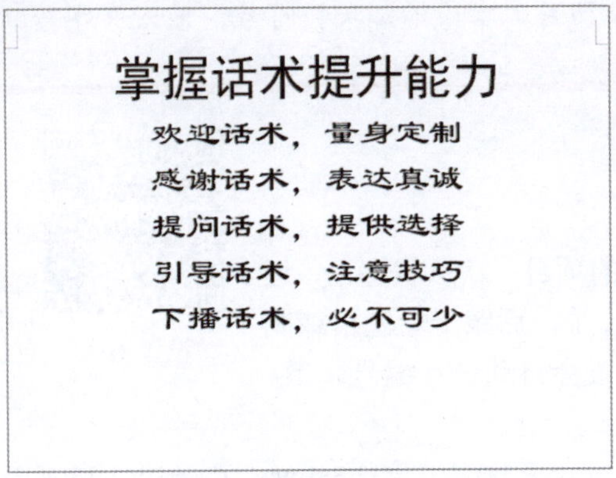

图 2-30　打开素材文件

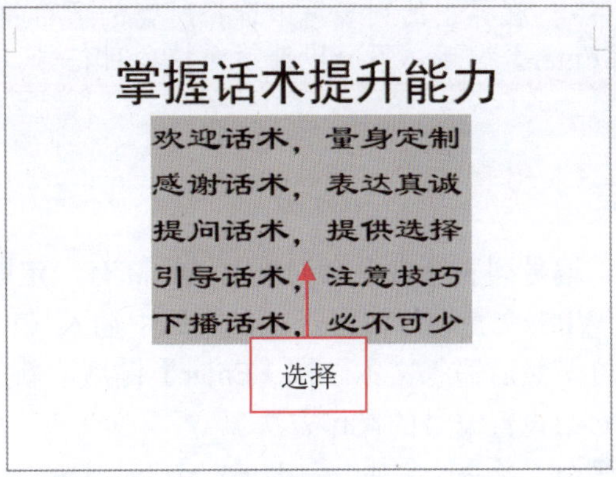

图 2-31　选择设置项目符号的文本内容

Step 03　单击“开始”菜单，在功能区中单击“项目符号”右侧的下拉按钮，在弹出的列表框中，选择“自定义项目符号”选项，如图 2-32 所示。

Step 04　弹出“项目符号和编号”对话框，在项目符号选项区中，❶选择相应选项；❷单击“确定”按钮，如图 2-33 所示。

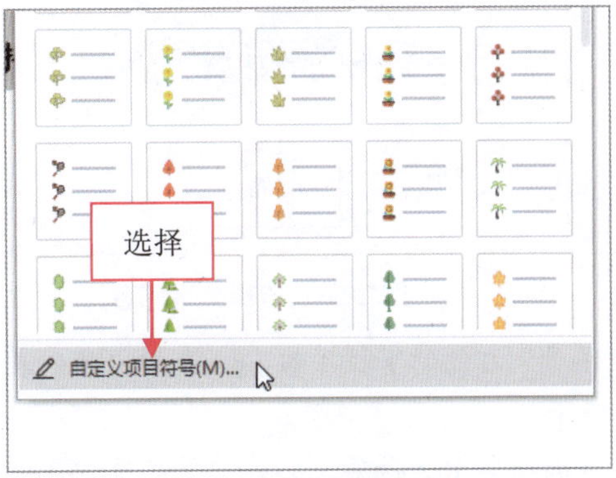

图 2-32　选择“自定义项目符号”选项

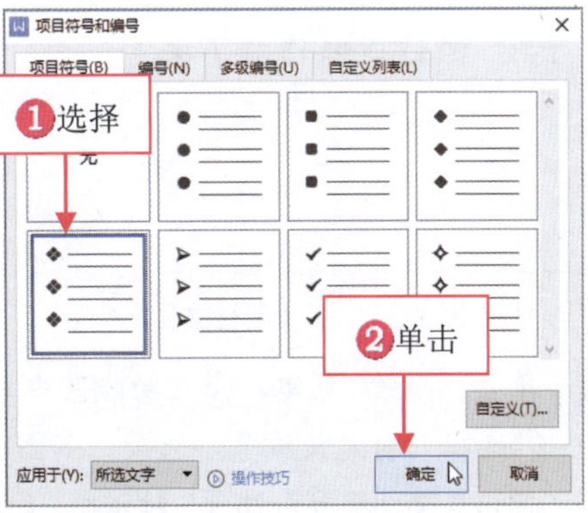

图 2-33　单击“确定”按钮

Step 05　执行上述操作后，即可设置项目符号，效果如图 2-34 所示。

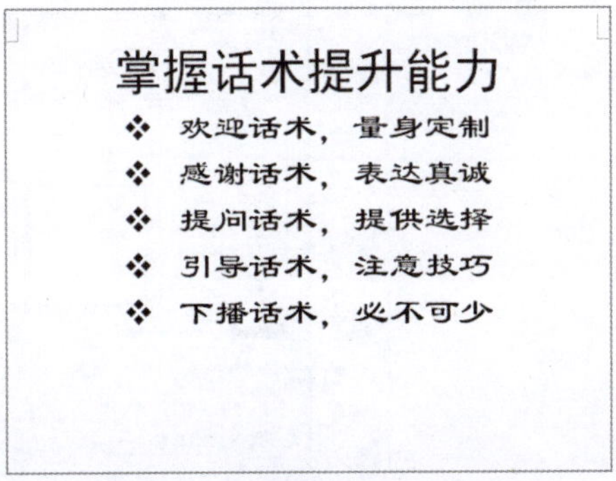

图 2-34　设置项目符号后的效果

> ▶ 专家指点
>
> 在新起一个段落后，切换至“开始”面板，在“段落”选项区中单击“项目符号”按钮☰；在弹出的列表框中选择所需的项目符号，即可为本段添加项目符号。输入文字按【Enter】键后，下一段继续保持项目符号。

2.3.4 设置编号

设置编号

编号列表经常用来创建由低到高有一定顺序的项目。默认状态下，运用 WPS 文字进行编辑时，在文档中输入（1）、1. 等，后跟一个空格或制表位，然后输入文本。按【Enter】键后，新的一段会自动进行编号。下面介绍设置编号的操作方法。

Step 01 单击“文件”|“打开”命令，打开素材文件“素材\第 2 章\2.3.4.wps”，如图 2-35 所示。

Step 02 在编辑区中选择需要设置编号的文本内容，如图 2-36 所示。

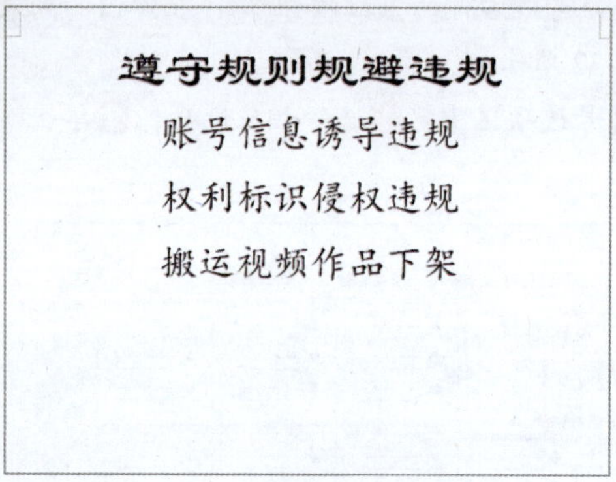

图 2-35 打开素材文件

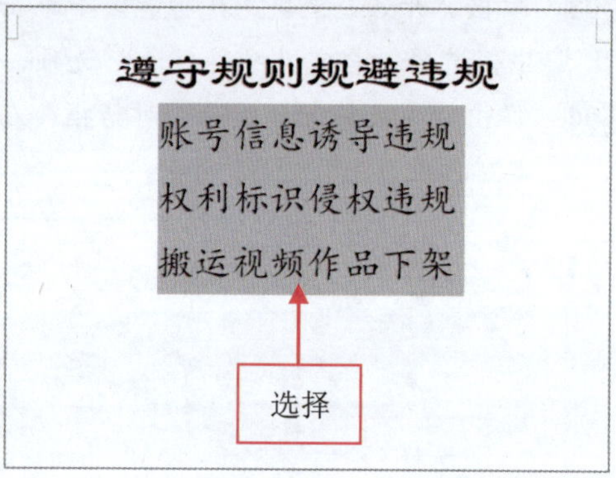

图 2-36 选择文本内容

Step 03 单击“开始”菜单，❶在功能区中单击“编号”右侧的下拉按钮☰▾，在弹出的列表框中，❷选择“自定义编号”选项，如图 2-37 所示。

Step 04 弹出“项目符号和编号”对话框，❶在编号选项区中选择第二排第二个选项；❷单击“确定”按钮，如图 2-38 所示。

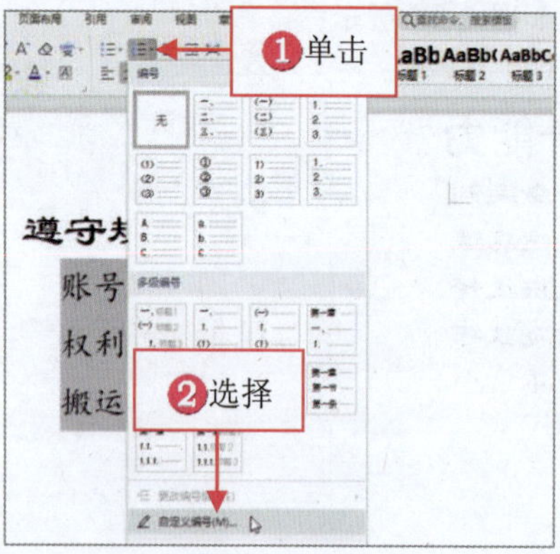

图 2-37 选择“自定义编号”选项

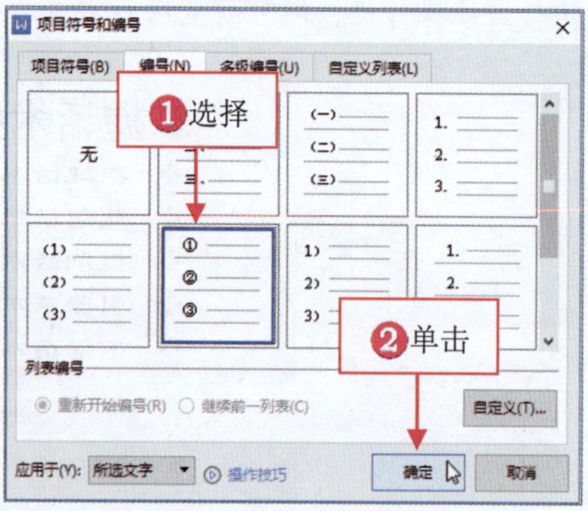

图 2-38 单击“确定”按钮

Step 05　执行上述操作后，即可设置编号，效果如图 2-39 所示。

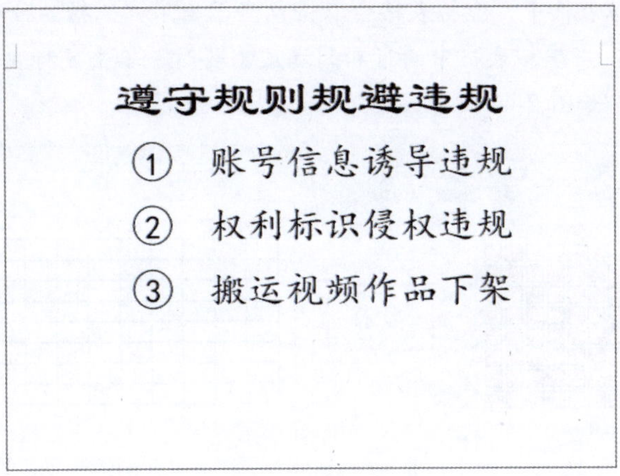

图 2-39　最终效果

2.4　创建与编辑表格

在 WPS 文字中表格也是常用的一种，不仅可以简化地表达出文字，还可以使文档排版更加美观。本节主要介绍创建空白表格、合并单元格以及拆分单元格的操作方法。

2.4.1　创建空白表格

创建空白表格

在使用表格前，首先需要插入和创建表格。WPS 的表格以单元格为中心组织信息，一张表是由多个单元格组成的。下面介绍创建空白表格的操作方法。

Step 01　在 WPS Office 工作界面中，新建一个 WPS 文字文档，单击“插入”菜单，如图 2-40 所示。

Step 02　在功能区中单击“表格”下拉按钮，如图 2-41 所示。

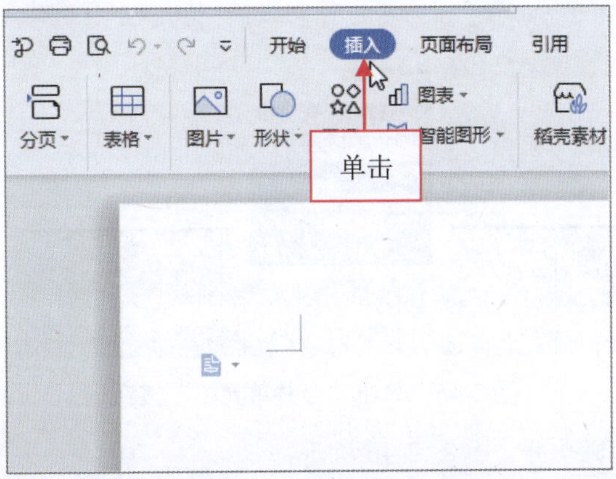

图 2-40　单击“插入”菜单

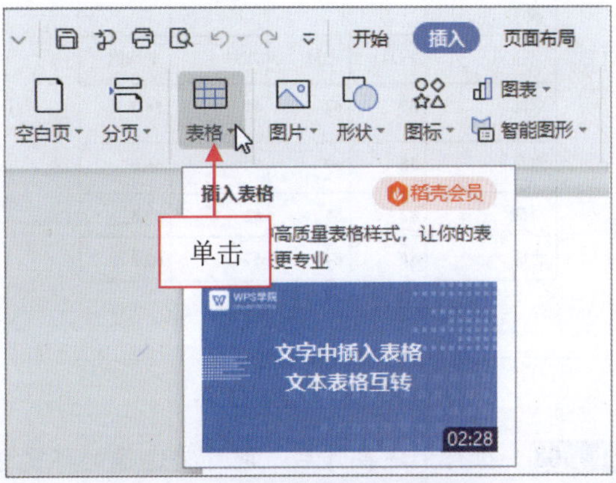

图 2-41　单击“表格”下拉按钮

Step 03 执行上述操作后，在弹出的下拉列表中有一个由 8 行 17 列方格组成的虚拟表格，将鼠标指针指向此虚拟表格中，虚拟表格会以橙色显示出用户选择的行和列，如图 2-42 所示。

Step 04 移动鼠标指针，当虚拟表格中的行和列满足需要时，单击鼠标左键，即可在页面中创建一个空白表格，如图 2-43 所示。

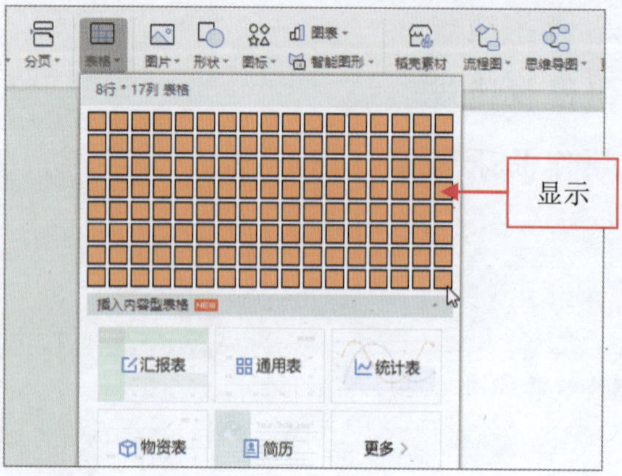

图 2-42　显示选择行和列

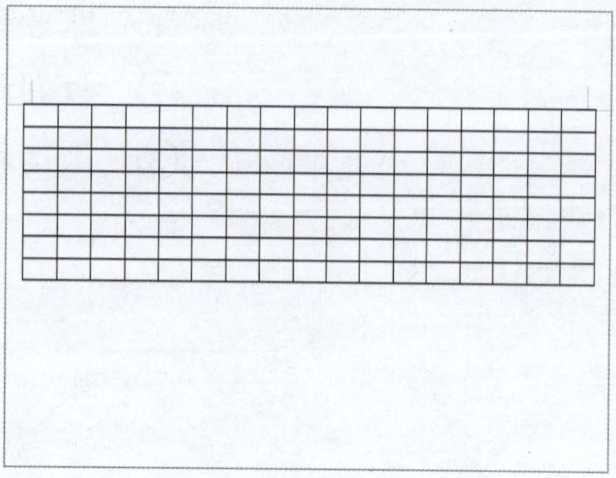

图 2-43　创建一个空白表格

2.4.2　合并单元格

有时为了方便编辑表格中的数据，可以将多个单元格合并成一个单元格。下面介绍合并单元格的操作方法。

合并单元格

Step 01 单击“文件”|“打开”命令，打开素材文件“素材\第 2 章\2.4.2.wps”，如图 2-44 所示。

Step 02 在表格中选择需要合并的单元格，单击“表格工具”菜单，在功能区中单击“合并单元格”按钮，如图 2-45 所示。

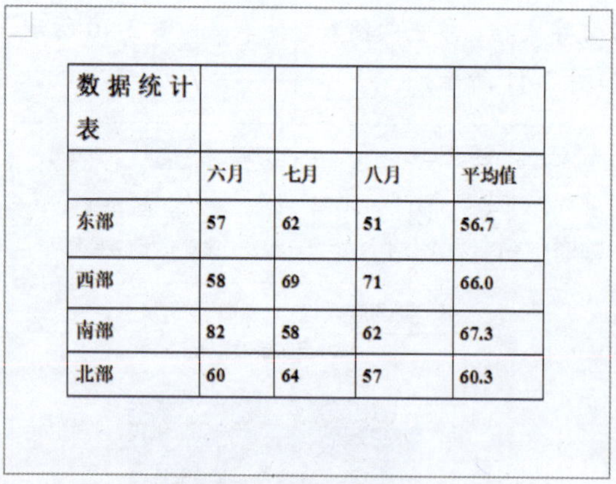

数据统计表				
	六月	七月	八月	平均值
东部	57	62	51	56.7
西部	58	69	71	66.0
南部	82	58	62	67.3
北部	60	64	57	60.3

图 2-44　打开素材文件

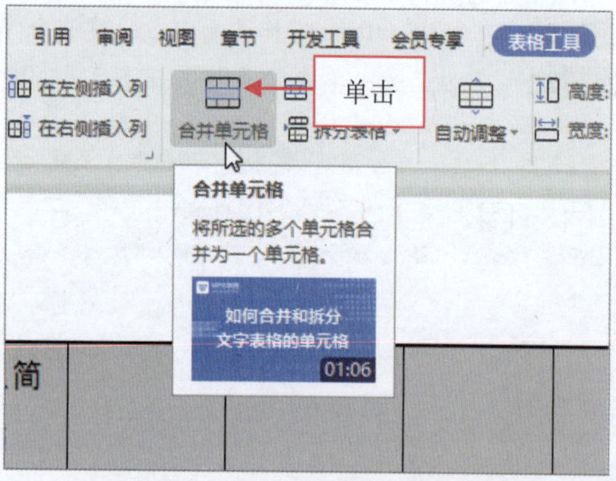

图 2-45　单击“合并单元格”按钮

Step 03 执行上述操作后，即可将选择的单元格区域合并，如图 2-46 所示。

Step 04 通过拖曳的方式选择表格中的数据，❶单击“对齐方式”按钮，在弹出的下拉列表中；❷选择“水平居中”选项，如图 2-47 所示。

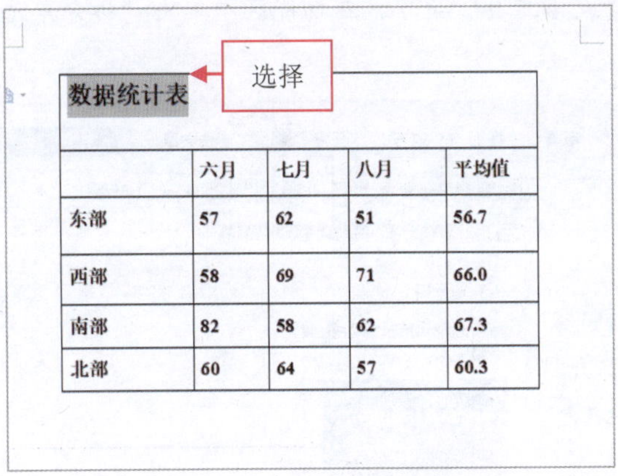

数据统计表				
	六月	七月	八月	平均值
东部	57	62	51	56.7
西部	58	69	71	66.0
南部	82	58	62	67.3
北部	60	64	57	60.3

图 2-46　选择合并单元格区域

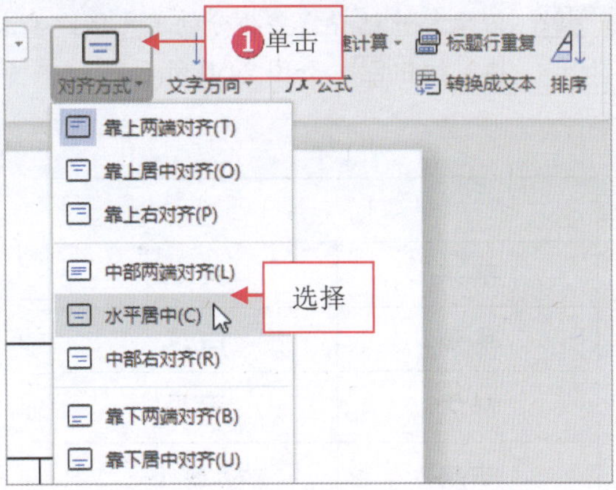

图 2-47　选择“水平居中”选项

> ▶ **专家指点**
>
> 选择需要合并的单元格，单击鼠标右键，在弹出的快捷菜单中选择“合并单元格”选项，也可合并单元格。

Step 05　执行上述操作后，即可将选择的数据区域居中显示，效果如图 2-48 所示。

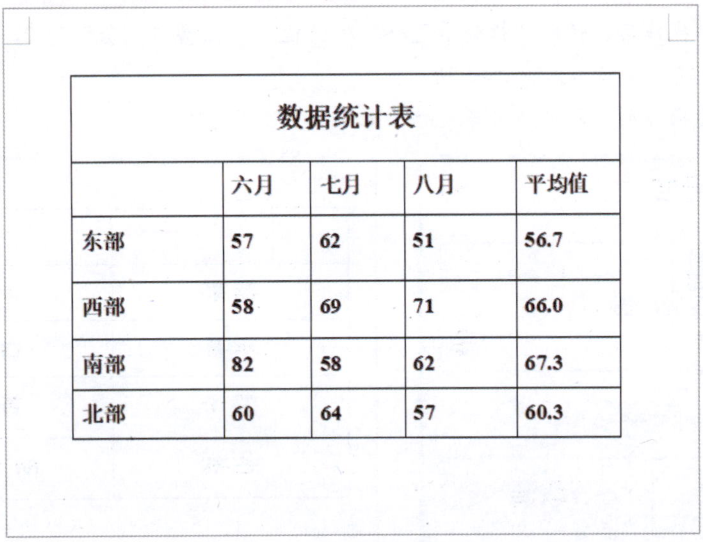

数据统计表				
	六月	七月	八月	平均值
东部	57	62	51	56.7
西部	58	69	71	66.0
南部	82	58	62	67.3
北部	60	64	57	60.3

图 2-48　合并单元格

2.4.3　拆分单元格

拆分单元格

除了使用拆分表格功能把一个表格拆分为两个表格外，WPS Word 2019 中还提供了一个“拆分单元格”选项。允许把一个单元格拆分为多个单元格，这样就能达到增加行数和列数的目的，下面介绍拆分单元格的操作方法。

Step 01 单击“文件”|“打开”命令，打开素材文件“素材\第 2 章\2.4.3.wps”，如图 2-49 所示。

Step 02 在表格中选择需要拆分的单元格，单击“表格工具”菜单，在功能区中单击“拆分单元格”按钮，如图 2-50 所示。

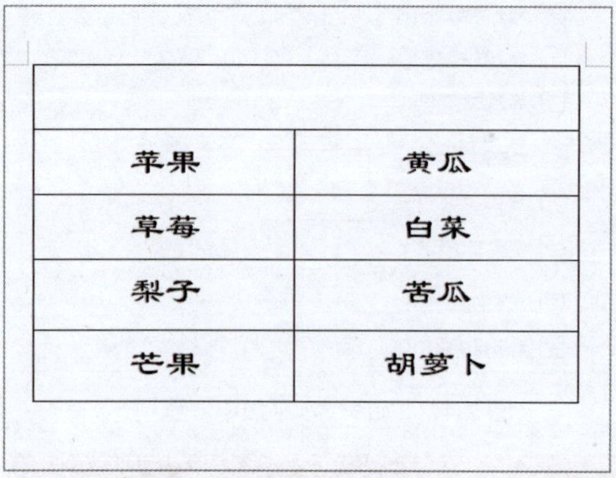

图 2-49　打开素材文件

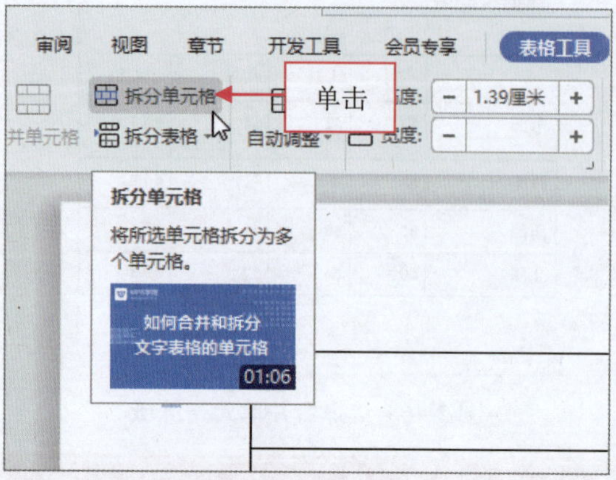

图 2-50　单击“拆分单元格”按钮

▶ 专家指点

选择需要合并的单元格，单击鼠标右键，在弹出的快捷菜单中选择“拆分单元格”选项，也可拆分单元格。

Step 03 执行上述操作后，弹出“拆分单元格”对话框，❶设置“列数”为 2，“行数”为 1；❷单击“确定”按钮，如图 2-51 所示。

Step 04 执行上述操作后，即可拆分单元格，效果如图 2-52 所示。

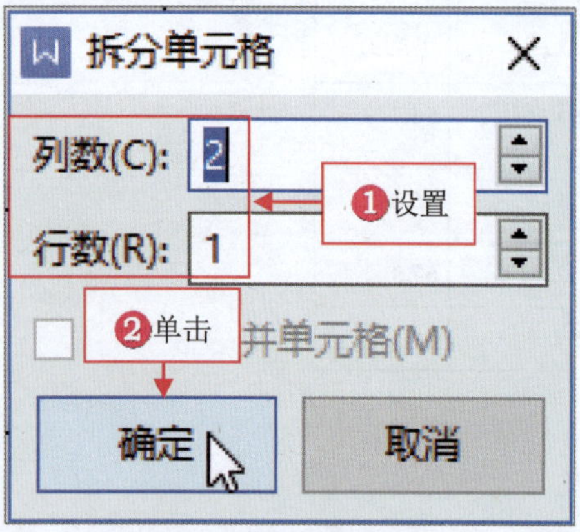

图 2-51　选择合并单元格区域

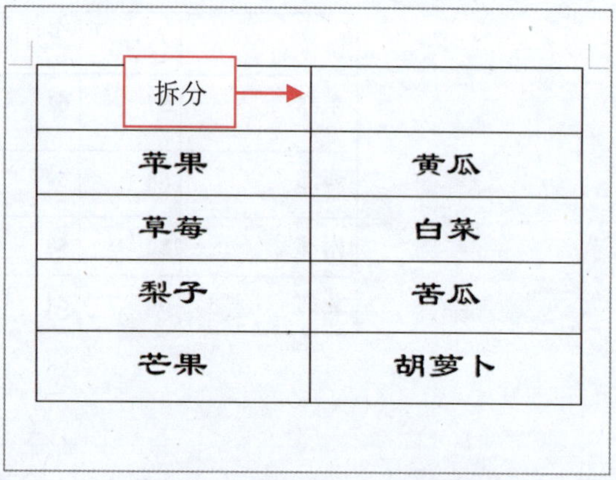

图 2-52　拆分单元格后的效果

Step 05 将光标定位在拆分后的第 1 个单元格位置，并在其中输入相应内容，然后按【→】箭头，将光标定位在右侧的单元格中，输入相应内容，效果如图 2-53 所示。

Step 06 选择输入的内容，设置“字体”为“隶书”，设置“字号”为“小初”，设置“字体颜色”为“红色”，效果如图 2-54 所示。

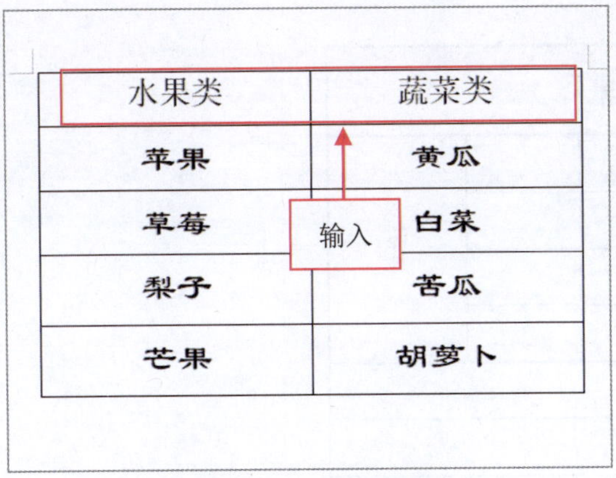

图 2-53　输入相应内容

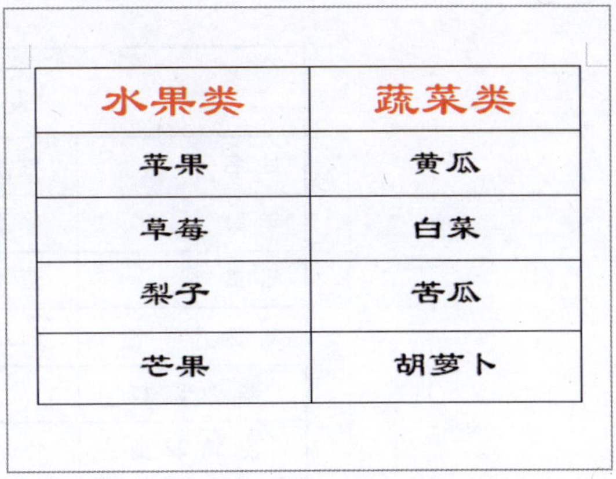

图 2-54　设置字体样式

2.5　美化表格的方法

表格的默认样式千篇一律，会给人们带来视觉上的疲劳。为了让表格更加有灵魂、更美观，可以在创建表格的时候进行格式设置。本节主要介绍设置文字方向、对齐方式以及应用内置样式的操作方法。

2.5.1　设置文字方向

设置文字方向

设置文字方向是指将水平排列的文本变成垂直排列的文本，也可以使垂直排列的文本变成水平排列的文本，下面介绍设置文字方向的操作方法。

Step 01　单击“文件”|“打开”命令，打开素材文件“素材\第 2 章\2.5.1.wps”，如图 2-55 所示。

Step 02　单击“表格工具”菜单，❶在功能区中单击“文字方向”下拉按钮，在弹出的列表框中；❷选择“垂直方向从左往右”选项，如图 2-56 所示。

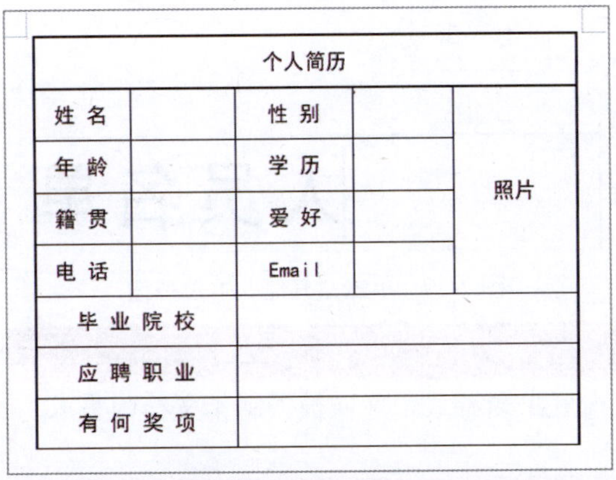

图 2-55　打开素材文件

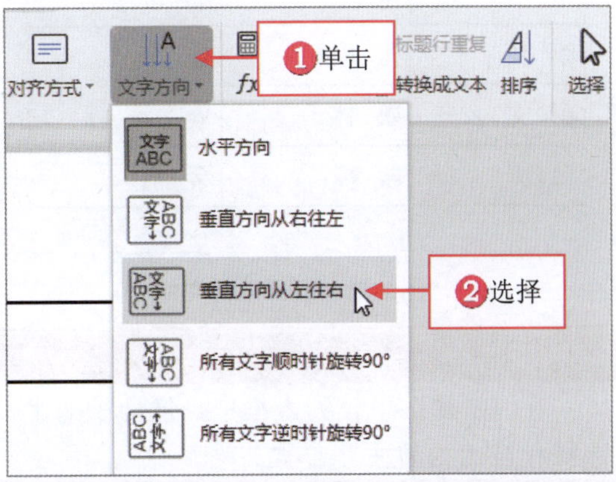

图 2-56　选择“垂直方向从左往右”选项

Step 03　执行上述操作后，即可设置文字方向，效果如图 2-57 所示。

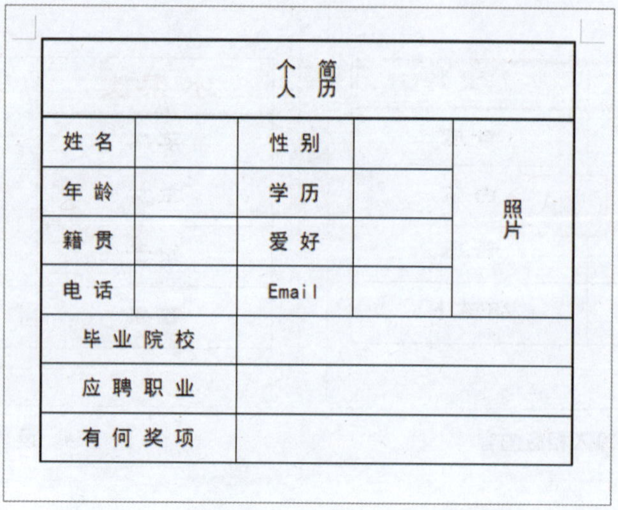

个人简历				
姓 名		性 别		照片
年 龄		学 历		
籍 贯		爱 好		
电 话		Email		
毕 业 院 校				
应 聘 职 业				
有 何 奖 项				

图 2-57　设置文字方向

2.5.2　应用内置样式

WPS 文字提供了很多丰富多彩的样式，如果需要快速设置应用内置的表格样式，可以直接使用 WPS 文字中自带的内置样式效果。下面介绍应用内置样式的具体操作方法。

应用内置样式

Step 01　单击“文件”|“打开”命令，打开素材文件“素材\第 2 章\2.5.2.wps”，如图 2-58 所示。

Step 02　❶单击“表格样式”菜单；❷在功能选项区中单击“其他”下拉按钮，如图 2-59 所示。

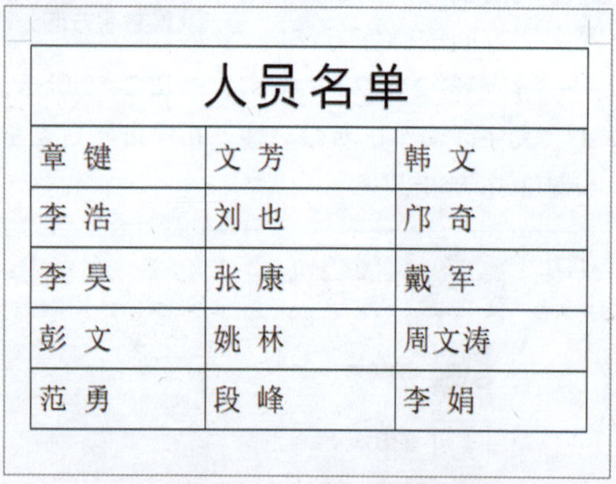

人员名单		
章 键	文 芳	韩 文
李 浩	刘 也	邝 奇
李 昊	张 康	戴 军
彭 文	姚 林	周文涛
范 勇	段 峰	李 娟

图 2-58　打开素材文件

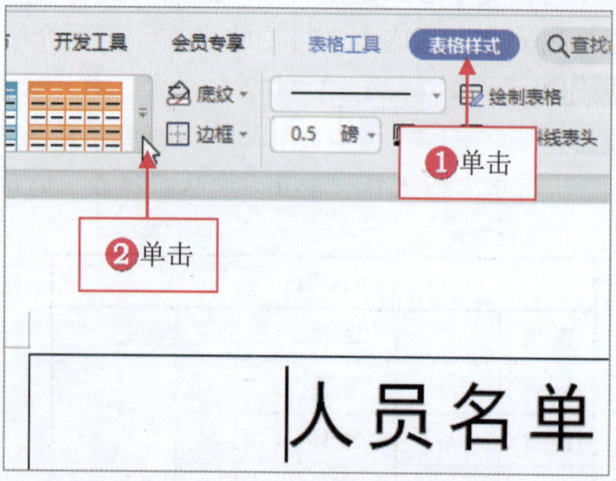

图 2-59　单击“其他”下拉按钮

> **▶ 专家指点**
>
> 在“主题”下拉列表框中，包含了七十一种内置主题样式，可以根据制作文档的需求，选择相应的内置主题样式。

Step 03　在弹出的下拉列表框中，选择相应选项，如图 2-60 所示。

Step 04　执行上述操作后，即可设置文档中的内置样式，效果如图 2-61 所示。

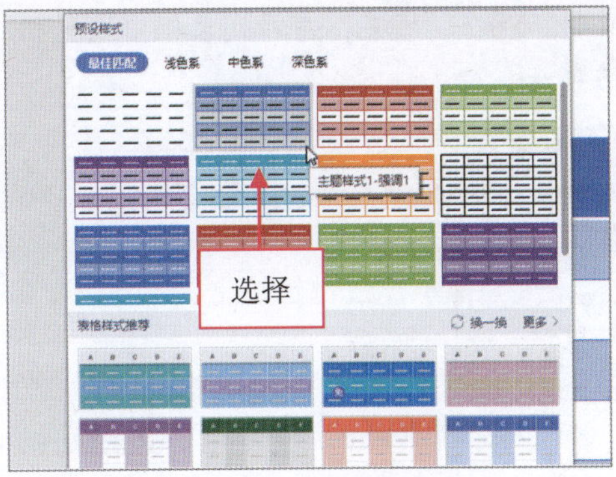

图 2-60　选择相应选项

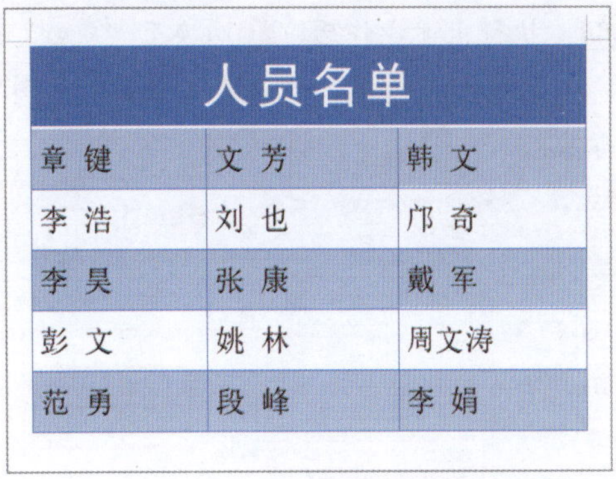

人员名单		
章　键	文　芳	韩　文
李　浩	刘　也	邝　奇
李　昊	张　康	戴　军
彭　文	姚　林	周文涛
范　勇	段　峰	李　娟

图 2-61　设置内置样式后的效果

2.5.3　设置边框与底纹效果

在 WPS 表格中，如果对应用内置的表格样式感到不满意，也可以自定义表格的边框与底纹效果。下面介绍设置边框与底纹效果的操作方法。

设置边框与底纹效果

Step 01　单击“文件”|“打开”命令，打开素材文件“素材\第 2 章\2.5.3.wps”，如图 2-62 所示。

Step 02　❶在功能选项区单击“边框”下拉按钮；❷在弹出的列表框中选择“边框和底纹”选项，如图 2-63 所示。

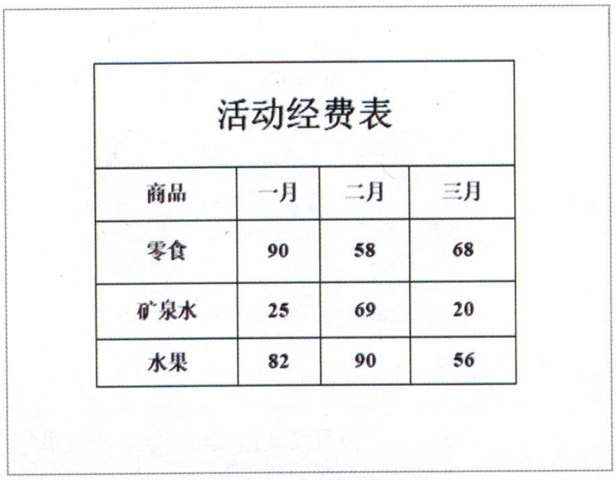

活动经费表			
商品	一月	二月	三月
零食	90	58	68
矿泉水	25	69	20
水果	82	90	56

图 2-62　打开素材文件

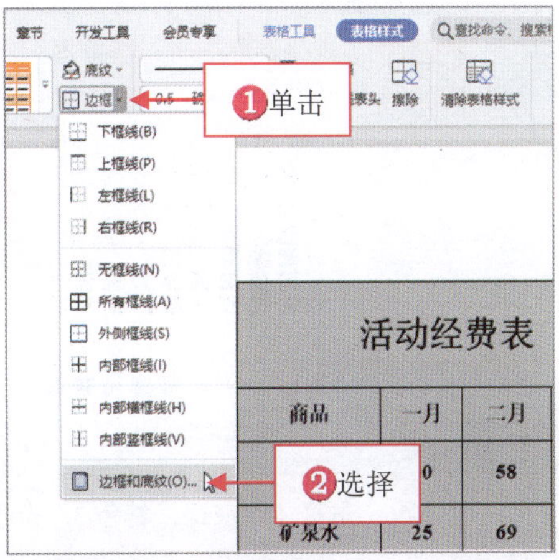

图 2-63　选择“边框和底纹”选项

> **▶ 专家指点**
>
> 单击“边框”按钮可以给选定的文字加上各种单线框，而单击“字符边框”按钮，只能给所选择的文本内容加上系统设定的边框，以突出显示文本。

Step 03　弹出“边框和底纹”对话框，❶在“边框”选项卡的设置组中选择“方框”选项；❷在“线型”列表框中选择相应线条类型；❸设置相应颜色和宽度；❹在“预览”栏中单击相应按钮，如图 2-64 所示。

Step 04 执行上述操作后，❶切换至“底纹”选项卡；❷在“填充”下拉列表框中设置相应的填充颜色；❸单击“确定”按钮，如图 2-65 所示。

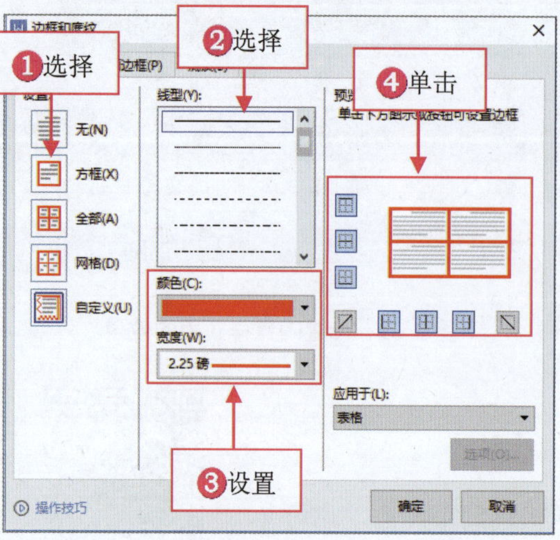

图 2-64 “边框和底纹”对话框

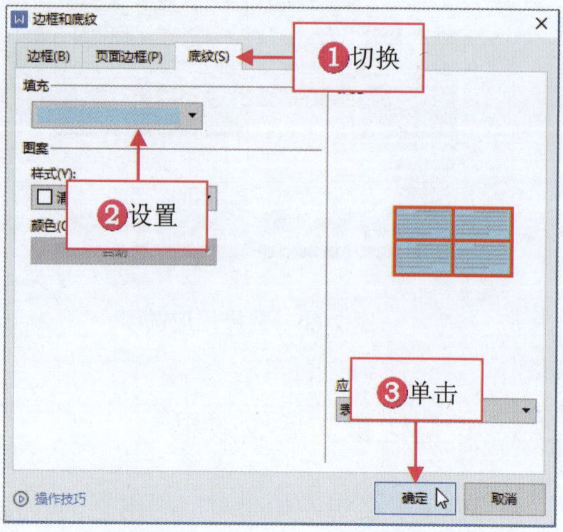

图 2-65 单击“确定”按钮

Step 05 选中第 2 行表格，❶单击“表格样式”中的“底纹”下拉按钮；❷在弹出的下拉列表框中选择“深灰绿，着色 3”选项，如图 2-66 所示。

Step 06 执行上述操作后，即可查看设置的边框和底纹后的效果，如图 2-67 所示。

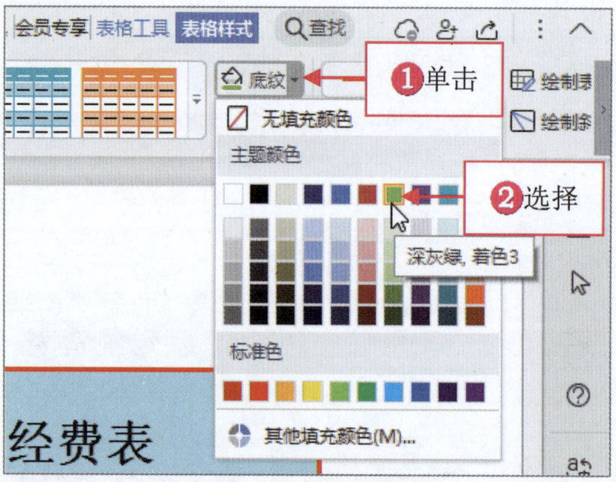

图 2-66 选择“深灰绿，着色 3”选项

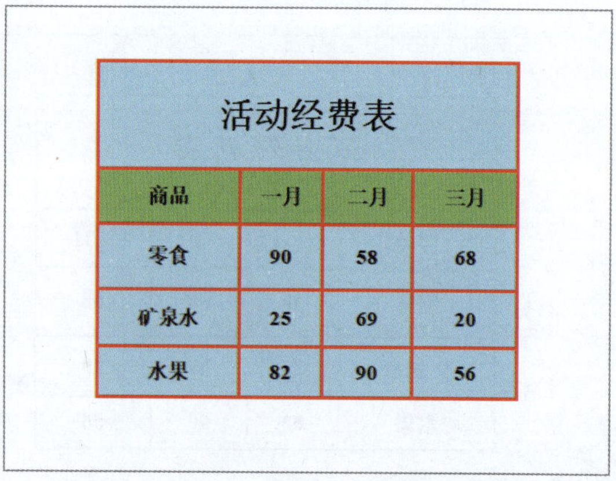

活动经费表			
商品	一月	二月	三月
零食	90	58	68
矿泉水	25	69	20
水果	82	90	56

图 2-67 设置文本边框和底纹后的效果

本章小结

本章首先介绍了录入办公文档的基本操作，包括文档以及公式的录入方法；其次介绍了编辑文档内容的方法，包括复制、粘贴、查找以及替换等内容；再次介绍了设置文档格式的方法；最后介绍了创建与编辑表格、美化表格的方法。通过本章的学习，希望读者可以灵活运用学到的技法，设计并制作精美的表格。

本章习题

本章习题

本章重点介绍了 WPS 文字文档的录入、编辑以及格式设置等内容，本节将通过上机练习题，对本章的知识点进行回顾。

打开“素材\第 2 章”文件夹下的 2.7.wps 素材，如图 2-68 所示。设置 2.7.wps 素材的首字下沉，效果如图 2-69 所示。

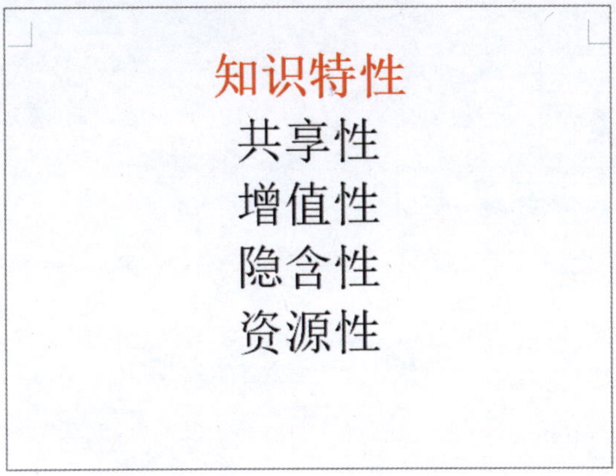

图 2-68　打开素材文件

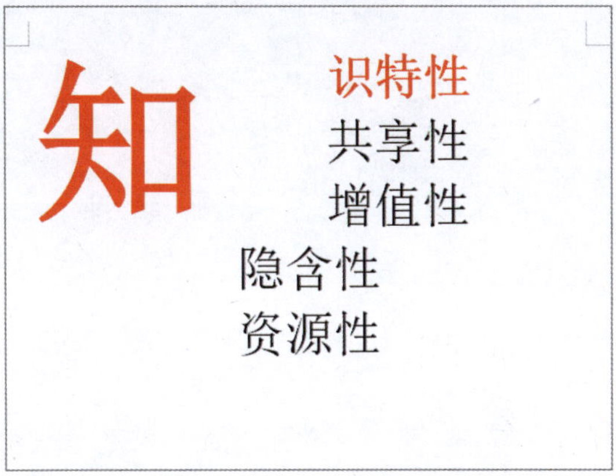

图 2-69　设置首字下沉后的效果

第 3 章 编排图文、美化文档

3

当使用 WPS 文字文档时，加入图片或图形后，不仅能增加文档可读性还能让文档更加美观。本章主要介绍设置图文混排、设置形状图形、创建封面和目录、审阅与修订、设置页面与打印等内容的操作方法，希望读者可以熟练掌握。

本章重点

- 设置图文混排
- 设置形状图形
- 创建封面和目录
- 审阅与修订
- 设置页面与打印

3.1　设置图文混排

一篇文档如果只有文字，阅读起来会令人感到十分单调。如果在文档中插入各种形式的图片，不仅可以增加文档的可读性，还能提高文档的感染力。本节主要介绍插入图片以及裁剪图片的操作方法，希望读者通过本节的学习，可以在文档中实现图文的混合编辑，从而美化文本文档，提升文档质量。

3.1.1　插入图片

插入图片

在 WPS 文字文档中插入图片，既可以插入来自文件的图片，还可以插入很多种不同格式的图片，如 JPEG、CDR、BMP 和 TIFF 等格式。下面介绍插入图片的操作方法。

Step 01 单击“文件”|“打开”命令，打开素材文件“素材\第 3 章\3.1.1.wps”，如图 3-1 所示。

Step 02 将光标定位于要插入图片的位置，❶单击“插入”菜单；❷在功能区中单击“图片”按钮，如图 3-2 所示。

图 3-1　打开素材文件

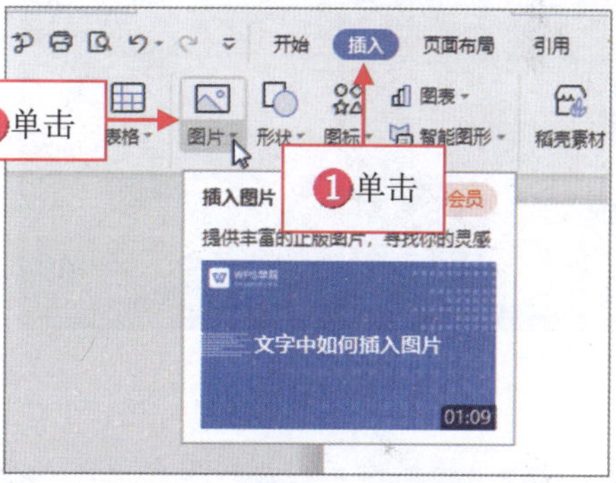

图 3-2　单击“图片”按钮

Step 03 执行上述操作后，弹出“插入图片”对话框，在其中选择需要插入文档中的图片，如图 3-3 所示。

Step 04 单击“打开”按钮，即可将图片插入到 WPS 文字中，效果如图 3-4 所示。

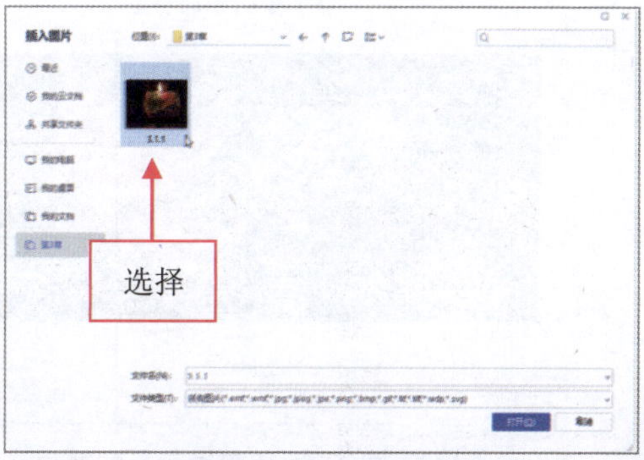

图 3-3　选择相应选项

图 3-4　插入图片后的效果

▶ 专家指点

除了可以从当前本地插入图片外，还可以从扫描仪或手机传图中插入图片。若想直接从扫描仪或手机传图中插入图片，首先必须确认设备是 TWAIN（扫描仪驱动程序）或手机微信扫描二维码兼容的设备，并且与计算机是正常连接的。

3.1.2 裁剪图片

裁剪图片

在文档插入图片后，可以设置图片的大小、环绕方式、对齐方式以及裁剪图片等格式。下面介绍设置裁剪图片的操作方法。

Step 01 单击“文件”|“打开”命令，打开素材文件“素材\第 3 章\3.1.2.wps”，如图 3-5 所示。

Step 02 在编辑区中选择需要设置裁剪的图片，单击“图片工具”菜单，在功能区中单击“裁剪”按钮，如图 3-6 所示。

图 3-5　打开素材文件

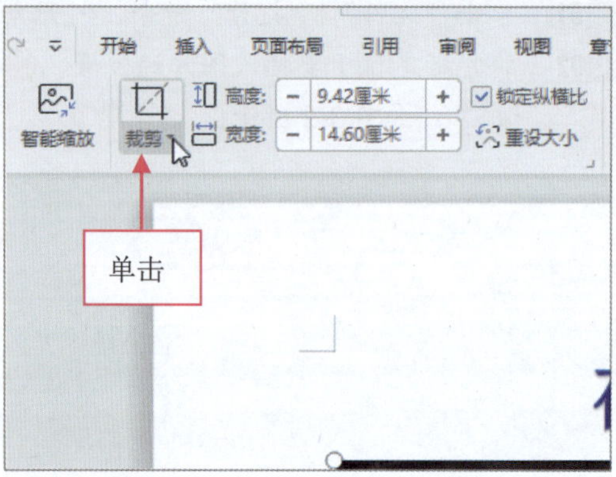

图 3-6　单击“裁剪”下拉按钮

Step 03 执行上述操作后图片四周会出现八个裁剪控制点，将光标移动到控制点上，按住鼠标左键将控制点拖曳至合适位置，释放鼠标左键，如图 3-7 所示。

Step 04 执行上述操作后，即可裁剪图片，效果如图 3-8 所示。

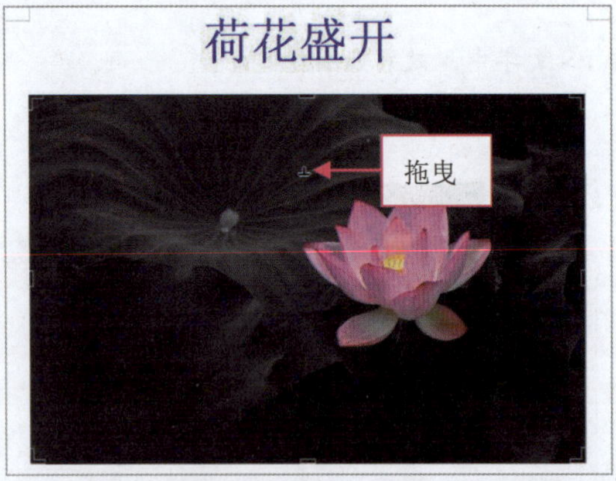

图 3-7　拖曳至合适位置

图 3-8　裁剪图片后的效果

3.2　设置形状图形

本节主要介绍绘制图片形状、绘制文本框、设置艺术字、设置智能图形以及制作条形码等操作方法。

3.2.1　绘制图片形状

在 WPS 文字中，为了使图片更加美观，可以给图片添加各种样式，其操作方法比其他专业的图片处理软件更简单。下面介绍绘制图片形状的操作方法。

绘制图片形状

Step 01　单击“文件”|“打开”命令，打开素材文件“素材\第 3 章\3.2.1.wps”，如图 3-9 所示。

Step 02　❶单击“插入”菜单；❷在功能区中单击“形状”下拉按钮，如图 3-10 所示。

图 3-9　打开素材文件

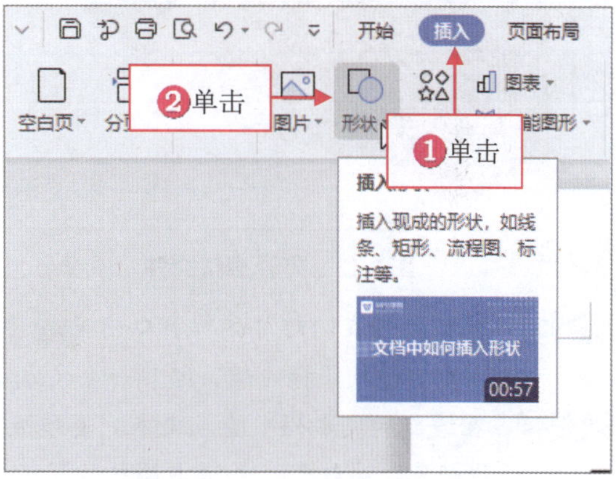

图 3-10　单击“形状”下拉按钮

Step 03　弹出列表框，在“基本形状”选项板中，选择“椭圆”选项，如图 3-11 所示。

Step 04　执行上述操作后，鼠标指针呈⊞形状显示，按住鼠标左键拖曳至合适位置处，释放鼠标左键，即可绘制形状样式，效果如图 3-12 所示。

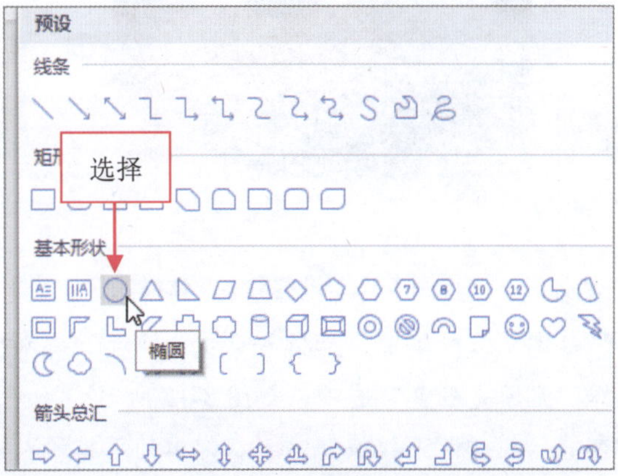

图 3-11　选择“椭圆”选项

图 3-12　绘制形状样式效果

3.2.2 绘制文本框

在 WPS 文档中有三种形式的文本框，横向、竖向以及多行文字文本框，分别是设置水平方向的文字和垂直方向的文字。下面介绍绘制文本框的操作方法。

绘制文本框

Step 01 单击“文件”|“打开”命令，打开素材文件“素材\第 3 章\3.2.2.wps”，如图 3-13 所示。

Step 02 单击“插入”菜单，❶在功能区中单击“文本框”下拉按钮；❷在弹出的列表框中选择“竖向”选项，如图 3-14 所示。

图 3-13 打开素材文件

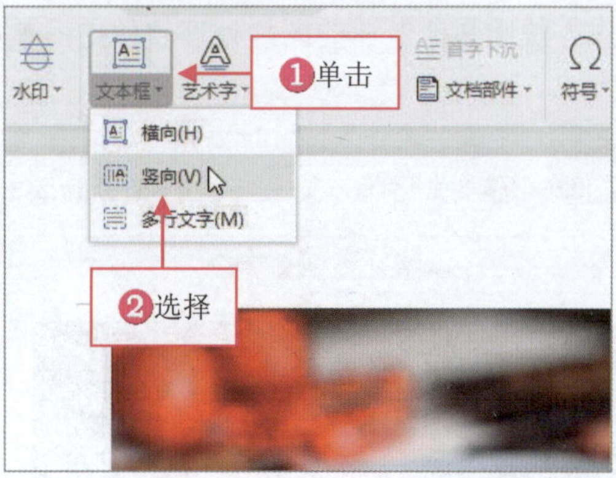

图 3-14 选择“竖向”选项

Step 03 鼠标指针在幻灯片编辑窗口中呈十箭头形状显示时，按住鼠标左键并向右拖曳，至合适位置后释放鼠标左键，绘制一个文本框，如图 3-15 所示。

Step 04 在绘制的文本框中输入文本“蛋炒饭”，并设置“字体”为“隶书”、“字号”为 36、“字体颜色”为红色，并适当调整位置，如图 3-16 所示。

图 3-15 绘制一个文本框

图 3-16 设置文本字体样式

Step 05 在编辑区中选中绘制的文本框，单击“绘图工具”菜单，❶在功能区中单击“填充”下拉按钮；❷在弹出的下拉列表框中选择“无填充颜色”选项，如图 3-17 所示。

Step 06 用与上述同样的方法，❶在功能区中单击“轮廓”下拉按钮；❷在弹出的下拉列表框中选择“无边框颜色”选项，如图 3-18 所示。

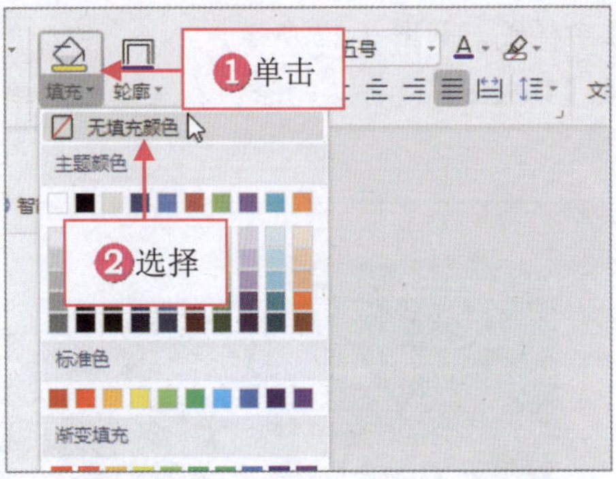

图 3-17　选择“无填充颜色”选项

图 3-18　选择“无边框颜色”选项

Step 07　执行上述操作后，即可绘制文本框，效果如图 3-19 所示。

图 3-19　绘制文本效果

3.2.3　设置艺术字

在 WPS 文字中，使用艺术字功能可以方便地为文档中的文本创建艺术字效果。下面介绍设置艺术字的操作方法。

设置艺术字

Step 01　单击“文件”|“打开”命令，打开素材文件“素材\第 3 章\3.2.3.wps”，如图 3-20 所示。

Step 02　将光标定位在需要插入艺术字的位置，单击“插入”菜单，在功能区中单击“艺术字”下拉按钮，如图 3-21 所示。

图 3-20　打开素材文件

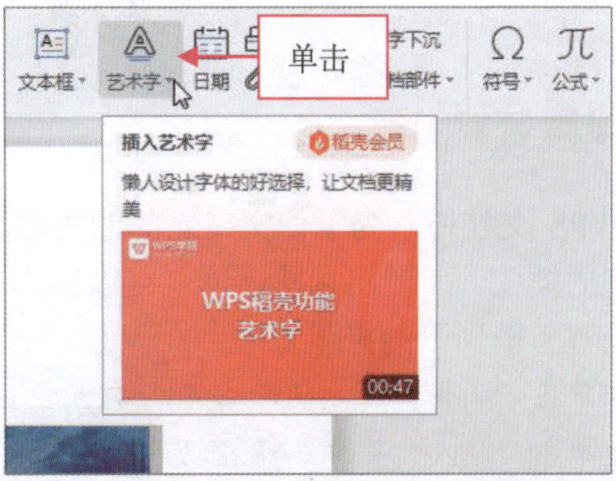

图 3-21　单击“艺术字”下拉按钮

Step03 在弹出的列表框中，选择相应选项的艺术字样式，如图 3-22 所示。

Step04 弹出“请在此放置您的文字”文本框，按【Delete】键将其删除，在文本框中输入需要设置艺术字的文字，效果如图 3-23 所示。

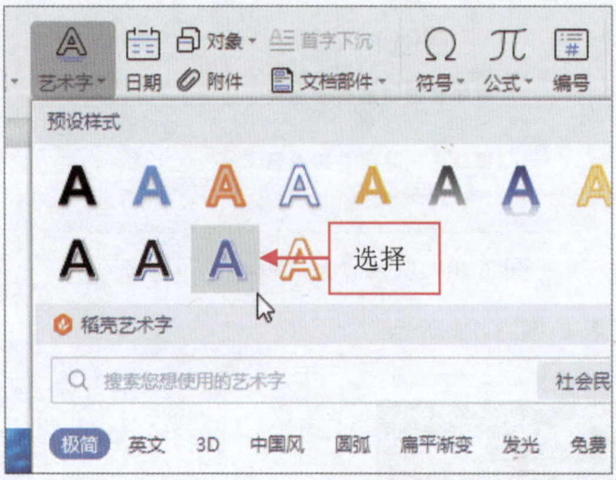

图 3-22　选择相应选项

图 3-23　输入相应文字

Step05 执行上述操作后，并将艺术字调整至合适位置，即可完成艺术字的插入，效果如图 3-24 所示。

图 3-24　艺术字效果

3.2.4　设置智能图形

设置智能图形

在 WPS 文档中，为了使文字之间的关联变得更加清晰，常常会使用配有文字的插图。而使用智能图形，可以制作出具有专业水准的插图。下面介绍设置智能图形的操作方法。

Step01 单击“文件”|“打开”命令，打开素材文件“素材\第 3 章\3.2.4.wps”，如图 3-25 所示。

Step02 单击“插入”菜单，❶在功能区中单击“智能图形”下拉按钮；❷在弹出的列表框中选择“智能图形”选项，如图 3-26 所示。

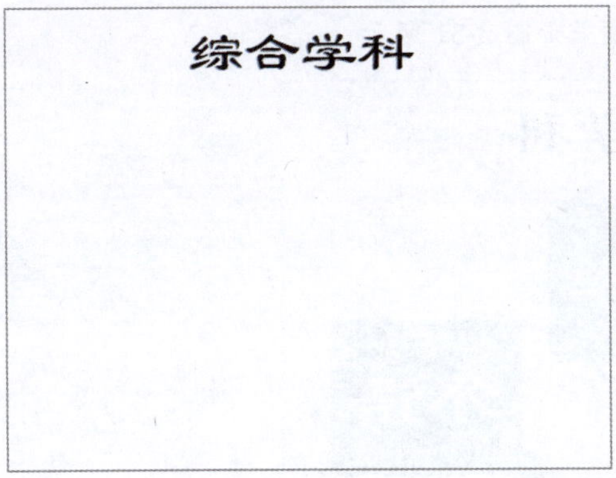

图 3-25　打开素材文件

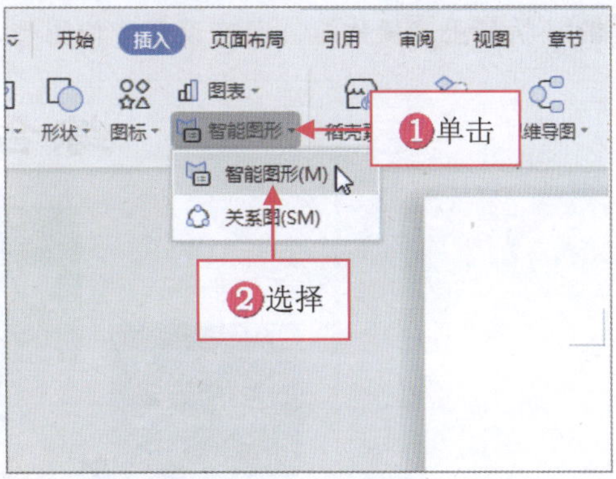

图 3-26　选择“智能图形”选项

Step03　弹出“选择智能图形”对话框，选择“聚合射线”选项，如图 3-27 所示。

Step04　单击“确定”按钮，即可插入关系图形，单击智能图形中的文本占位符，输入相应文本，设置“字体”为“隶书”，效果如图 3-28 所示。

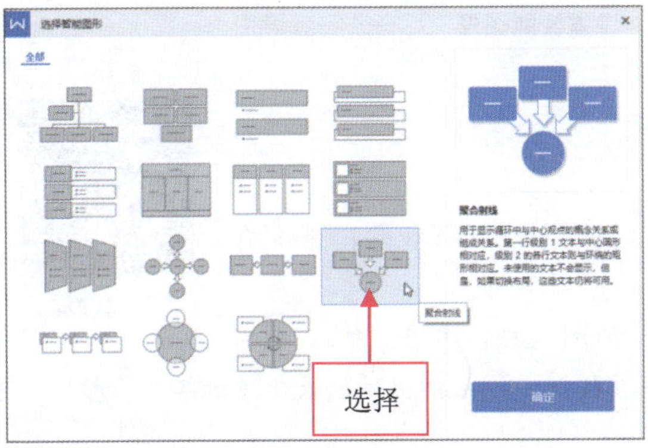

图 3-27　选择“聚合射线”选项

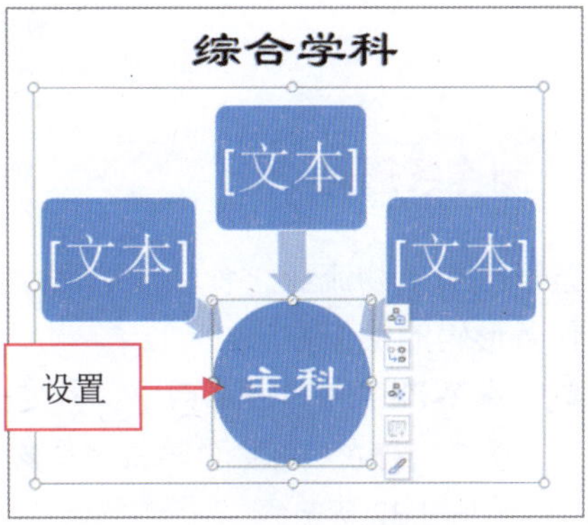

图 3-28　设置字体效果

Step05　用与上述同样的方法，输入其他文本即可，效果如图 3-29 所示。

Step06　选中绘制的图形，单击“设计”菜单，❶在功能区中单击“更改颜色”下拉按钮；❷在弹出的下拉列表框中选择相应选项，如图 3-30 所示。

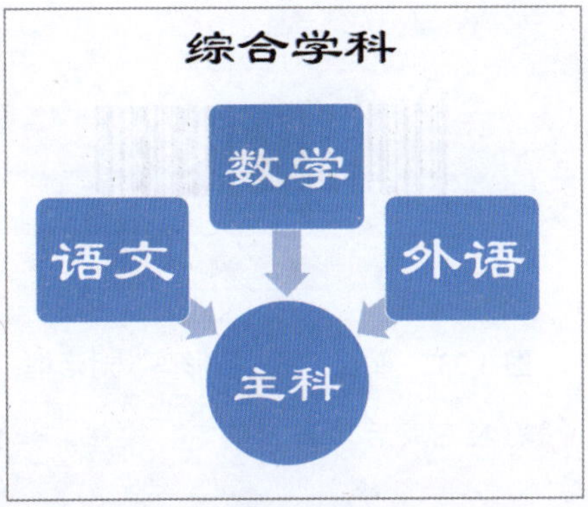

图 3-29　输入文本后的效果

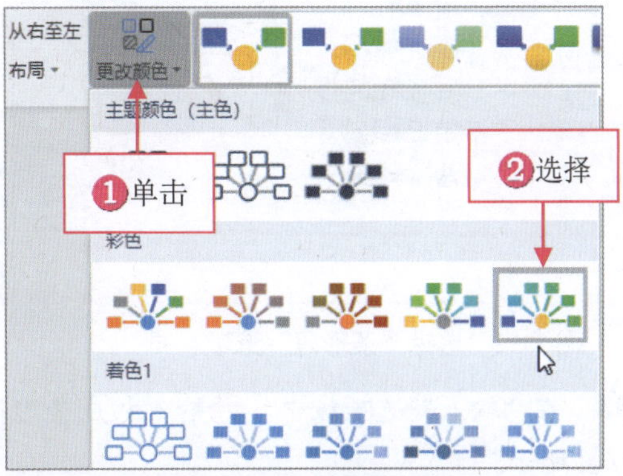

图 3-30　选择相应选项

Step 07 执行上述操作后，即可设置智能图形，效果如图 3-31 所示。

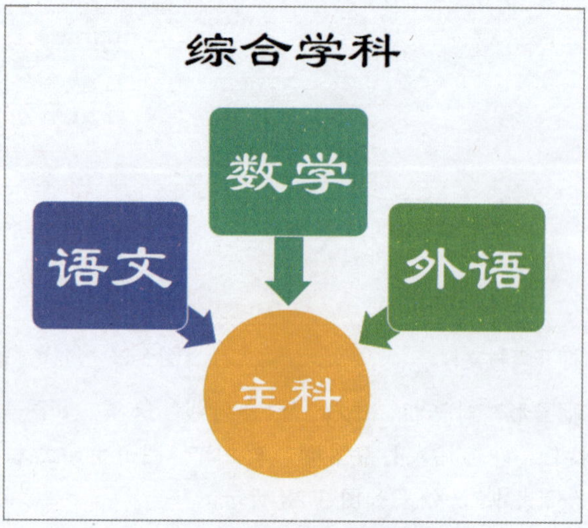

图 3-31 设置智能图形

3.2.5 制作条形码

条形码用于物流业、食品业、医学业以及图书出版行业等，下面介绍制作条形码的操作方法。

制作条形码

Step 01 在 WPS 文字工作界面中，新建一个 Word 文档，单击“插入”菜单，❶在功能区中单击“更多”下拉按钮；❷在弹出的列表框中选择“条形码”选项，如图 3-32 所示。

Step 02 执行上述操作后，弹出“插入条形码”对话框，如图 3-33 所示。

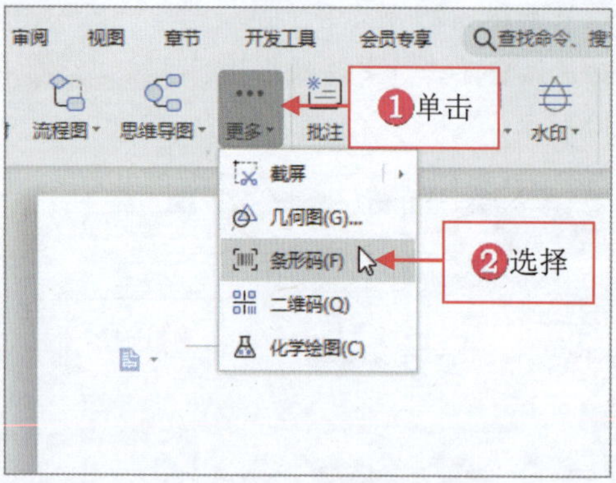

图 3-32 选择“条形码”选项

图 3-33 弹出“插入条形码”对话框

Step 03 在“输入”选项板中，❶输入相应条形码；❷输入完成后单击“确定”按钮，如图 3-34 所示。

Step 04 执行上述操作后，即可完成制作条形码，效果如图 3-35 所示。

图 3-34　单击“确定”按钮

图 3-35　制作条形码效果

3.3　创建封面和目录

制作书籍、论文等长篇文章时，都需要一个引人注目、精致的封面吸引用户的兴趣。同时，因为书籍的页数比较多，所以还需要制作一个精简化的目录。本节主要介绍创建封面以及创建目录的操作方法。

3.3.1　创建封面

创建封面

封面是整个文档中的灵魂，好的封面会让文档看起来更加精致、美观。下面介绍创建封面的操作方法。

Step 01　在 WPS 文字工作界面中，新建一个文档，单击“章节”菜单，在功能区中单击“封面页”下拉按钮，如图 3-36 所示。

Step 02　在弹出的列表框中，❶单击“竖向”按钮；❷在“免费”选项板中选择相应模板，如图 3-37 所示。

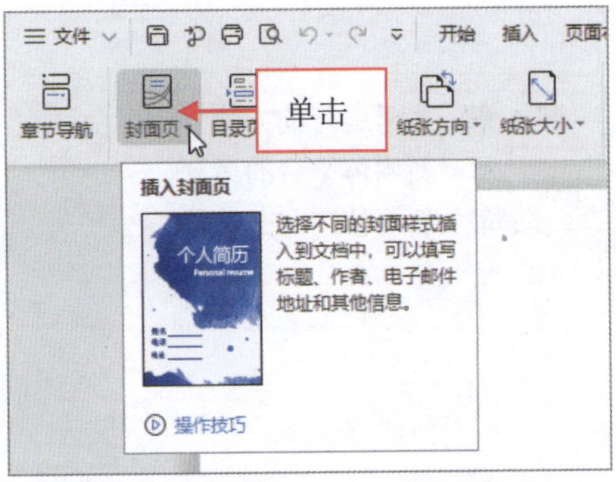

图 3-36　单击“封面”下拉按钮

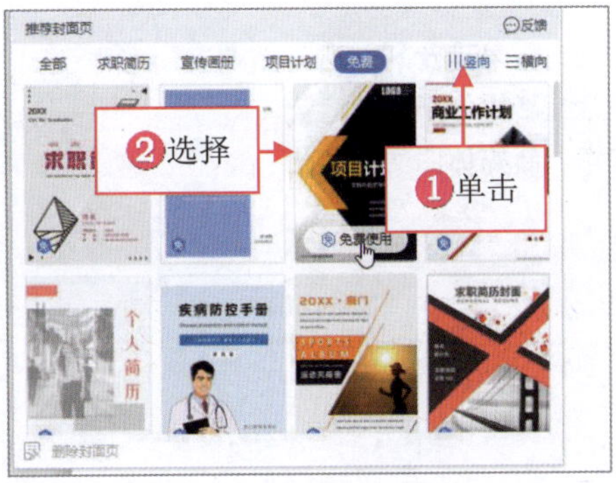

图 3-37　选择相应模板

Step 03　执行上述操作后，即可创建封面，效果如图 3-38 所示。

图 3-38　创建封面效果

> ▶ 专家指点
>
> 在 WPS 文字中，系统默认是竖向，也有横向。用户可以选择需要的封面样式，其中有免费的也有充值 VIP 的封面样式。

3.3.2　创建目录

创建目录

在 WPS 文字中，目录就像一篇文档的纲要，通过目录可以很方便地查找文档中的某一部分内容，还可以纵览全文的结构。用户可以根据需要创建、插入和修改目录。下面介绍创建文档目录内容的操作方法。

Step 01　单击“文件”|“打开”命令，打开素材文件“素材\第 3 章\3.3.2.wps”，如图 3-39 所示。

Step 02　将光标定位在需要插入目录的位置，如图 3-40 所示。

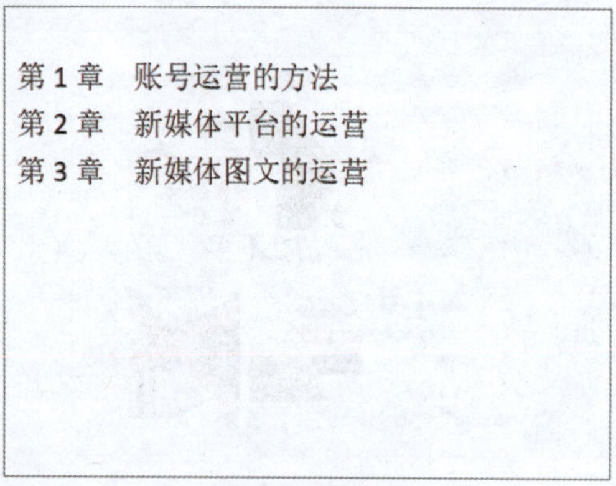

图 3-39　打开素材文件

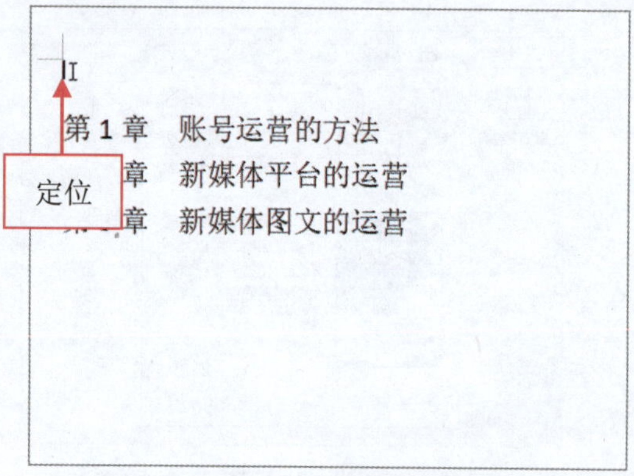

图 3-40　定位光标

Step 03　单击“引用”菜单，在功能区中单击“目录”下拉按钮，如图 3-41 所示。

Step 04　弹出列表框，在“智能目录”选项区中，选择相应选项，如图 3-42 所示。

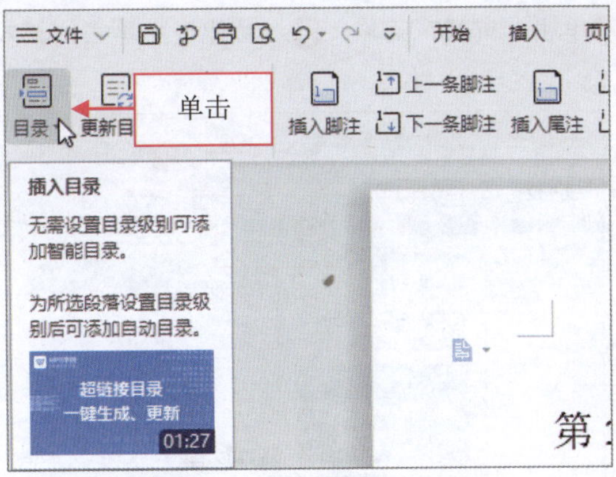

图 3-41　单击“目录”下拉按钮

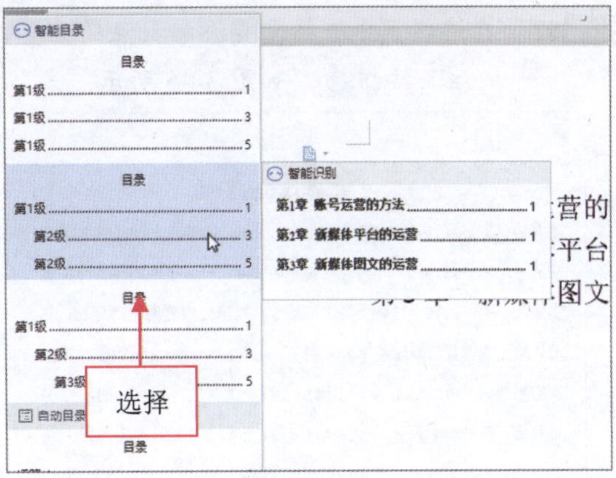

图 3-42　选择相应选项

Step 05　执行上述操作后，即可创建目录，如图 3-43 所示。

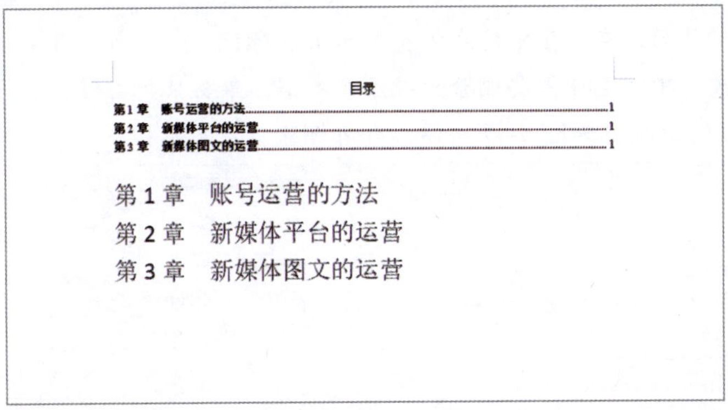

图 3-43　创建目录

▶ 专家指点

在 WPS 文字中，系统提供了一个目录样式库，其中有多种目录样式可供选择，并且在目录中包含了标题和页码。

3.4　审阅与修订

工作中文档编辑完成后，有的是不能直接使用的，需要对文档进行相应的修订、批注。本节主要介绍添加和删除批注以及修订计划文档的操作方法。

添加与删除批注

3.4.1　添加与删除批注

在 WPS 文字中，可以为文档添加批注文本，其他被允许编辑该文档的用户也可对其进添加批注或回复批注操作。下面介绍添加与删除批注的操作方法。

Step 01　单击“文件”|“打开”命令，打开素材文件“素材\第 3 章\3.4.1.wps”，如图 3-44 所示。

Step 02 在编辑区中选择需要添加批注的位置，❶单击“审阅”菜单；❷在功能区中单击“插入批注”按钮，如图 3-45 所示。

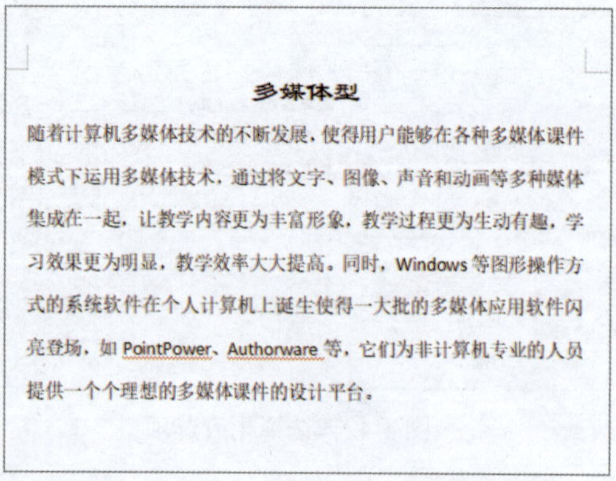

图 3-44　打开素材文件

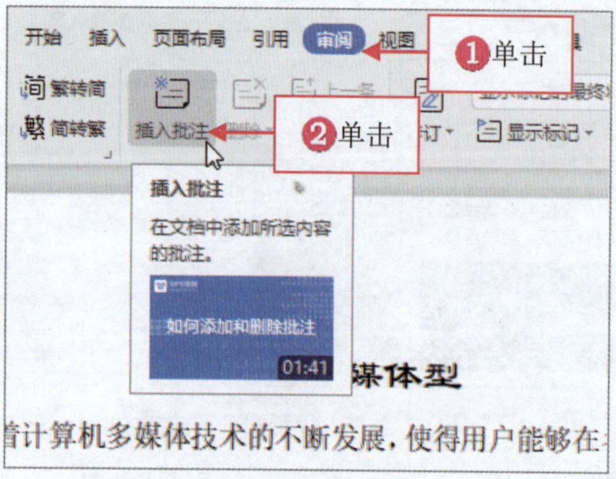

图 3-45　单击“插入批注”按钮

Step 03 执行上述操作后，在文字中的右侧将显示批注标记，效果如图 3-46 所示。

Step 04 在编辑选项区中，选择需要删除的批注文本框，单击鼠标右键，在弹出的列表框中选择“删除批注”选项，如图 3-47 所示，即可删除批注文本框。

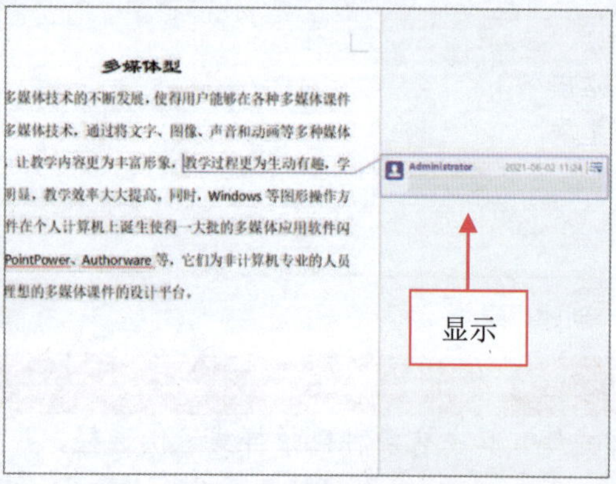

图 3-46　显示批注标记

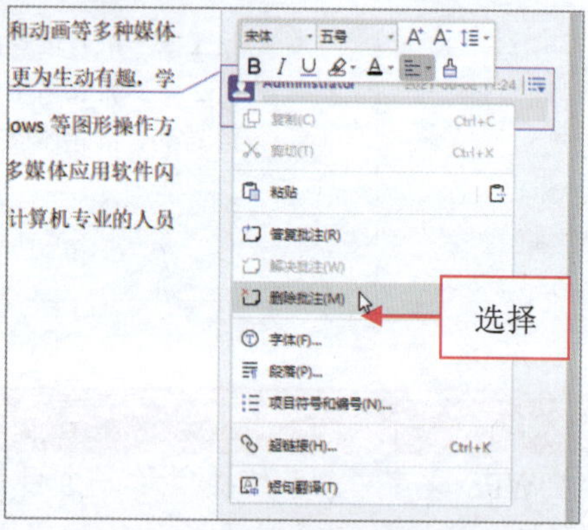

图 3-47　选择“删除批注”选项

▶ 专家指点

在批注文本框中输入相应批注以后，在下方将会出现“答复”文本框，其他编辑该文档的用户可以在答复文本框中，进行相应回复。

3.4.2　修订计划文档

修订计划文档

在工作中，文稿一般是先由编辑者写完提交，然后领导安排人员审阅，审阅者提出修改建议、问题，最后再由编辑者根据建议进行全面修改。下面介绍修订计划文档的操作方法。

Step 01 单击“文件”|“打开”命令，打开素材文件“素材\第 3 章\3.4.2.wps”，如图 3-48 所示。将光标定位在修订计划文档的位置。

Step 02 单击“审阅”菜单，在功能区中单击“修订”按钮，如图 3-49 所示。

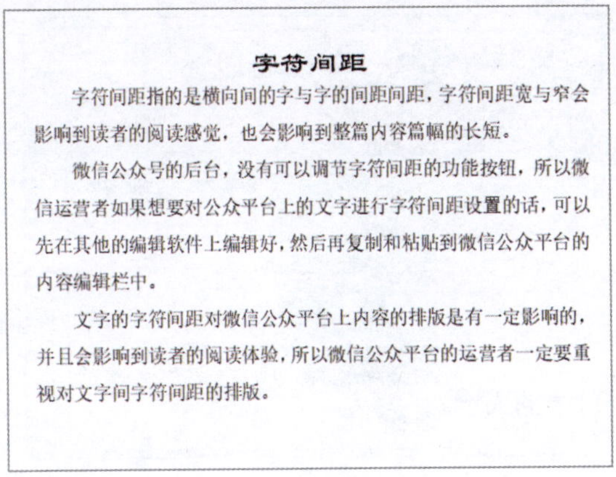
字符间距

字符间距指的是横向间的字与字的间距间距，字符间距宽与窄会影响到读者的阅读感觉，也会影响到整篇内容篇幅的长短。

微信公众号的后台，没有可以调节字符间距的功能按钮，所以微信运营者如果想要对公众平台上的文字进行字符间距设置的话，可以先在其他的编辑软件上编辑好，然后再复制和粘贴到微信公众平台的内容编辑栏中。

文字的字符间距对微信公众平台上内容的排版是有一定影响的，并且会影响到读者的阅读体验，所以微信公众平台的运营者一定要重视对文字间字符间距的排版。

图 3-48　打开素材文件

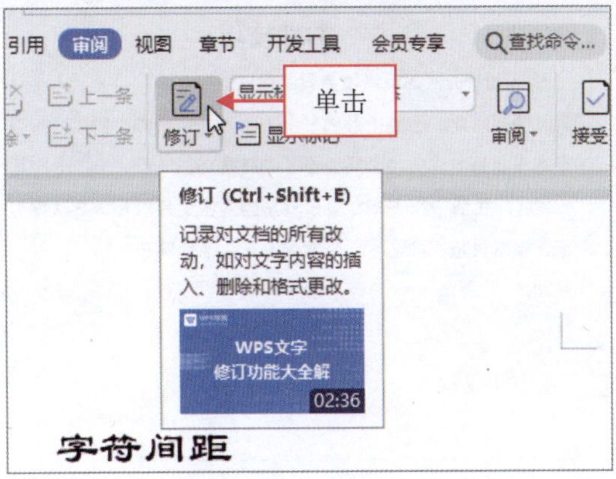

图 3-49　单击“修订”按钮

Step 03 执行上述操作后，进入修订模式，对文档进行在文字中的右侧将显示批注标记，效果如图 3-50 所示。

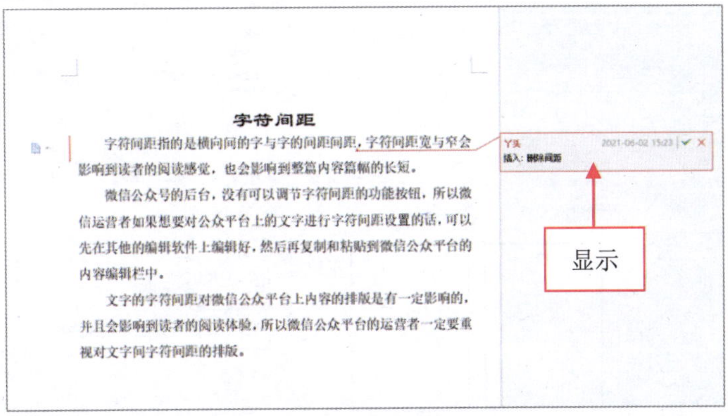

图 3-50　显示批注标记

3.5　设置页面与打印

对文档进行排版有许多可以利用的技巧，熟练地使用这些技巧可以很好地提高编辑效率，编写出高质量的文档。在 WPS 文字中，有许多独具特色的功能和命令可以将页面设计得更加整齐和漂亮。在 WPS 文字中，还设置了打印预览显示方式，使用户在打印文档之前就可以准确地掌握打印的实际效果。

添加图片水印

3.5.1　添加图片水印

下面介绍添加图片水印的操作方法。

Step 01 单击“文件”|“打开”命令，打开素材文件“素材\第 3 章\3.5.1.wps”，如图 3-51 所示。

Step 02 单击“页面布局”菜单，在功能区中单击“背景”下拉按钮，如图 3-52 所示。

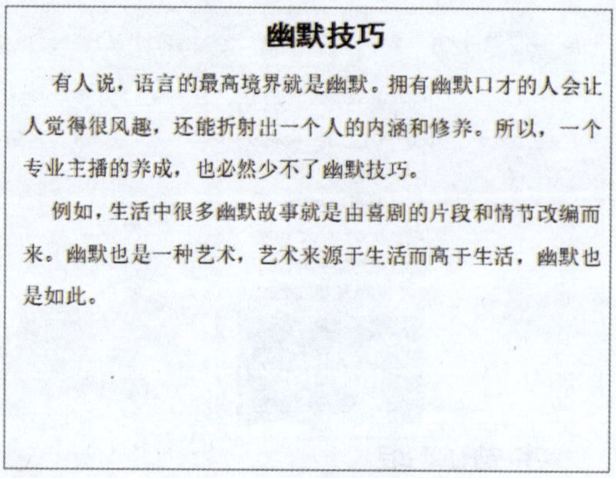

幽默技巧

有人说，语言的最高境界就是幽默。拥有幽默口才的人会让人觉得很风趣，还能折射出一个人的内涵和修养。所以，一个专业主播的养成，也必然少不了幽默技巧。

例如，生活中很多幽默故事就是由喜剧的片段和情节改编而来。幽默也是一种艺术，艺术来源于生活而高于生活，幽默也是如此。

图 3-51　打开素材文件

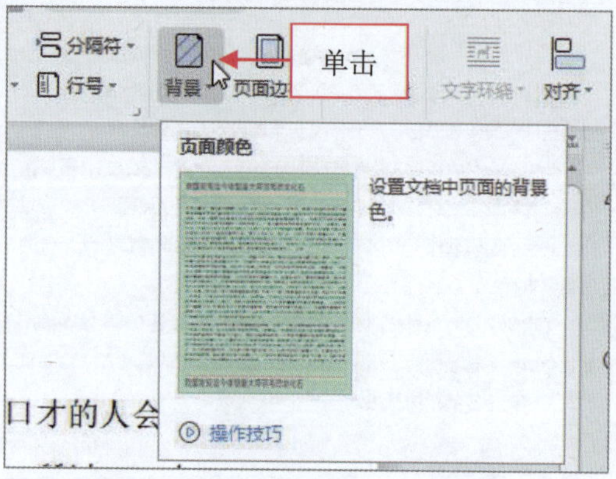

图 3-52　单击“背景”下拉按钮

Step 03 在弹出的下拉列表框中，单击“水印”|“点击添加”按钮，如图 3-53 所示。

Step 04 弹出“水印”对话框，选中“图片水印”复选框，单击“选择图片”按钮，如图 3-54 所示。

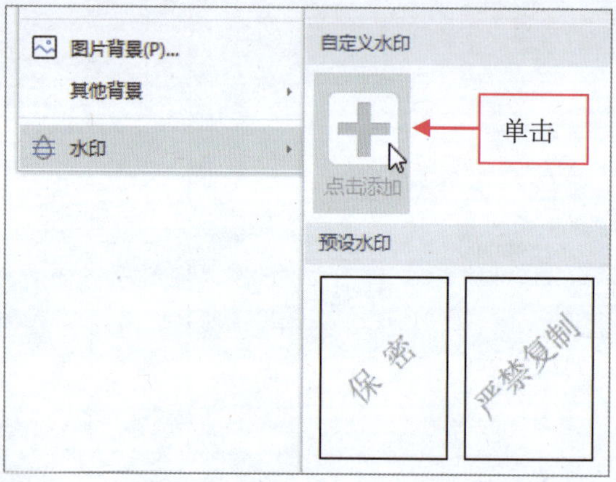

图 3-53　单击“点击添加”按钮

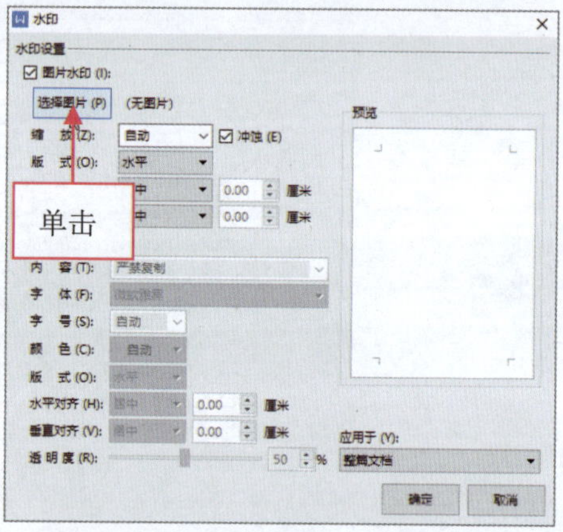

图 3-54　单击“选择图片”按钮

Step 05 弹出“选择图片”对话框，❶选择相应选项；❷单击“打开”按钮，如图 3-55 所示。

Step 06 返回“水印”对话框，单击“确定”按钮，如图 3-56 所示。

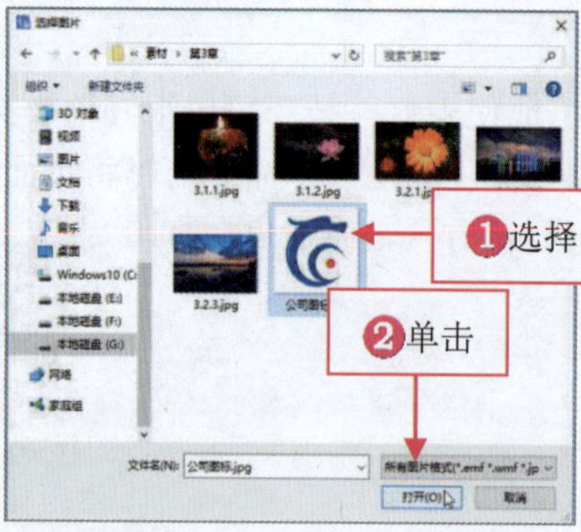

图 3-55　单击“打开”按钮

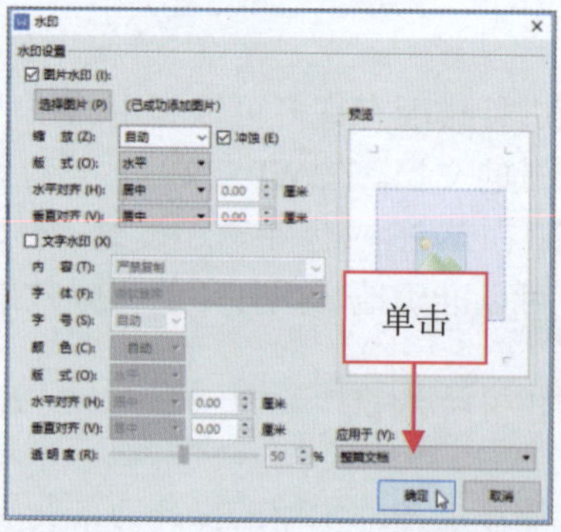

图 3-56　单击“确定”按钮

Step 07 返回文档，单击“页面布局”菜单，在功能区中单击“背景”下拉按钮，在弹出的下拉列表框中，单击“水印”|“公司图标”按钮，如图 3-57 所示。

Step 08 执行上述操作后，即可为文档添加图片水印，效果如图 3-58 所示。

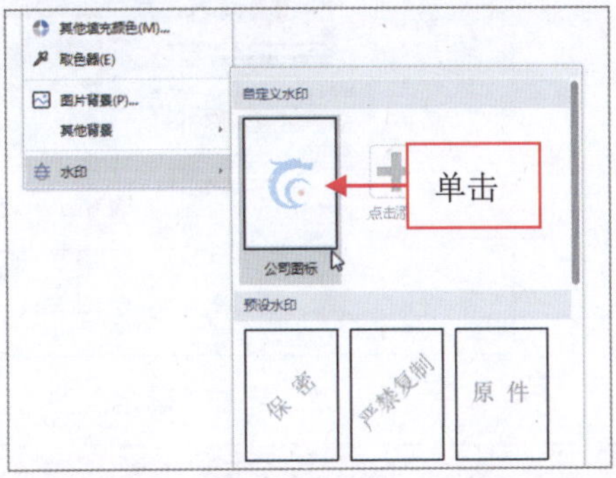

图 3-57 单击“公司图标”按钮

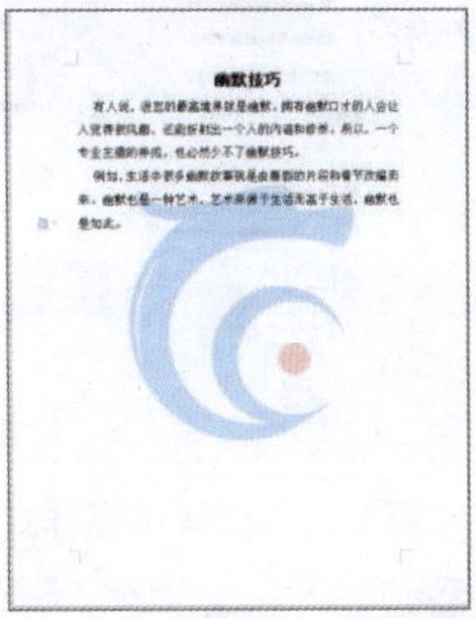

图 3-58 添加图片水印后的效果

3.5.2 添加边框文档

在 WPS 文字中，可以根据需要为文本对象编辑边框效果，其目的是将重要的文本用边框着重显示。下面介绍添加边框文档的操作方法。

添加边框文档

Step 01 单击“文件”|“打开”命令，打开素材文件“素材\第 3 章\3.5.2.wps”，如图 3-59 所示。

Step 02 单击“页面布局”菜单，在功能区中单击“页面边框”按钮，如图 3-60 所示。

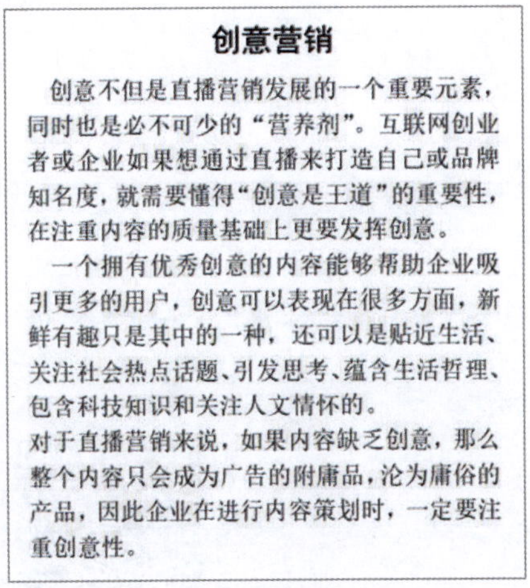

创意营销

创意不但是直播营销发展的一个重要元素，同时也是必不可少的“营养剂”。互联网创业者或企业如果想通过直播来打造自己或品牌知名度，就需要懂得“创意是王道”的重要性，在注重内容的质量基础上更要发挥创意。

一个拥有优秀创意的内容能够帮助企业吸引更多的用户，创意可以表现在很多方面，新鲜有趣只是其中的一种，还可以是贴近生活、关注社会热点话题、引发思考、蕴含生活哲理、包含科技知识和关注人文情怀的。

对于直播营销来说，如果内容缺乏创意，那么整个内容只会成为广告的附庸品，沦为庸俗的产品，因此企业在进行内容策划时，一定要注重创意性。

图 3-59 打开素材文件

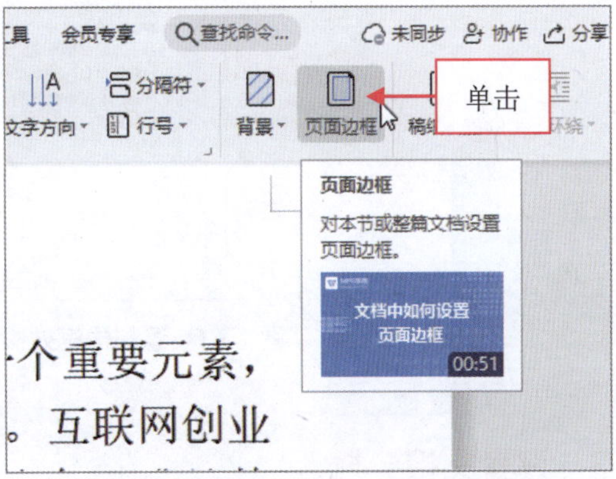

图 3-60 单击“页面边框”按钮

Step 03 弹出“边框和底纹”对话框，切换至“页面边框”选项卡，❶在设置选项板中单击“方框”按钮；❷在线型列表框中选择相应样式，如图 3-61 所示。

Step 04 ❶设置“颜色”为“深红”；❷设置“宽度”为“1.5 磅”；❸单击“确定”按钮，如图 3-62 所示。

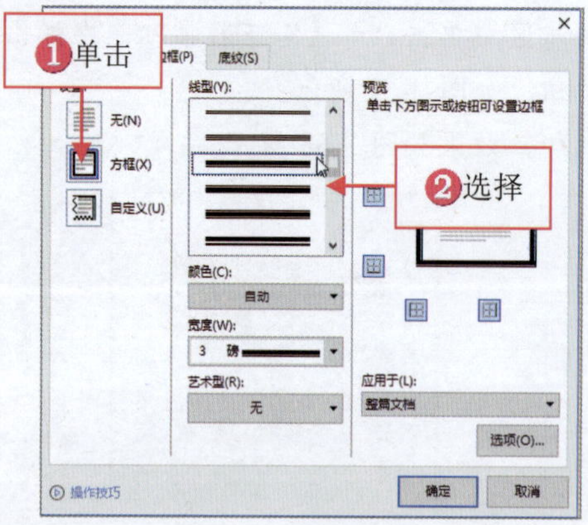

图 3-61　选择相应样式

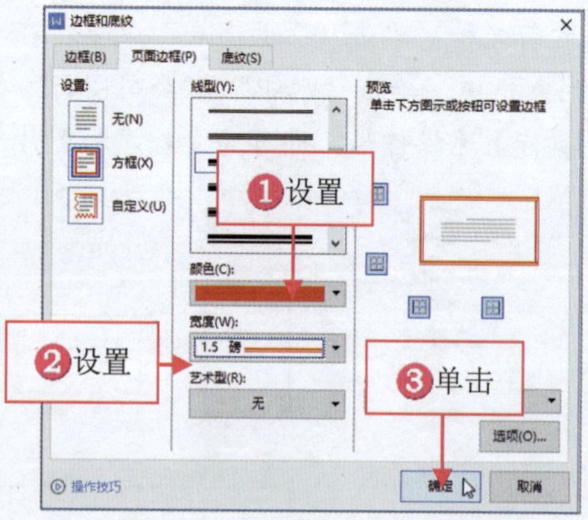

图 3-62　单击“确定”按钮

> ▶ 专家指点
>
> 单击“边框”按钮可以给选定的文字加上各种单线框，而单击“字符边框”按钮，只能给所选择的文本内容加上系统设定的边框，以突出显示文本。

Step 05　执行上述操作后，即可为文档添加边框，效果如图 3-63 所示。

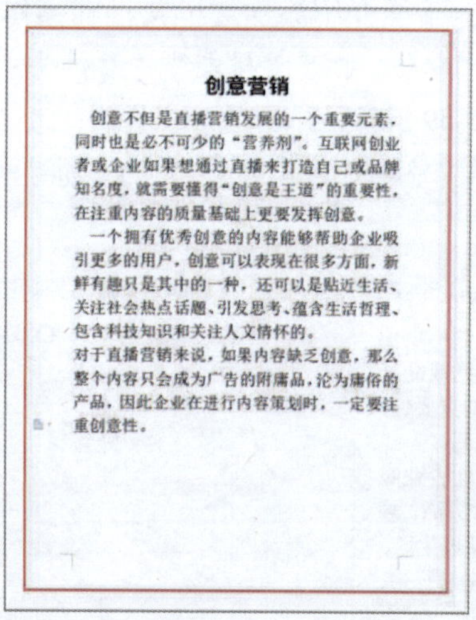

创意营销

创意不但是直播营销发展的一个重要元素，同时也是必不可少的“营养剂”。互联网创业者或企业如果想通过直播来打造自己或品牌知名度，就需要懂得“创意是王道”的重要性，在注重内容的质量基础上更要发挥创意。

一个拥有优秀创意的内容能够帮助企业吸引更多的用户，创意可以表现在很多方面，新鲜有趣只是其中的一种，还可以是贴近生活、关注社会热点话题、引发思考、蕴含生活哲理、包含科技知识和关注人文情怀的。

对于直播营销来说，如果内容缺乏创意，那么整个内容只会成为广告的附庸品，沦为庸俗的产品，因此企业在进行内容策划时，一定要注重创意性。

图 3-63　添加边框效果

设置文档分栏

3.5.3　设置文档分栏

在处理比较长的文档时，有时为了版面需要对文档进行分栏操作。可以通过创建新闻稿样式的分栏或链接的文本框，在新闻稿、小册子和海报中布置文字，使文档便于阅读。下面介绍设置分栏版面的操作方法。

Step 01　单击“文件”|“打开”命令，打开素材文件“素材\第 3 章\3.5.3.wps”，如图 3-64 所示。

Step 02　在打开的 Word 文档中，拖动鼠标框选所有的文本内容为分栏排版内容，如图 3-65 所示。

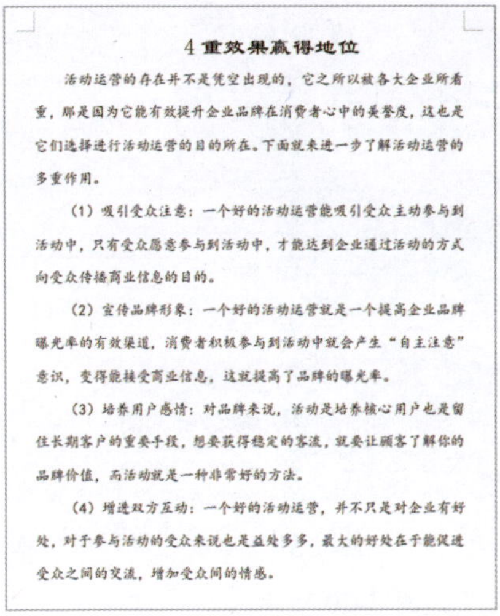
4 重效果赢得地位

活动运营的存在并不是凭空出现的，它之所以被各大企业所看重，那是因为它能有效提升企业品牌在消费者心中的美誉度，这也是它们选择进行活动运营的目的所在。下面就来进一步了解活动运营的多重作用。

(1) 吸引受众注意：一个好的活动运营能吸引受众主动参与到活动中，只有受众愿意参与到活动中，才能达到企业通过活动的方式向受众传播商业信息的目的。

(2) 宣传品牌形象：一个好的活动运营就是一个提高企业品牌曝光率的有效渠道，消费者积极参与到活动中就会产生"自主注意"意识，变得能接受商业信息，这就提高了品牌的曝光率。

(3) 培养用户感情：对品牌来说，活动是培养核心用户也是留住长期客户的重要手段，想要获得稳定的客流，就要让顾客了解你的品牌价值，而活动就是一种非常好的方法。

(4) 增进双方互动：一个好的活动运营，并不只是对企业有好处，对于参与活动的受众来说也是益处多多，最大的好处在于能促进受众之间的交流，增加受众间的情感。

图 3-64　打开素材文件

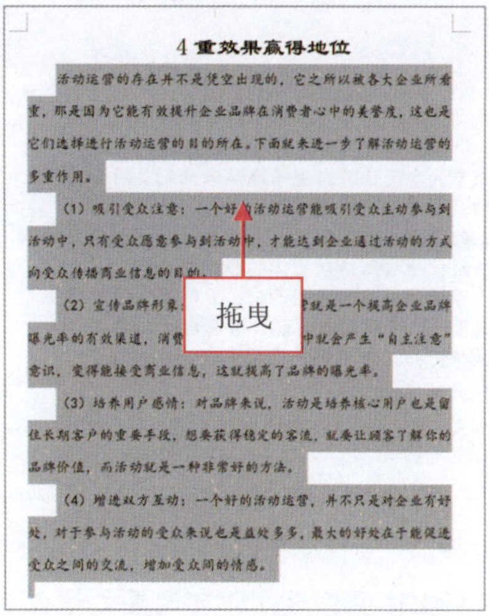

图 3-65　拖曳文本内容

Step 03 单击"页面布局"菜单，❶在功能区中单击"分栏"按钮；❷在弹出的列表框中选择"两栏"选项，如图 3-66 所示。

Step 04 执行上述操作后，即可设置文档分栏，效果如图 3-67 所示。

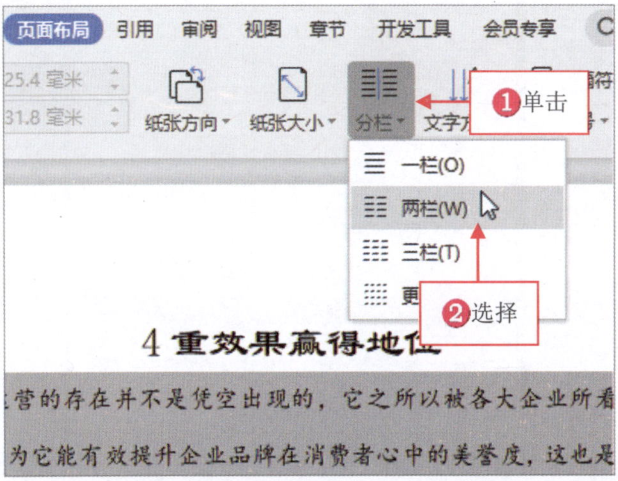

图 3-66　选择"两栏"选项

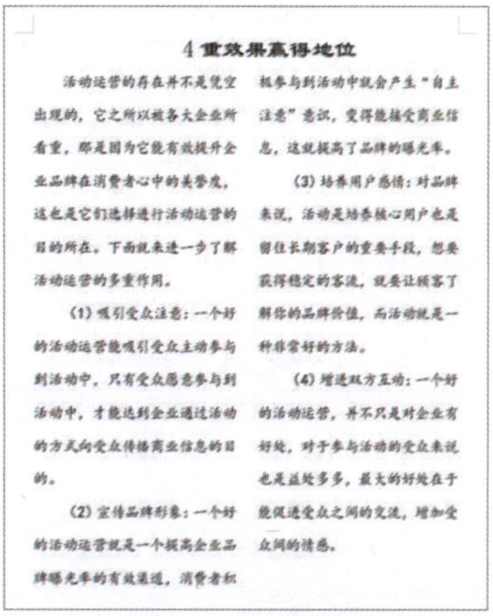

图 3-67　设置分栏效果

3.5.4　设置文档分页

在 WPS 文档中，使用分页符可以在指定位置对文档内容进行强制分页。下面介绍设置文档分页的操作方法。

设置文档分页

Step 01 单击"文件" | "打开"命令，打开素材文件"素材\第 3 章\3.5.4.wps"，如图 3-68 所示。将光标定位于相应的编辑栏中。

Step 02 单击"插入"菜单，❶在功能区中单击"分页"下拉按钮；❷在弹出的列表框中选择"分页符"选项，如图 3-69 所示。

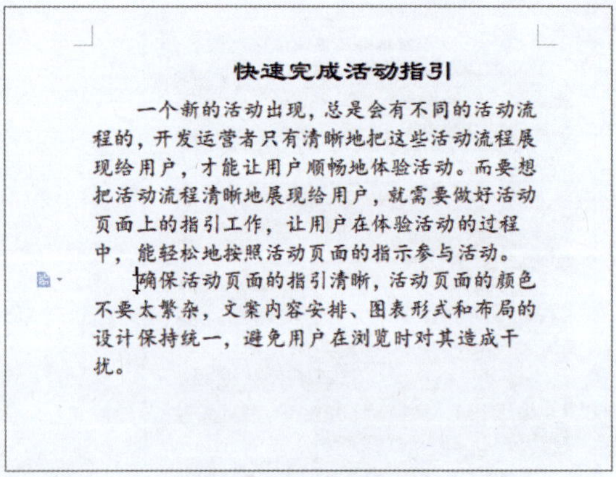

快速完成活动指引

一个新的活动出现，总是会有不同的活动流程的，开发运营者只有清晰地把这些活动流程展现给用户，才能让用户顺畅地体验活动。而要想把活动流程清晰地展现给用户，就需要做好活动页面上的指引工作，让用户在体验活动的过程中，能轻松地按照活动页面的指示参与活动。

确保活动页面的指引清晰，活动页面的颜色不要太繁杂，文案内容安排、图表形式和布局的设计保持统一，避免用户在浏览时对其造成干扰。

图 3-68　打开素材文件

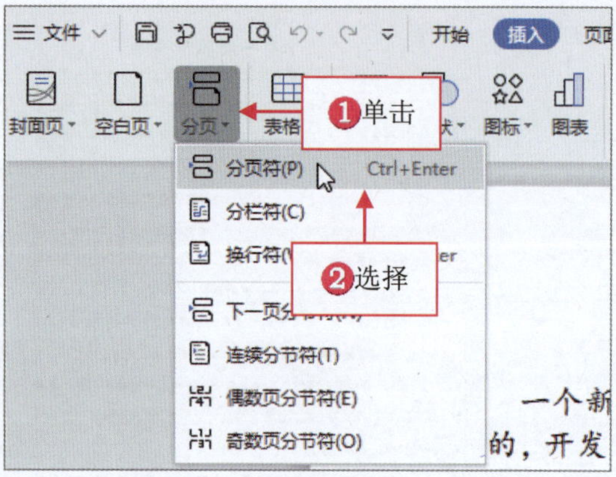

图 3-69　选择“分页符”选项

Step 03　执行上述操作后，即可设置文档分页，效果如图 3-70 所示。

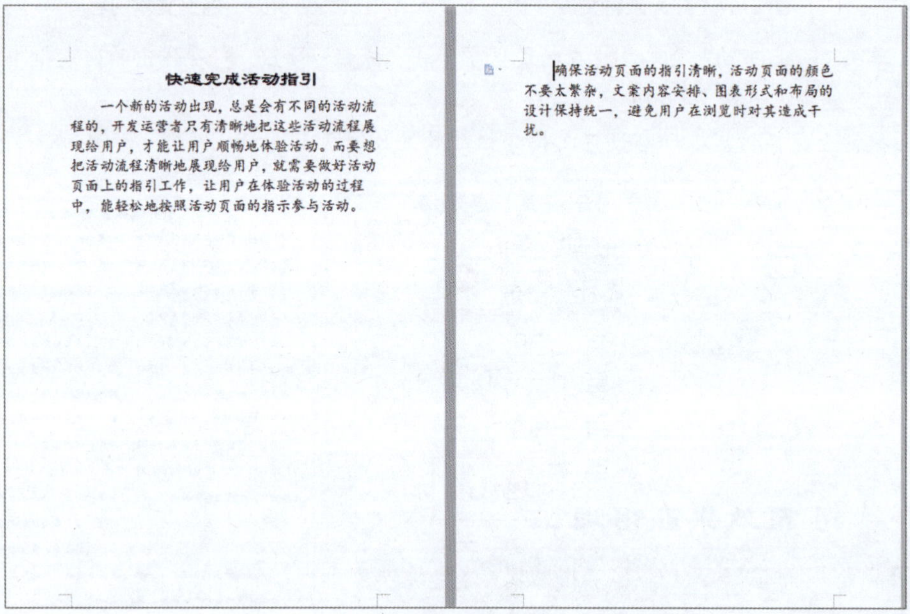

快速完成活动指引

一个新的活动出现，总是会有不同的活动流程的，开发运营者只有清晰地把这些活动流程展现给用户，才能让用户顺畅地体验活动。而要想把活动流程清晰地展现给用户，就需要做好活动页面上的指引工作，让用户在体验活动的过程中，能轻松地按照活动页面的指示参与活动。

确保活动页面的指引清晰，活动页面的颜色不要太繁杂，文案内容安排、图表形式和布局的设计保持统一，避免用户在浏览时对其造成干扰。

图 3-70　设置文档分页效果

3.5.5　设置页边距样式

设置页边距样式

通过编辑页边距，可以调整文档或当前小节的边距大小。WPS 文档中预设了多种页边距样式，可以帮助用户快速设置文档的页边距，从而使打印出来的文档更加美观。下面介绍设置页边距样式的操作方法。

Step 01　单击“文件”|“打开”命令，打开素材文件“素材\第 3 章\3.5.5.wps”，如图 3-71 所示。

Step 02　单击“页面布局”菜单，在功能区中单击“页边距”下拉按钮，如图 3-72 所示。

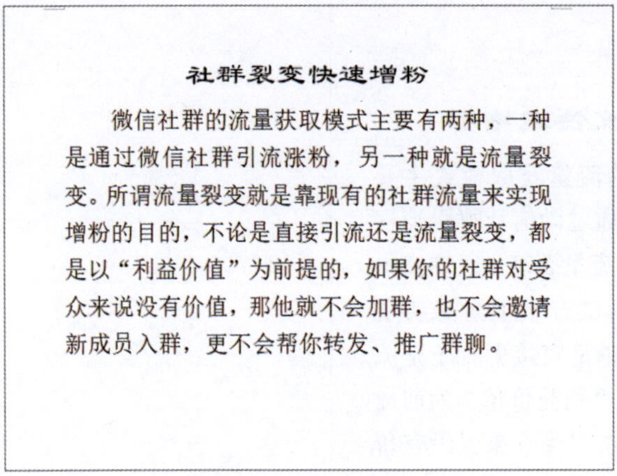
社群裂变快速增粉

微信社群的流量获取模式主要有两种，一种是通过微信社群引流涨粉，另一种就是流量裂变。所谓流量裂变就是靠现有的社群流量来实现增粉的目的，不论是直接引流还是流量裂变，都是以“利益价值”为前提的，如果你的社群对受众来说没有价值，那他就不会加群，也不会邀请新成员入群，更不会帮你转发、推广群聊。

图 3-71　打开素材文件

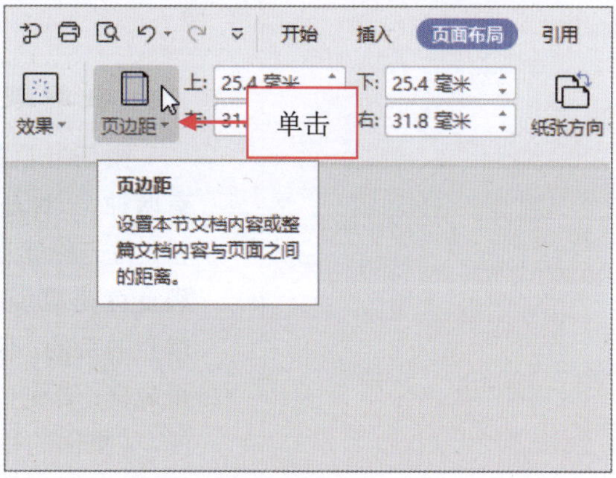

图 3-72　单击“页边距”下拉按钮

▶ 专家指点

除了上述方法外，还可以在“页边距”下拉列表框中选择相应选项，设置页边距的大小。

Step 03　执行上述操作后，在弹出的下拉列表框中，选择“自定义页边距”选项，效果如图 3-73 所示。

Step 04　弹出“页面设置”对话框，切换至“页边距”选项卡，在“页边距”选项区中，❶设置“上”“下”“左”“右”均为 5 厘米；❷单击“确定”按钮，如图 3-74 所示。

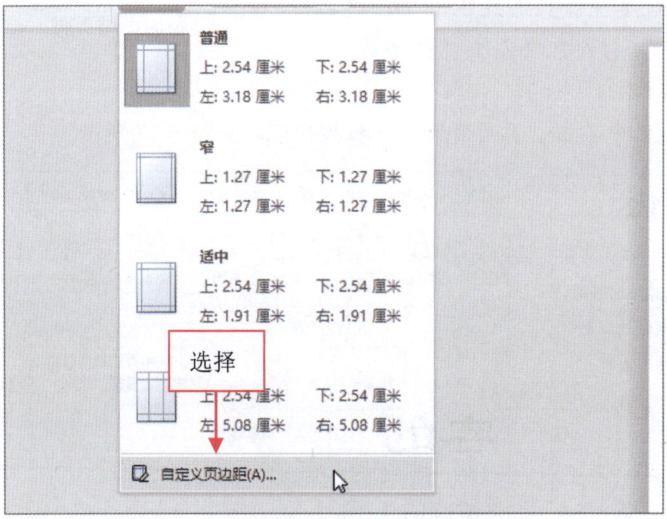

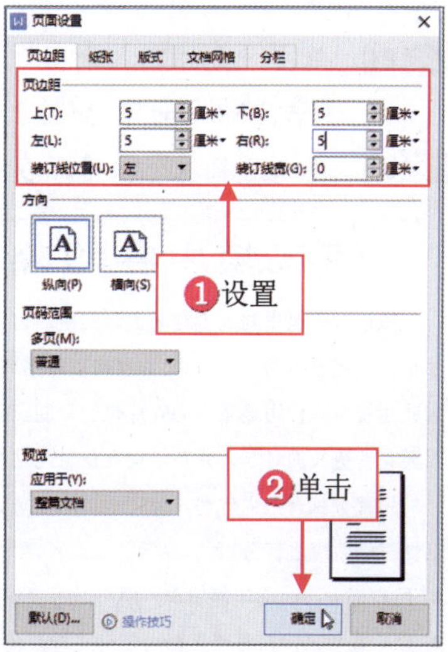

图 3-73　选择“自定义页边距”选项　　图 3-74　单击“确定”按钮

Step 05　执行上述操作后，即可设置页边距，效果如图 3-75 所示。

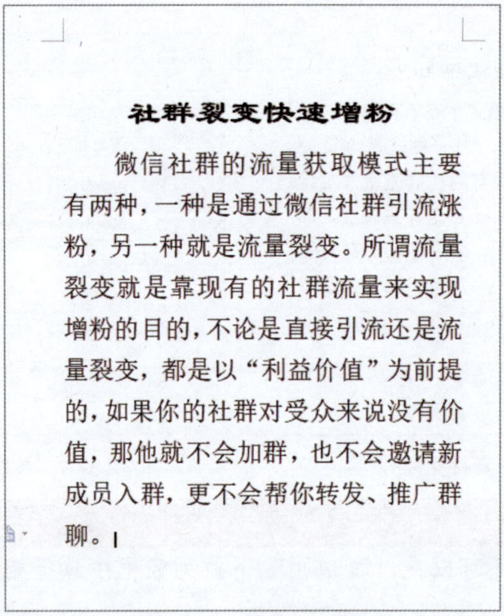
社群裂变快速增粉

微信社群的流量获取模式主要有两种，一种是通过微信社群引流涨粉，另一种就是流量裂变。所谓流量裂变就是靠现有的社群流量来实现增粉的目的，不论是直接引流还是流量裂变，都是以“利益价值”为前提的，如果你的社群对受众来说没有价值，那他就不会加群，也不会邀请新成员入群，更不会帮你转发、推广群聊。

图 3-75　设置页边距

3.5.6　添加页眉页脚

添加页眉页脚

有些特殊的文档需要在每行的前面添加行号以方便查找，行号一般显示在正文左侧与页边缘之间，也就是左侧页边距内的空白区域。

Step 01　单击“文件”|“打开”命令，打开素材文件“素材\第3章\3.5.6.wps”，如图 3-76 所示。

Step 02　单击“插入”菜单，在功能区中单击“页眉页脚”下拉按钮，如图 3-77 所示。

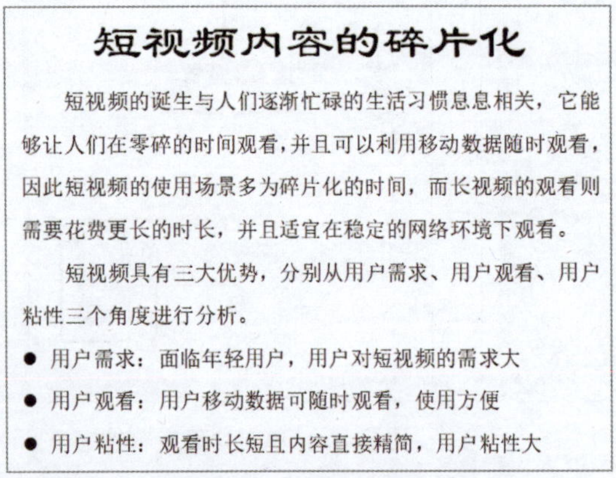
短视频内容的碎片化

短视频的诞生与人们逐渐忙碌的生活习惯息息相关，它能够让人们在零碎的时间观看，并且可以利用移动数据随时观看，因此短视频的使用场景多为碎片化的时间，而长视频的观看则需要花费更长的时长，并且适宜在稳定的网络环境下观看。

短视频具有三大优势，分别从用户需求、用户观看、用户粘性三个角度进行分析。

- 用户需求：面临年轻用户，用户对短视频的需求大
- 用户观看：用户移动数据可随时观看，使用方便
- 用户粘性：观看时长短且内容直接精简，用户粘性大

图 3-76　打开素材文件

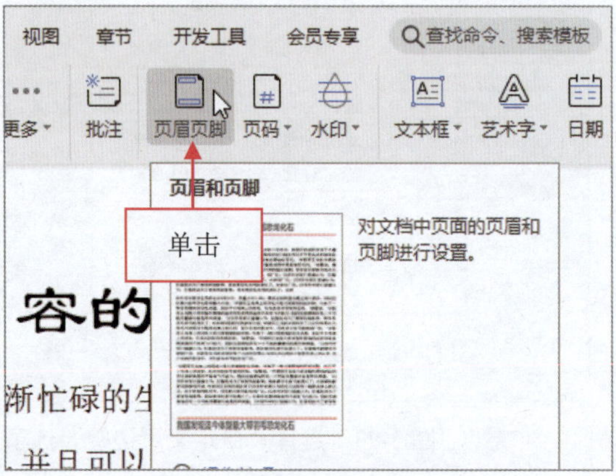

图 3-77　单击“页眉页脚”下拉按钮

Step 03　执行上述操作后，将光标定位在页眉位置处，直接输入相应文本，如图 3-78 所示

Step 04　单击“开始”菜单，在功能区中设置字体为“隶书”，字号为“三号”，字体颜色为“红色”，设置段落格式为“右对齐”，效果如图 3-79 所示。

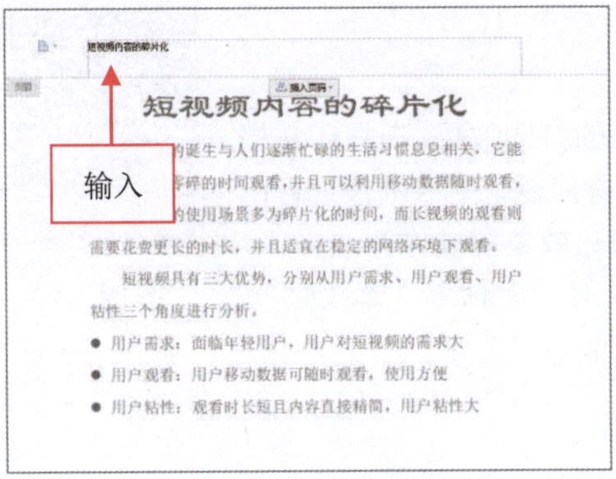

图 3-78　输入相应文本

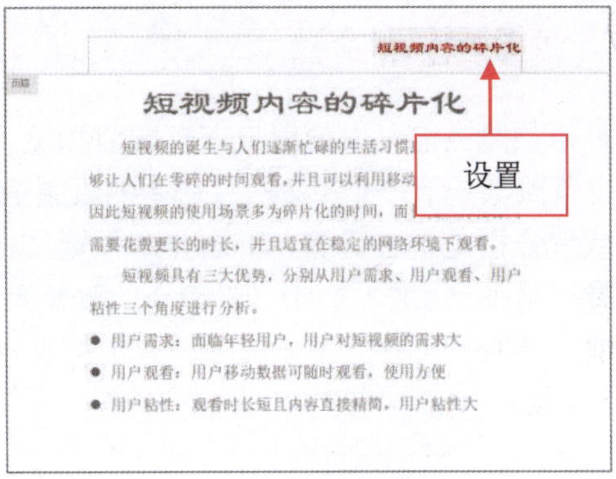

图 3-79　设置相应样式

Step 05　单击“页眉页脚”按钮，❶在功能区中单击“页眉横线”下拉按钮▢，弹出列表框；❷选择相应的线条样式，如图 3-80 所示。

Step 06　再次单击“页眉页脚”按钮，在功能区中单击“页眉横线”下拉按钮▢，弹出列表框，选择“页眉横线颜色”|“红色”色块，效果如图 3-81 所示。

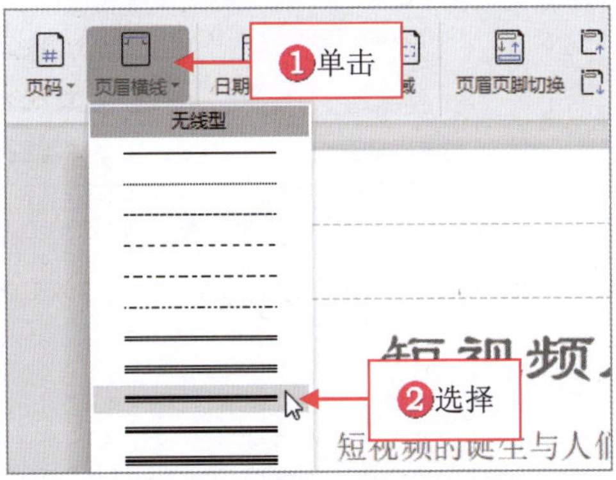

图 3-80　选择相应样式

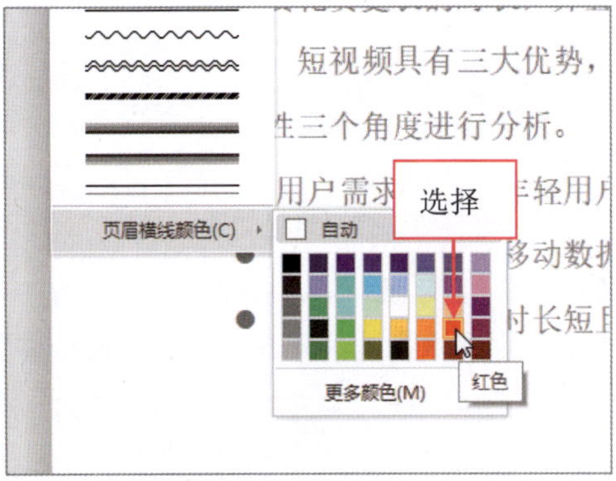

图 3-81　选择“红色”色块

Step 07　执行上述操作后，即可添加页眉页脚，效果如图 3-82 所示。

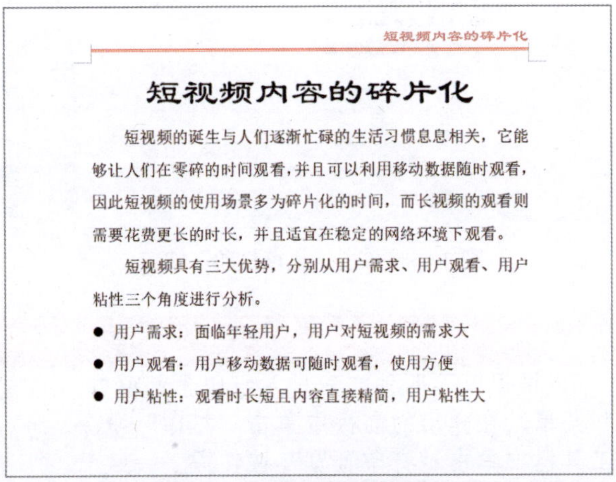

图 3-82　添加页眉页脚效果

3.5.7　预览与打印文档

预览与打印文档

打印预览功能可以使用户在打印前预览文档的打印效果。在打印文档前，应该预览一下，查看文档页边距的设置有没有问题，图形位置是否得当，或者分栏是否合适等。下面介绍预览文档打印效果的操作方法。

Step 01 单击“文件”|“打开”命令，打开素材文件“素材\第 3 章\3.5.7.wps”，如图 3-83 所示。

Step 02 单击“文件”下拉按钮，弹出列表框，单击“文件”|“打印预览”命令，如图 3-84 所示。

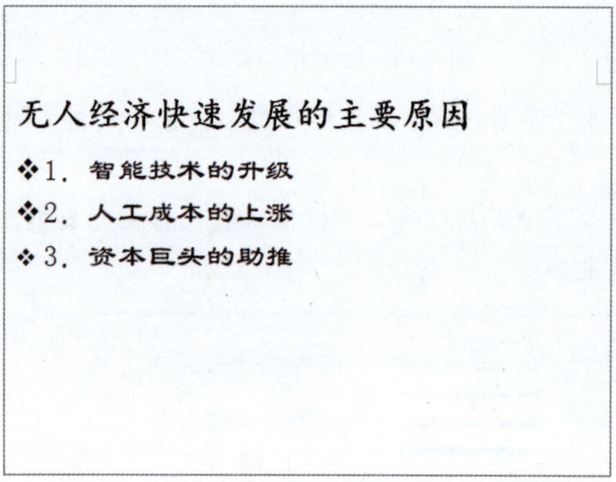

图 3-83　打开素材文件

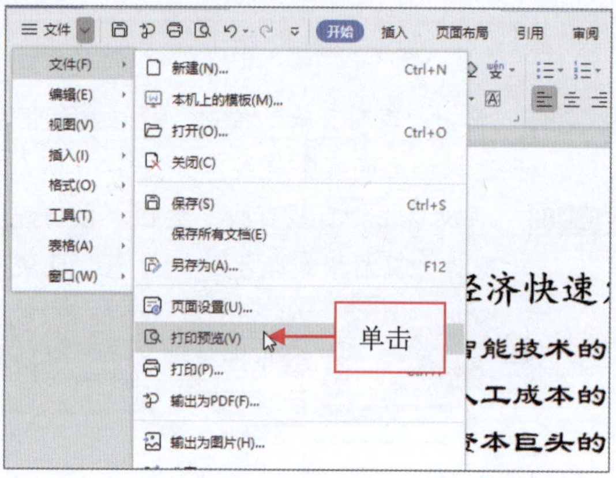

图 3-84　单击“打印预览”命令

Step 03 执行上述操作后，弹出“打印预览”窗格，单击“直接打印”按钮，如图 3-85 所示。打印完成后直接单击“关闭”按钮。

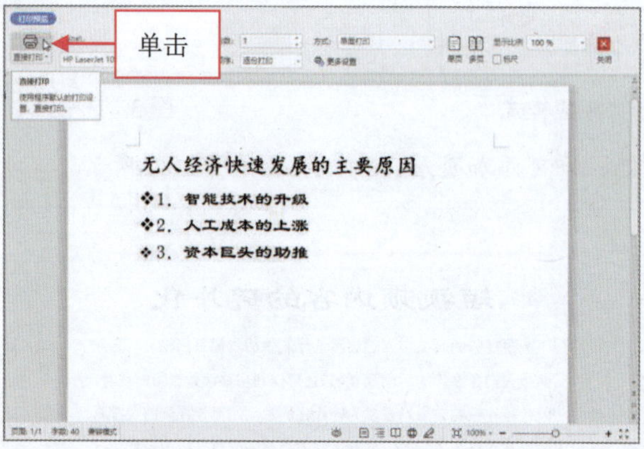

图 3-85　单击“直接打印”按钮

> **▶ 专家指点**
>
> 在 WPS 文字中，可以根据以下两种方法进入打印预览窗口。
>
> ➢ 单击“文件”菜单，在弹出的面板中单击“打印”命令。
>
> ➢ 在快速访问工具栏上单击“打印预览”按钮。

本章小结

本章主要介绍了编排图文、美化文档的操作方法，首先介绍了设置页面创建精美外观的方法，包括插入和裁剪图片；其次介绍了设置文本形状与图形；再次介绍了创建封面和目录的方法、添加审阅批注与修订文档的方法；最后介绍了设置页面与打印效果等。

本章习题

本章习题

本章重点介绍了编排图文、美化文档的方法，本节将通过上机练习题，对本章的知识点进行回顾。

打开“素材\第 3 章”文件夹下的 3.7.wps 素材，如图 3-86 所示。为 3.7.wps 素材插入尾注，效果如图 3-87 所示。

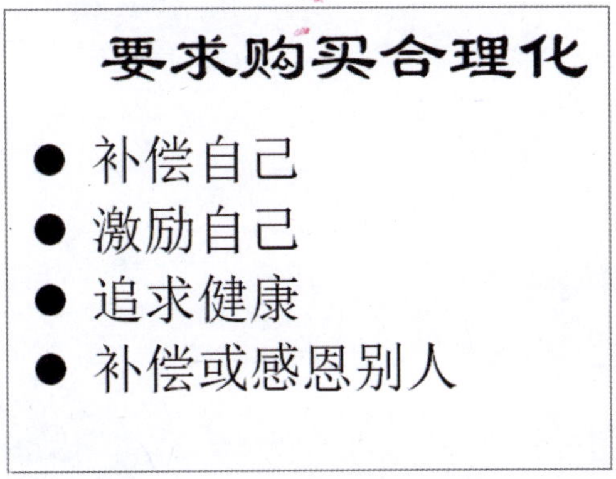

图 3-86　打开素材文件

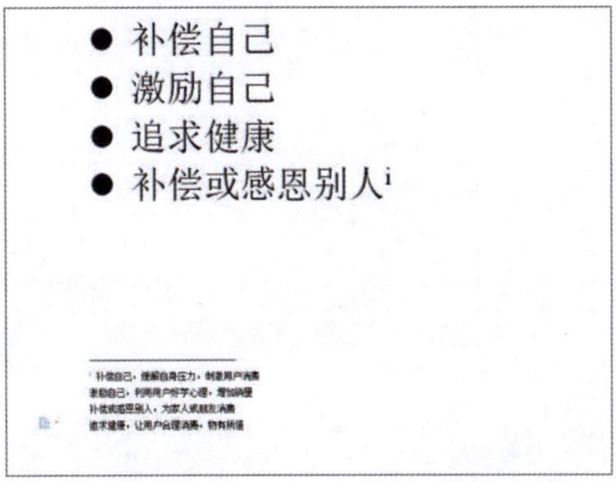

图 3-87　插入尾注后的效果

第 4 章

录入表格数据

WPS 表格是 WPS Office 2019 系列办公软件中的重要组件之一，它具有强大的数据处理功能，且能与其他组件相互调用数据、共享资源。本章主要介绍掌握工作簿的基本操作、设置表格数据、分析表格数据等内容的操作方法。希望读者可以熟练掌握。

本章重点

- 掌握工作簿的基本操作
- 设置表格数据
- 分析表格数据

月份	彩电	平均单价	销售额	累计销售额
1	56	1450	81200	81200
2	63	1600	100800	182000
3	49	1500	73500	255500
4	85	1750	148750	404250
5	76	1700	129200	533450
6	82	1650	135300	668750
7	49	1600	78400	747150
8	76	1400	106400	853550
9	85	1450	123250	976800
10	48	1800	86400	1063200
11	73	1850	135050	1198250
12	107	2000	214000	1412250

4.1　工作簿的基本操作

在 WPS 表格中，工作簿的基本操作与 WPS 文字中编辑文档的基本操作类似，包括新建与删除工作表、更改工作表标签颜色、设置行高和列宽以及插入单元格等操作。本节主要介绍工作簿的基本知识与基本操作方法。

4.1.1　新建与删除工作表

每次启动 WPS 表格时，系统会自动生成一个新的工作簿，文件名为“工作簿 1”；并且在工作簿中自动新建一个空白工作表，还可以创建新的工作簿或根据表格提供的模板新建工作簿，以提高工作效率。创建员工档案信息表之前，首先需要创建一个空白的工作簿，下面介绍新建与删除工作表的操作方法。

在 WPS 表格工作界面中，单击“开始”菜单，❶在功能区中单击“工作表”下拉按钮；❷在弹出的下拉列表框中选择“插入工作表”选项，如图 4-1 所示。执行上述操作后，即可插入一个工作表。

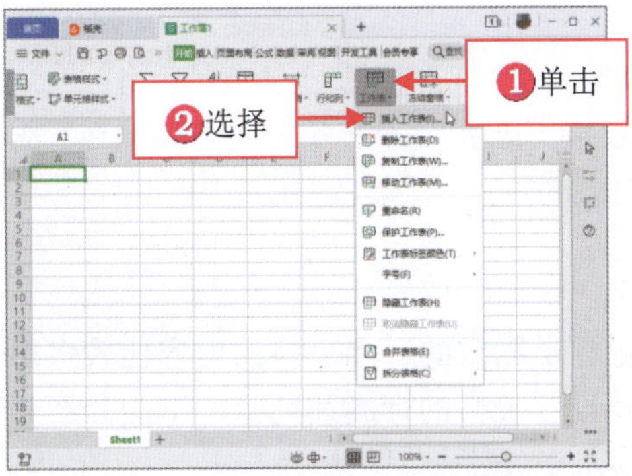

图 4-1　选择“插入工作表”选项

在 WPS 表格工作界面中，单击“开始”菜单，❶在功能区中单击“工作表”下拉按钮；❷在弹出的下拉列表框中选择“删除工作表”选项，如图 4-2 所示。执行上述操作后，即删除当前工作表。

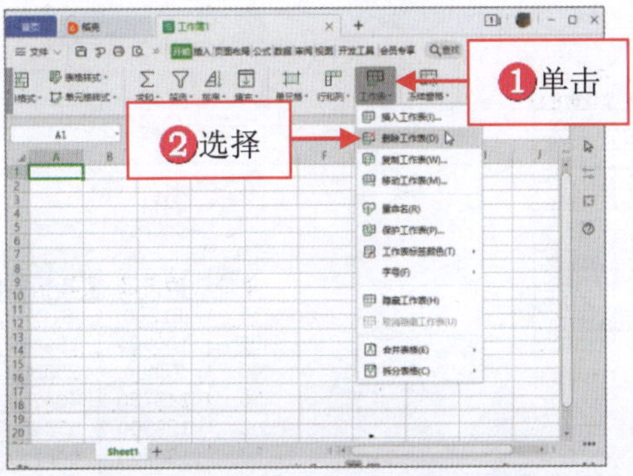

图 4-2　选择“删除工作表”选项

4.1.2 更改工作表标签颜色

当在工作簿中创建了很多工作表，不方便查找时，可以更改工作表标签颜色。下面介绍更改工作标签颜色的操作方法。

在 WPS 表格工作界面中，单击“开始”菜单，❶在功能区中单击“工作表”下拉按钮；❷在弹出的列表框中选择“工作标签颜色”|“深红色”选项，如图 4-3 所示。

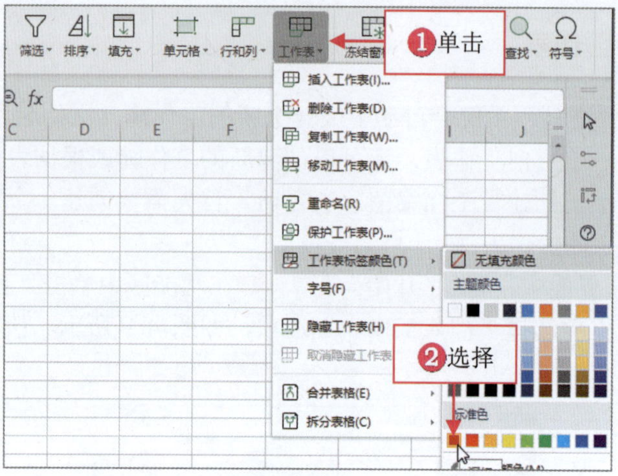

图 4-3 选择“工作标签颜色”|“深红色”选项

4.1.3 设置行高和列宽

一般情况下行高和列宽都是固定的，当表格的内容比较多时，在表格中可能无法显示，就需要设置表格的行高和列宽。下面介绍设置行高和列宽的操作方法。

设置行高和列宽

Step 01 在 WPS 表格工作界面中，单击“文件”|“打开”命令，打开工作簿“素材\第 4 章\4.1.3.et”，如图 4-4 所示。

Step 02 选择需要编辑的单元格，单击“开始”菜单，在功能区中单击“行和列”下拉按钮，如图 4-5 所示。

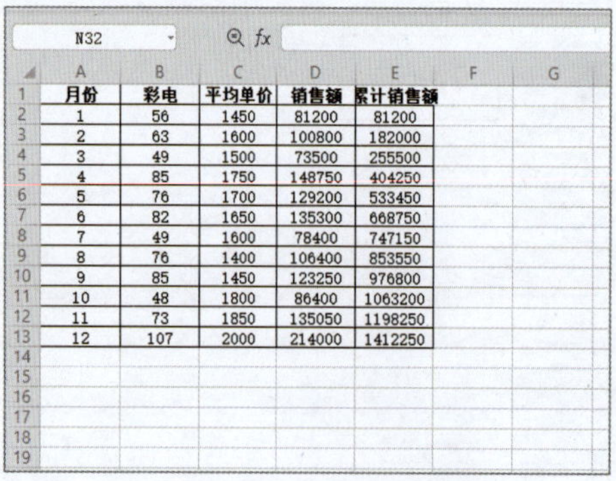

月份	彩电	平均单价	销售额	累计销售额
1	56	1450	81200	81200
2	63	1600	100800	182000
3	49	1500	73500	255500
4	85	1750	148750	404250
5	76	1700	129200	533450
6	82	1650	135300	668750
7	49	1600	78400	747150
8	76	1400	106400	853550
9	85	1450	123250	976800
10	48	1800	86400	1063200
11	73	1850	135050	1198250
12	107	2000	214000	1412250

图 4-4 打开素材文件

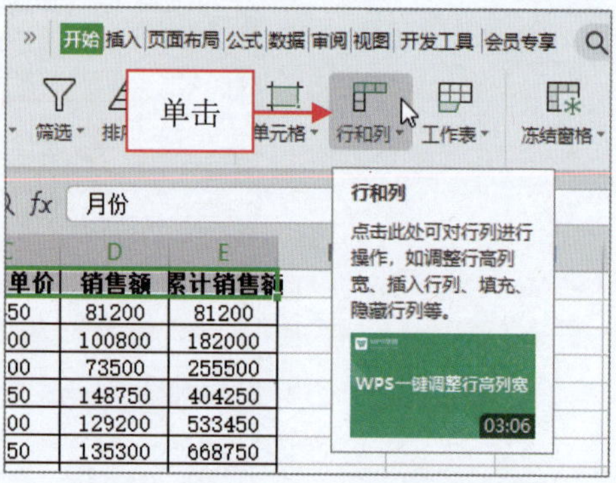

图 4-5 单击“行和列”下拉按钮

Step 03　执行上述操作后，弹出列表框选择“行高”选项，如图 4-6 所示。

Step 04　弹出“行高”对话框，❶设置“行高”为 40 磅；❷单击“确定”按钮，效果如图 4-7 所示。

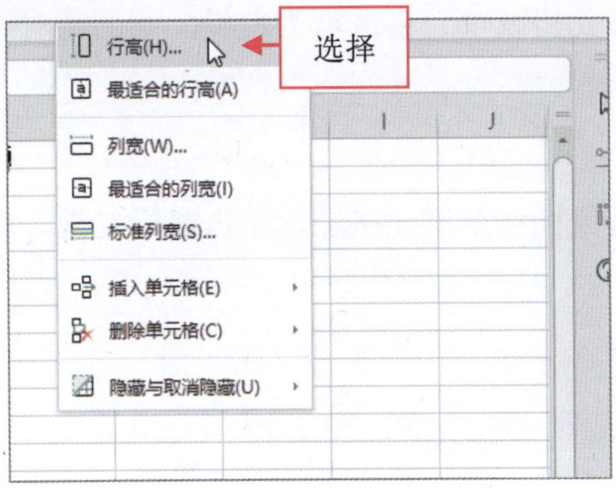

图 4-6　选择“行高”选项

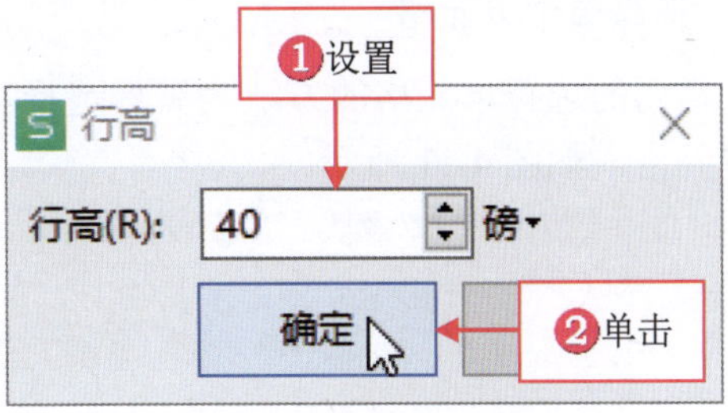

图 4-7　单击“确定”按钮

Step 05　在工作表中，选择需要编辑的单元格，单击“开始”菜单，❶在功能区中单击“行和列”下拉按钮；❷弹出列表框选择“列宽”选项，如图 4-8 所示。

Step 06　❶弹出“列宽”对话框，在下方设置“列宽”为 13 字符；❷单击“确定”按钮，如图 4-9 所示。

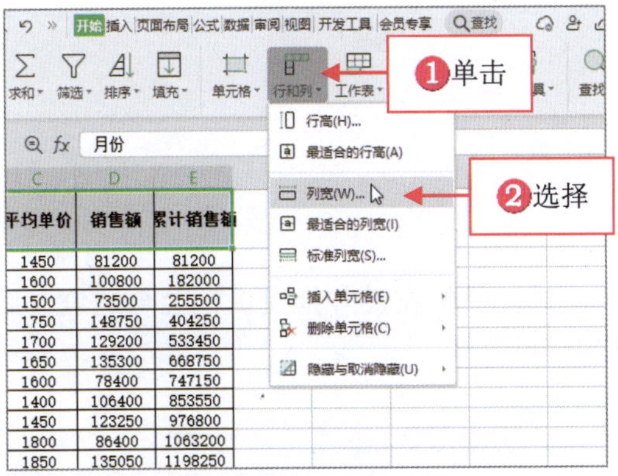

图 4-8　选择“列宽”选项

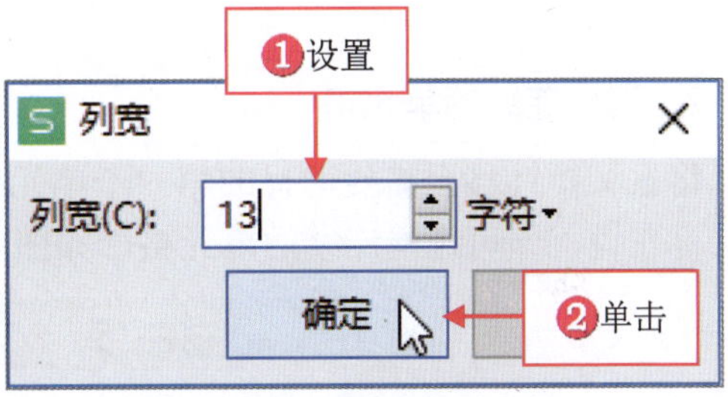

图 4-9　单击“确定”按钮

Step 07　执行上述操作后，即可设置单元格的行高和列宽，效果如图 4-10 所示。

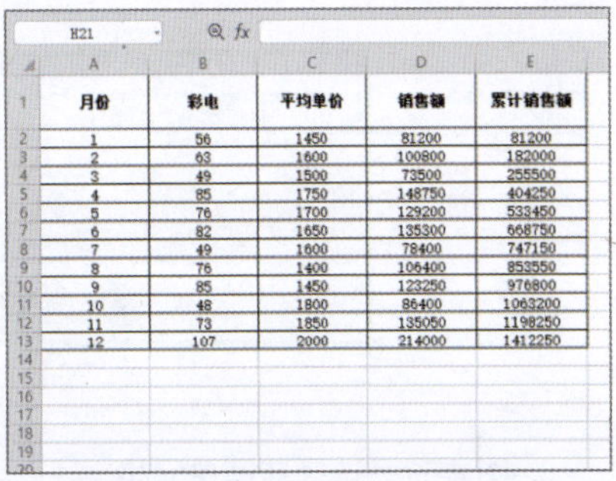

图 4-10　设置行高和列宽效果

4.1.4 选择单元格

在 WPS 表格中，工作表的操作都是建立在单元格或单元格区域的基础上进行的。所以对当前打开的工作表进行各种操作，必须以选择单元格或单元格区域为前提。下面将对选定单元格的方法进行详细介绍。

1．选择单个单元格

最常用的选择单元格的方法为鼠标选择。将鼠标移至单元格上，单击鼠标左键，即可选择该单元格，如图 4-11 所示。

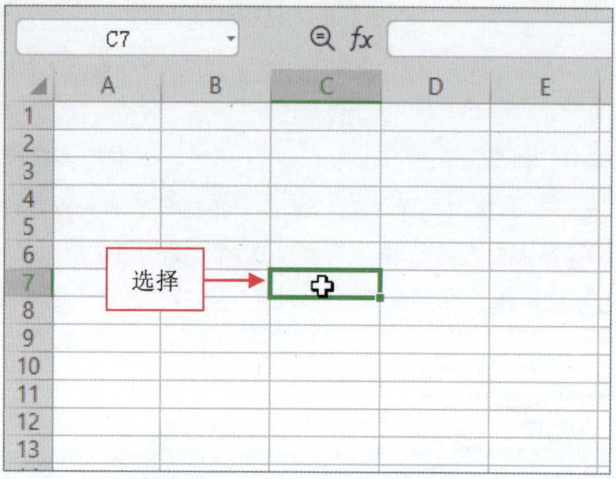

图 4-11 选择单个单元格

2．选择连续的单元格

将鼠标指针移至需要选择的第一个单元格上，按住鼠标左键并拖曳鼠标至合适位置后释放鼠标左键，即可选择连续的单元格，如图 4-12 所示。

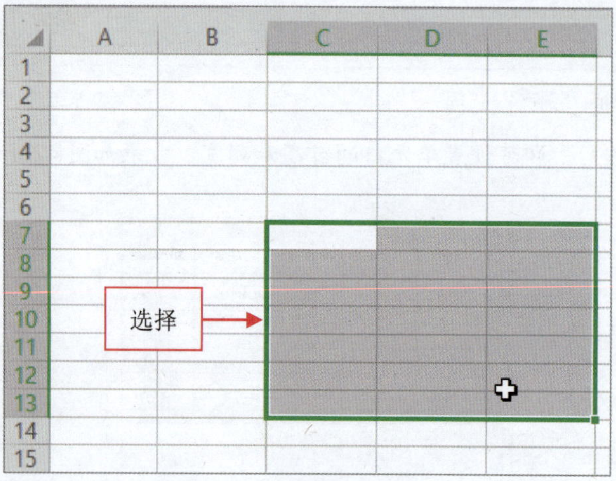

图 4-12 选择连续单元格

3. 选择多个不连续的单元格

选择第一个单元格，按住【Ctrl】键的同时依次单击其他需要选择的单元格，即可选择多个不连续的多个单元格，如图 4-13 所示。

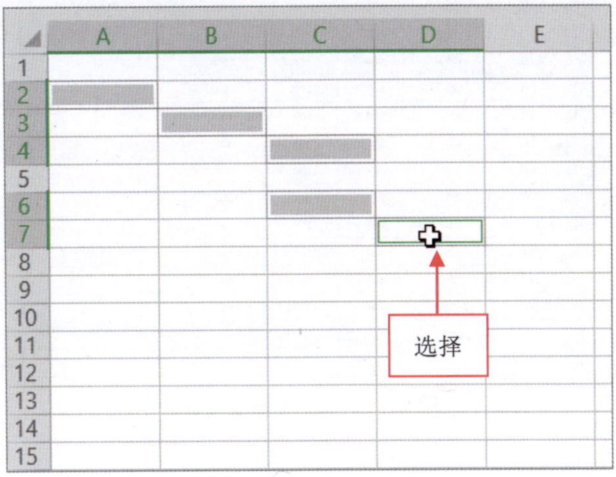

图 4-13　选择多个不连续单元格

4.1.5　插入单元格

插入单元格

在 WPS 表格的操作过程中，如果发现制作的表格中有被遗漏的数据，可以根据需要在工作表中插入单元格，添加数据。下面介绍插入单元格的操作方法。

Step 01　在 WPS 表格工作界面中，单击“文件”|“打开”命令，打开工作簿“素材\第 4 章\4.1.5.et”，选择需要插入的单元格，如图 4-14 所示。

Step 02　单击鼠标右键，在弹出的快捷菜单中选择“插入”|“插入行”选项，如图 4-15 所示。

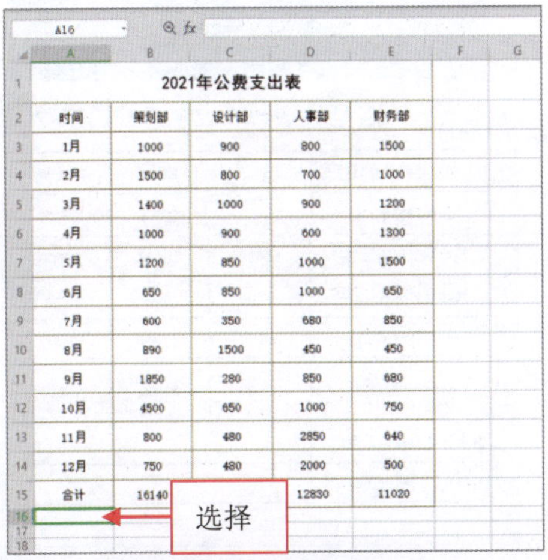

图 4-14　打开素材文件

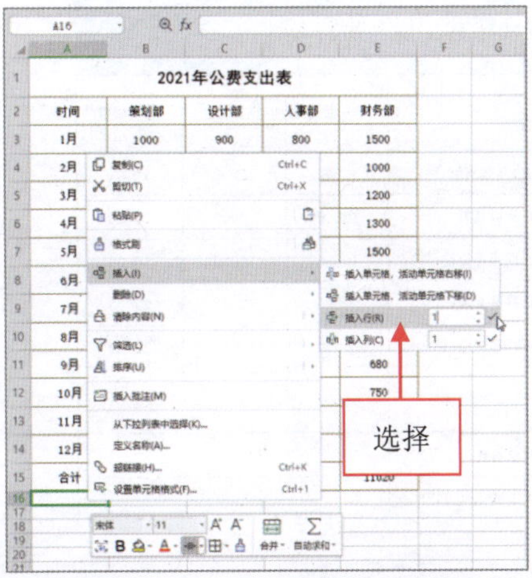

图 4-15　选择“插入行”选项

Step 03　执行上述操作后，即可在选择的位置插入整行单元格，如图 4-16 所示。

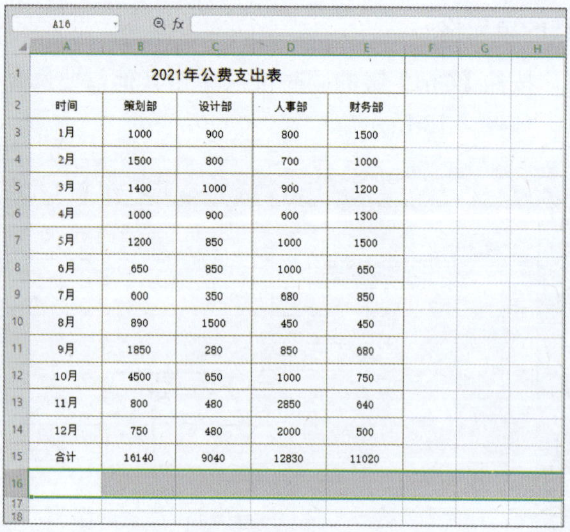

2021年公费支出表				
时间	策划部	设计部	人事部	财务部
1月	1000	900	800	1500
2月	1500	800	700	1000
3月	1400	1000	900	1200
4月	1000	900	600	1300
5月	1200	850	1000	1500
6月	650	850	1000	650
7月	600	350	680	850
8月	890	1500	450	450
9月	1850	280	850	680
10月	4500	650	1000	750
11月	800	480	2850	640
12月	750	480	2000	500
合计	16140	9040	12830	11020

图 4-16　插入整行单元格

4.1.6　取消合并单元格

在编辑工作表时，经常需要将多个单元格合并成一个单元格。而拆分单元格就是对合并的单元格进行拆分，将一个单元格拆分为多个单元格。下面介绍取消合并单元格的操作方法。

取消合并单元格

Step 01　在 WPS 表格工作界面中，单击“文件”|“打开”命令，打开工作簿“素材\第 4 章\4.1.6.et”，如图 4-17 所示。

Step 02　选择 A1：D1 单元格区域，如图 4-18 所示。

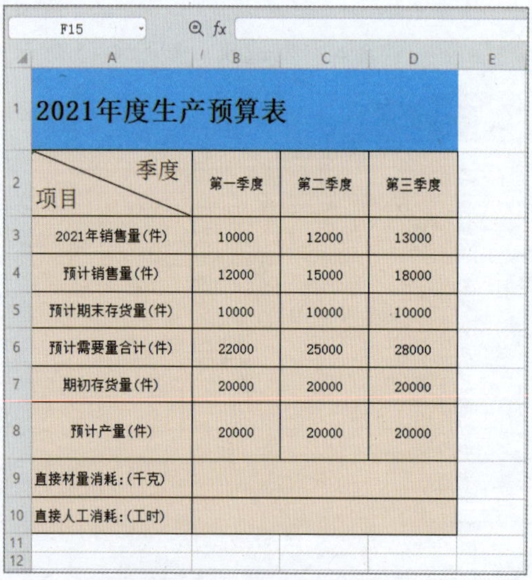

2021年度生产预算表			
季度 / 项目	第一季度	第二季度	第三季度
2021年销售量(件)	10000	12000	13000
预计销售量(件)	12000	15000	18000
预计期末存货量(件)	10000	10000	10000
预计需要量合计(件)	22000	25000	28000
期初存货量(件)	20000	20000	20000
预计产量(件)	20000	20000	20000
直接材量消耗:(千克)			
直接人工消耗:(工时)			

图 4-17　打开素材文件

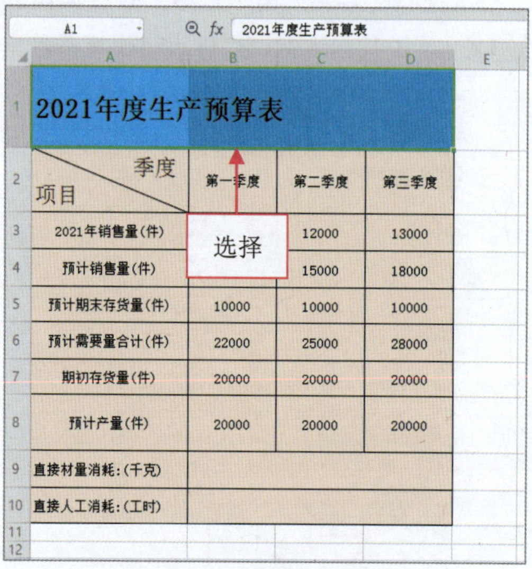

2021年度生产预算表			
季度 / 项目	第一季度	第二季度	第三季度
2021年销售量(件)		12000	13000
预计销售量(件)		15000	18000
预计期末存货量(件)	10000	10000	10000
预计需要量合计(件)	22000	25000	28000
期初存货量(件)	20000	20000	20000
预计产量(件)	20000	20000	20000
直接材量消耗:(千克)			
直接人工消耗:(工时)			

图 4-18　选择相应单元格区域

Step 03　单击“开始”菜单，❶在功能区中单击“合并居中”下拉按钮；❷在弹出的列表框中选择“合并居中”选项，如图 4-19 所示。

Step 04　执行上述操作后，即可合并单元格，效果如图 4-20 所示。

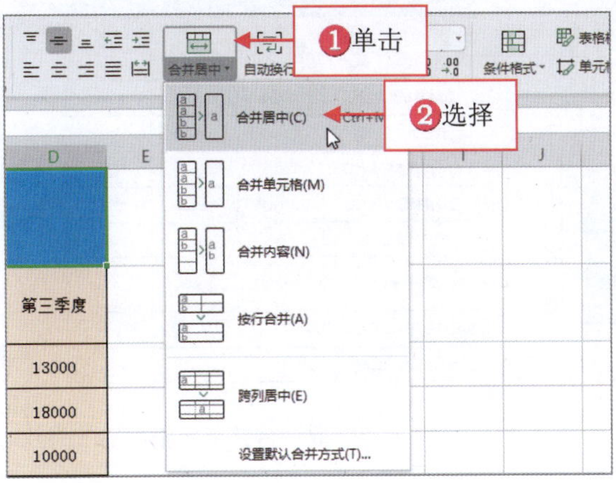

图 4-19　选择“合并居中”选项

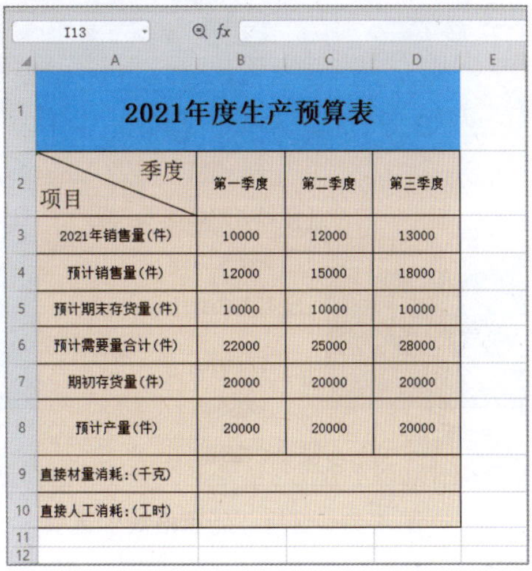

图 4-20　合并单元格效果

Step 05　执行上述操作后，选择 B9：D9 单元格区域，如图 4-21 所示。

Step 06　单击“开始”菜单，❶在功能区中单击“合并居中”下拉按钮；❷在弹出的列表框中选择“取消合并单元格”选项，如图 4-22 所示。

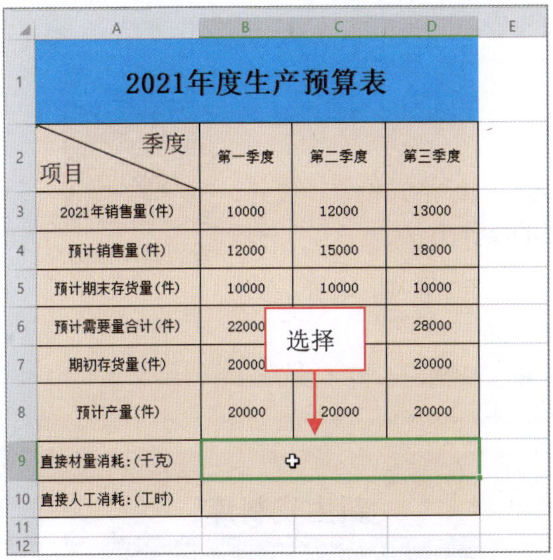

图 4-21　选择需要的单元格区域

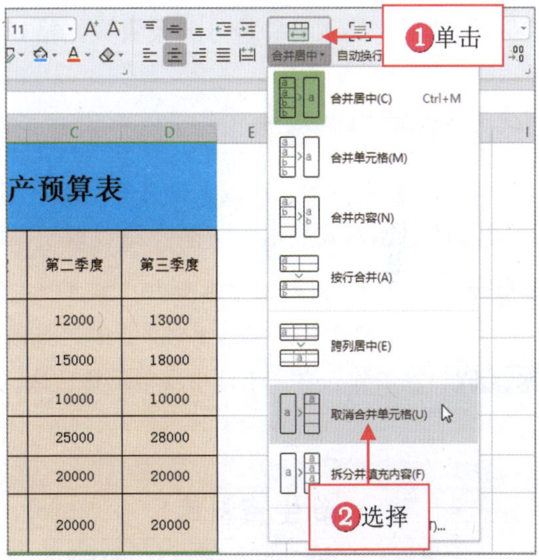

图 4-22　选择“取消单元格合并”选项

> ▶ 专家指点
>
> 在功能区中单击“合并居中”下拉按钮，在弹出的列表框中选择“换行合并”选项，也可以根据需要自行选择。

Step 07　执行上述操作后，即可取消合并单元格区域，单击“开始”菜单，❶在功能区中单击“边框”右侧的下三角按钮田；❷在弹出的列表框中选择“所有框线”选项，如图 4-23 所示。

Step08 执行上述操作后，即可完成取消合并单元格，效果如图 4-24 所示。

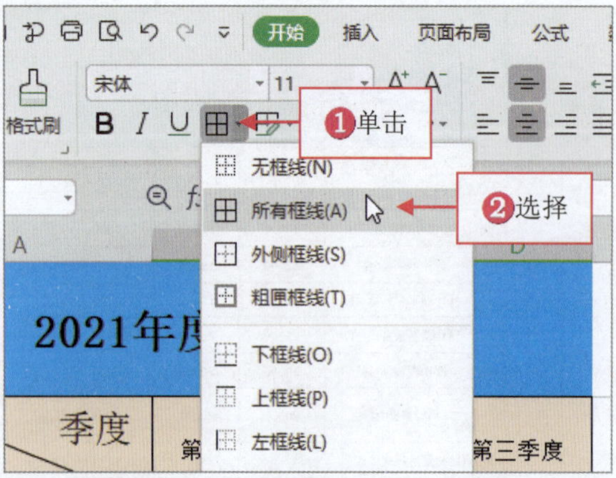

图 4-23　选择“所有框线”选项

图 4-24　取消合并单元格后的效果

4.2　设置表格数据

在 WPS 表格中，不仅要掌握基本操作，还要掌握编辑表格数据的方法。本节主要介绍设置日期数据、插入特殊符号、设置数据格式以及设置单元格样式等内容的操作方法。

4.2.1　设置日期数据

在 WPS 表格中，可以为输入日期数据的单元格进行格式设置，使其以设置的日期格式显示，下面介绍设置日期数据的操作方法。

设置日期数据

Step01 在 WPS 表格工作界面中，单击“文件”|“打开”命令，打开工作簿“素材\第 4 章\4.2.1.et”，如图 4-25 所示。

Step02 在工作表中，选择相应单元格区域，输入出生日期，如图 4-26 所示。

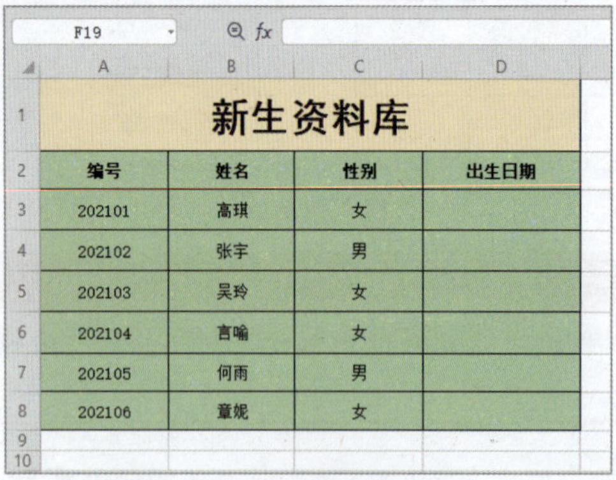

图 4-25　打开素材文件

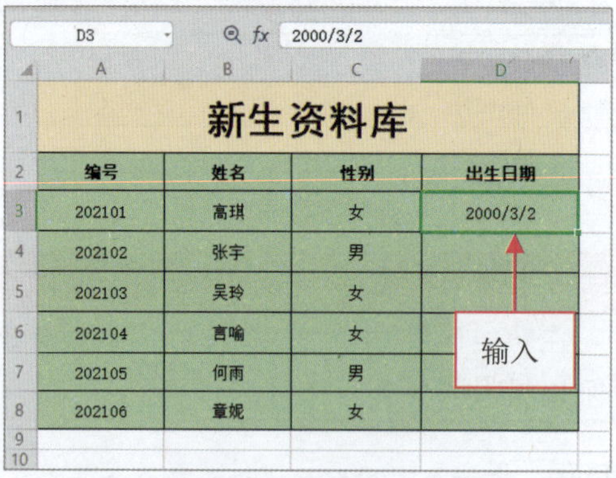

图 4-26　输入出生日期

Step 03　用与上述同样的方法，在其他单元格中输入出生日期，选择输入的出生日期，如图 4-27 所示。

Step 04　单击鼠标右键，在弹出快捷菜单中选择“设置单元格格式”选项，如图 4-28 所示。

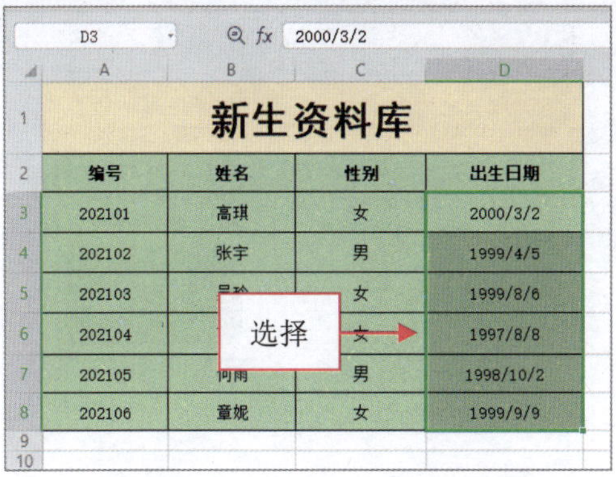

图 4-27　选择输入日期区域

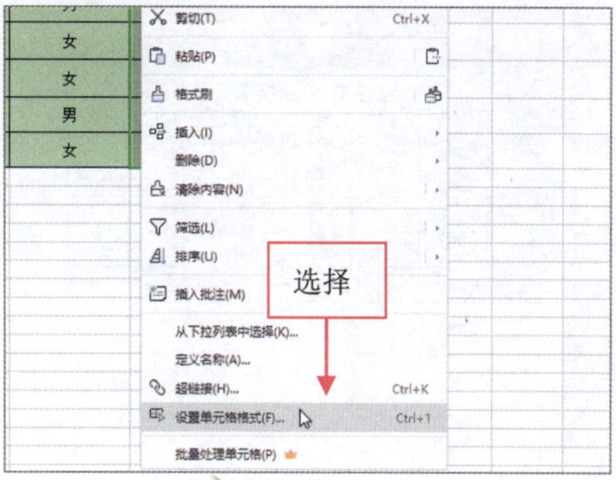

图 4-28　选择“设置单元格格式”选项

Step 05　弹出“单元格格式”对话框，在“数字”选项卡的“分类”列表框中，❶选择“日期”选项；❷在右侧的“类型”列表框中选择相应选项，如图 4-29 所示。

Step 06　单击“确定”按钮，选择的单元格区域将以日期格式显示，效果如图 4-30 所示。

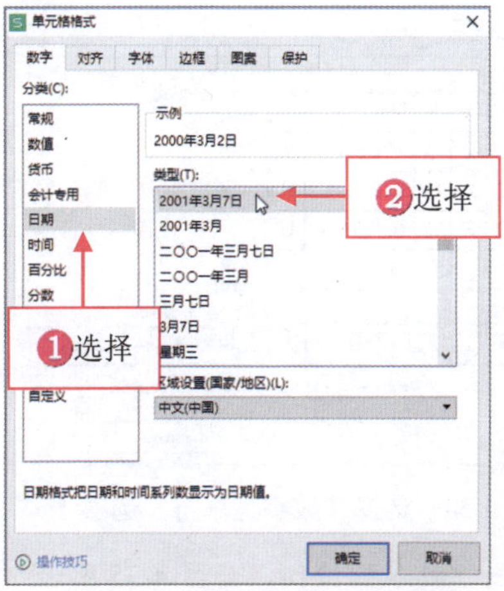

图 4-29　选择相应选项

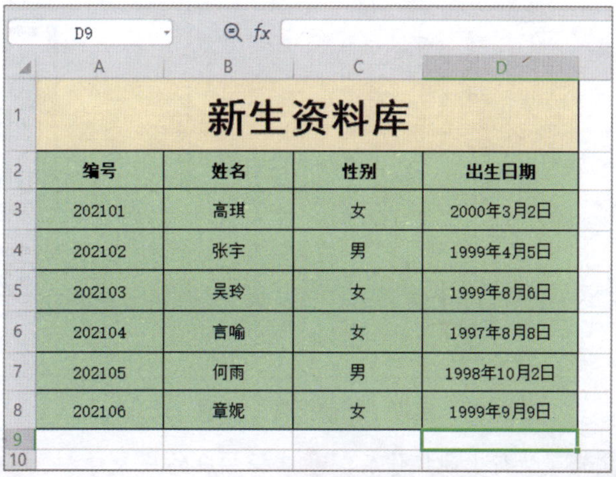

图 4-30　显示日期数据后的效果

> **▶ 专家指点**
>
> 在“日期”选项卡中，系统提供了多种格式的日期类型，可以自行选择。

4.2.2　插入特殊符号

为了突出工作表中的某些数据，使整个版面更为丰富，可以根据需要对不同的单元格字符设置不同的字体。下面介绍插入特殊符号的操作方法。

插入特殊符号

Step 01 在 WPS 表格工作界面中，单击“文件”|“打开”命令，打开工作簿“素材\第 4 章\4.2.2.et”，选择需要插入特殊符号的单元格区域，如图 4-31 所示。

Step 02 单击“插入”菜单，在功能区中单击“符号”下拉按钮Ω，如图 4-32 所示。

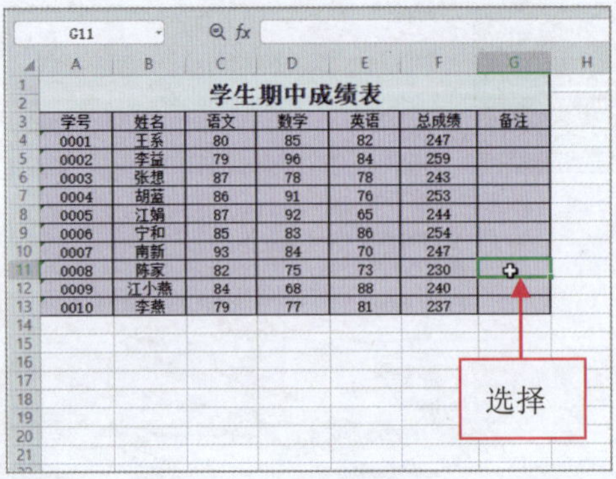

图 4-31　打开素材文件

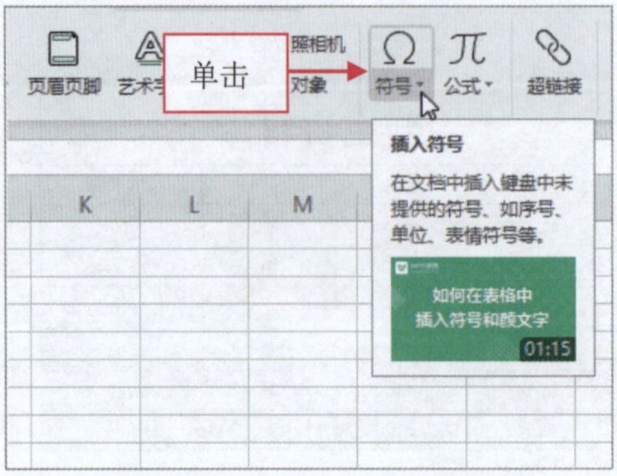

图 4-32　单击“符号”下拉按钮

Step 03 在弹出的下拉列表框中选择“其他符号”选项，如图 4-33 所示。

Step 04 弹出“符号”对话框，切换“符号”选项区，❶单击“子集”右侧的下三角按钮；❷在弹出下拉列表框中选择“数字运算符”选项，如图 4-34 所示。

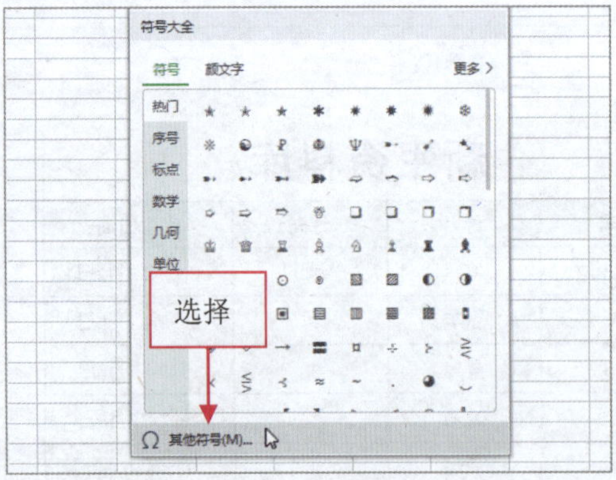

图 4-33　选择“其他符号”选项

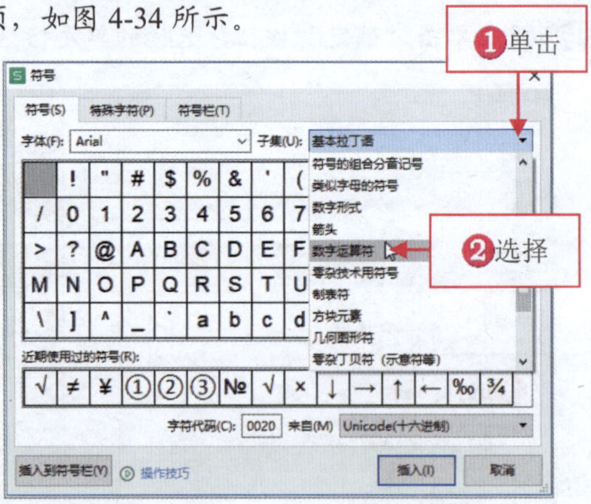

图 4-34　选择“数字运算符”选项

Step 05 执行上述操作后，❶选择相应的符号样式；❷单击“插入”按钮，如图 4-35 所示。

Step 06 单击“关闭”按钮，即可查看插入特殊符号，效果如图 4-36 所示。

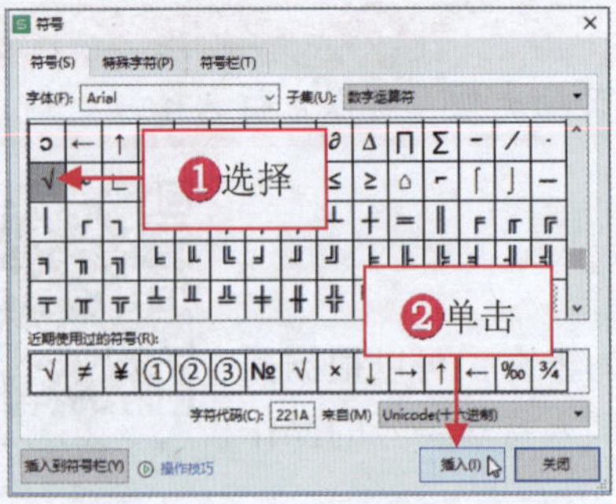

图 4-35　单击“插入”按钮

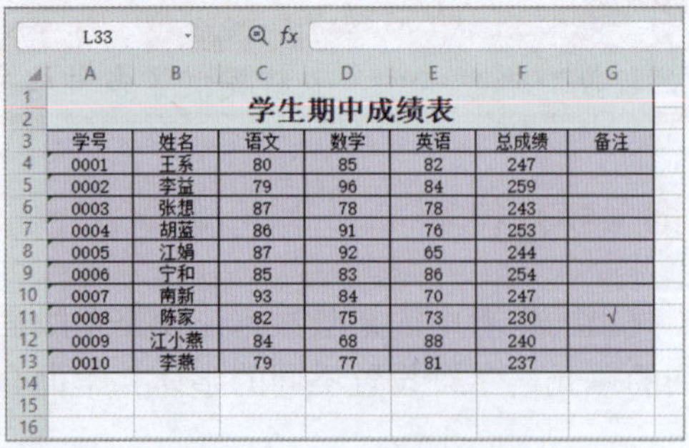

图 4-36　插入特殊符号

4.2.3　设置数据格式

设置数据格式

在 WPS 表格中，常常需要输入一些数字后还要根据需要设置相应的数字格式，如：常规、数值、货币以及会计专用格式等，下面介绍设置数据格式的操作方法。

Step 01　在 WPS 表格工作界面中，单击“文件”|“打开”命令，打开工作簿“素材\第 4 章\4.2.3.et”，选中需要设置数据格式的单元格区域，如图 4-37 所示。

Step 02　单击“开始”菜单，❶在功能区中单击“数字格式”下拉按钮；❷在弹出的列表框中选择“货币”选项，如图 4-38 所示。

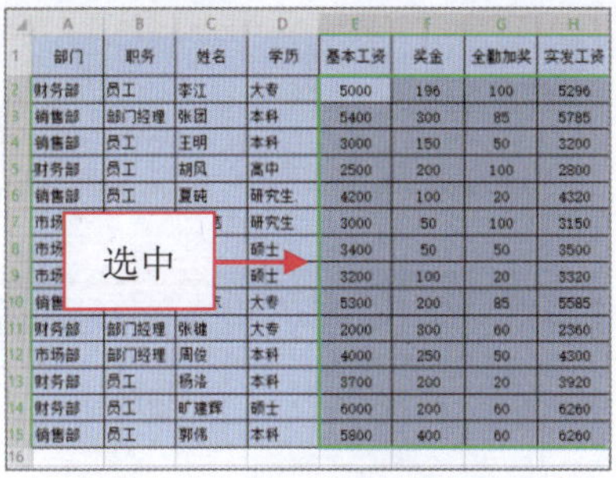

图 4-37　选中需要设置数据格式

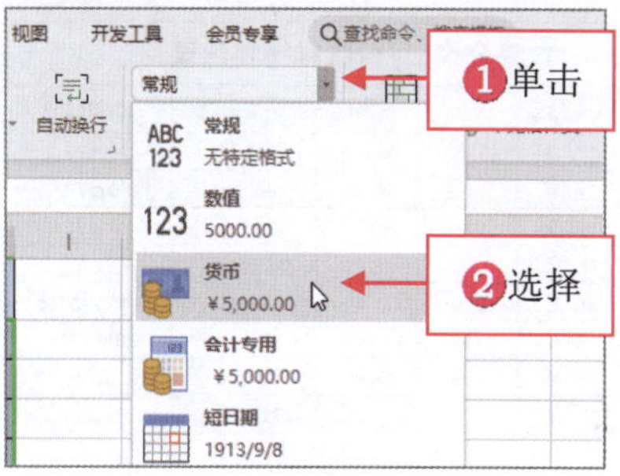

图 4-38　选择“货币”选项

Step 03　执行上述操作后，即可设置为货币格式，如图 4-39 所示。

Step 04　用与上述同样的方法，单击两次“减少小数位数”按钮，如图 4-40 所示。

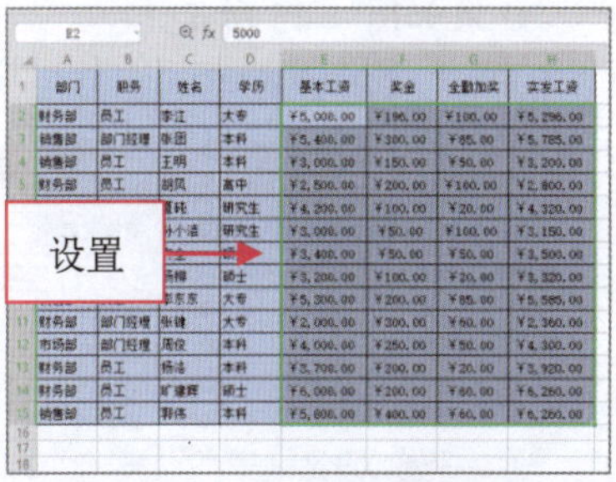

图 4-39　设置货币格式

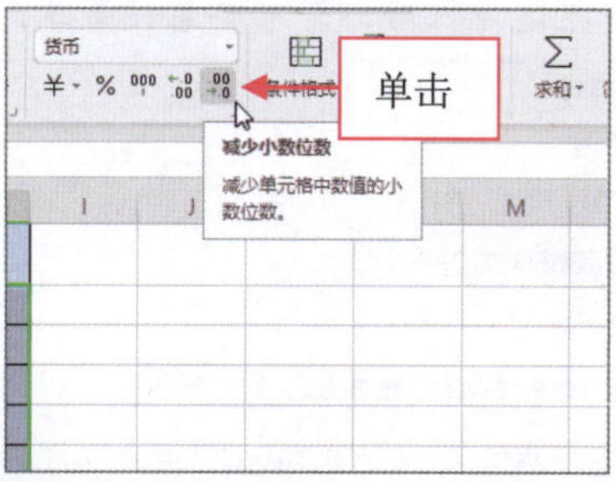

图 4-40　单击两次“减少小数位数”按钮

Step 05　执行上述操作后，即可设置最终效果，如图 4-41 所示。

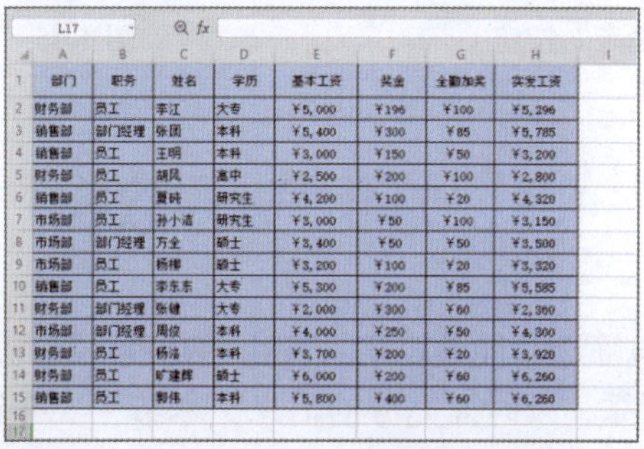

图 4-41　最终效果

4.2.4 设置单元格样式

在 WPS 表格中拥有着各种各样的内置模板样式，应用这些模板样式可以快速的提高工作效率。下面介绍设置单元格样式的操作方法。

设置单元格样式

Step 01 在 WPS 表格工作界面中，单击“文件”|“打开”命令，打开工作簿“素材\第 4 章\4.2.4.et”，选中需要设置单元格样式，如图 4-42 所示。

Step 02 单击“开始”菜单，❶在功能区中单击“表格样式”下拉按钮；❷在弹出的下拉列表框中选择“表样式浅色 10”选项，如图 4-43 所示。

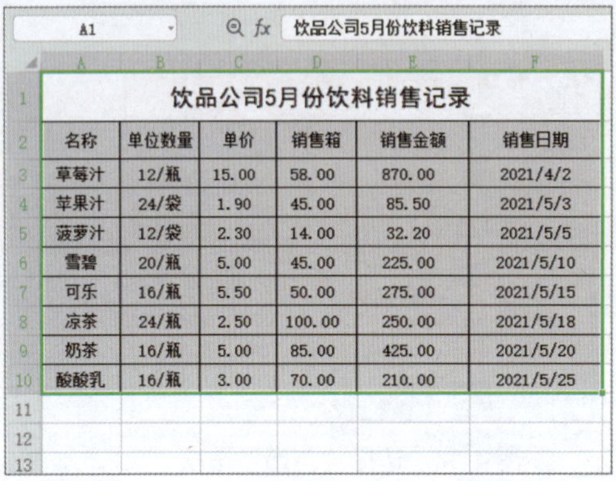

名称	单位数量	单价	销售箱	销售金额	销售日期
草莓汁	12/瓶	15.00	58.00	870.00	2021/4/2
苹果汁	24/袋	1.90	45.00	85.50	2021/5/3
菠萝汁	12/袋	2.30	14.00	32.20	2021/5/5
雪碧	20/瓶	5.00	45.00	225.00	2021/5/10
可乐	16/瓶	5.50	50.00	275.00	2021/5/15
凉茶	24/瓶	2.50	100.00	250.00	2021/5/18
奶茶	16/瓶	5.00	85.00	425.00	2021/5/20
酸酸乳	16/瓶	3.00	70.00	210.00	2021/5/25

图 4-42 选择需要设置单元格样式

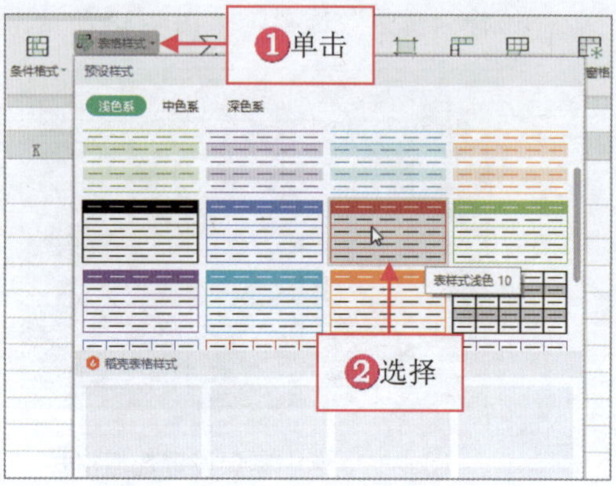

图 4-43 选择“表样式浅色 10”选项

Step 03 弹出“套用表格样式”对话框，单击“确定”按钮，如图 4-44 所示。

Step 04 执行上述操作后，即可查看设置单元格样式，效果如图 4-45 所示。

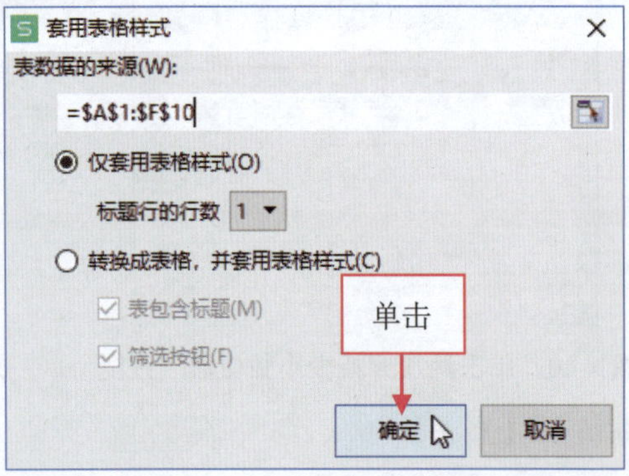

图 4-44 单击“确定”按钮

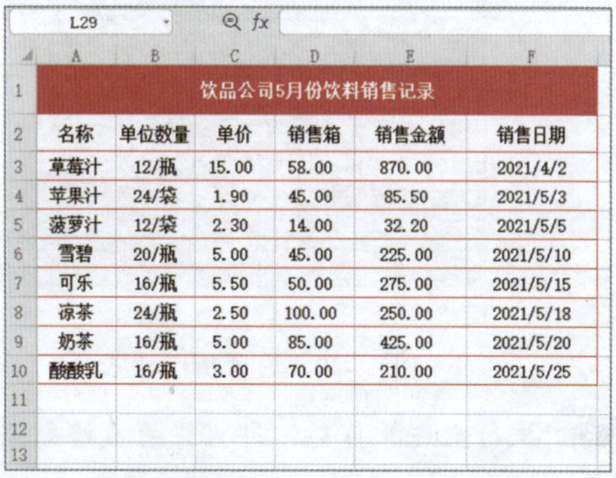

名称	单位数量	单价	销售箱	销售金额	销售日期
草莓汁	12/瓶	15.00	58.00	870.00	2021/4/2
苹果汁	24/袋	1.90	45.00	85.50	2021/5/3
菠萝汁	12/袋	2.30	14.00	32.20	2021/5/5
雪碧	20/瓶	5.00	45.00	225.00	2021/5/10
可乐	16/瓶	5.50	50.00	275.00	2021/5/15
凉茶	24/瓶	2.50	100.00	250.00	2021/5/18
奶茶	16/瓶	5.00	85.00	425.00	2021/5/20
酸酸乳	16/瓶	3.00	70.00	210.00	2021/5/25

图 4-45 查看设置单元格样式

4.3 分析表格数据

在 WPS 表格中，排序与筛选功能是表格最突出的功能。利用这些功能可以很方便地管理和分析数据，为用户提供可靠、及时而充分的信息。本节主要介绍表格数据排序与筛选等内容的操作方法，以便更好地管理工作簿。

4.3.1　突出显示数据

在 WPS 表格中显示一些数据大于某个值的数据、小于某个值的数据以及等于某个值的数据等，可以使用突出显示单元格实现。下面介绍突出显示数据操作方法。

突出显示数据

Step 01　在 WPS 表格工作界面中，单击“文件”|“打开”命令，打开工作簿“素材\第 4 章\4.3.1.et”，如图 4-46 所示。

Step 02　选择 D3:D10 单元格区域，如图 4-47 所示。

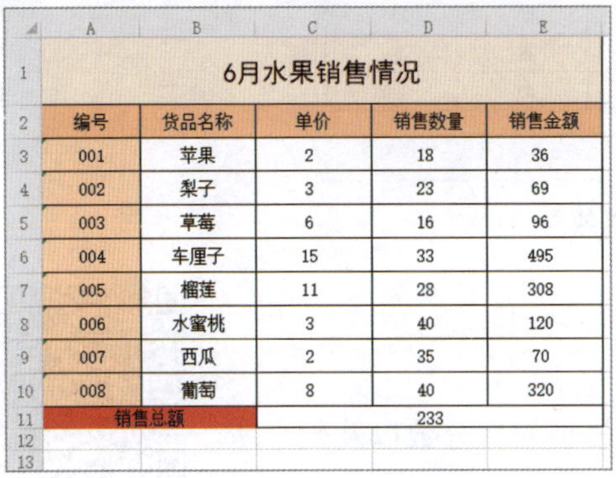

6月水果销售情况				
编号	货品名称	单价	销售数量	销售金额
001	苹果	2	18	36
002	梨子	3	23	69
003	草莓	6	16	96
004	车厘子	15	33	495
005	榴莲	11	28	308
006	水蜜桃	3	40	120
007	西瓜	2	35	70
008	葡萄	8	40	320
销售总额		233		

图 4-46　打开素材文件

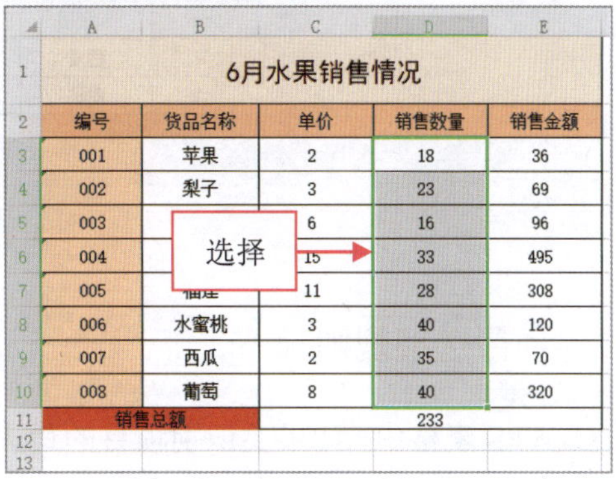

6月水果销售情况				
编号	货品名称	单价	销售数量	销售金额
001	苹果	2	18	36
002	梨子	3	23	69
003		6	16	96
004		15	33	495
005		11	28	308
006	水蜜桃	3	40	120
007	西瓜	2	35	70
008	葡萄	8	40	320
销售总额		233		

图 4-47　选择相应单元格区域

Step 03　单击“开始”菜单，❶在功能区中单击“条件格式”下拉按钮；❷在弹出的列表框中选择“突出显示单元格规则”|“小于”选项如图 4-48 所示。

Step 04　弹出“小于”对话框，❶在数值框中输入 20；❷在“设置为”下拉列表框中选择“浅红填充色深红色文本”选项；❸单击“确定”按钮，如图 4-49 所示。

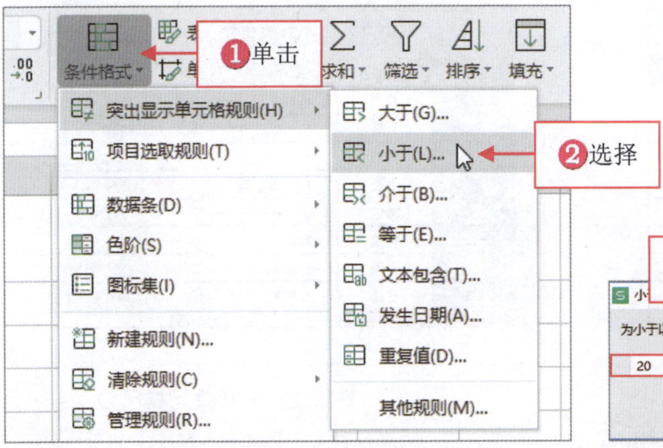

图 4-48　选择“小于”选项

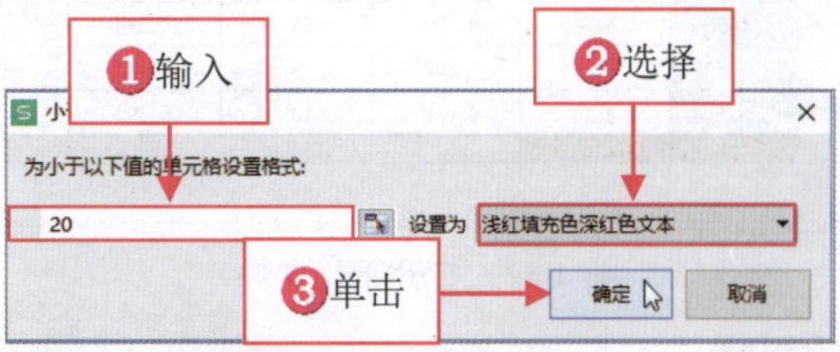

图 4-49　“小于”对话框

> **专家指点**
>
> 单击“条件格式”下拉按钮，在弹出的列表框中也可以选择“色阶”选项。在弹出的子菜单中选择相应的色阶样式，给表格增加色彩。

Step 05 执行上述操作后，即可查看 D3:D11 单元格区域中小于 20 的数值已经以浅红色文本的单元格格式突出显示，效果如图 4-50 所示。

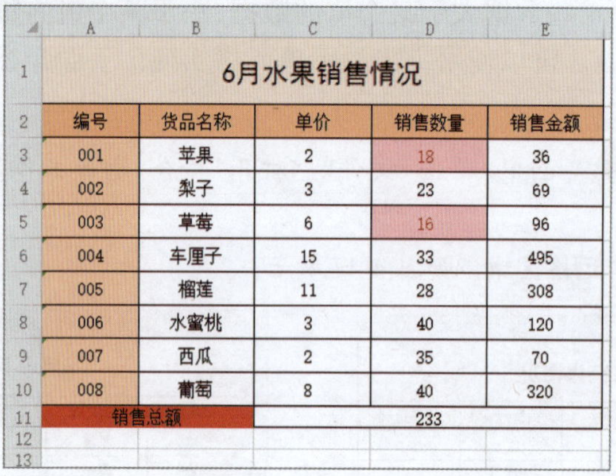

6月水果销售情况				
编号	货品名称	单价	销售数量	销售金额
001	苹果	2	18	36
002	梨子	3	23	69
003	草莓	6	16	96
004	车厘子	15	33	495
005	榴莲	11	28	308
006	水蜜桃	3	40	120
007	西瓜	2	35	70
008	葡萄	8	40	320
销售总额		233		

图 4-50　最终效果

4.3.2　项目选取规则

在 WPS 表格中，如果要识别项目的最大或者最小的百分数以及数字所指定的项目，可以使用项目选取规则。

项目选取规则

Step 01 在 WPS 表格工作界面中，单击“文件”|“打开”命令，打开工作簿“素材\第 4 章\4.3.2.et”，如图 4-51 所示。

Step 02 选择 E3:E10 单元格区域，如图 4-52 所示。

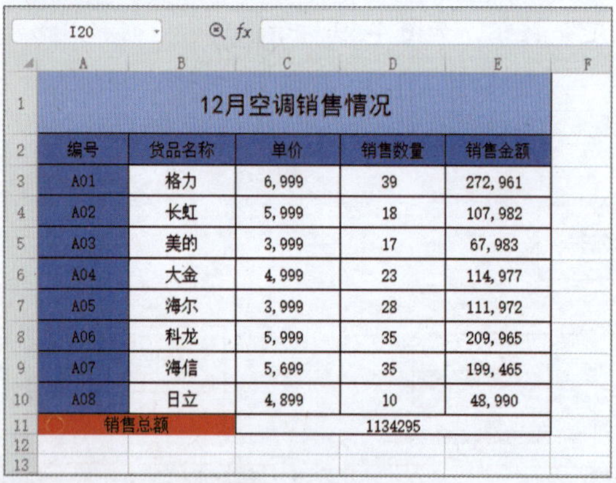

12月空调销售情况				
编号	货品名称	单价	销售数量	销售金额
A01	格力	6,999	39	272,961
A02	长虹	5,999	18	107,982
A03	美的	3,999	17	67,983
A04	大金	4,999	23	114,977
A05	海尔	3,999	28	111,972
A06	科龙	5,999	35	209,965
A07	海信	5,699	35	199,465
A08	日立	4,899	10	48,990
销售总额		1134295		

图 4-51　打开素材文件

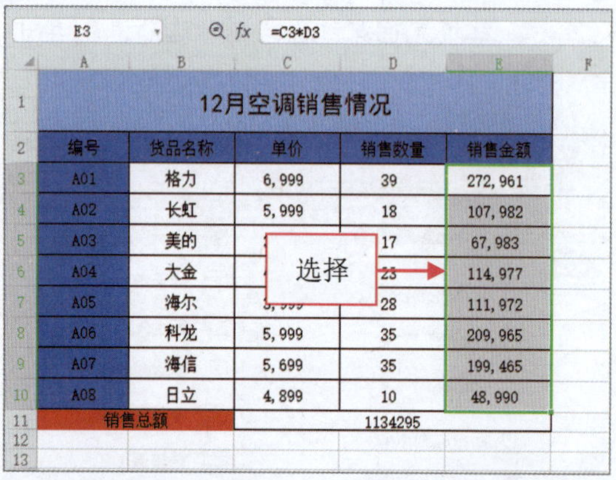

12月空调销售情况				
编号	货品名称	单价	销售数量	销售金额
A01	格力	6,999	39	272,961
A02	长虹	5,999	18	107,982
A03	美的		17	67,983
A04	大金		23	114,977
A05	海尔		28	111,972
A06	科龙	5,999	35	209,965
A07	海信	5,699	35	199,465
A08	日立	4,899	10	48,990
销售总额		1134295		

图 4-52　选择 E3:E10 单元格区域

Step 03 单击“开始”菜单，❶在功能区中单击“条件格式”下拉按钮；❷在弹出的列表框中选择“项目选取规则”|“前 10 项”选项如图 4-53 所示。

Step 04 弹出“前 10 项”对话框，❶在数值框中输入 3；❷在“设置为”下拉列表框中选择“浅红填充色深红色文本”选项；❸单击“确定”按钮，如图 4-54 所示。

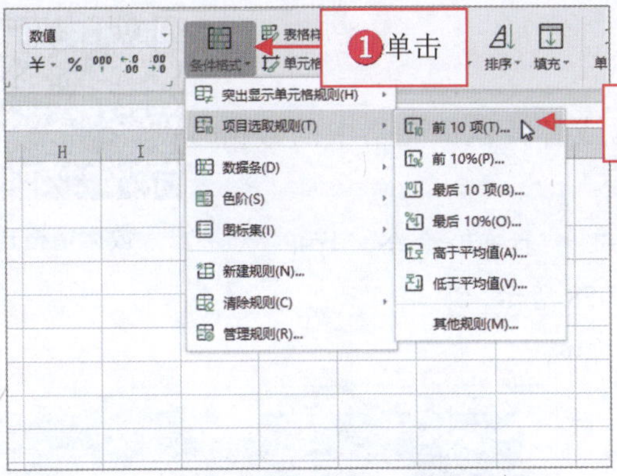

图 4-53　选择相应选项

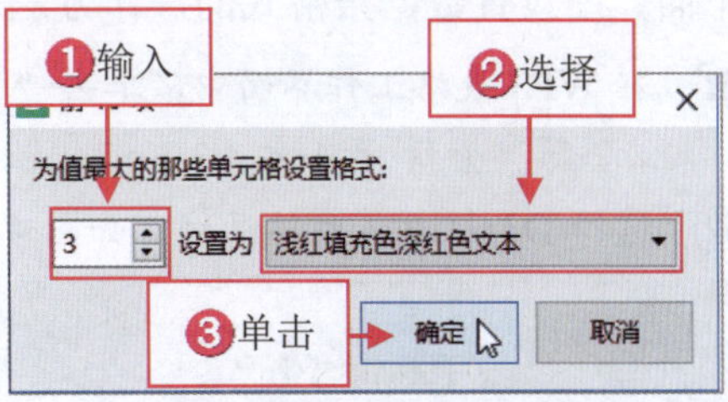

图 4-54　“前 10 项”对话框

Step 05　再次单击“开始”菜单，❶在功能区中单击“条件格式”下拉按钮；❷在弹出的列表框中选择“项目选取规则”|“低于平均值”选项，如图 4-55 所示。

Step 06　弹出“低于平均值”对话框，❶在“针对选定区域设置为”下拉列表框中选择“黄填充色深黄色文本”选项；❷单击“确定”按钮，如图 4-56 所示。

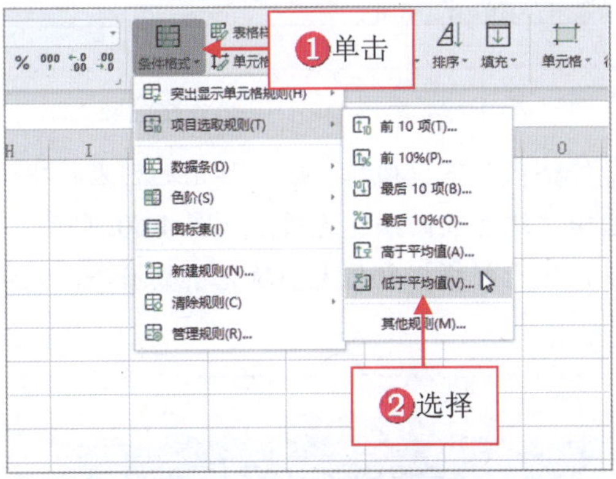

图 4-55　选择相应选项

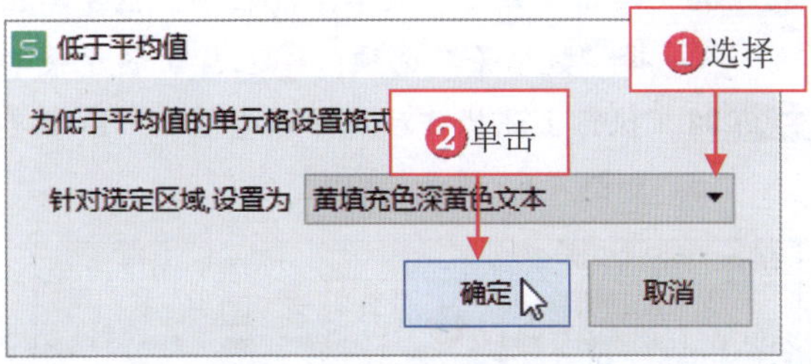

图 4-56　“低于平均值”对话框

Step 07　执行上述操作后，即可查看对 E3:E10 单元格区域中的单元格进行了设置，效果如图 4-57 所示。

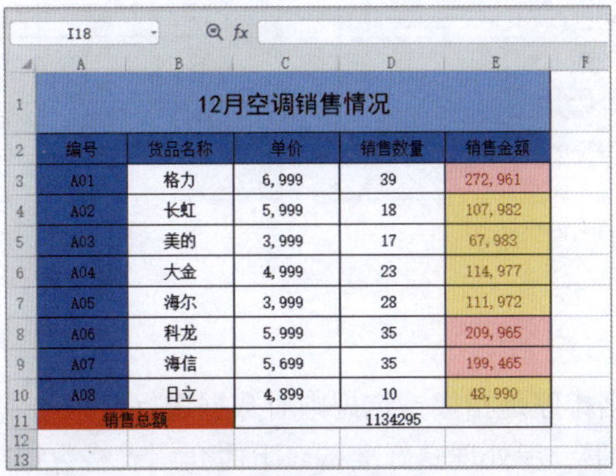

12月空调销售情况				
编号	货品名称	单价	销售数量	销售金额
A01	格力	6,999	39	272,961
A02	长虹	5,999	18	107,982
A03	美的	3,999	17	67,983
A04	大金	4,999	23	114,977
A05	海尔	3,999	28	111,972
A06	科龙	5,999	35	209,965
A07	海信	5,699	35	199,465
A08	日立	4,899	10	48,990
销售总额			1134295	

图 4-57　最终效果

4.3.3 设置数据条格式

数据条可用于查看某个单元格中的数据或者其他单元格中的数据值。下面介绍设置数据条格式的操作方法。

设置数据条格式

Step 01 在 WPS 表格工作界面中，单击“文件”|“打开”命令，打开工作簿“素材\第 4 章\4.3.3.et”，如图 4-58 所示。

Step 02 选择 D3:D10 单元格区域，如图 4-59 所示。

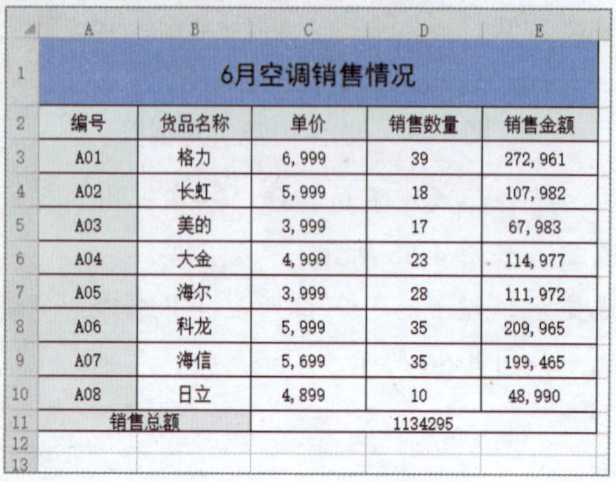

图 4-58 打开素材文件

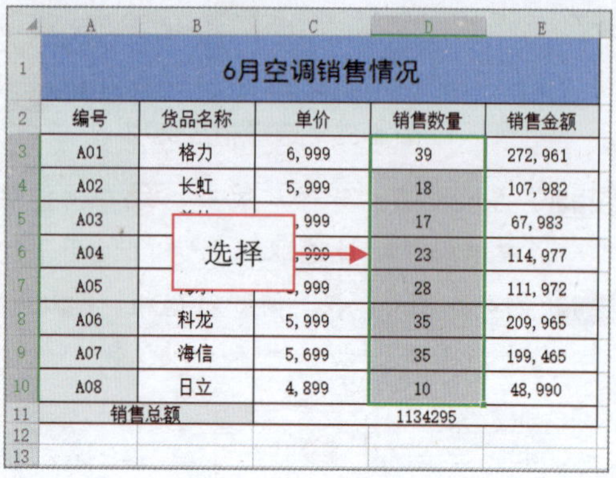

图 4-59 选择 D3:D10 单元格区域

Step 03 单击“开始”菜单，❶在功能区中单击“条件格式”下拉按钮；❷在弹出的列表框中选择“数据条”选项；❸在弹出的子菜单中选择“红色数据条”选项，如图 4-60 所示。

Step 04 执行上述操作后，即可查看 D3:D10 单元格区域已经根据数值大小填充了数据条，效果如图 4-61 所示。

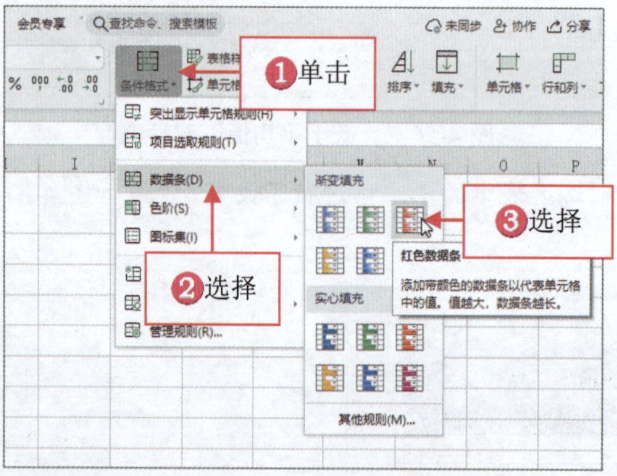

图 4-60 选择“红色数据条”选项

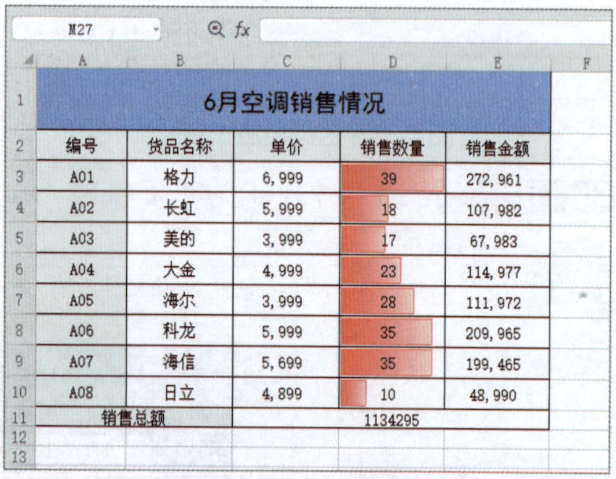

图 4-61 查看数据条效果

4.3.4 数据排序

在 WPS 表格中，数据排序是指按一定规则对数据进行整理与排序，这样可以为数据的下一步处理做好准备。下面介绍表格数据的简单排序方法。

数据排序

Step 01　在 WPS 表格工作界面中，单击“文件”|“打开”命令，打开工作簿“素材\第 4 章\4.3.4.et”，如图 4-62 所示。

Step 02　在工作表中选择需要排序的单元格区域，如图 4-63 所示。

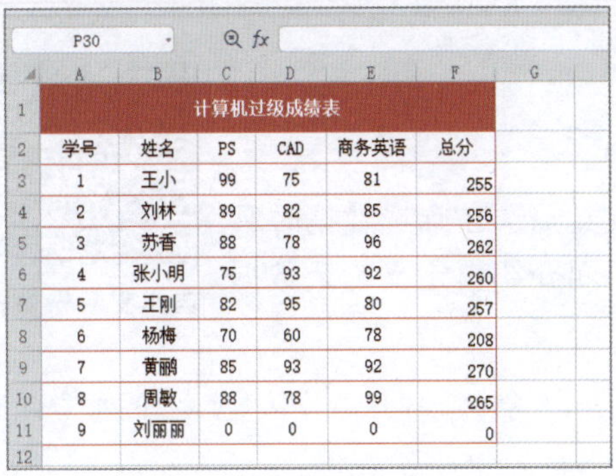

学号	姓名	PS	CAD	商务英语	总分
1	王小	99	75	81	255
2	刘林	89	82	85	256
3	苏香	88	78	96	262
4	张小明	75	93	92	260
5	王刚	82	95	80	257
6	杨梅	70	60	78	208
7	黄鹂	85	93	92	270
8	周敏	88	78	99	265
9	刘丽丽	0	0	0	0

图 4-62　打开素材文件

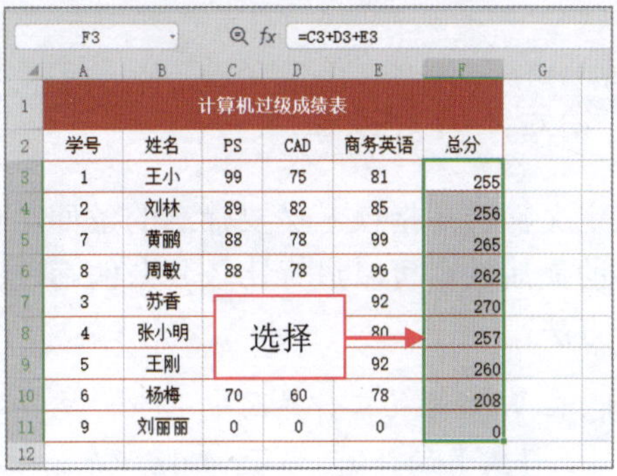

学号	姓名	PS	CAD	商务英语	总分
1	王小	99	75	81	255
2	刘林	89	82	85	256
7	黄鹂	88	78	99	265
8	周敏	88	78	96	262
3	苏香			92	270
4	张小明			80	257
5	王刚			92	260
6	杨梅	70	60	78	208
9	刘丽丽	0	0	0	0

图 4-63　选择需要排序单元格区域

Step 03　单击“开始”菜单，❶在功能区中单击“排序”下拉按钮；❷在弹出的列表框中选择“升序”选项，如图 4-64 所示。

Step 04　弹出“排序警告”对话框，❶在其中选中“扩展选定区域”单选按钮；❷单击“排序”按钮，如图 4-65 所示。

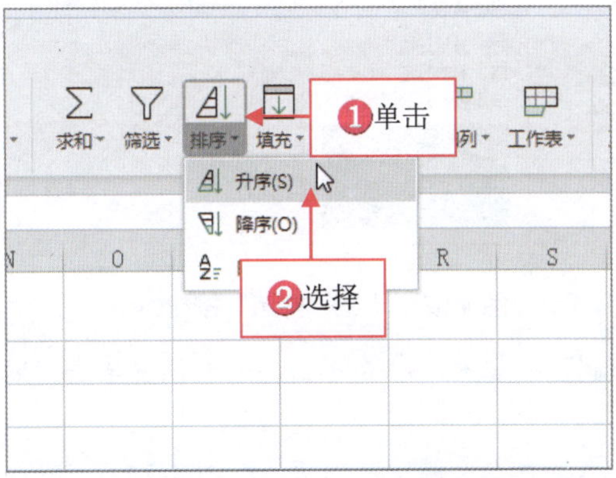

图 4-64　选择“升序”选项

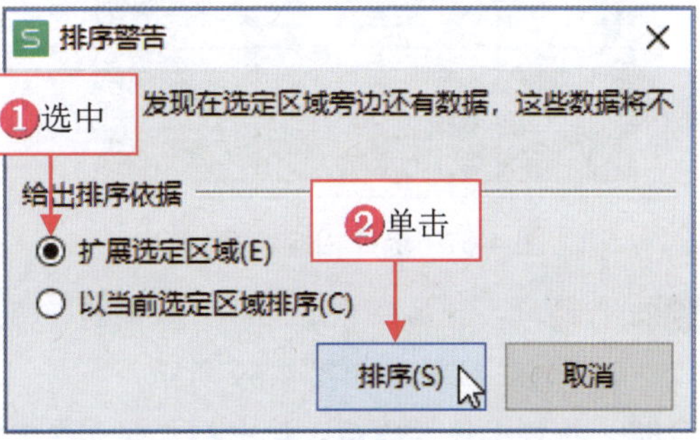

图 4-65　“排序警告”对话框

Step 05　执行上述操作后，即可对数据进行升序操作，如图 4-66 所示。

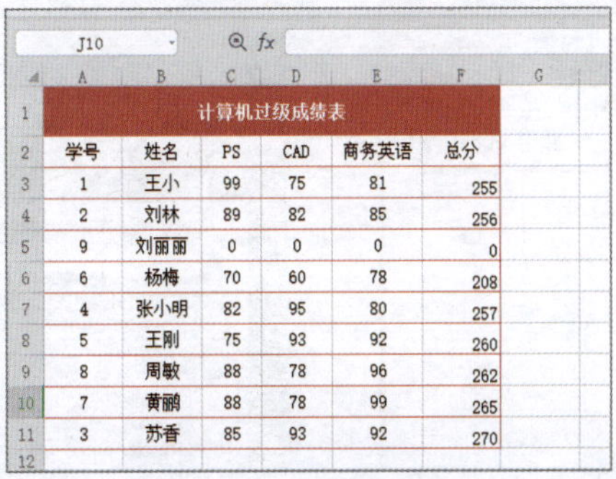

学号	姓名	PS	CAD	商务英语	总分
1	王小	99	75	81	255
2	刘林	89	82	85	256
9	刘丽丽	0	0	0	0
6	杨梅	70	60	78	208
4	张小明	82	95	80	257
5	王刚	75	93	92	260
8	周敏	88	78	96	262
7	黄鹂	88	78	99	265
3	苏香	85	93	92	270

图 4-66　数据升序排序

▶ 专家指点

若在“排序提醒”对话框中选中“以当前选定区域排序”单选按钮，则单击“排序”按钮后，WPS 表格只会将选定区域排序而其他数据保持不变。

4.3.5 自定义筛选数据

自定义筛选数据

自定义筛选是指自定义要筛选的条件，自定义筛选在筛选数据时具有很高的灵活性，可以进行比较复杂的筛选。下面介绍自定义筛选数据的操作方法。

Step 01 在 WPS 表格工作界面中，单击“文件”|“打开”命令，打开工作簿“素材\第 4 章\4.3.5.et”，选择需要的数据，如图 4-67 所示。

Step 02 单击“开始”菜单，在功能区中单击“筛选”按钮，如图 4-68 所示。

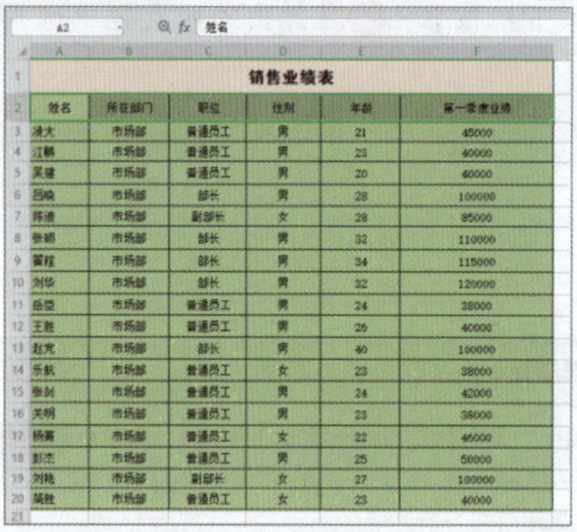

图 4-67 选择相应数据

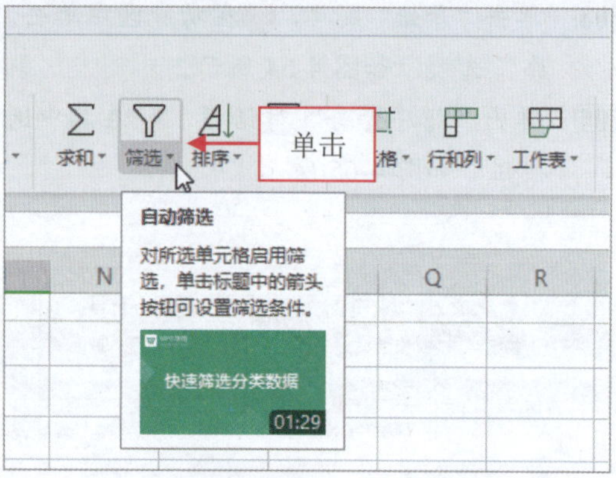

图 4-68 单击“筛选”按钮

Step 03 ❶单击“第一季度业绩”右侧的“筛选控制”按钮，❷在弹出的列表框中单击“数字筛选”按钮，如图 4-69 所示。

Step 04 执行上述操作后，弹出相应列表在其中选择“自定义筛选”选项，如图 4-70 所示。

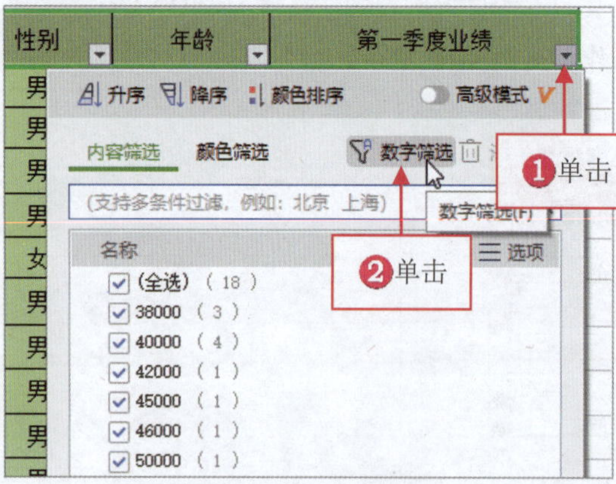

图 4-69 选择“自定义筛选”选项

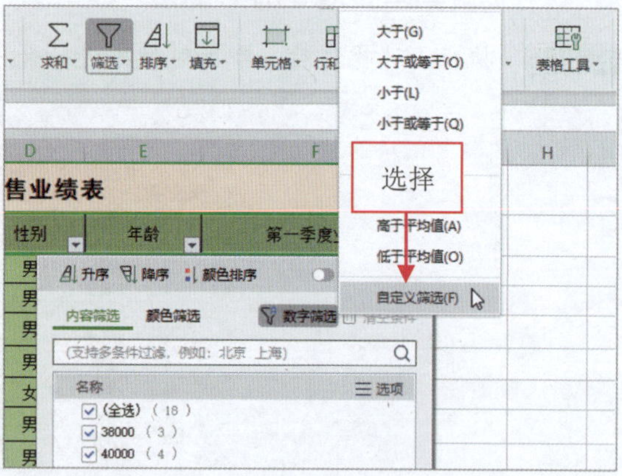

图 4-70 选择“自定义筛选”选项

Step 05　弹出“自定义自动筛选方式”对话框，❶在其中输入相应的自定义条件；❷单击“确定”按钮，效果如图 4-71 所示。

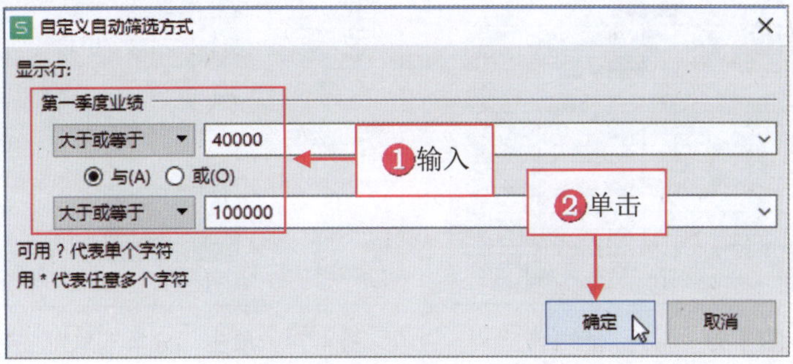

图 4-71　单击“确定”按钮

Step 06　执行上述操作后，即可得出筛选结果，效果如图 4-72 所示。

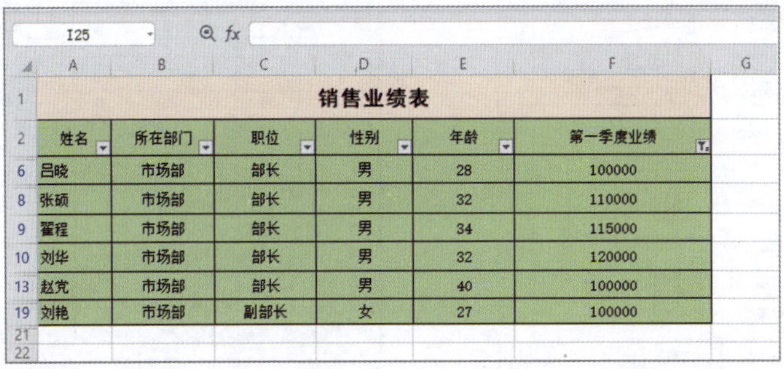

	A	B	C	D	E	F
1	销售业绩表					
2	姓名	所在部门	职位	性别	年龄	第一季度业绩
6	吕晓	市场部	部长	男	28	100000
8	张硕	市场部	部长	男	32	110000
9	瞿程	市场部	部长	男	34	115000
10	刘华	市场部	部长	男	32	120000
13	赵克	市场部	部长	男	40	100000
19	刘艳	市场部	副部长	女	27	100000

图 4-72　得出筛选结果

▶ 专家指点

表格筛选后，单击“排序和筛选”选项板中的“清除”按钮，表示显示当前表格中的所有记录，但表格记录并没有退出筛选状态；如果再次单击“筛选”按钮，则表示取消当前数据的筛选操作。

4.3.6　简单分类汇总数据

简单分类汇总数据

分类汇总功能是对表格的数据进行分类，把性质相同的组合在一起，使表格结构更加清晰明了，更方便查找数据信息。下面介绍简单分类汇总数据的操作方法。

Step 01　在 WPS 表格工作界面中，单击“文件”|“打开”命令，打开工作簿“素材\第 4 章\4.3.6.et”，如图 4-73 所示。

Step 02　单击“数据”菜单，在功能区中单击“分类汇总”按钮，如图 4-74 所示。

Step 03　弹出“分类汇总”对话框，❶在“分类字段”列表中选择相应选项；❷在汇总方式列表框中选择“求和”选项；❸在“选定汇总项”下拉列表框中选择相应选项；❹单击“确定”按钮，如图 4-75 所示。

Step04 执行上述操作后，即可查看表格中的数据按照分类汇总显示，效果如图 4-76 所示。

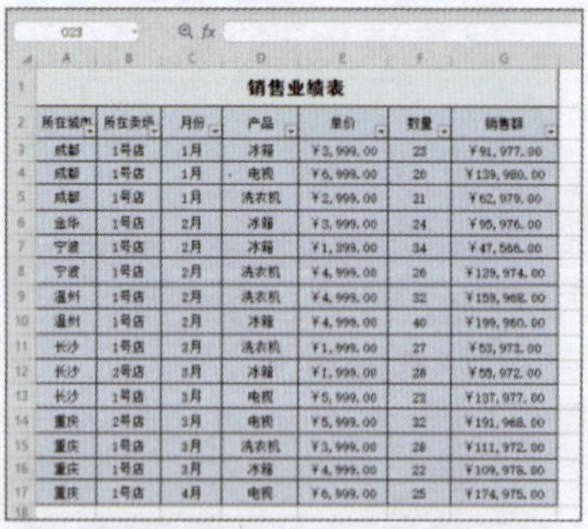

图 4-73 打开素材文件

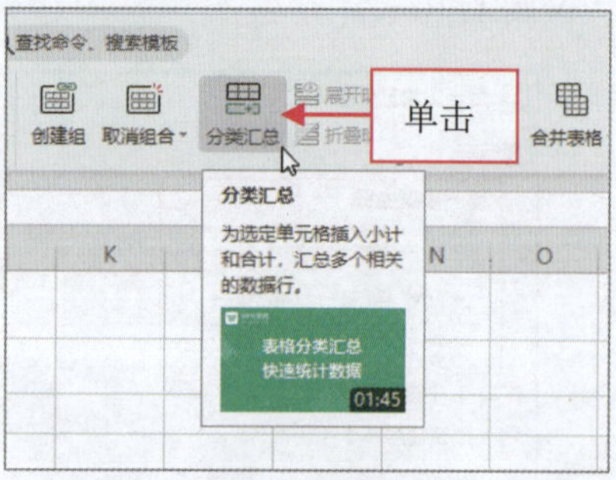

图 4-74 单击“分类汇总”按钮

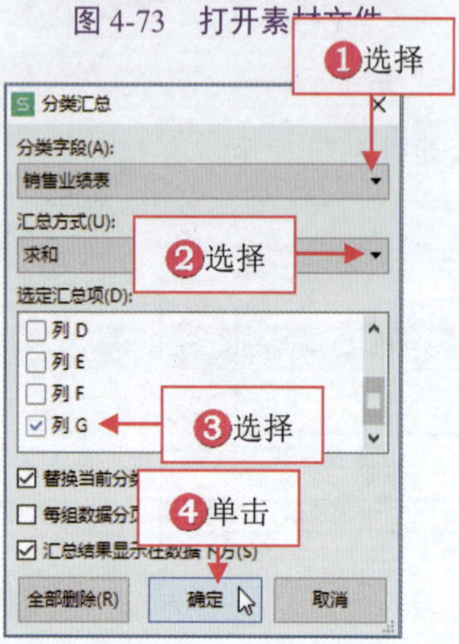

图 4-75 单击“确定”按钮

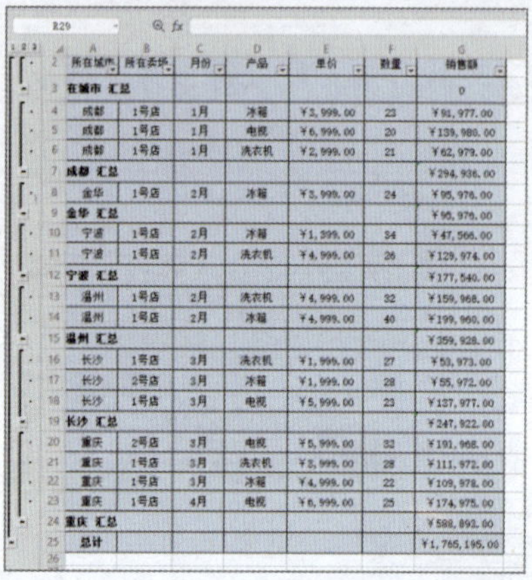

图 4-76 显示分类汇总

4.3.7 合并计算

在 WPS 表格中，如果所有数据都在同一张表格中可以用合并计算，下面介绍合并计算的操作方法。

合并计算

Step01 在 WPS 表格工作界面中，单击“文件”|“打开”命令，打开工作簿“素材\第 4 章\4.3.7.et”，选择需要的单元格，如图 4-77 所示。

Step02 单击“数据”菜单，在功能区中单击“合并计算”按钮，如图 4-78 所示。

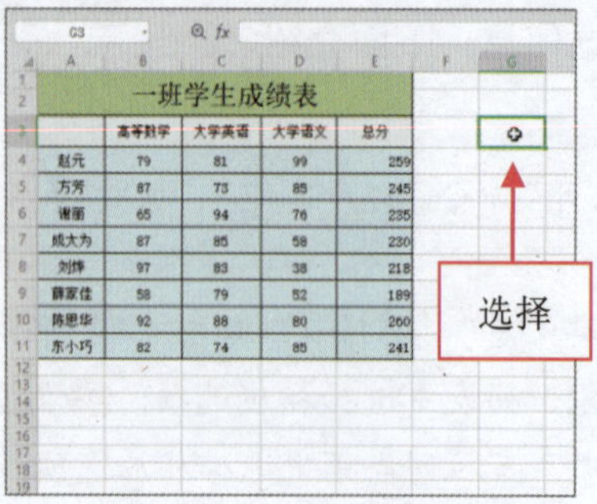

图 4-77 选择相应单元格

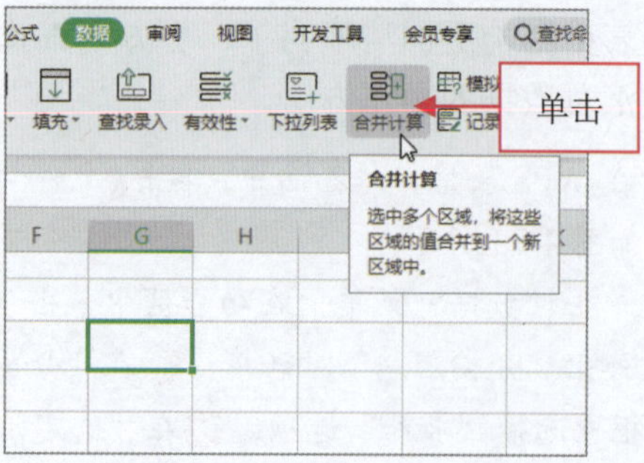

图 4-78 单击“合并计算”按钮

Step 03　弹出“合并计算”对话框，❶在“函数”右侧下拉列表框中选择“求和”选项；❷在“引用位置”中输入相应数据；❸在“所有引用位置”右侧单击“添加”按钮，如图 4-79 所示。

Step 04　执行上述操作后，❶在“标签位置”选中“首行”和“最左列”复选框；❷单击“确定”按钮，如图 4-80 所示。

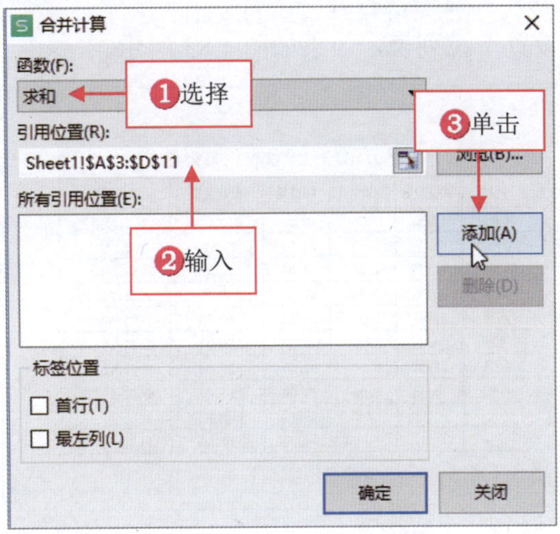

图 4-79　单击“添加”按钮

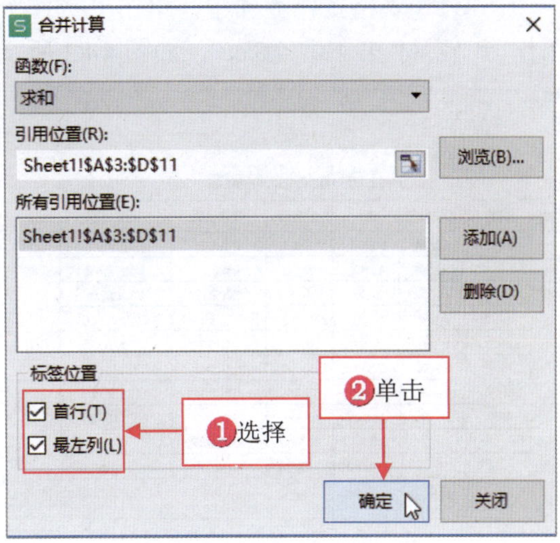

图 4-80　单击“确定”按钮

Step 05　执行上述操作后，即可完成合并计算，效果如图 4-81 所示。

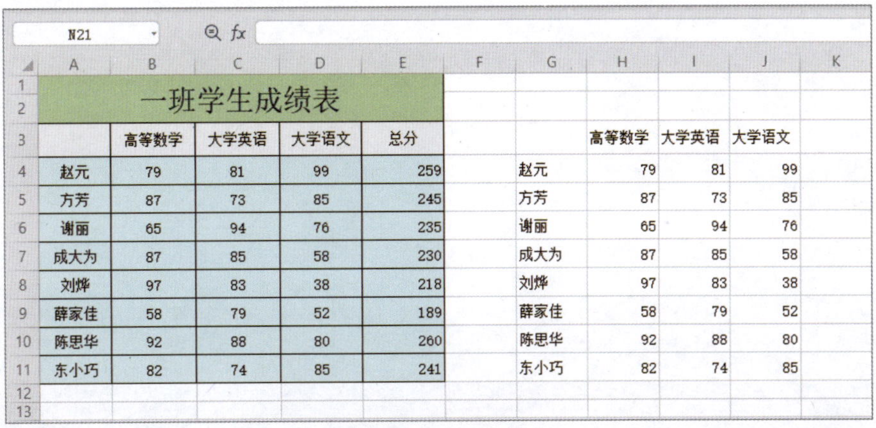

一班学生成绩表									
	高等数学	大学英语	大学语文	总分			高等数学	大学英语	大学语文
赵元	79	81	99	259		赵元	79	81	99
方芳	87	73	85	245		方芳	87	73	85
谢丽	65	94	76	235		谢丽	65	94	76
成大为	87	85	58	230		成大为	87	85	58
刘烨	97	83	38	218		刘烨	97	83	38
薛家佳	58	79	52	189		薛家佳	58	79	52
陈思华	92	88	80	260		陈思华	92	88	80
东小巧	82	74	85	241		东小巧	82	74	85

图 4-81　合并计算

本章小结

本章首先介绍了掌握工作簿的基础操作，如新建与删除工作簿、更改工作标签颜色、设置行高和列宽等内容；其次介绍了设置表格数据的方法，其中包括设置日期数据、插入特殊符号、设置数据格式以及单元格样式的方法；最后介绍了分析表格数据的方法。

本章习题

本章习题

本章重点介绍了掌握录入表格数据的基础操作方法，本节将通过上机练习题，对本章的知识点进行回顾。

在 WPS 表格工作界面中，单击“文件”|“打开”命令，打开工作簿“素材\第 4 章\4.5.et”，如图 4-82 所示。设置下拉列表，效果如图 4-83 所示。

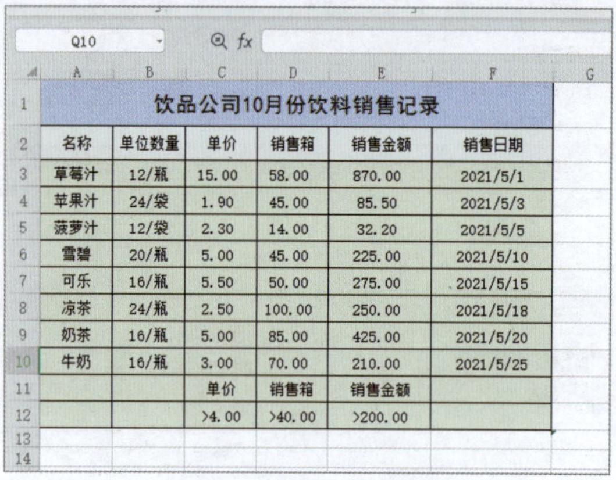

饮品公司10月份饮料销售记录					
名称	单位数量	单价	销售箱	销售金额	销售日期
草莓汁	12/瓶	15.00	58.00	870.00	2021/5/1
苹果汁	24/袋	1.90	45.00	85.50	2021/5/3
菠萝汁	12/袋	2.30	14.00	32.20	2021/5/5
雪碧	20/瓶	5.00	45.00	225.00	2021/5/10
可乐	16/瓶	5.50	50.00	275.00	2021/5/15
凉茶	24/瓶	2.50	100.00	250.00	2021/5/18
奶茶	16/瓶	5.00	85.00	425.00	2021/5/20
牛奶	16/瓶	3.00	70.00	210.00	2021/5/25
		单价	销售箱	销售金额	
		>4.00	>40.00	>200.00	

图 4-82　打开素材文件

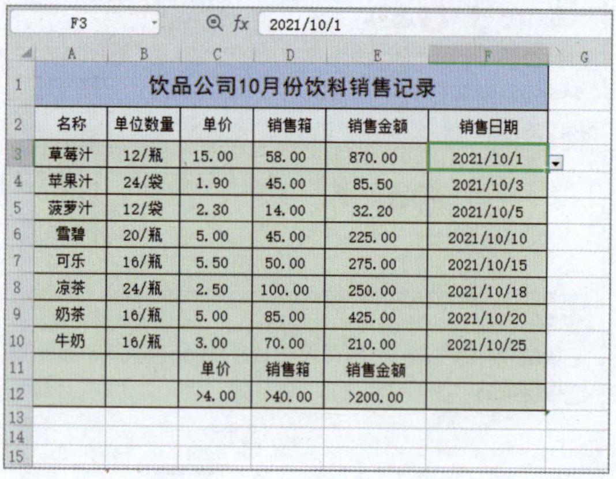

饮品公司10月份饮料销售记录					
名称	单位数量	单价	销售箱	销售金额	销售日期
草莓汁	12/瓶	15.00	58.00	870.00	2021/10/1
苹果汁	24/袋	1.90	45.00	85.50	2021/10/3
菠萝汁	12/袋	2.30	14.00	32.20	2021/10/5
雪碧	20/瓶	5.00	45.00	225.00	2021/10/10
可乐	16/瓶	5.50	50.00	275.00	2021/10/15
凉茶	24/瓶	2.50	100.00	250.00	2021/10/18
奶茶	16/瓶	5.00	85.00	425.00	2021/10/20
牛奶	16/瓶	3.00	70.00	210.00	2021/10/25
		单价	销售箱	销售金额	
		>4.00	>40.00	>200.00	

图 4-83　设置下拉列表效果

第 5 章
使用公式和函数数据

在 WPS 表格中，分析和处理表格中的数据离不开公式和函数，其中公式是函数的基础，函数是 Excel 预定义的内置公式。本章主要向读者介绍认识公式与函数、掌握数据公式、使用函数计算数据、使用图表统计与分析数据的操作方法，希望读者可以熟练掌握。

本章重点

- 认识公式与函数
- 掌握数据公式
- 使用函数计算数据
- 使用图表统计与分析数据

	A	B	C	D	E
1	水果销量统计表				
2	姓名	1月	2月	3月	总计
3	张宇	280	432	597	1309
4	韩顺	230	444	500	1174
5	关颖	325	320	450	1095
6	金小荣	300	500	450	1250
7	谭浩	400	520	550	1470
8	黄鑫	210	580	590	1380
9	蒋勋	100	520	520	1140
10	月平均销量	263.5714286	473.7142857	522.428571	1259.714286
11					

5.1 认识公式与函数

在工作表中输入数据内容后，通过 WPS 表格系统内置的公式对这些数据进行自动、精确且高效的运算处理。运用公式计算时，首先需要了解运算符的各种类型和基本操作。本节主要介绍认识运算符以及引用单元格的操作方法。

5.1.1 认识运算符

在 WPS 表格中，运算符是连接要运算的数据对象，并对运算符进行说明，如“+”是把前后两个操作对象进行了加法运算。

1. 运算符分类

运算符是对公式中的元素进行特定类型的运算，在 WPS 表格中包含了四种类型的运算符，分别是算术运算符、文本运算符、比较运算符和引用运算符，具体内容如下。

- 算术运算符。算术运算符主要用于基本的数学运算，如加法、减法、乘法和除法，用来连接数据或产生数字结果等，算术运算符的含义如表 5-1 所示。

表 5-1 算术运算符的含义及示例

算术运算符	含义	示例
+（加号）	加	1+4=5
−(减号)	减	4−2=2
*（星号）	乘	2*3=6
/（斜杠）	除	6/3=2
%（百分号）	百分比	60%
^（脱字号）	乘方	4^3=4^3

- 文本运算符。使用和号（&）加入或连接一个或更多文本字符串以产生一串新的文本，其含义及示例如表 5-2 所示。

表 5-2 文本运算符的含义及示例

文本运算符	含义	示例
&	将两个文本值连接起来	=“本月”&“销售”产生“本月销售”

（续表）

文本运算符	含义	示例
&	将单元格内容与文本内容连接起来	=A5&“销售”产生“第一季度销售”

➢ 比较运算符。比较运算符可以对两个数值进行比较，并产生逻辑值 TRUE 或 FALSH，具体情况如下。

（1）即若条件相符，则产生逻辑真值 TRUE（1）。

（2）若条件不相符，则产生逻辑假值 FALSH（0）。

比较运算符的含义及示例如表 5-3 所示。

表 5-3 比较运算符的含义及示例

比较运算符	含义	示例
=（等号）	相等	A1=6
<（小于号）	小于	A1<8
>（大于号）	大于	A1>6
>=(大于等于)	大于等于	A1>=4
<>(不等号)	不相等	A1<>5
<=（小于等于号）	小于等于	A1<=5

➢ 引用运算符。引用运算符可以对单元格区域进行合并计算，其含义及示例如表 5-4 所示。

表 5-4 引用运算符的含义及示例

引用运算符	含义	示例
:（冒号）	区域运算符，对两个引用之间，包括两个引用在内的所有单元格进行引用	SUM（B1:C5）
，（逗号）	联合运算符，将多个引用合并为一个引用	SUM（C2:A5，C2:C6）
（空格）	交叉运算符，表示几个单元格区域所重叠的那些单元格	SUM（B2:D3 C1:C4）

2．括号在运算中的应用

在 WPS 表格中，如果要求更改求值的顺序，可以将公式中需要计算的部分用括号括起来。例如:=2*3+6 公式的结果为 12，因为 WPS 表格先进行了乘法运算后再进行加法运算。与此相反，如果使用括号改变语法，让原公式变为:=2*（3+6），此时就会先计算 3+6 的结果，再乘以 2，即为 18。

3．运算符优先级

每个运算符的优先级都是不同的，在一个混合运算的公式中，对于不同优先级的运算，按照从高到低的顺序进行计算。对于相同优先级的运算，按照从左到右的顺序进行计算。各运算符的优先级说明如表 5-5 所示。

表 5-5　各运算符的优先级说明

运算符	说明
:(冒号)(单个空格),(逗号)	引用运算符
-	负号
%	百分比
^	乘幂
＋和－	加和减
*和/	乘和除
&	连接两个文本字符串（连接）
=、<、>、<=、>=和<>	比较运算符

5.1.2　引用单元格

引用单元格

相对引用就是指用单元格所在的行号和列标作为引用，相对引用只需要输入单元格的名称，表格默认使用相对引用。下面介绍引用单元格的操作方法。

Step 01　在 WPS 表格工作界面中，单击“文件”|“打开”命令，打开工作簿“素材\第 5 章\5.1.2.et”，如图 5-1 所示。

Step 02　在工作表中，选择相应单元格，输入公式:=C3+D3+E3，如图 5-2 所示。

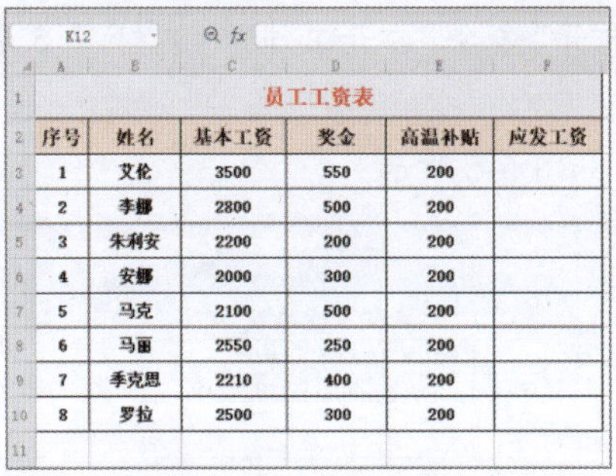
K12

员工工资表

序号	姓名	基本工资	奖金	高温补贴	应发工资
1	艾伦	3500	550	200	
2	李娜	2800	500	200	
3	朱利安	2200	200	200	
4	安娜	2000	300	200	
5	马克	2100	500	200	
6	马丽	2550	250	200	
7	季克思	2210	400	200	
8	罗拉	2500	300	200	

图 5-1　打开素材文件

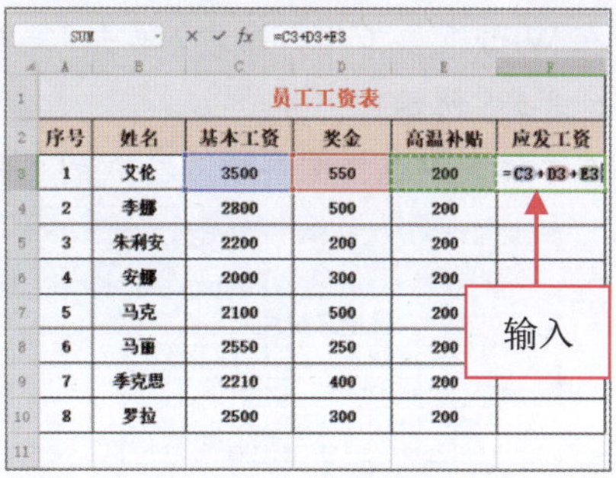
SUM　=C3+D3+E3

员工工资表

序号	姓名	基本工资	奖金	高温补贴	应发工资
1	艾伦	3500	550	200	=C3+D3+E3
2	李娜	2800	500	200	
3	朱利安	2200	200	200	
4	安娜	2000	300	200	
5	马克	2100	500	200	
6	马丽	2550	250	200	
7	季克思	2210	400	200	
8	罗拉	2500	300	200	

图 5-2　输入公式

Step 03　按【Enter】键确认，将鼠标移至其右下角，此时鼠标指针呈+形状，按住鼠标左键并拖曳至目标位置后释放鼠标左键，如图 5-3 所示。

Step 04　执行上述操作后，即可完成相对引用，效果如图 5-4 所示。

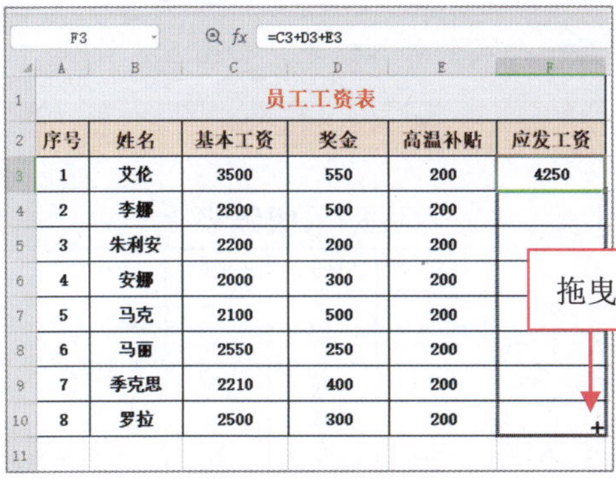
F3　=C3+D3+E3

员工工资表

序号	姓名	基本工资	奖金	高温补贴	应发工资
1	艾伦	3500	550	200	4250
2	李娜	2800	500	200	
3	朱利安	2200	200	200	
4	安娜	2000	300	200	
5	马克	2100	500	200	
6	马丽	2550	250	200	
7	季克思	2210	400	200	
8	罗拉	2500	300	200	

图 5-3　拖曳鼠标

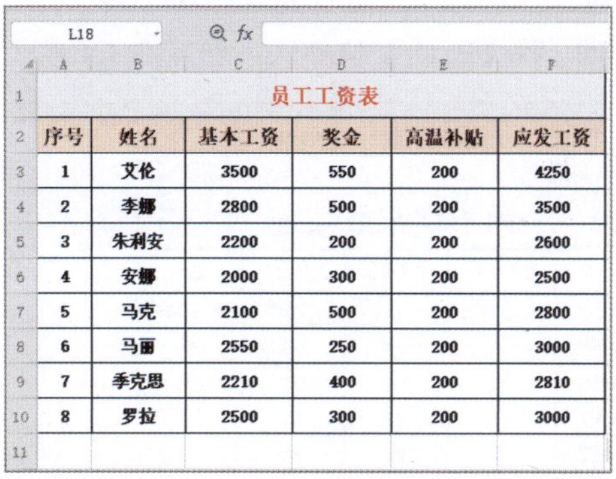
L18

员工工资表

序号	姓名	基本工资	奖金	高温补贴	应发工资
1	艾伦	3500	550	200	4250
2	李娜	2800	500	200	3500
3	朱利安	2200	200	200	2600
4	安娜	2000	300	200	2500
5	马克	2100	500	200	2800
6	马丽	2550	250	200	3000
7	季克思	2210	400	200	2810
8	罗拉	2500	300	200	3000

图 5-4　相对引用后的效果

> ▶ **专家指点**
>
> 相对引用的特点是：将相应的计算公式复制或填充到其他单元格中时，其他单元格引用会自动随着移动的位置相对变化。在使用相对单元格时，字母表示列，数字表示行。

5.2　掌握数据公式

在使用 WPS 表格管理数据时，常常会遇到加、减、乘、除等基本运算。本节主要介绍输入公式、创建自定义公式以及计算数组公式的操作方法。

5.2.1　输入公式

输入公式

在 WPS 表格中，输入公式的方法与输入文本的方法类似。选择需要输入公式的单元格，在编辑栏中输入“=”号，然后输入公式内容即可。下面介绍输入公式的操作方法。

Step 01 在 WPS 表格工作界面中，单击“文件”|“打开”命令，打开工作簿“素材\第 5 章\5.2.1.et”，如图 5-5 所示。

Step 02 在工作表中选择需要输入公式的单元格，如图 5-6 所示。

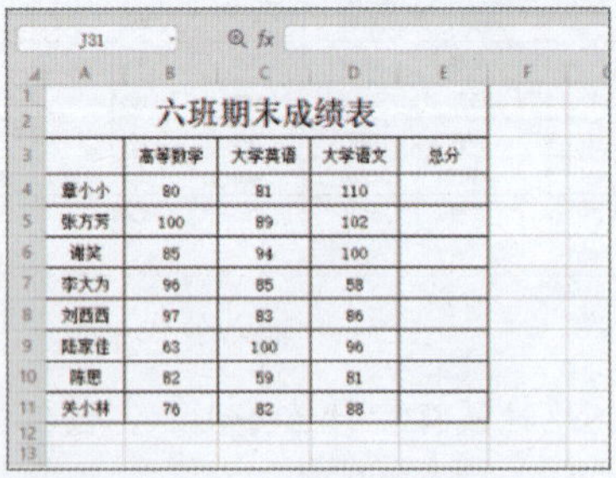

图 5-5　打开素材文件

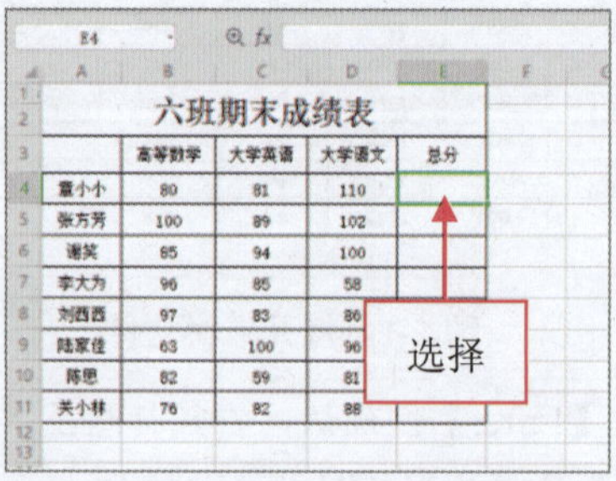

图 5-6　选择输入公式的单元格

Step 03 在编辑栏中输入公式:=B4+C4+D4，如图 5-7 所示。

Step 04 按【Enter】键确认，即可在 E4 单元格中显示公式的计算结果，如图 5-8 所示。

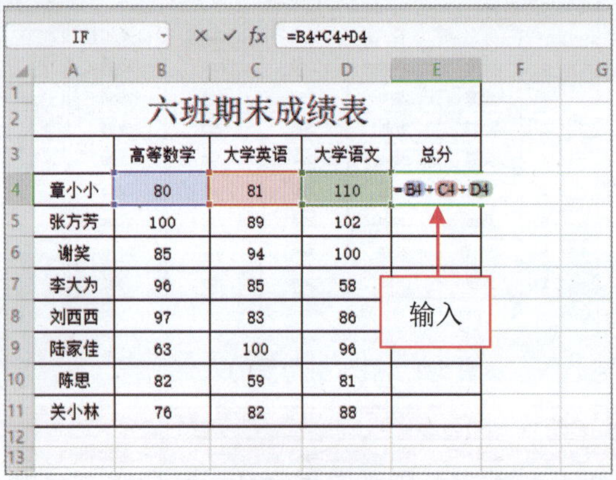

图 5-7　输入公式

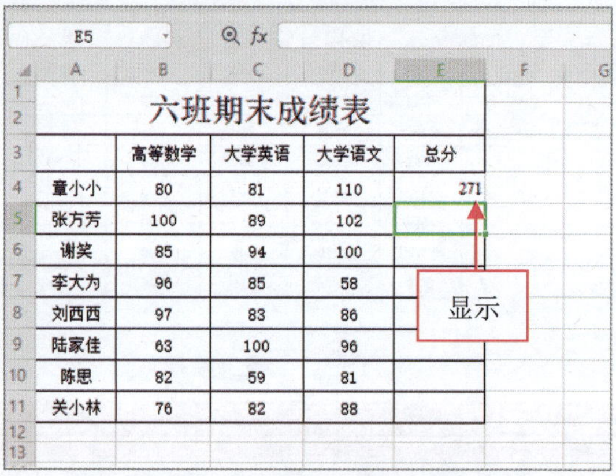

图 5-8　显示结果

▶ 专家指点

在输入公式的过程中，直接用鼠标单击参数所在的单元格，编辑栏中即可直接显示相应的公式。在输入公式后，按【Enter】键确认，在显示计算结果的同时还可以激活下一个单元格。

5.2.2　创建自定义公式

创建自定义公式

在 WPS 表格中，可以在“编辑栏”中输入公式，也可以直接在单元格中输入公式。下面介绍创建自定义公式的操作方法。

Step 01 在 WPS 表格工作界面中，单击“文件”|“打开”命令，打开工作簿“素材\第 5 章\5.2.2.et”，如图 5-9 所示。

Step 02 在工作表中选择 G4 单元格，如图 5-10 所示。

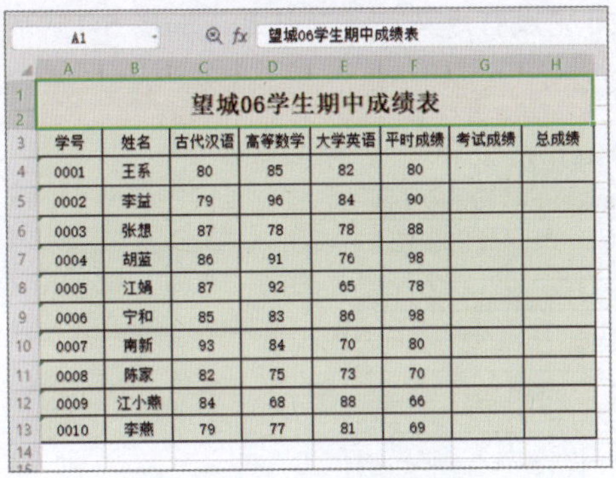

图 5-9　打开素材文件

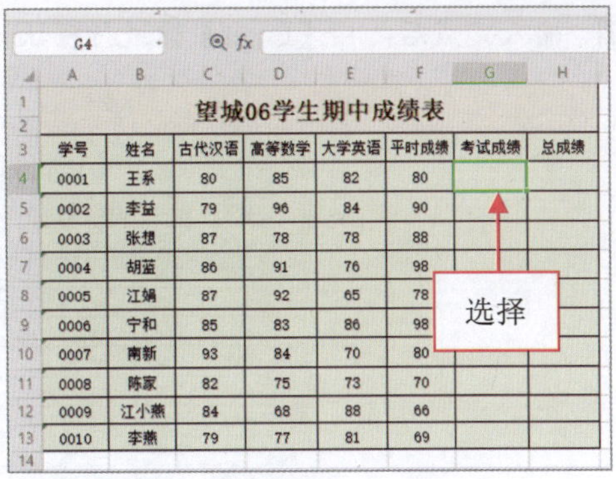

图 5-10　选择 G4 单元格

Step 03　在选择的单元格中输入自定义公式:=C4+D4+E4，如图 5-11 所示。

Step 04　按【Enter】键进行确定，即可得到结果，选择 H4 单元格，如图 5-12 所示。

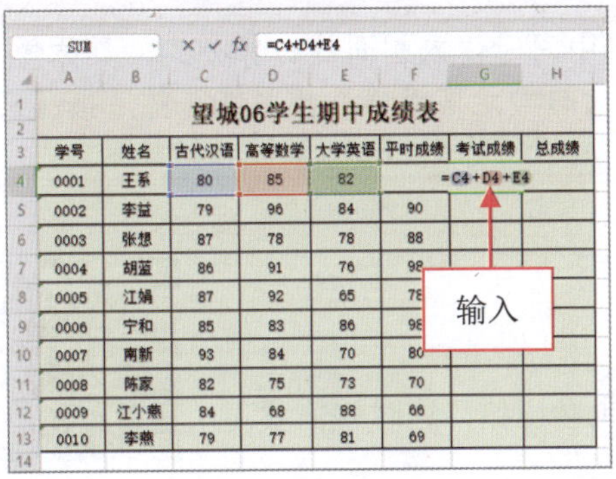

图 5-11　输入公式

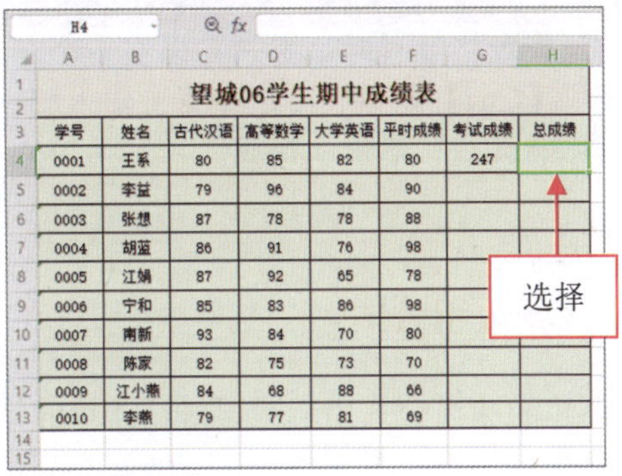

图 5-12　选择相应单元格

Step 05　单击编辑栏使其成为激活状态，如图 5-13 所示。

Step 06　在“编辑栏”中输入公式:=F4*0.3+G4*0.5，如图 5-14 所示。

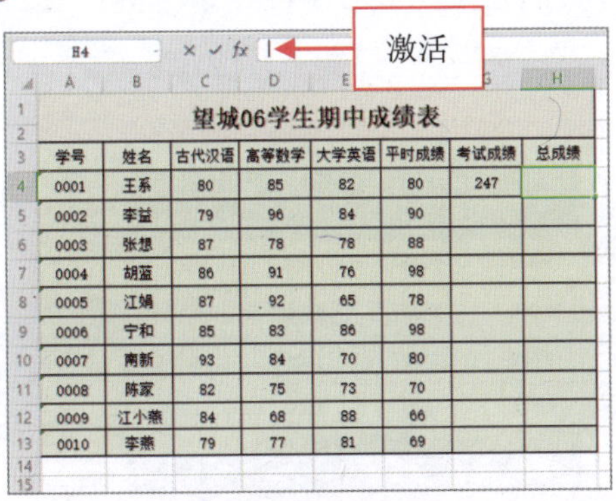

图 5-13　激活状态

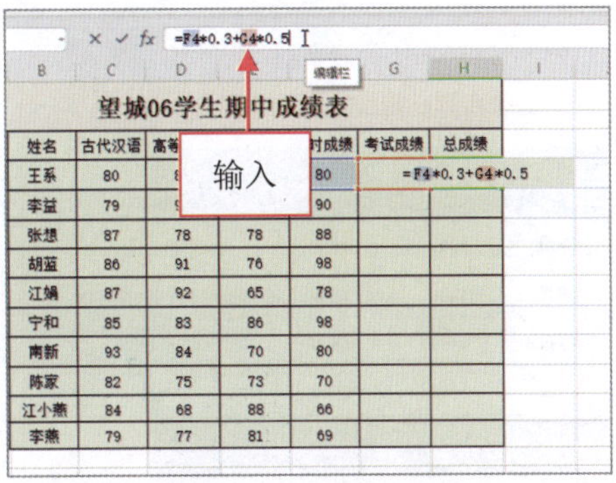

图 5-14　输入公式

▶ 专家指点

在 WPS 表格工作界面中，输入和编辑自定义公式时，可以直接用鼠标单击所引用的单元格，此时编辑公式的单元格中会出现此单元格，表明该单元格中的数据已被引用到公式中。

Step 07 输入完成后，按【Enter】键进行确认，即可完成自定义公式的计算，如图 5-15 所示。

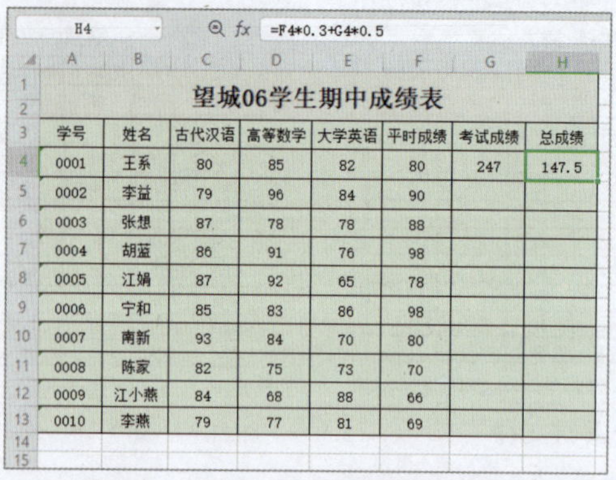

望城06学生期中成绩表							
学号	姓名	古代汉语	高等数学	大学英语	平时成绩	考试成绩	总成绩
0001	王系	80	85	82	80	247	147.5
0002	李益	79	96	84	90		
0003	张想	87	78	78	88		
0004	胡蓝	86	91	76	98		
0005	江娟	87	92	65	78		
0006	宁和	85	83	86	98		
0007	南新	93	84	70	80		
0008	陈家	82	75	73	70		
0009	江小燕	84	68	88	66		
0010	李燕	79	77	81	69		

图 5-15　完成自定义公式的计算

> ▶ 专家指点
>
> 在计算表格数据时，用户可以在多个单元格中同时输入相同的计算公式，具体操作方法是按住【Ctrl】键不放，选择需要输入相同公式的单元格或单元格区域，然后按【F2】键，在“编辑栏”中输入相应的自定义公式，最后按【Ctrl + Enter】键计算结果。

5.2.3　计算数组公式

当创建的数组公式出现错误时，计算的结果也会出错，这时就需要对数组公式进行编辑。下面介绍计算数组公式的操作方法。

计算数组公式

Step 01 在 WPS 表格工作界面中，单击“文件”|“打开”命令，打开工作簿“素材\第 5 章\5.2.3.et”，如图 5-16 所示。

Step 02 在工作表中选择需要修改数组公式的 D3 单元格区域，如图 5-17 所示。

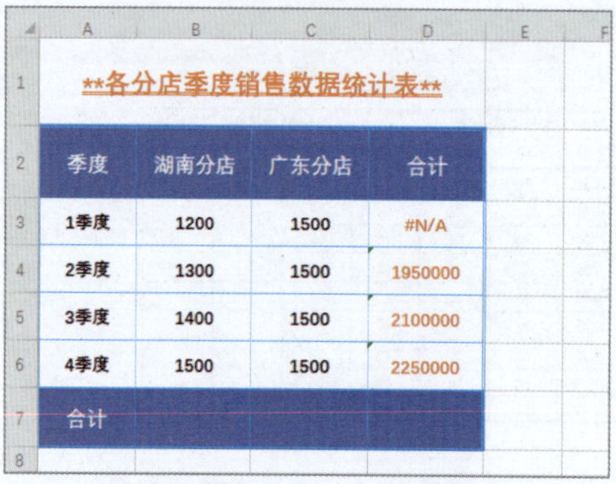

各分店季度销售数据统计表			
季度	湖南分店	广东分店	合计
1季度	1200	1500	#N/A
2季度	1300	1500	1950000
3季度	1400	1500	2100000
4季度	1500	1500	2250000
合计			

图 5-16　打开素材文件

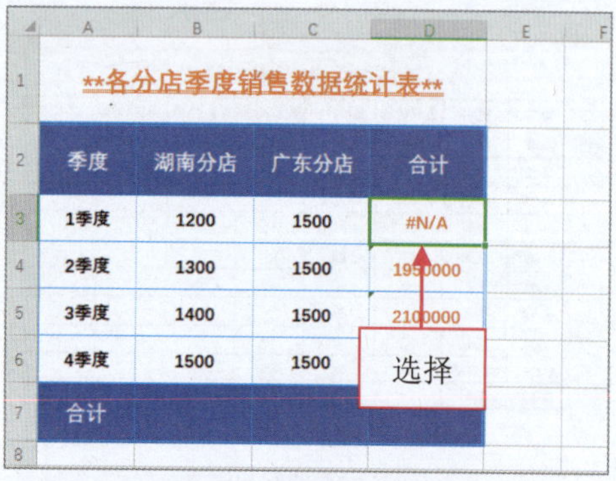

图 5-17　选择需要修改数组公式

Step 03 输入正确的数组公式“=B3:B6*C3:C6”，如图 5-18 所示。

Step 04 执行上述操作后，按【Enter】键确认，即可得出正确的数据结果，如图 5-19 所示。

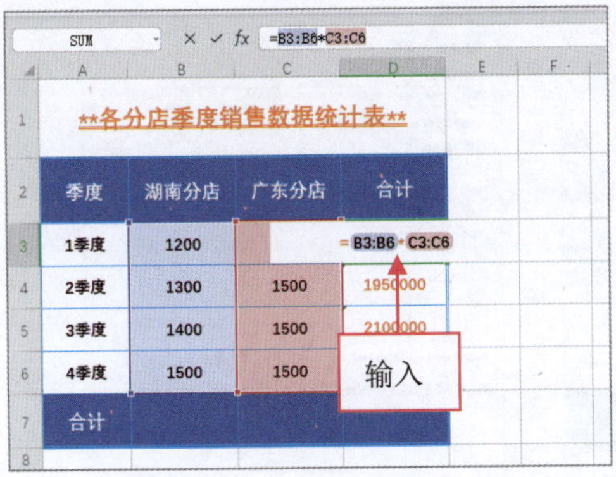

图 5-18 输入数组公式

图 5-19 最终结果

5.3 使用函数计算数据

WPS 表格内部的函数包括常用函数、日期与时间函数、数字函数与三角函数、统计函数、查找与引用函数、数据库函数、文本函数、逻辑函数以及信息函数。本节主要介绍函数汇总求和、平均值、最大值以及最小值等内容的操作方法。

5.3.1 使用 SUM 函数计算总销售额

在 WPS 表格中，需要计算连续的单元格之和，可以使用 SUM 函数简化计算公式。下面介绍使用 SUM 函数计算总销售额的操作方法。

使用 SUM 函数计算总销售额

Step 01 在 WPS 表格工作界面中，单击“文件”|“打开”命令，打开工作簿“素材\第 5 章\5.3.1.et”，如图 5-20 所示。

Step 02 在工作表中选择 E3 单元格区域，如图 5-21 所示。

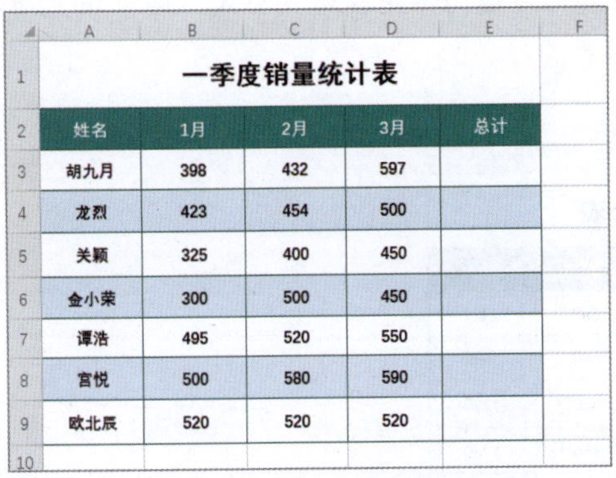

图 5-20 打开素材文件

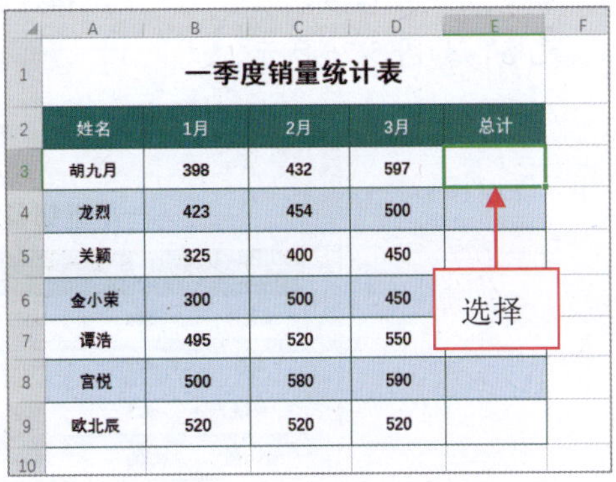

图 5-21 选择 E3 单元格区域

Step 03 单击“公式”菜单，在功能区中单击“插入函数”按钮 *fx*，如图 5-22 所示。

Step 04 弹出“插入函数”对话框，❶在“选择函数”列表框中选择 SUM 函数；❷单击“确定”按钮，如图 5-23 所示。

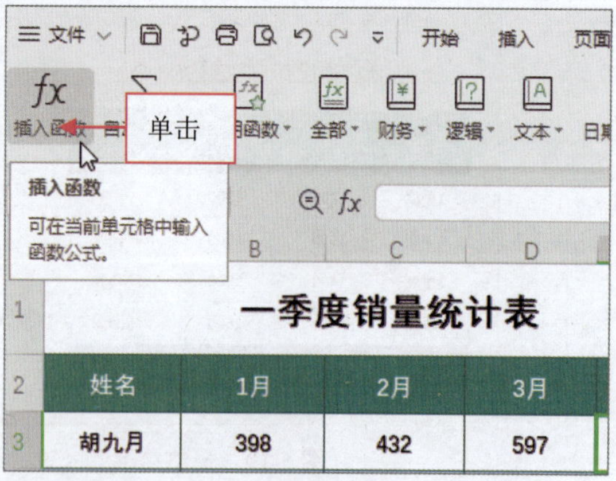

图 5-22　单击“插入函数”按钮

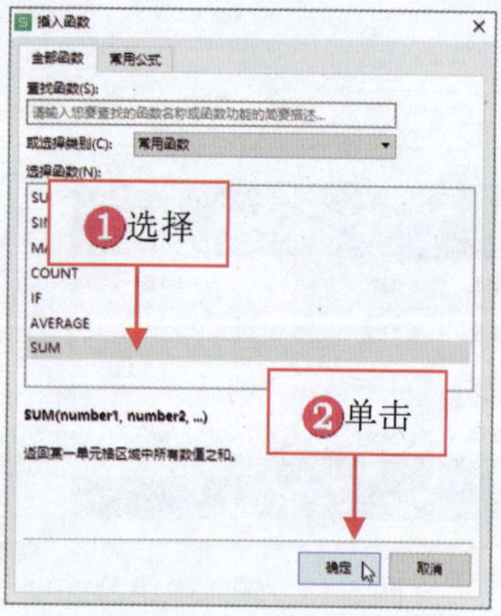

图 5-23　单击“确定”按钮

Step 05 弹出“函数参数”对话框，❶在“数值 1”文本框中输入需要求和的区域；❷单击“确定”按钮，如图 5-24 所示。

Step 06 执行上述操作后，返回工作表，即可查看求和的结果，如图 5-25 所示。

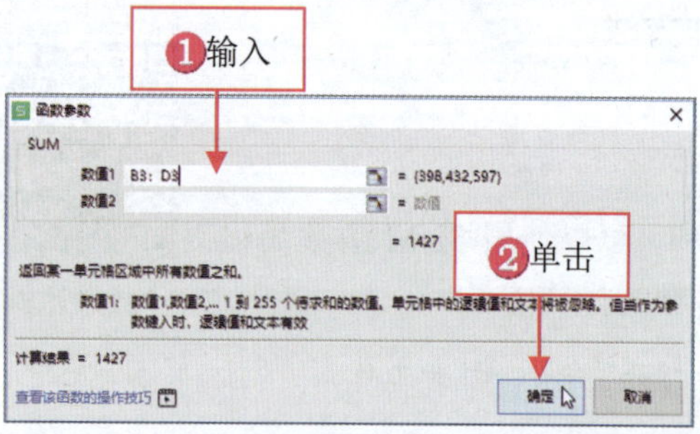

图 5-24　单击“确定”按钮

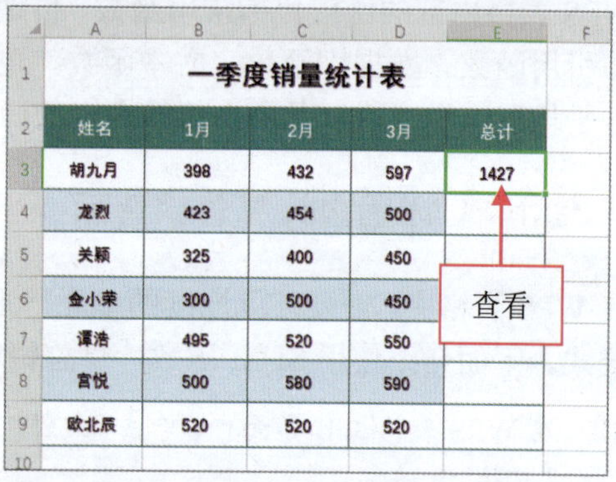

图 5-25　查看求和的结果

Step 07 执行上述操作后，选中 E3 单元格，按住鼠标左键向下拖曳填充公式，即可填充所有单元格，如图 5-26 所示。

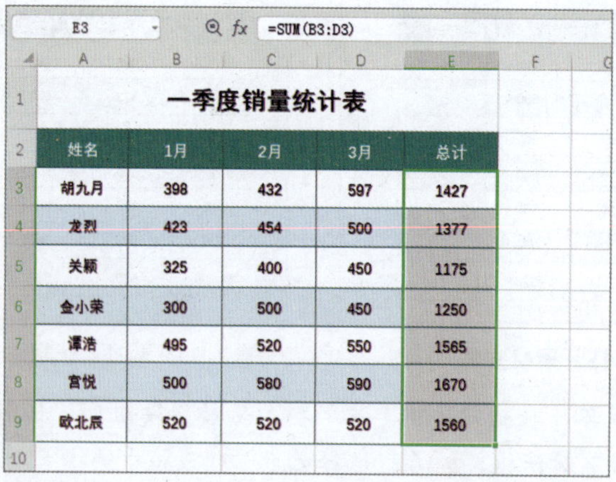

图 5-26　填充所有公式

5.3.2　使用 AVERAGE 函数计算平均值

AVERAGE 函数的作用是返回参数的平均值，表示对单元格区域进行平均值运算。下面介绍使用 AVERAGE 函数计算平均值的操作方法。

使用 AVERAGE 函数计算平均值

Step 01　在 WPS 表格工作界面中，单击“文件”|“打开”命令，打开工作簿“素材\第 5 章\5.3.2.et”，如图 5-27 所示。

Step 02　在工作表中选择 B10 单元格区域，如图 5-28 所示。

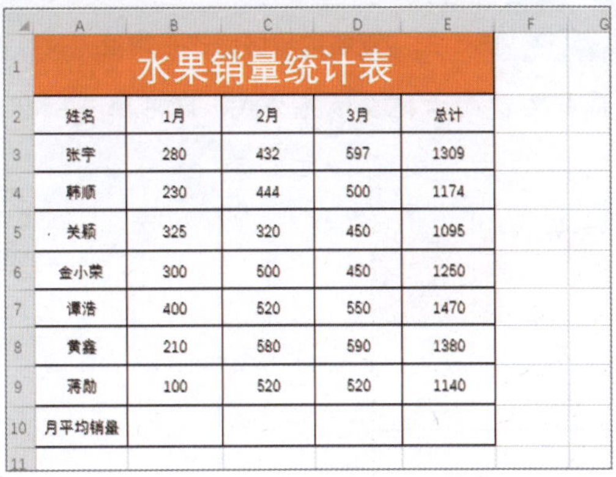

水果销量统计表				
姓名	1月	2月	3月	总计
张宇	280	432	597	1309
韩顺	230	444	500	1174
关颖	325	320	450	1095
金小栗	300	500	450	1250
谭浩	400	520	550	1470
黄鑫	210	580	590	1380
蒋勋	100	520	520	1140
月平均销量				

图 5-27　打开素材文件

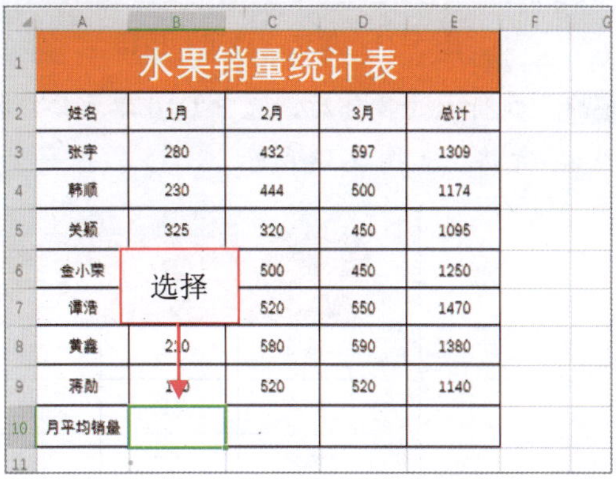

图 5-28　选择 B10 单元格区域

Step 03　单击“公式”菜单，在功能区中单击“插入函数”按钮 fx，如图 5-29 所示。

Step 04　弹出“插入函数”对话框，❶在“选择函数”列表框中选择 AVERAGE 函数；❷单击“确定”按钮，如图 5-30 所示。

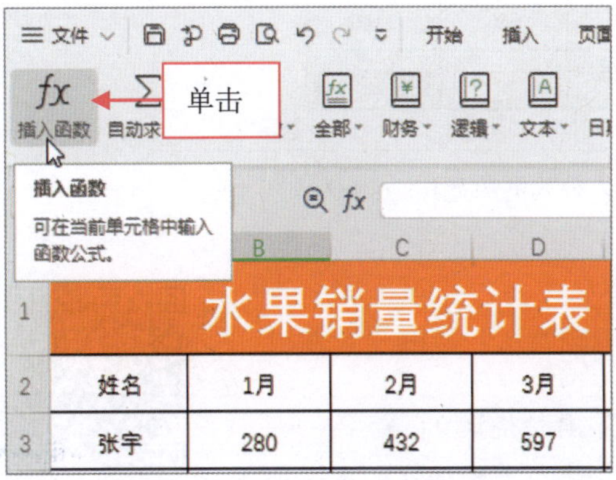

图 5-29　单击“插入函数”按钮

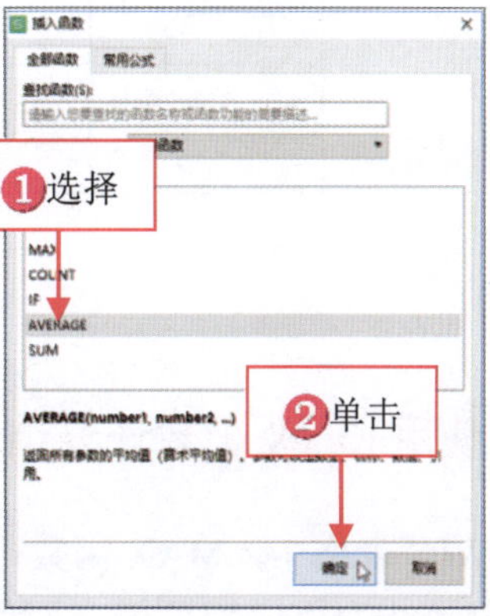

图 5-30　单击“确定”按钮

Step 05　弹出“函数参数”对话框，❶在“数值 1”文本框中选择需要求和的区域；❷单击“确定”按钮，如图 5-31 所示。

Step 06　返回工作表，即可查看数值区域的平均值，结果如图 5-32 所示。

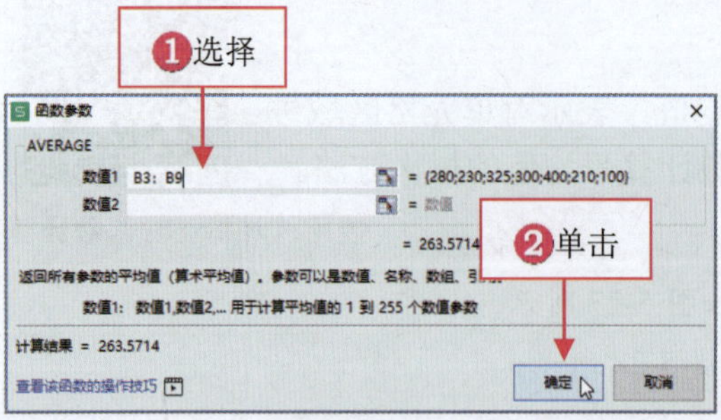

图 5-31 单击“确定”按钮

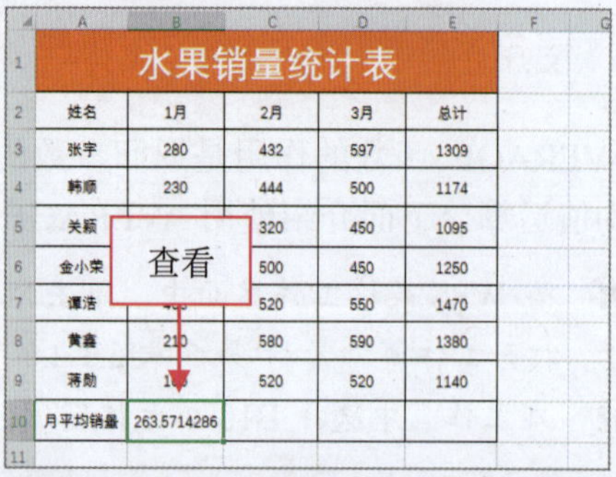

图 5-32 查看数值区域的平均值

Step 07 执行上述操作后，选中 B10 单元格，按住鼠标左键向右拖曳填充公式，即可填充所有单元格，如图 5-33 所示。

水果销量统计表				
姓名	1月	2月	3月	总计
张宇	280	432	597	1309
韩顺	230	444	500	1174
关颖	325	320	450	1095
金小荣	300	500	450	1250
谭浩	400	520	550	1470
黄鑫	210	580	590	1380
蒋勋	100	520	520	1140
月平均销量	263.5714286	473.7142857	522.428571	1259.714286

图 5-33 输入公式的单元格

5.3.3 使用 MAX 函数计算销量最大值

使用 MAX 函数计算销量最大值

在 WPS 表格中，MAX 函数是用来计算一串数值中的最大值。其语法为:MAX(数值 1，数值 2，…)，其中“数值 1，数值 2”是指计算最大值的单元格或单元格区域参数。下面介绍使用 MAX 函数计算销量最大值的操作方法。

Step 01 在 WPS 表格工作界面中，单击“文件”|“打开”命令，打开工作簿“素材\第 5 章\5.3.3.et”，在工作表中选择 B12 单元格区域，如图 5-34 所示。

Step 02 单击“公式”菜单，❶在功能区中单击“自动求和”下拉按钮；❷在弹出的列表框中选择“最大值”选项，如图 5-35 所示。

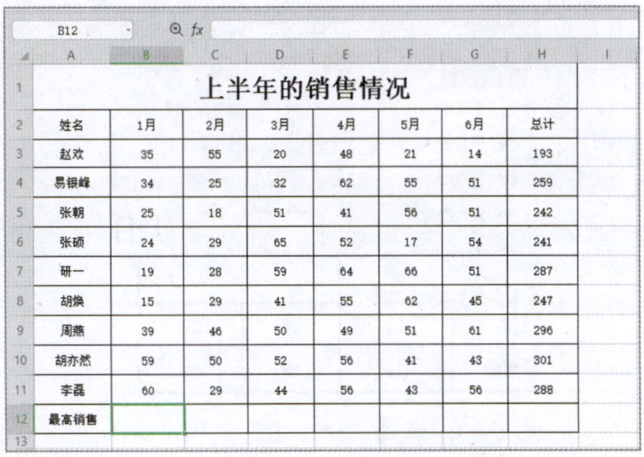

图 5-34　打开素材文件

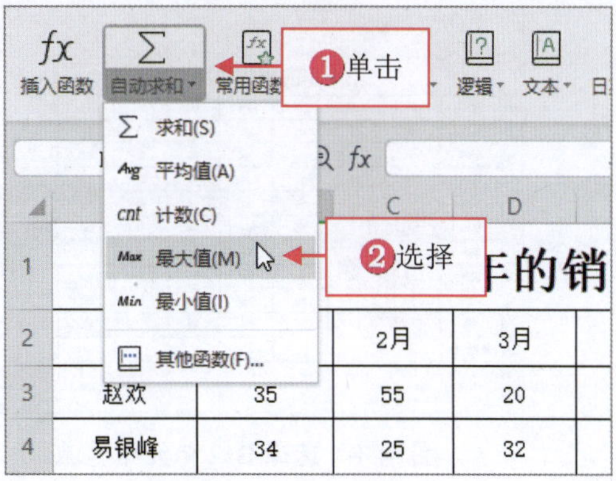

图 5-35　选择"最大值"选项

Step03 执行上述操作后，WPS 表格将自动选择 B3:B11 单元格区域，单击编辑栏中的"输入"按钮✓，如图 5-36 所示。

Step04 执行上述操作后，选中 B12 单元格，按住鼠标左键向右拖曳至合适位置释放鼠标，即可求出上半年销售最高记录的结果，效果如图 5-37 所示。

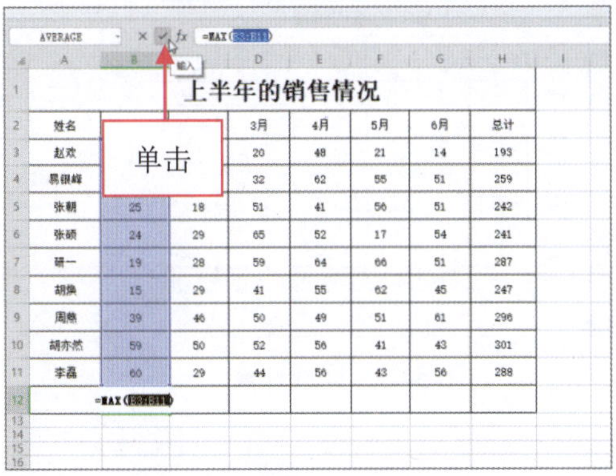

图 5-36　单击"输入"按钮

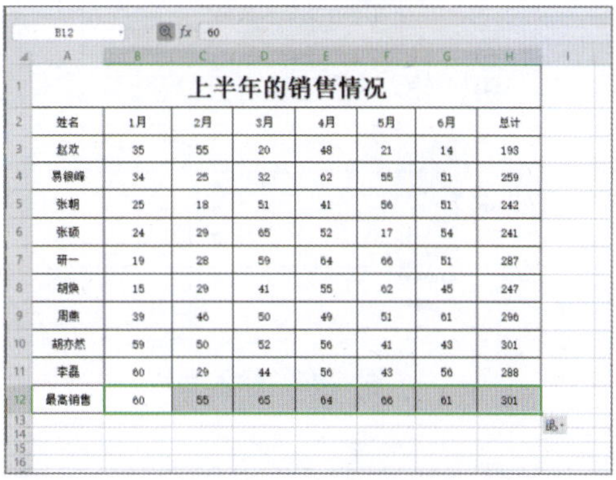

图 5-37　完成计算

5.3.4　使用 MIN 函数计算销量最小值

使用 MIN 函数计算销量最小值

在 WPS 表格中，MIN 函数是用来计算一串数值中的最小值。其语法为:MIN(数值 1，数值 2，…)其中，"数值 1，数值 2"是指计算最小值的单元格或单元格区域的参数。下面介绍使用 MIN 函数计算销量最小值的操作方法。

Step01 在 WPS 表格工作界面中，单击"文件"|"打开"命令，打开工作簿"素材\第 5 章\5.3.4.et"，在工作表中，选择 B12 单元格区域，如图 5-38 所示。

Step02 单击"公式"菜单，❶在功能区中单击"自动求和"下拉按钮；❷在弹出的列表框中选择"最小值"选项，如图 5-39 所示。

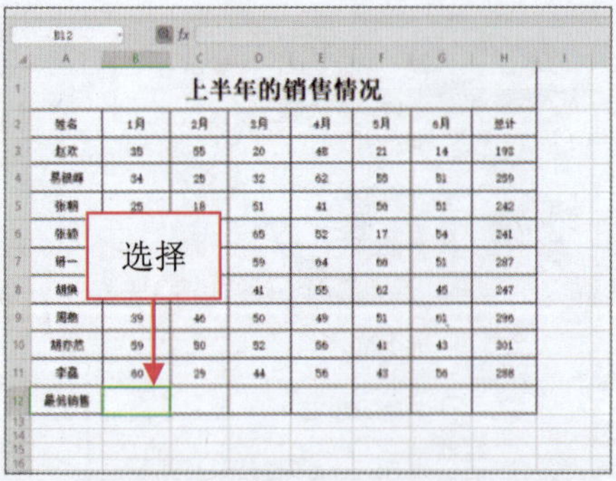

图 5-38　选择 B12 单元格区域

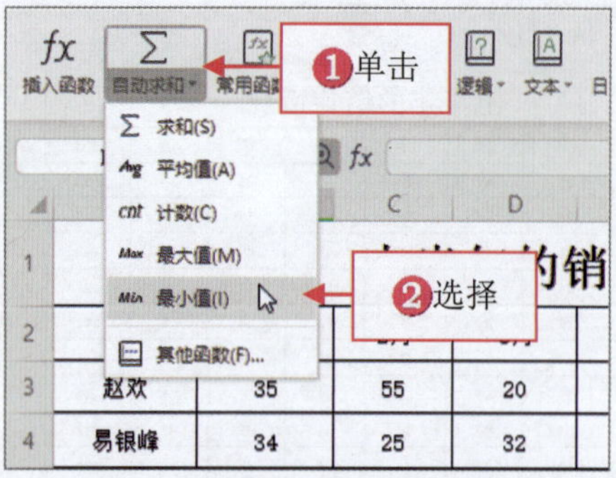

图 5-39　选择“最小值”选项

Step 03　执行上述操作后，WPS 表格将自动选择 B3:B11 单元格区域，单击编辑栏中的“输入”按钮✓，如图 5-40 所示。

Step 04　执行上述操作后，选中 B12 单元格，按住鼠标左键向右拖曳至合适位置释放鼠标，即可求出上半年的销售最低记录的结果，效果如图 5-41 所示。

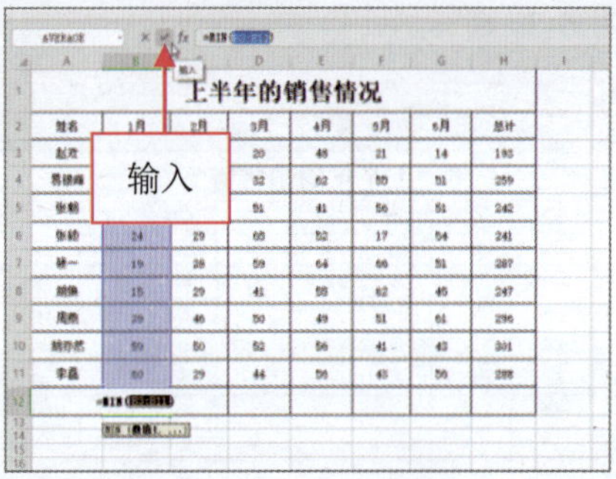

图 5-40　输入函数

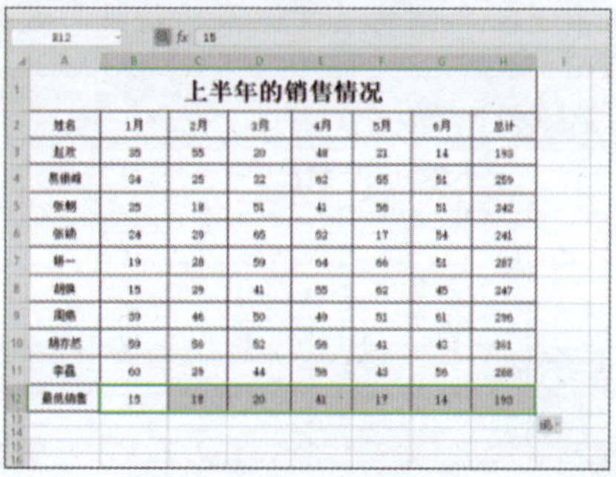

图 5-41　完成计算

5.4　使用图表统计与分析数据

在 WPS 表格中，图表就是将表格中的数据以图形化的方式进行显示，图表对象是由一个或多个以图形方式显示的数据系列组成。

使用 WPS 表格提供的图表向导，可以方便、快速地建立图表。创建图表之后，如果对图表不满意还可以对其进行修改，使图表更加符合实际需求。本节主要介绍创建图表、更改图表类型、添加数据标签、更改图表颜色以及设置图表样式的操作方法。

5.4.1　创建图表

创建图表

在 WPS 表格中，可以创建两种形式的图表，一种是嵌入式图表，另一种是图表工作表。嵌入式图表是插入到现有的工作表中，即在一张工作表中同时显示图表及相关的数据；图表工作表是工作簿中具有特定名称的独立工作表。下面以嵌入式图表为例介绍创建图表的操作方法。

Step 01　在 WPS 表格工作界面中，单击“文件”|“打开”命令，打开工作簿“素材\第 5 章\5.4.1.et”，在工作表中，选择相应单元格区域，如图 5-42 所示。

Step 02　单击“插入”菜单，❶在功能区中单击“全部图表”下拉按钮；❷在弹出的列表框中选择“全部图表”选项，如图 5-43 所示。

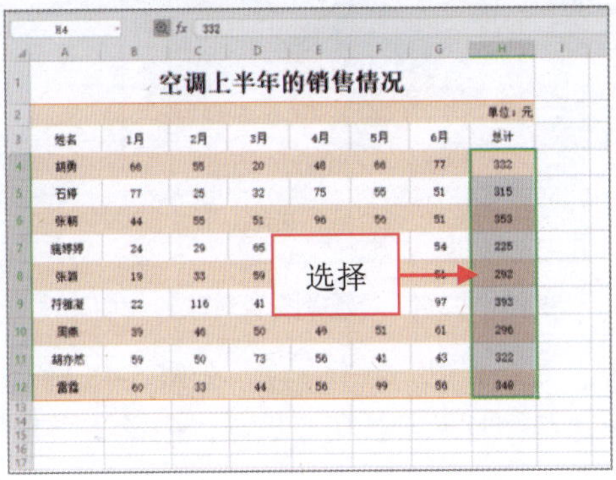

图 5-42　选择相应单元格区域

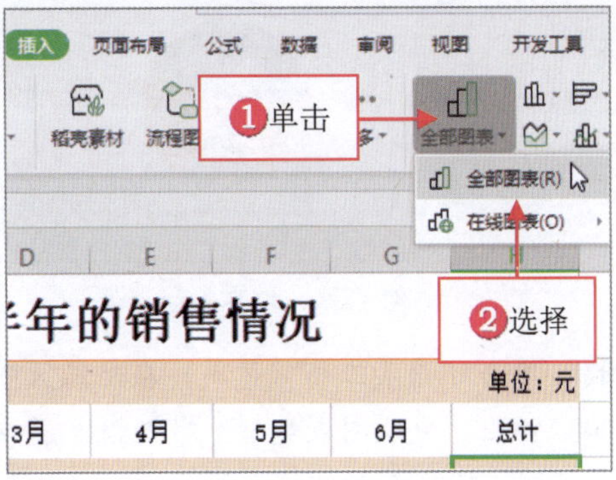

图 5-43　选择“全部图表”选项

Step 03　弹出“插入图表”对话框，❶在左侧的列表框中选择“柱形图”选项；❷在右侧选择“簇状柱形图”选项；❸单击“插入”按钮，如图 5-44 所示。

Step 04　执行上述操作后，即可查看工作表中已经插入了图表，效果如图 5-45 所示。

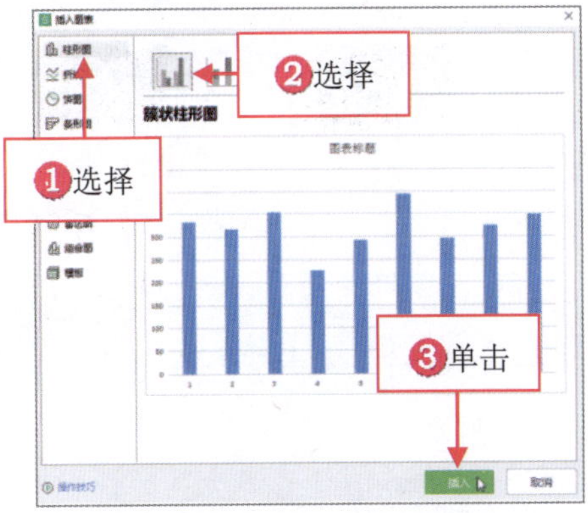

图 5-44　单击“插入”按钮

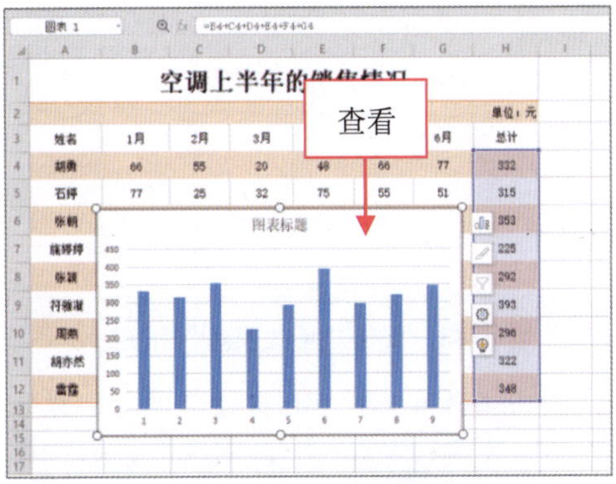

图 5-45　插入图表后的效果

5.4.2　更改图表类型

更改图表类型

在 WPS 表格中，对于大部分二维图表，既可以修改数据系列的图表类型，也可以修改整个图表的类型；对于大部分三维图表，可以改为圆锥、圆柱等类型的图表。下面介绍更改图表类型的操作方法。

Step 01　在 WPS 表格工作界面中，单击“文件”|“打开”命令，打开工作簿“素材\第 5 章\5.4.2.et”，如图 5-46 所示。

Step 02　在工作表中选择图表，如图 5-47 所示。

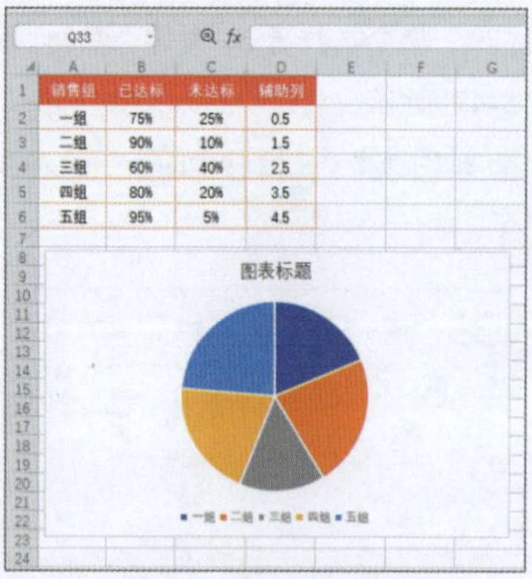

图 5-46　打开素材文件

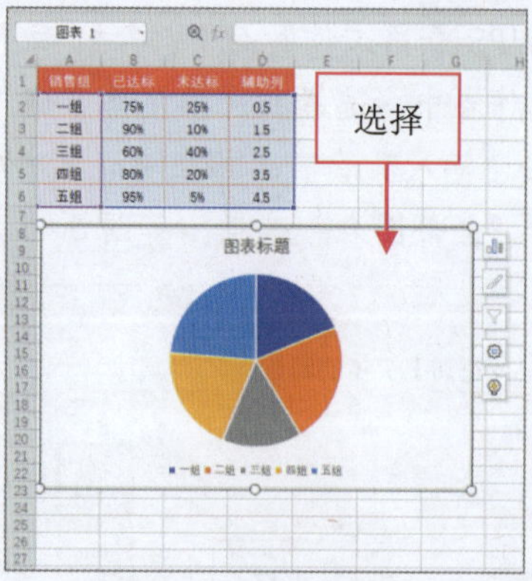

图 5-47　选择图表对象

Step 03　单击“图表工具”菜单，在功能区中单击“更改类型”按钮，如图 5-48 所示。

Step 04　弹出“更改图表类型”对话框，❶在其中选择“堆积折线图”选项；❷单击“插入”按钮，如图 5-49 所示。

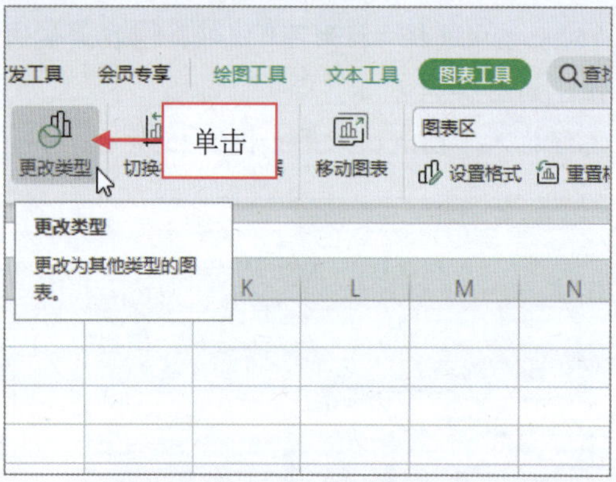

图 5-48　单击“更改类型”按钮

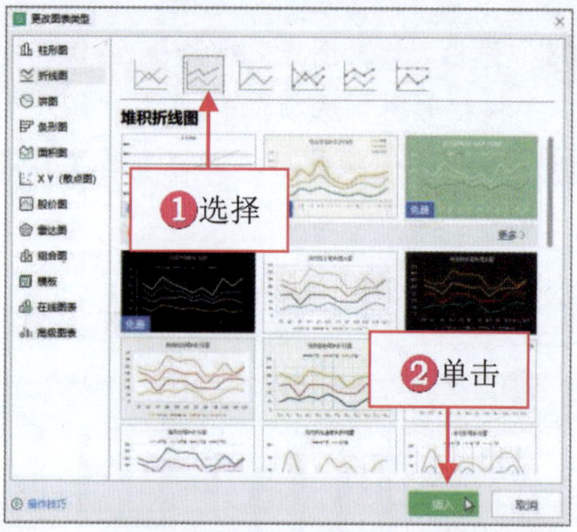

图 5-49　单击“插入”按钮

Step 05　返回工作表，即可修改图表类型，效果如图 5-50 所示。

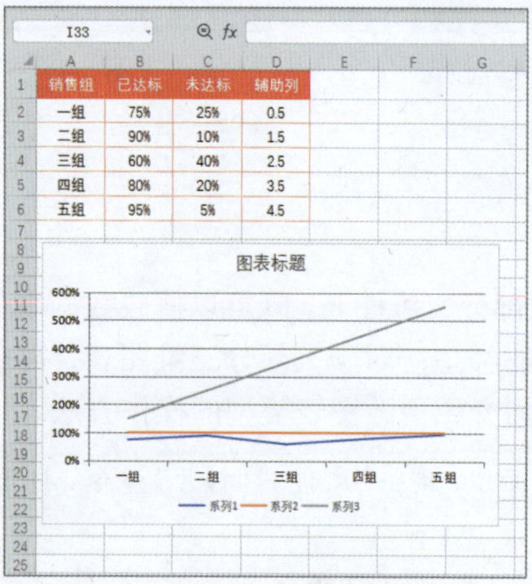

图 5-50　修改图表类型后的效果

5.4.3　添加数据标签

在 WPS 表格中，可以在数据图表中添加图表数据标签，数据标签不仅可以增强图表的可读性，还可以增强图表的数据化形式。下面介绍添加数据标签的操作方法。

添加数据标签

Step 01 在 WPS 表格工作界面中，单击“文件”|“打开”命令，打开工作簿“素材\第 5 章\5.4.3.et”，如图 5-51 所示。

Step 02 在工作表中，选择需要添加数据标签的图表，如图 5-52 所示。

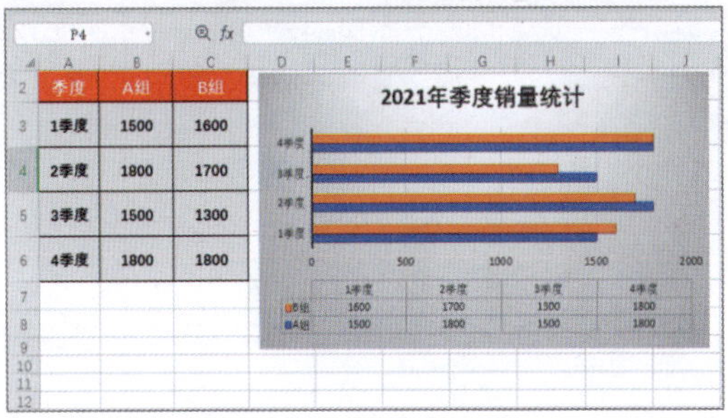

图 5-51　打开素材文件

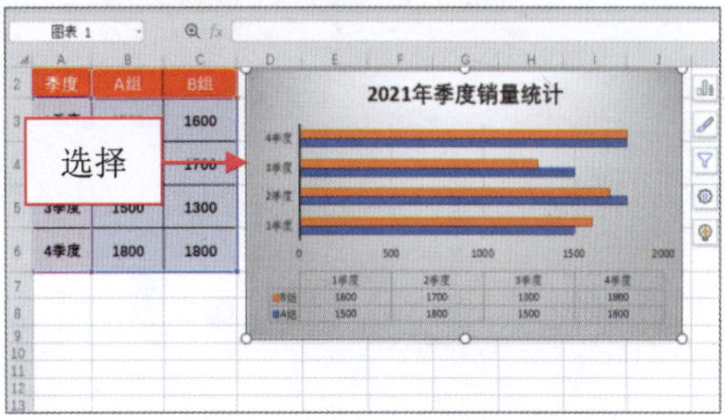

图 5-52　选择需要添加图表数据

Step 03 单击“图表工具”菜单，在功能区中单击“添加元素”下拉按钮，如图 5-53 所示。

Step 04 在弹出的列表框中，选择“数据标签”|“数据标签外”选项，如图 5-54 所示。

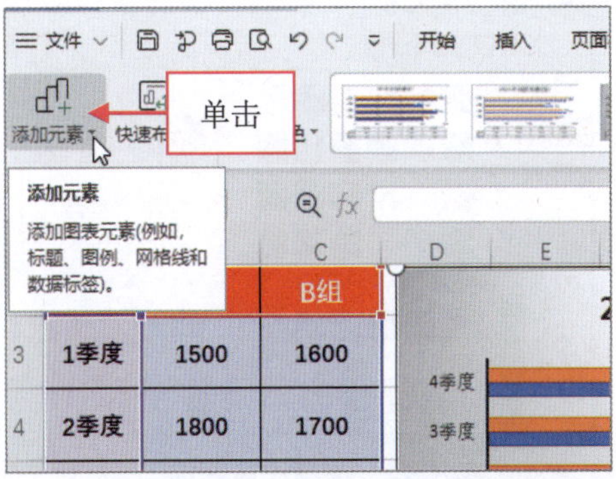

图 5-53　单击“添加元素”下拉按钮

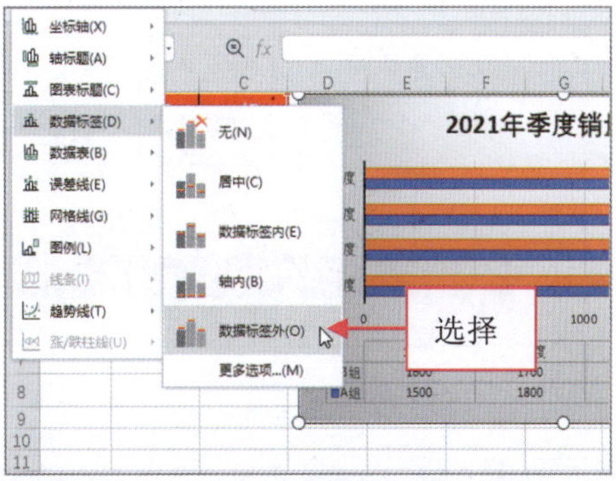

图 5-54　选择“数据标签外”选项

Step 05 执行上述操作后，即可在图表中添加数据标签，效果如图 5-55 所示。

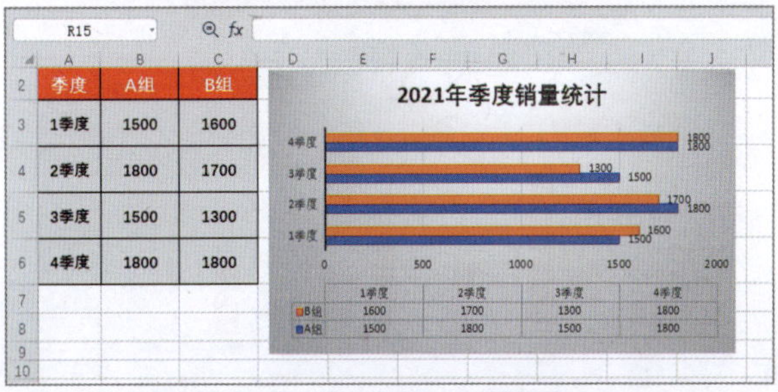

图 5-55　添加数据标签效果

5.4.4　更改图表颜色

更改图表颜色

在 WPS 表格中，创建图表后还可以通过更改图表的颜色美化图表的外观，提供更好的效果。下面介绍更改图表颜色的操作方法。

Step 01　在 WPS 表格工作界面中，单击“文件” | “打开”命令，打开工作簿“素材\第 5 章\5.4.4.et”，如图 5-56 所示。

Step 02　在工作表中，选择需要更改颜色的图表，如图 5-57 所示。

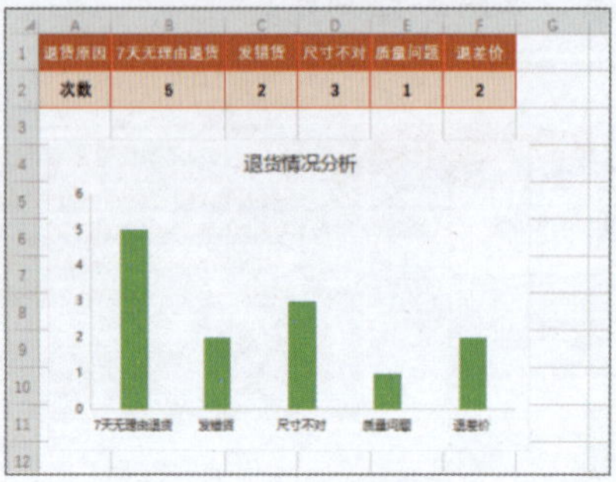

图 5-56　打开素材文件

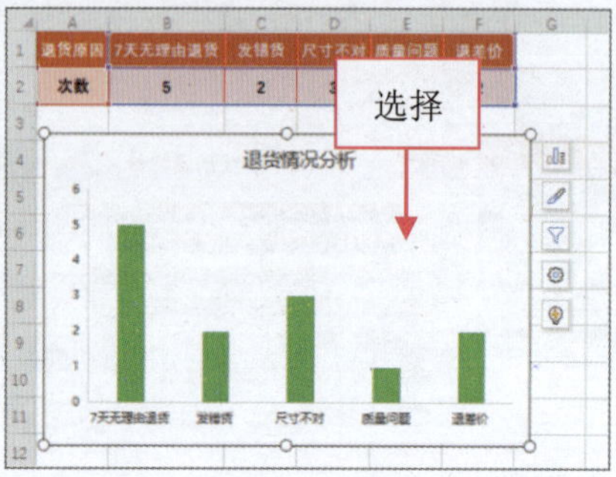

图 5-57　选择需要更改颜色的图表

Step 03　执行上述操作后，单击“图表工具”菜单，在功能区中单击“更改颜色”下拉按钮，如图 5-58 所示。

Step 04　在弹出的下拉列表框中选择相应选项，如图 5-59 所示。

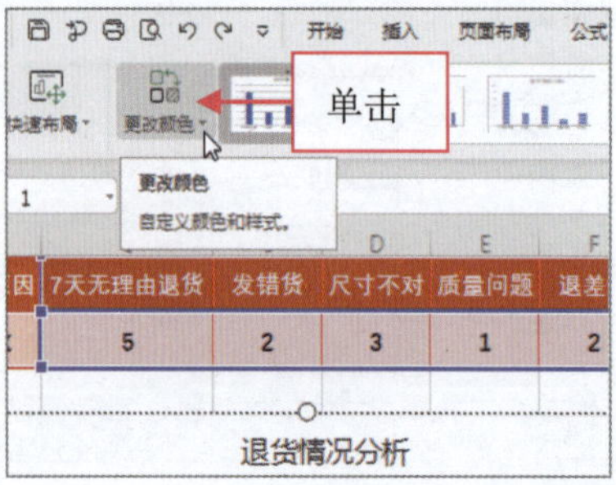

图 5-58　单击“更改颜色”下拉按钮

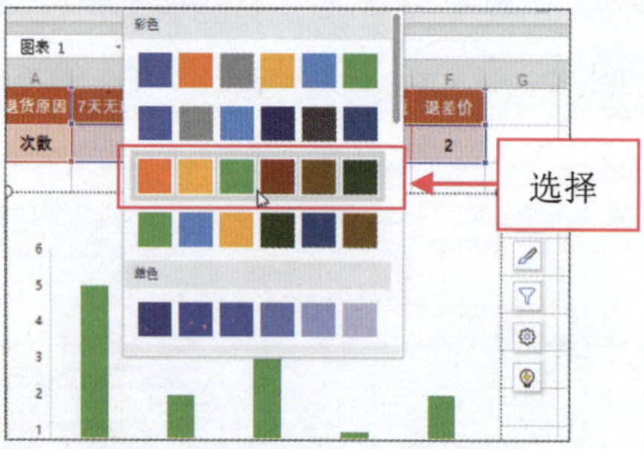

图 5-59　选择相应选项

Step 05　执行上述操作后，即可看到图表的系列颜色已经更改，效果如图 5-60 所示。

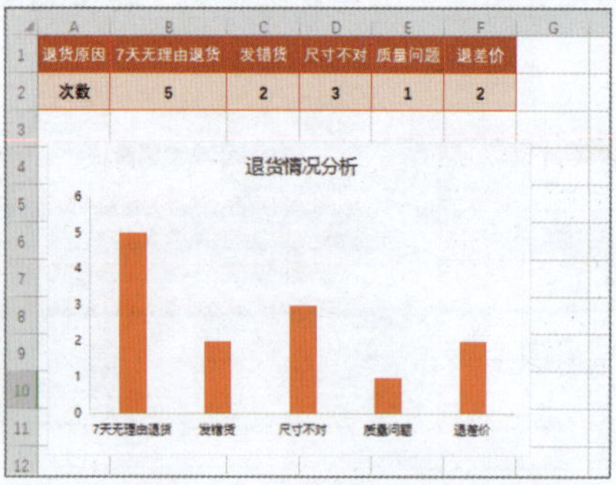

图 5-60　更改图表颜色

5.4.5　设置图表样式

设置图表样式

在 WPS 表格中，系统提供了大量的图表样式，可以根据需要设置相应的图表样式。下面介绍设置图表样式的操作方法。

Step01　在 WPS 表格工作界面中，单击“文件”|“打开”命令，打开工作簿“素材\第 5 章\5.4.5.xlsx”，如图 5-61 所示。

Step02　在工作表中选择数据透视图，如图 5-62 所示。

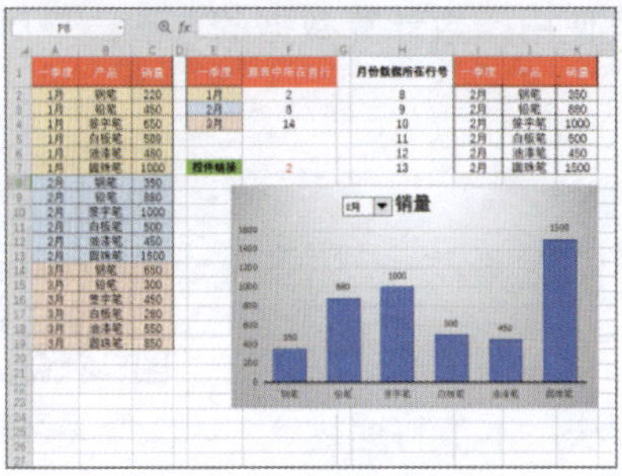

图 5-61　打开素材文件

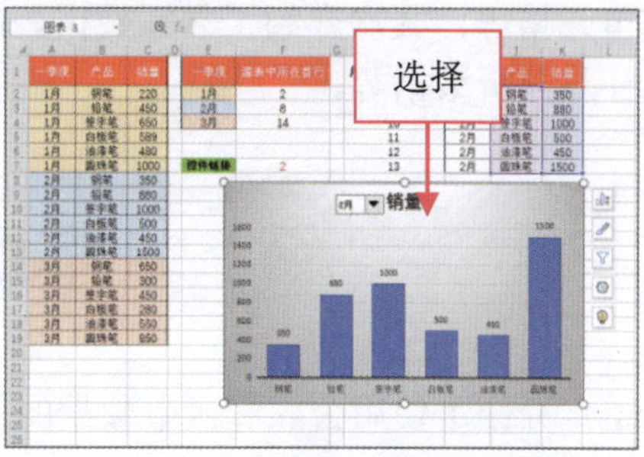

图 5-62　选择数据透视图

Step03　单击“图表工具”菜单，在功能选项区中单击“其他”按钮，如图 5-63 所示。

Step04　弹出下拉列表框，在“预设样式”选项区中选择“样式 15”选项，如图 5-64 所示。

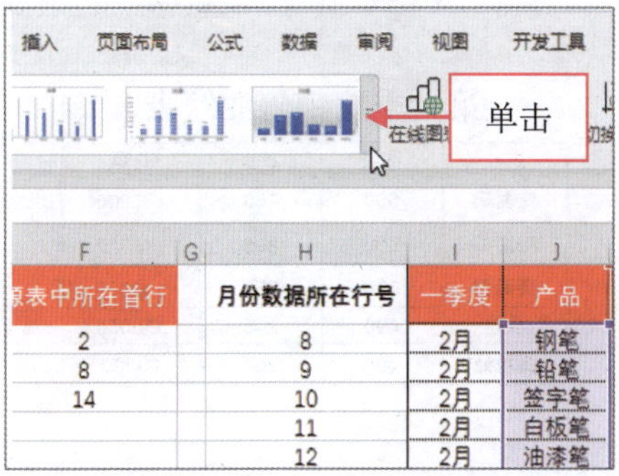

图 5-63　单击“其他”按钮

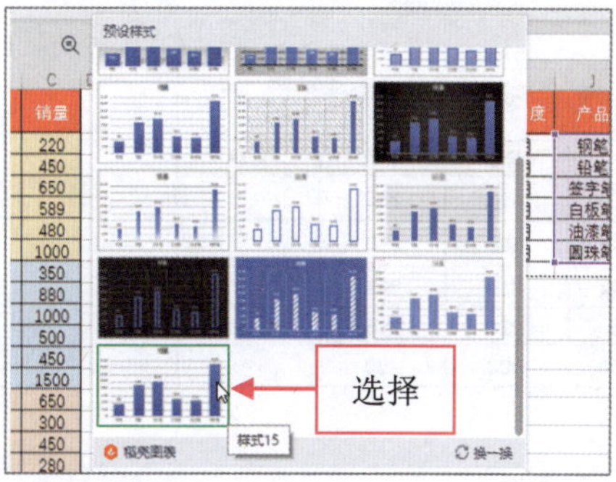

图 5-64　选择“样式 15”选项

Step05　执行上述操作后，即可设置图表样式，效果如图 5-65 所示。

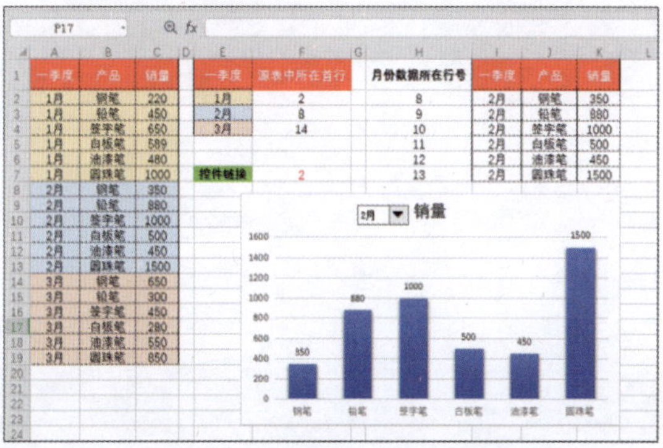

图 5-65　设置图标样式后的效果

▶ 专家指点

在稻壳会员里也可以查看并选择更多精美的图片样式。

本章小结

本章主要介绍了使用公式和函数的方法，首先介绍了认识公式与函数，包括认识运算符以及引用单元格等；其次介绍了掌握数据公式以及使用函数计算数据的方法；最后介绍了使用图表统计与分析数据等。

本章习题

本章习题

本章重点介绍了使用公式和函数数据的操作方法，本节将通过上机练习题，对本章的知识点进行回顾。

在 WPS 表格工作界面中，单击“文件”|“打开”命令，打开工作簿“素材\第 5 章\5.6.et”，如图 5-66 所示。应用相乘函数计算相乘结果，效果如图 5-67 所示。

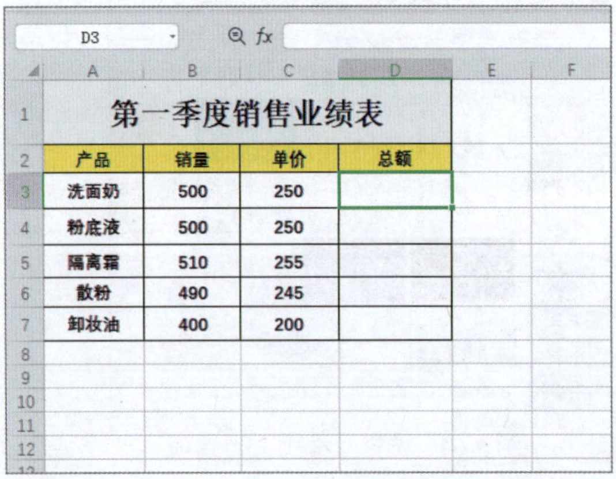

第一季度销售业绩表			
产品	销量	单价	总额
洗面奶	500	250	
粉底液	500	250	
隔离霜	510	255	
散粉	490	245	
卸妆油	400	200	

图 5-66　打开素材文件

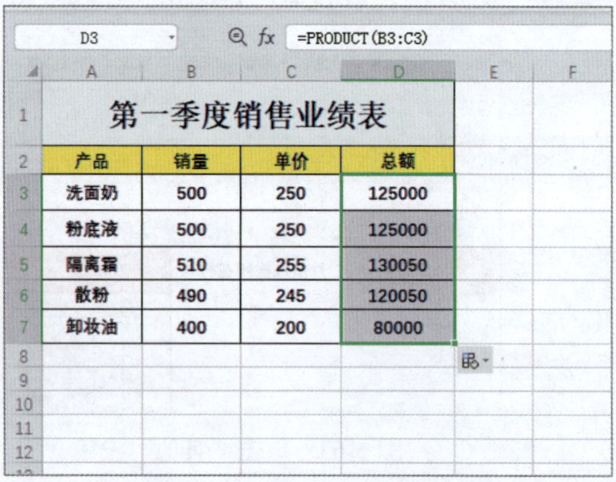

第一季度销售业绩表			
产品	销量	单价	总额
洗面奶	500	250	125000
粉底液	500	250	125000
隔离霜	510	255	130050
散粉	490	245	120050
卸妆油	400	200	80000

图 5-67　应用相乘函数计算结果

第 6 章

创建数据透视表和数据透视图

6

使用 WPS 表格，可基于数据计算和统计结果创建各种视图，从而显示出数据的发展趋势或分布状况。另外，可以利用数据透视图表，实现对表格数据的分析和管理。本章主要介绍创建数据透视表、分析数据透视表、创建数据透视图、打印与保护工作表以及设置工作表页面的操作方法，希望读者可以熟练掌握。

本章重点

- 创建数据透视表
- 分析数据透视表
- 创建数据透视图
- 打印与保护工作表
- 设置工作表页面

求和项:报销费用	月份					
姓名	10月	6月	7月	8月	9月	总计
⊟曾美玲		1560			100	1660
机票		1560				1560
租车费					100	100
⊟刘蓉	200			550	300	1050
差旅费				550	300	850
场地租赁费	200					200
⊟吴越			3680	850		4530
食宿费				850		850
业务餐饮费			3680			3680
⊟张晓阳	300		150			450
电话费	300		150			450
⊟周萍		136		200		336
打车费		136				136
服装租赁费				200		200
总计	500	1696	3830	1600	400	8026

6.1 创建数据透视表

在 WPS 表格中，数据透视表是一种交互式的数据报表，可以快速汇总比较大量的数据，同时可以通过筛选其中页、行与列中的不同数据源，以快速查看数据的不同统计结果，并能随时显示和打印相关区域的明细数据。本节主要介绍新建数据透视表、调整透视表布局以及应用透视表样式等操作的方法。

6.1.1 新建数据透表

新建数据透表

在 WPS 表格中，利用数据透视表向导功能，可以快速、方便地创建数据透视表。下面介绍新建数据透视表的操作方法。

Step 01 在 WPS 表格工作界面中，单击“文件”|“打开”命令，打开工作簿“素材\第 6 章\6.1.1.et”，如图 6-1 所示。

Step 02 单击“插入”菜单，在功能区中单击“数据透视表”按钮，如图 6-2 所示。

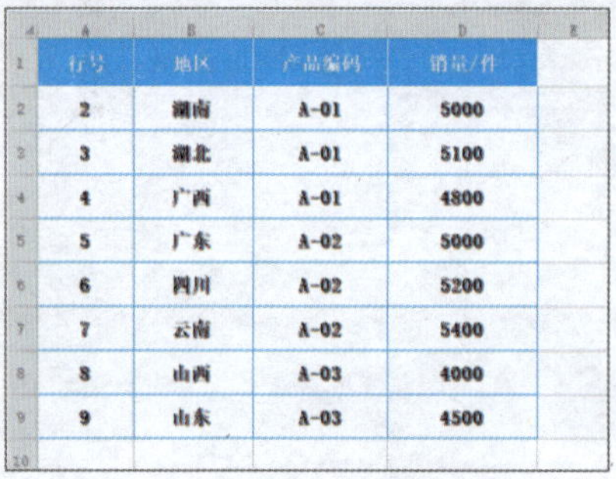

行号	地区	产品编码	销量/件
2	湖南	A-01	5000
3	湖北	A-01	5100
4	广西	A-01	4800
5	广东	A-02	5000
6	四川	A-02	5200
7	云南	A-02	5400
8	山西	A-03	4000
9	山东	A-03	4500

图 6-1　打开素材文件

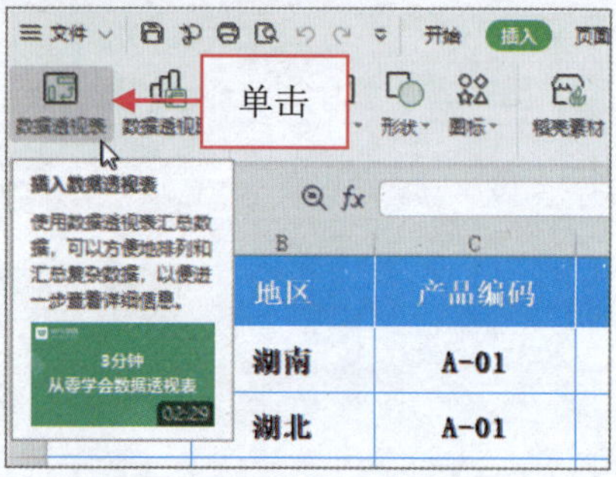

图 6-2　单击“数据透视表”按钮

Step 03 弹出“创建数据透视表”对话框，❶在“请选择单元格区域”选项区中，输入源文件工作表中的单元格区域；❷选中“新工作表”单选按钮；❸单击“确定”按钮，如图 6-3 所示。

Step 04 执行上述操作后，即可创建数据透视表，如图 6-4 所示。

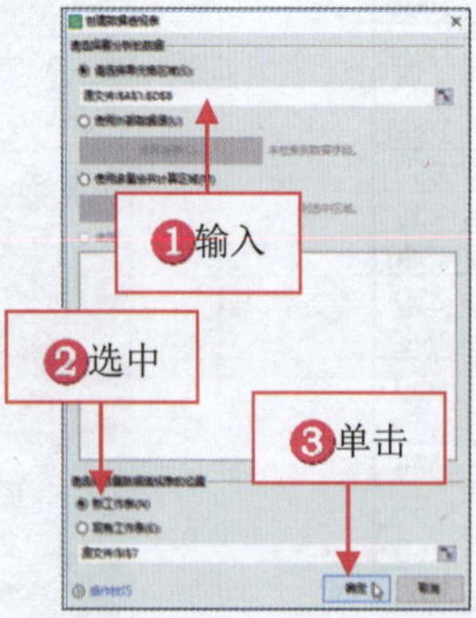

图 6-3　单击“确定”按钮

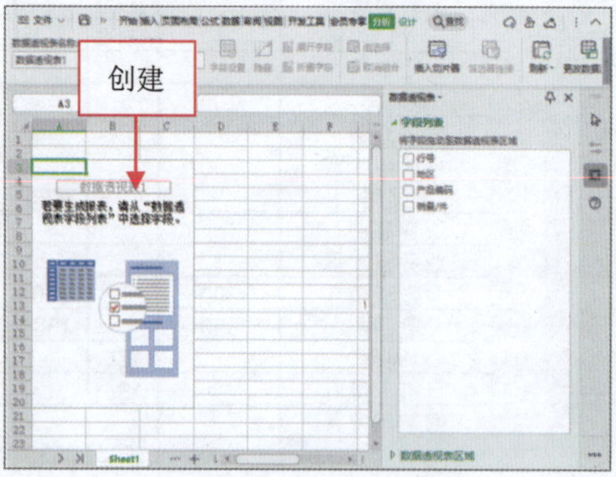

图 6-4　创建数据透视表

▶ 专家指点

除了可以单击“引用”按钮，在工作表中选择数据区域外，还可以直接在“表/区域”右侧的文本框中输入数据区域。

Step 05　在右侧的“字段列表”面板中，选中相应复选框，如图 6-5 所示。

Step 06　执行上述操作后，即可在创建的数据透视表中汇总产品的总销量，效果如图 6-6 所示。

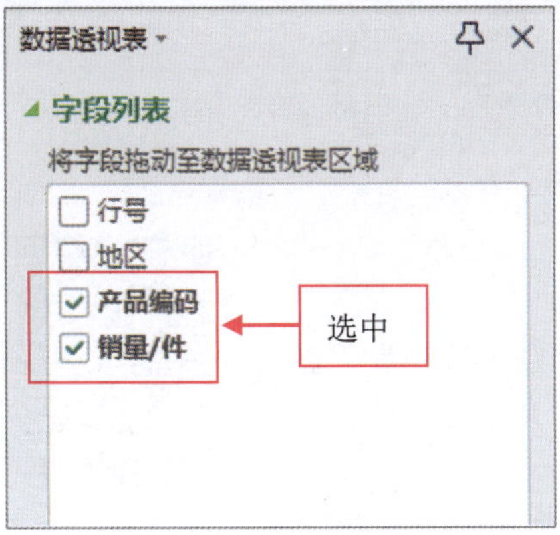

图 6-5　选中相应复选框

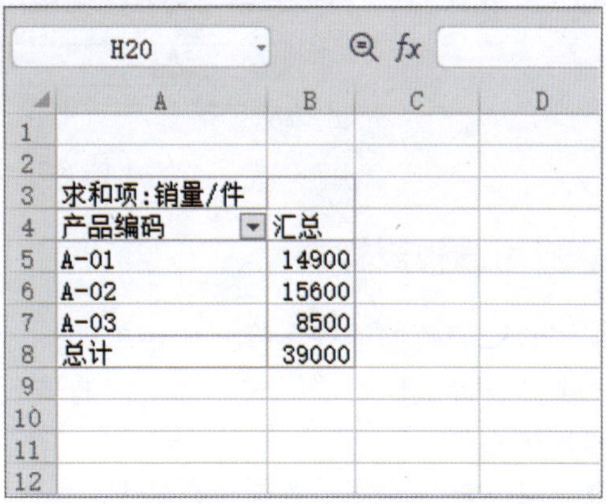

图 6-6　最终效果

6.1.2　调整透视表布局

在字段列边框里添加数据透视表中的数据，调整透视表中的数据布局，可以通过拖动鼠标调整、菜单调整以及快捷菜单调整来实现。下面介绍调整透视表布局的操作方法。

调整透视表布局

Step 01　在 WPS 表格工作界面中，单击“文件”|“打开”命令，打开工作簿“素材\第 6 章\6.1.2.et”，如图 6-7 所示。

Step 02　❶在“字段列表”中单击需要调整的字段名称；❷在弹出的快捷菜单中选择“添加到行标签”选项，如图 6-8 所示。

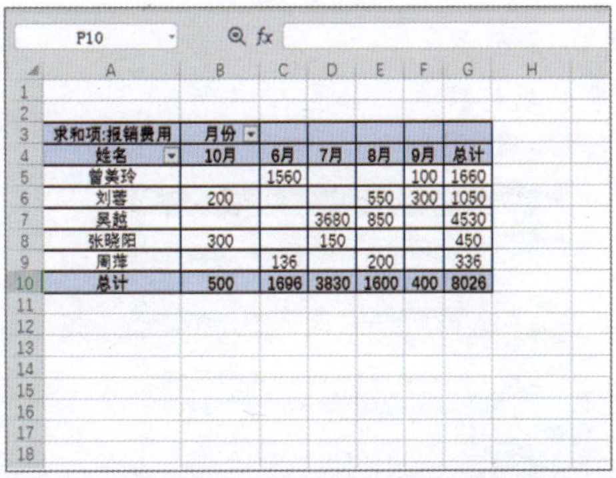

图 6-7　打开素材文件

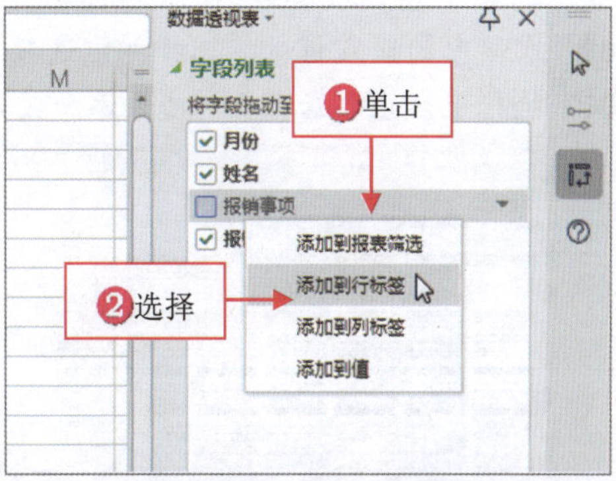

图 6-8　选择“添加到行标签”选项

Step 03　执行上述操作后，即可添加到数据透视表的某个特定区域中，效果如图 6-9 所示。

求和项:报销费用	月份					
姓名	10月	6月	7月	8月	9月	总计
⊟曾美玲		1560			100	1660
机票		1560				1560
租车费					100	100
⊟刘蓉	200			550	300	1050
差旅费				550	300	850
场地租赁费	200					200
⊟吴越			3680	850		4530
食宿费				850		850
业务餐饮费			3680			3680
⊟张晓阳	300		150			450
电话费	300		150			450
⊟周萍		136		200		336
打车费		136				136
服装租赁费				200		200
总计	500	1696	3830	1600	400	8026

图 6-9　最终效果

6.1.3　应用透视表样式

应用透视表样式

系统默认的数据透视表样式比较单调，为了美化数据透视表可以套用数据透视表样式库中的样式增加表格的美观。下面介绍应用透视表样式操作方法。

Step 01　在 WPS 表格工作界面中，单击“文件”|“打开”命令，打开工作簿“素材\第 6 章\6.1.3.et”，如图 6-10 所示。

Step 02　单击“设计”菜单，在功能区中单击“其他”按钮，如图 6-11 所示。

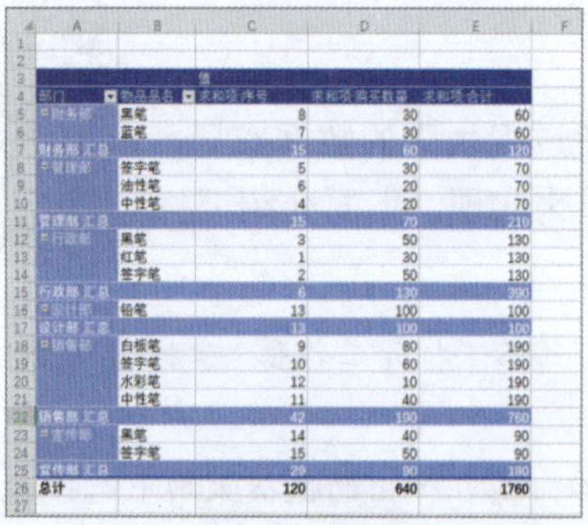

图 6-10　打开素材文件

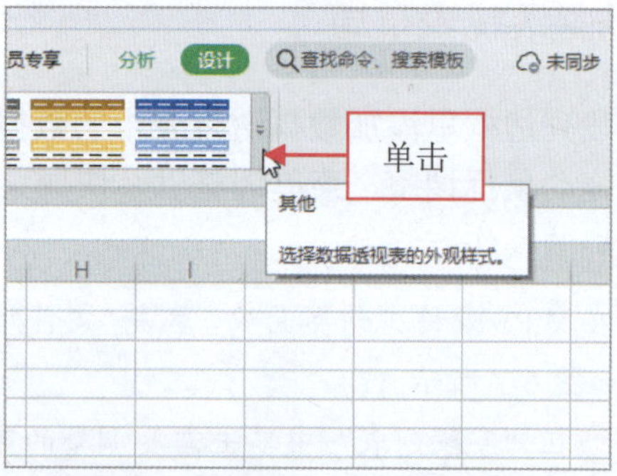

图 6-11　单击“其他”按钮

Step 03　在弹出的列表框中，选择相应选项，如图 6-12 所示。

Step 04　执行上述操作后，即可查看添加数据透视表的表格样式，如图 6-13 所示。

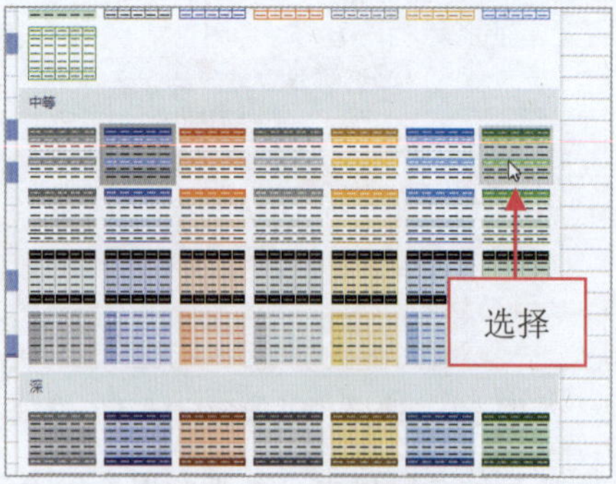

图 6-12　选择相应选项

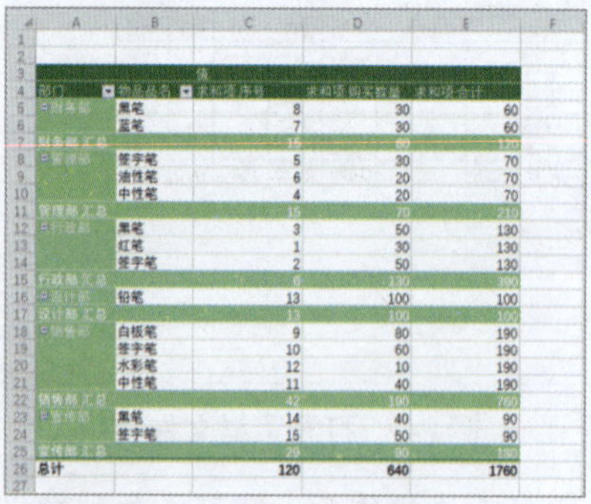

图 6-13　查看数据表格样式

6.2　分析数据透视表

在数据透视表中分析数据与在普通表格中分析数据的方法相似，排序与筛选的规则完全相同，所以分析数据透视表的数据也非常简单，本节介绍具体的操作方法。

6.2.1　数据排序

数据排序

数据排序是指按一定规则对数据进行整理与排序，这样可以为数据的进一步处理做好准备。下面介绍数据排序的操作方法。

Step 01　在 WPS 表格工作界面中，单击“文件”|“打开”命令，打开工作簿“素材\第 6 章\6.2.1.et”，如图 6-14 所示。

Step 02　在数据透视表中选中“日期”字段，单击鼠标右键，在弹出的快捷菜单中选择“排序”|“升序”选项，如图 6-15 所示。

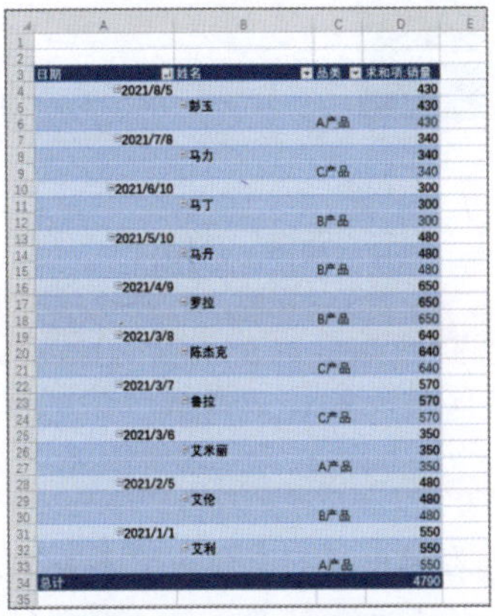

图 6-14　打开素材文件

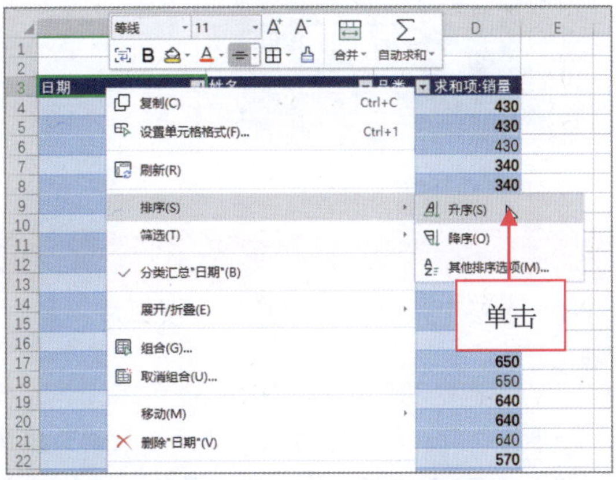

图 6-15　选择“升序”选项

Step 03　执行上述操作后，即可设置升序排列，效果如图 6-16 所示。

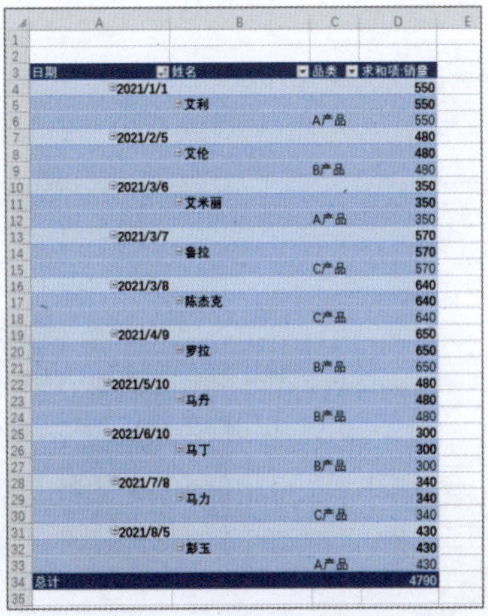

图 6-16　设置升序排列

6.2.2 自定义筛选数据

自定义筛选是指自定义要筛选的条件，自定义筛选在筛选数据时具有很高的灵活性，可以进行比较复杂的筛选。下面介绍自定义筛选数据的操作方法。

自定义筛选数据

Step 01 在 WPS 表格工作界面中，单击“文件”|“打开”命令，打开工作簿“素材\第 6 章\6.2.2.et”，如图 6-17 所示。

Step 02 单击“开始”菜单，在功能区中单击“筛选”按钮，如图 6-18 所示。

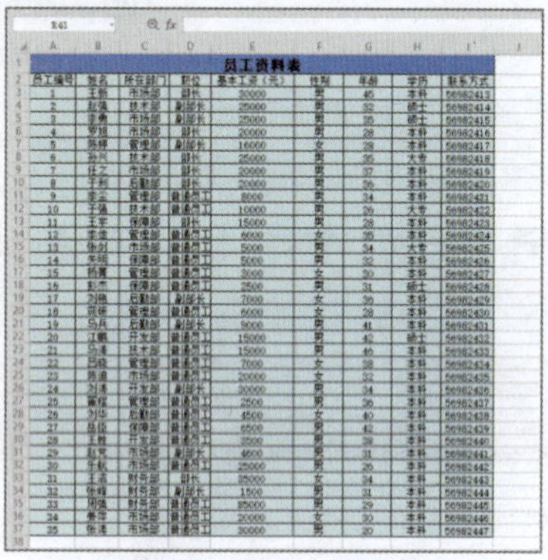

图 6-17 打开素材文件

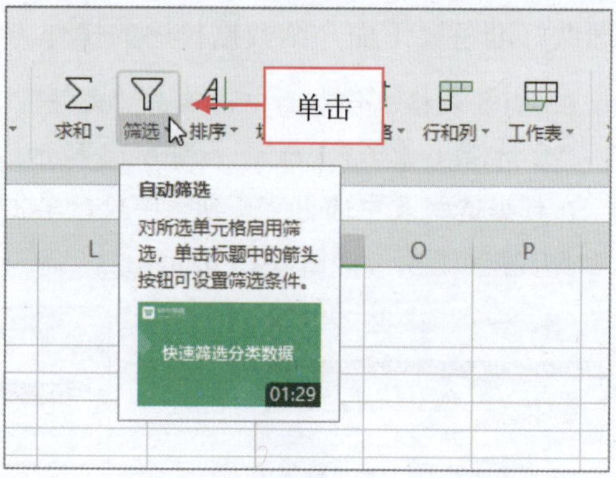

图 6-18 单击“筛选”按钮

> ▶ 专家指点
>
> 在 WPS 表格中，当单击“筛选”按钮后，每个字段的右侧将会自动出现一个“筛选控制”按钮。

Step 03 ❶单击“所在部门”右侧的“筛选控制”按钮；❷在弹出的列表框中需要先取消选中“(全选)”复选框，才能进行单选，选择“市场部”复选框；❸单击“确定”按钮，如图 6-19 所示。

Step 04 执行上述操作后，即可查看部门的员工资料，效果如图 6-20 所示。

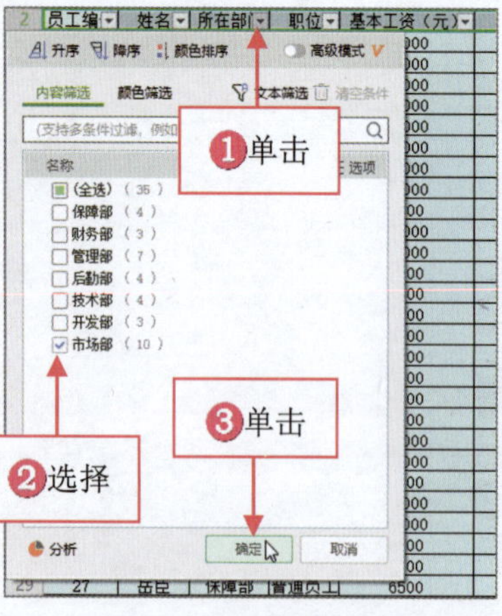

图 6-19 单击“确定”按钮

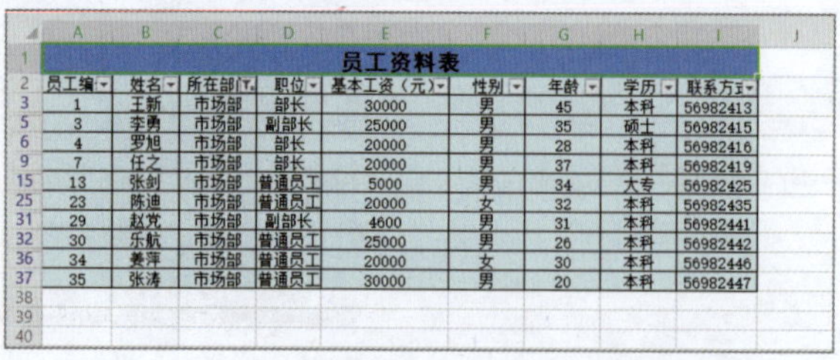

员工编	姓名	所在部门	职位	基本工资（元）	性别	年龄	学历	联系方式
1	王新	市场部	部长	30000	男	45	本科	56982413
3	李勇	市场部	副部长	25000	男	35	硕士	56982415
4	罗旭	市场部	部长	20000	男	28	本科	56982416
7	任之	市场部	部长	20000	男	37	本科	56982419
13	张剑	市场部	普通员工	5000	男	34	大专	56982425
23	陈迪	市场部	普通员工	20000	女	32	本科	56982435
29	赵党	市场部	副部长	4600	男	31	本科	56982441
30	乐航	市场部	普通员工	25000	男	26	本科	56982442
34	姜萍	市场部	普通员工	20000	女	30	本科	56982446
35	张涛	市场部	普通员工	30000	男	20	本科	56982447

图 6-20 最终效果

> ▶ 专家指点
>
> 在 WPS 表格中，按【Ctrl + Shift + L】组合键，系统将对所选单元格中的数据启用筛选功能。

6.2.3　使用切片器筛选数据

使用切片器筛选数据

在数据透视表中使用切片器可以快速的筛选数据，使用户可以轻松、准确地掌握数据透视表中已经筛选的内容。下面介绍使用切片器筛选数据的操作方法。

Step 01　在 WPS 表格工作界面中，单击“文件”|“打开”命令，打开工作簿“素材\第 6 章\6.2.3.et”，如图 6-21 所示。

Step 02　单击“分析”菜单，在功能区中单击“插入切片器”按钮，如图 6-22 所示。

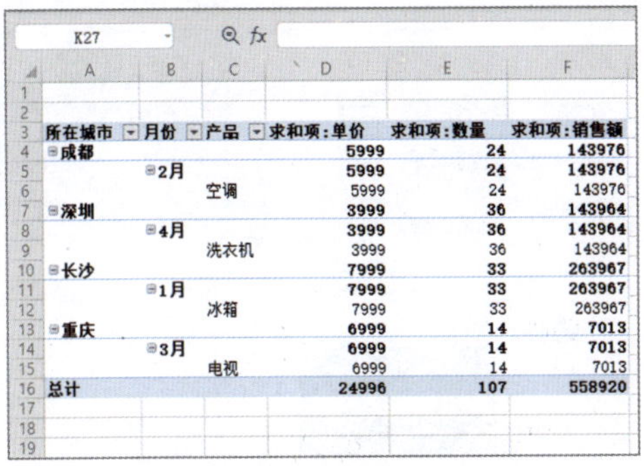

所在城市	月份	产品	求和项:单价	求和项:数量	求和项:销售额
成都			5999	24	143976
	2月		5999	24	143976
		空调	5999	24	143976
深圳			3999	36	143964
	4月		3999	36	143964
		洗衣机	3999	36	143964
长沙			7999	33	263967
	1月		7999	33	263967
		冰箱	7999	33	263967
重庆			6999	14	7013
	3月		6999	14	7013
		电视	6999	14	7013
总计			24996	107	558920

图 6-21　打开素材文件

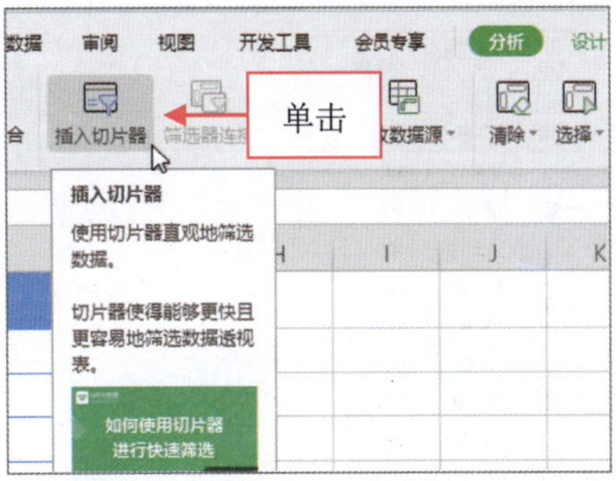

图 6-22　单击“插入切片器”按钮

Step 03　弹出“插入切片器”对话框，在列表框中选中相应复选框，单击“确定”按钮，如图 6-23 所示。

Step 04　执行上述操作后，即可查看创建切片器效果，如图 6-24 所示。

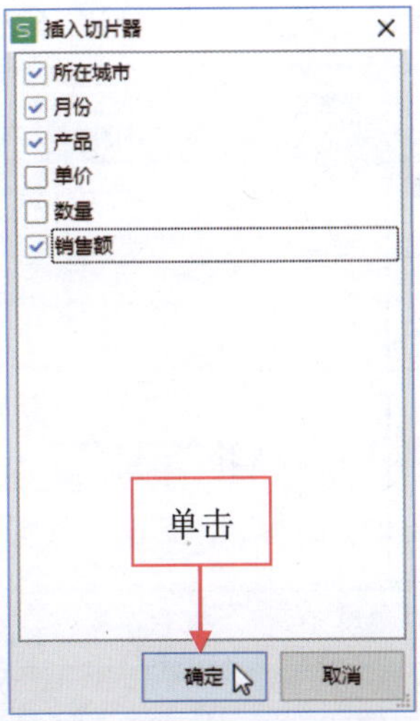

图 6-23　单击“确定”按钮

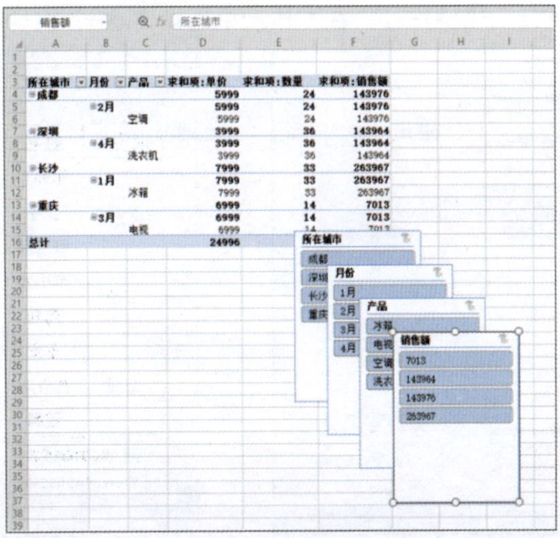

图 6-24　查看创建切片器

6.3 创建数据透视图

在 WPS 表格中，数据透视图的编辑与图表的编辑类似。本节主要介绍创建数据透视图、以及隐藏数据字段按钮的操作方法。

6.3.1 创建数据透视图

创建数据透视图的操作与创建数据透视表的操作基本相同，可以根据数据表格完成新建操作。下面介绍创建数据透视图的操作方法。

创建数据透视图

Step 01 在 WPS 表格工作界面中，单击“文件”|“打开”命令，打开工作簿“素材\第 6 章\6.3.1.et”，如图 6-25 所示。

Step 02 单击“插入”菜单，在功能区中单击“数据透视图”按钮，如图 6-26 所示。

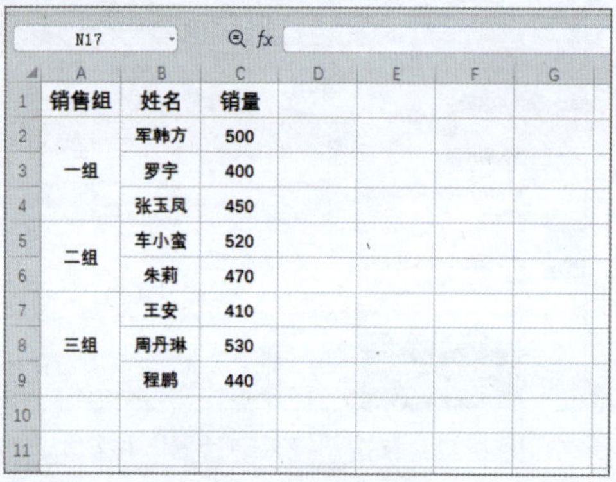

图 6-25 打开素材文件

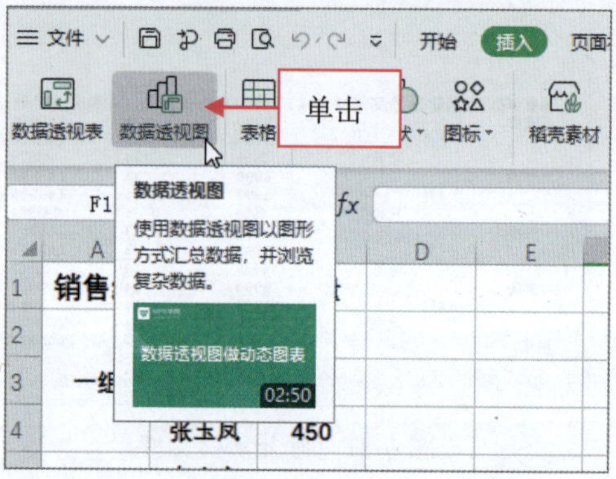

图 6-26 单击“数据透视图”按钮

Step 03 弹出“创建数据透视图”对话框，在“请选择要分析的数据”选项区中，单击“请选择单元格区域”右侧的“引用”按钮，如图 6-27 所示。

Step 04 执行上述操作后，在工作表中选择需要创建数据透视图的数据区域，如图 6-28 所示。

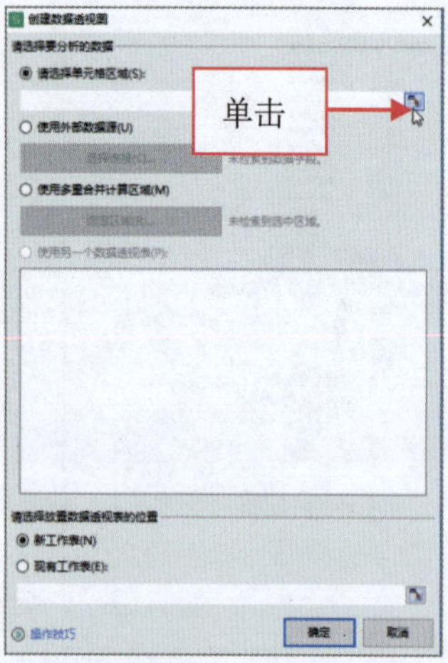

图 6-27 单击“引用”按钮

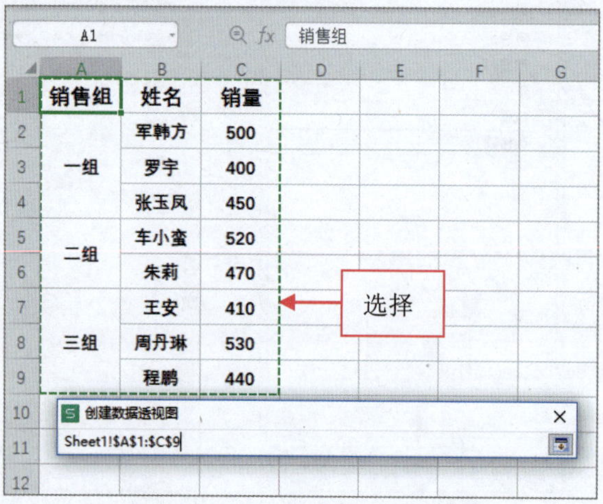

图 6-28 选择需要创建的数据区域

Step 05　按【Enter】键确认，返回“创建数据透视图”对话框，在“请选择放置数据透视表的位置”选项区中，选中“新工作表”单选按钮，如图 6-29 所示。

Step 06　单击“确定”按钮，即可在一个新的工作表中创建数据透视图，如图 6-30 所示。

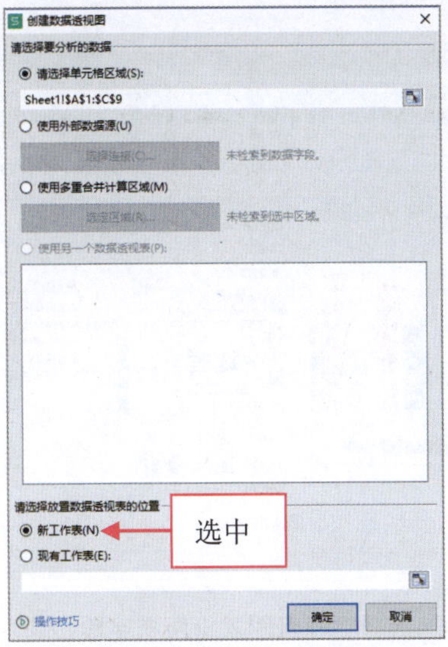

图 6-29　选中“新工作表”单选按钮

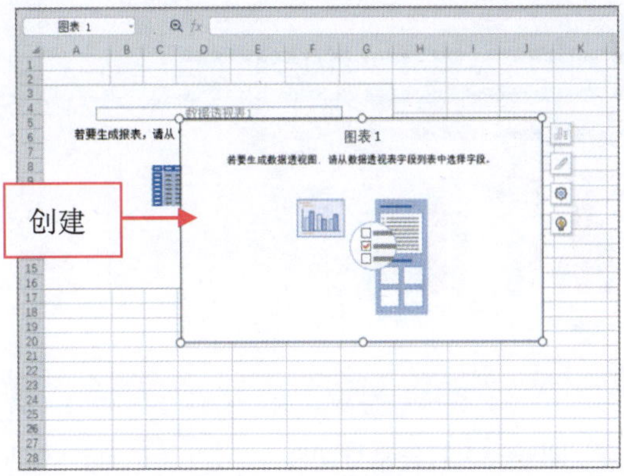

图 6-30　创建数据透视图

Step 07　在“字段列表”面板中，选中相应的复选框，如图 6-31 所示。

Step 08　单击“数据透视图”窗口右上角的“关闭”按钮，即可完成数据透视图的创建，效果如图 6-32 所示。

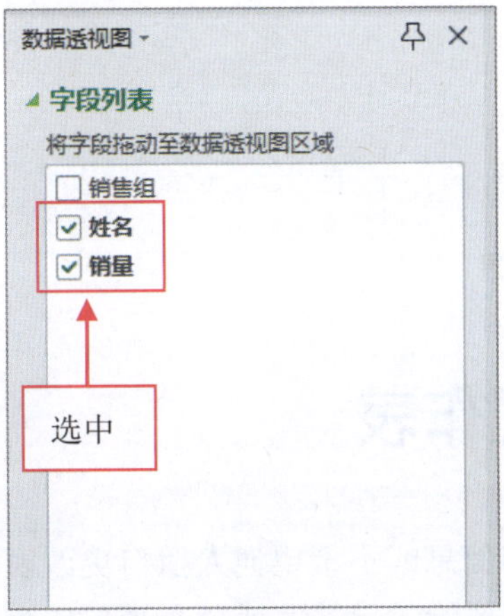

图 6-31　选中相应复选框

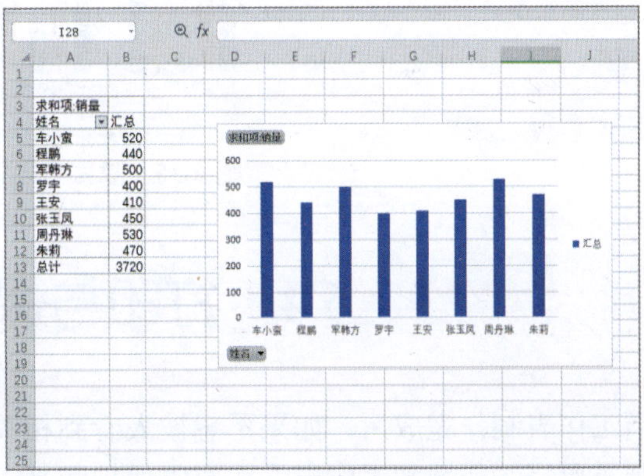

图 6-32　创建数据效果

6.3.2　隐藏数据字段按钮

隐藏数据字段按钮

在 WPS 表格中，创建数据透视图并添加字段，在透视图中会显示字段按钮。如果觉得字段按钮会影响数据透视图的美观，也可以将其隐藏。下面介绍隐藏数据字段按钮的操作方法。

Step 01　在 WPS 表格工作界面中，单击“文件”|“打开”命令，打开工作簿“素材\第 6 章\6.3.2.et”，如图 6-33 所示。

Step 02　选中数据图表，单击鼠标右键，在弹出的快捷菜单中选择“隐藏图表上的所有字段按钮”选项，如图 6-34 所示。

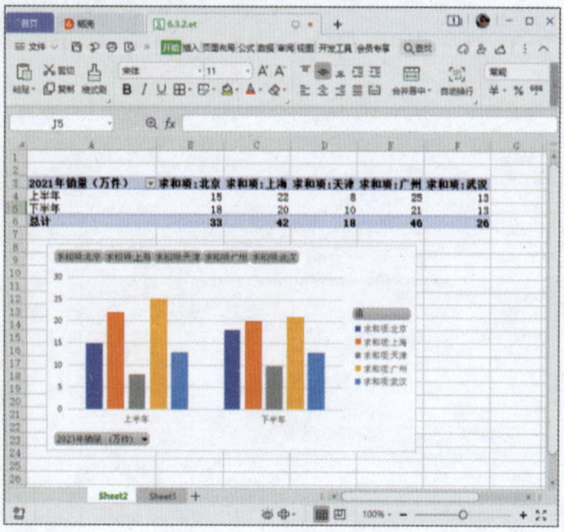

图 6-33　打开素材文件

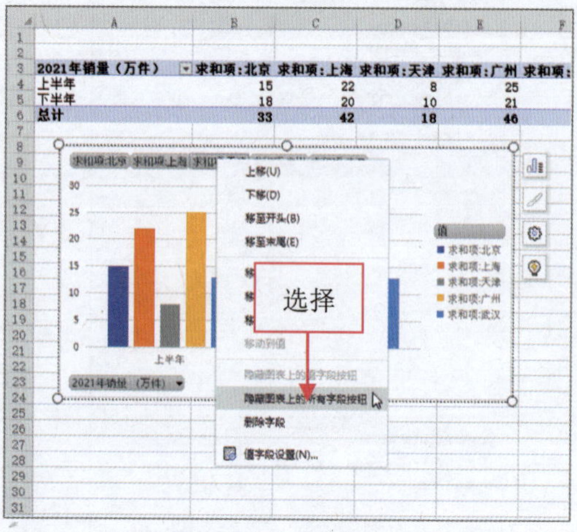

图 6-34　选择“隐藏图表上所有字段按钮”选项

Step 03　执行上述操作后，即可将数据透视图上的字段按钮隐藏，效果如图 6-35 所示。

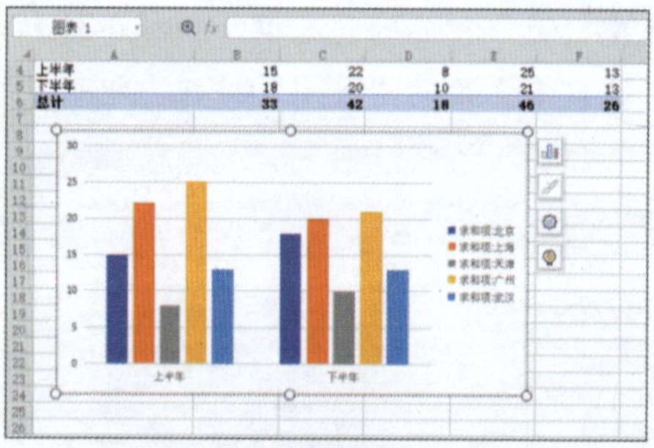

图 6-35　隐藏字段按钮的效果

6.4　打印与保护工作表

当工作表制作完成后，如果不想被人看到相关的内容信息或不希望他人擅自更改表单内容，则需要将工作簿和工作表设置密码保护起来；如果需要给领导签字或公布表单内容，则需要将工作表打印出来。本节主要介绍设置工作簿密码、工作表密码以及预览、打印工作表的操作方法。

6.4.1　设置工作簿密码

在 WPS 表格中，创建工作簿后不希望他人更改工作簿内容，可以为工作簿设置密码。下面介绍设置工作簿密码的操作方法。

设置工作簿密码

Step 01　在 WPS 表格工作界面中，单击“文件”|“打开”命令，打开工作簿“素材\第 6 章\6.4.1.et”，如图 6-36 所示。

Step 02　单击“审阅”菜单，在功能区中单击“保护工作簿”按钮，如图 6-37 所示。

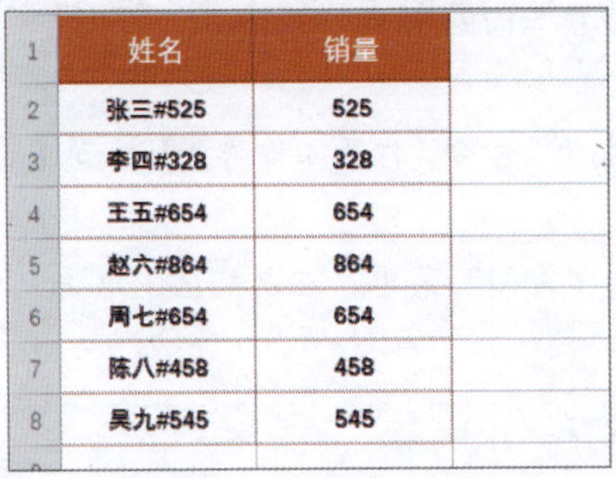

	姓名	销量
2	张三#525	525
3	李四#328	328
4	王五#654	654
5	赵六#864	864
6	周七#654	654
7	陈八#458	458
8	吴九#545	545

图 6-36　打开素材文件

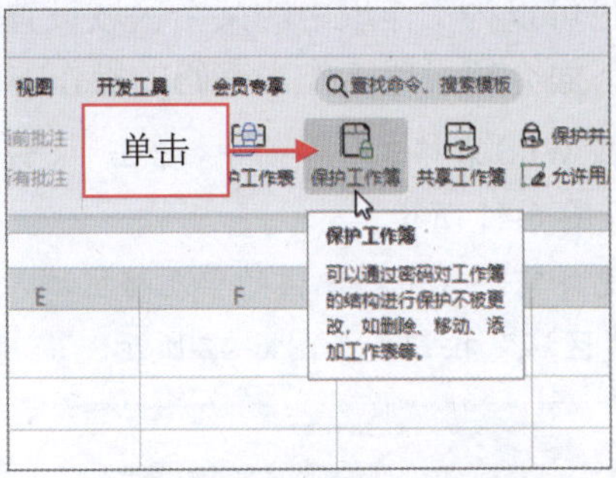

图 6-37　单击“保护工作簿”按钮

Step 03　弹出“保护工作簿”对话框，❶在“密码（可选）”文本框中输入密码（123456）；❷单击“确定”按钮，如图 6-38 所示。

Step 04　弹出“确认密码”对话框，❶在“重新输入密码”文本框中再次输入密码（123456）；❷单击“确定”按钮，如图 6-39 所示。

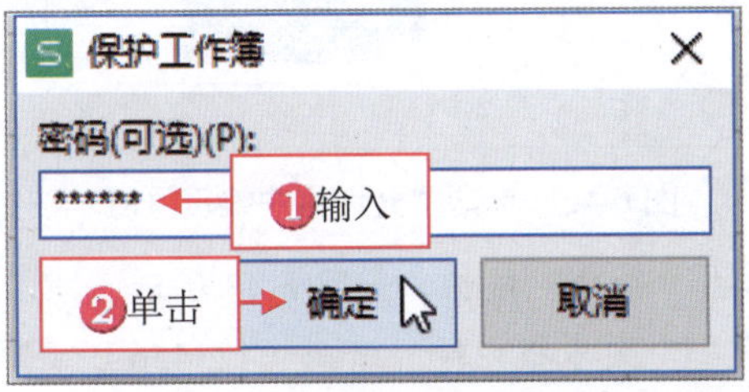

图 6-38　“保护工作簿”对话框

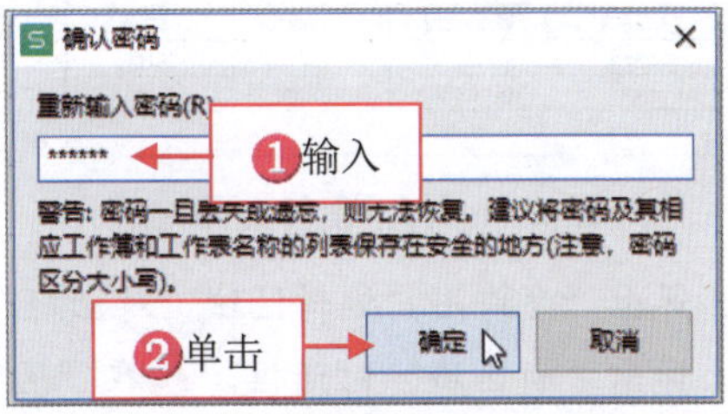

图 6-39　“确认密码”对话框

Step 05　为工作簿设置密码后，单击鼠标右键，发现插入工作表、删除工作表、复制工作表、移动工作表等命令呈灰色状态，表示不能执行，如图 6-40 所示。

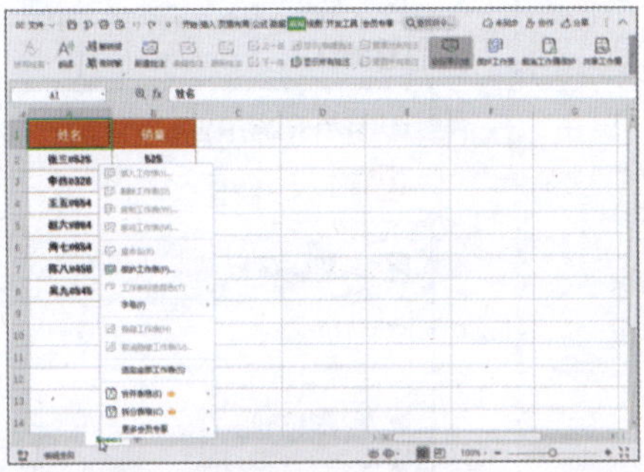

图 6-40　最终效果

▶ 专家指点

如果要取消对工作簿的保护，可以单击“审阅”菜单，在功能区中单击“撤销工作簿保护”按钮，在弹出的对话框中输入密码后就可以取消保护。

6.4.2　设置工作表密码

设置工作表密码

在 WPS 表格中的保护工作表功能是默认整张表，如果只想有一部分被编辑，也可以为工作表中的某个区域设置密码，当需要时直接输入密码即可。下面介绍设置工作表密码的操作方法。

Step 01 在 WPS 表格工作界面中，单击“文件”|“打开”命令，打开工作簿“素材\第 6 章\6.4.2.et”，如图 6-41 所示。

Step 02 选择需要凭密码编辑的单元格区域，单击“审阅”菜单，在功能区中单击“允许用户编辑区域”按钮，如图 6-42 所示。

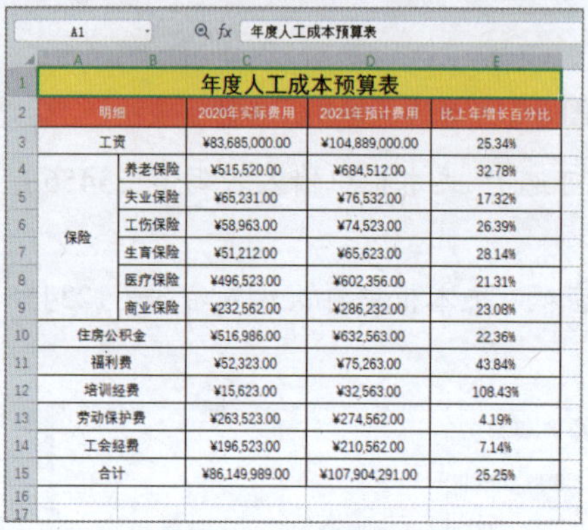

年度人工成本预算表				
明细		2020年实际费用	2021年预计费用	比上年增长百分比
工资		¥83,685,000.00	¥104,889,000.00	25.34%
保险	养老保险	¥515,520.00	¥684,512.00	32.78%
	失业保险	¥65,231.00	¥76,532.00	17.32%
	工伤保险	¥58,963.00	¥74,523.00	26.39%
	生育保险	¥51,212.00	¥65,623.00	28.14%
	医疗保险	¥496,523.00	¥602,356.00	21.31%
	商业保险	¥232,562.00	¥286,232.00	23.08%
住房公积金		¥516,986.00	¥632,563.00	22.36%
福利费		¥52,323.00	¥75,263.00	43.84%
培训经费		¥15,623.00	¥32,563.00	108.43%
劳动保护费		¥263,523.00	¥274,562.00	4.19%
工会经费		¥196,523.00	¥210,562.00	7.14%
合计		¥86,149,989.00	¥107,904,291.00	25.25%

图 6-41　打开素材文件

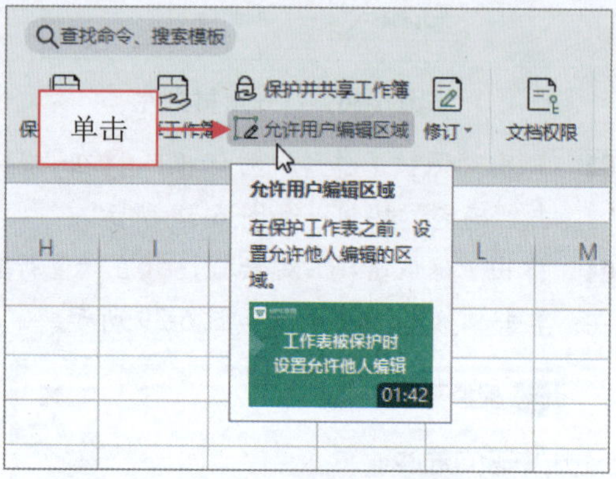

图 6-42　单击“允许用户编辑区域”按钮

Step 03 弹出“允许用户编辑区域”对话框，单击“新建”按钮，如图 6-43 所示。

Step 04 弹出“新区域”对话框，❶在“区域密码”文本框中输入密码（123456）；❷单击“确定”按钮，如图 6-44 所示。

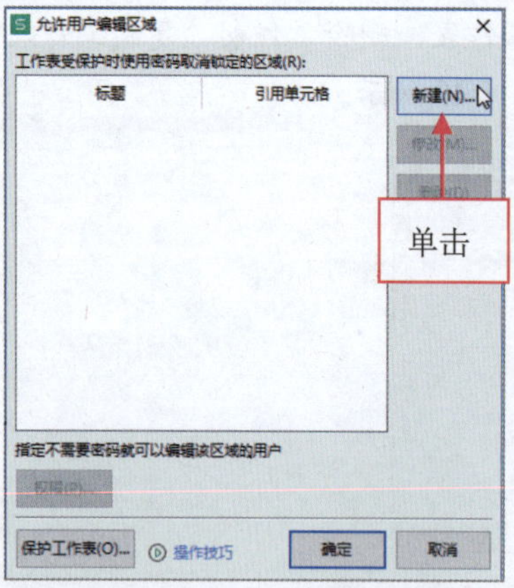

图 6-43　单击“新建”按钮

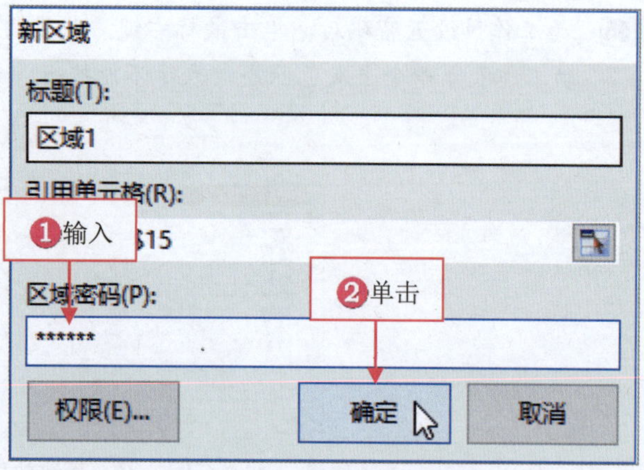

图 6-44　单击“确定”按钮

Step 05 弹出“确认密码”对话框，❶在“重新输入密码”文本框中再次输入密码（123456）；❷单击“确定”按钮，如图 6-45 所示。

Step 06 返回“允许用户编辑区域”对话框，单击“保护工作表”按钮，如图 6-46 所示。

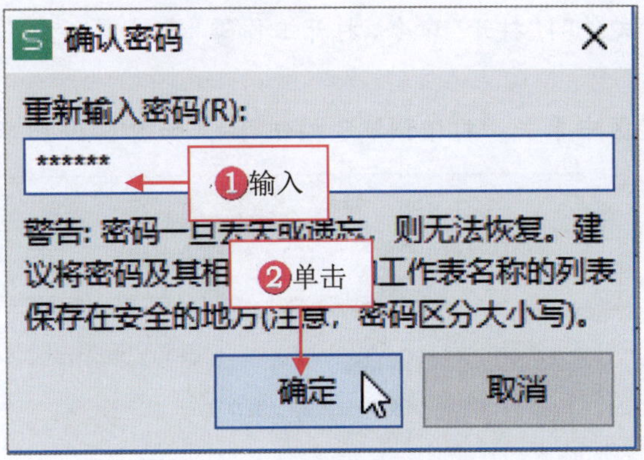

图 6-45　单击“确定”按钮

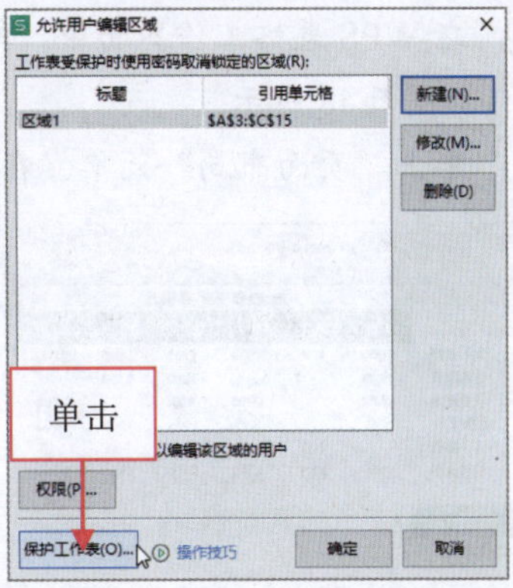

图 6-46　单击“保护工作表”按钮

Step 07 弹出“保护工作表”对话框，单击“确定”按钮，如图 6-47 所示。执行上述操作后，即可保护选中的单元格区域。

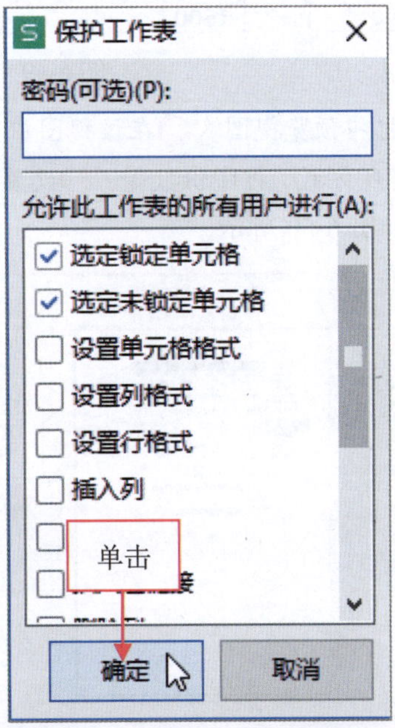

图 6-47　单击“确定”按钮

▶ 专家指点

可以在“密码（可选）”复选框中输入相应密码，在“重新输入密码”文本框中再次输入密码，单击“确定”按钮，即可设置撤销保护工作表密码。

6.4.3　预览、打印工作表

通过 WPS 表格中的打印预览功能，可以在打印之前先预览工作表的打印效果，然后再打印。下面介绍预览、打印工作表的操作方法。

预览、打印工作表

Step 01 在 WPS 表格工作界面中，单击“文件”|“打开”命令，打开工作簿“素材\第 6 章\6.4.3.et”，如图 6-48 所示。

Step 02 单击“页面布局”菜单，在功能区中单击“打印预览”按钮，如图 6-49 所示。

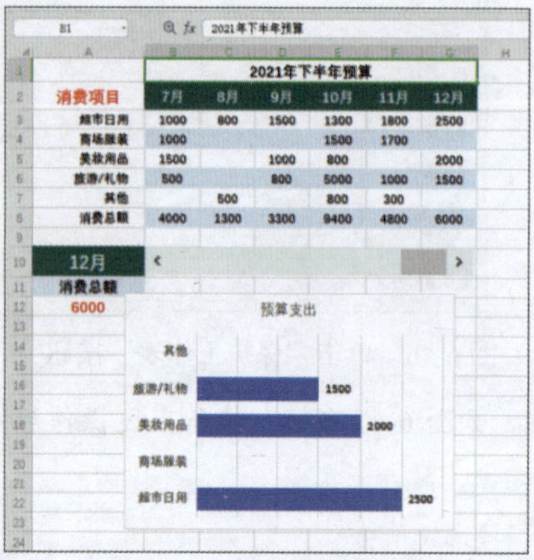

图 6-48 打开素材文件

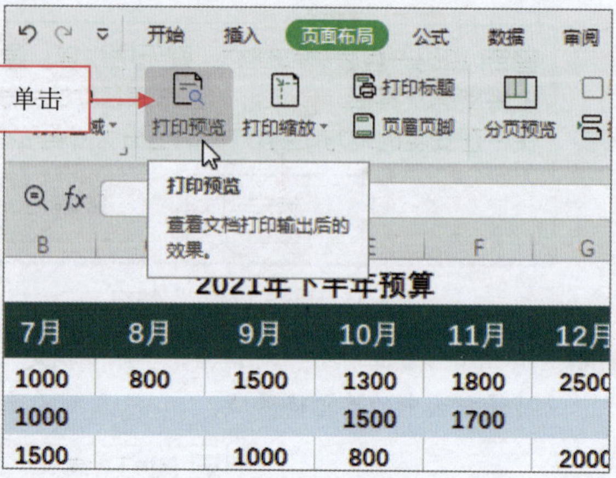

图 6-49 单击“打印预览”按钮

Step 03 执行上述操作后，进入打印预览视图，❶在该视图中可以设置页眉和页脚，还可以在该页面设置打印参数，如打印方式、打印份数等；❷设置完成后单击“直接打印”按钮，即可开始打印工作表，如图 6-50 所示。

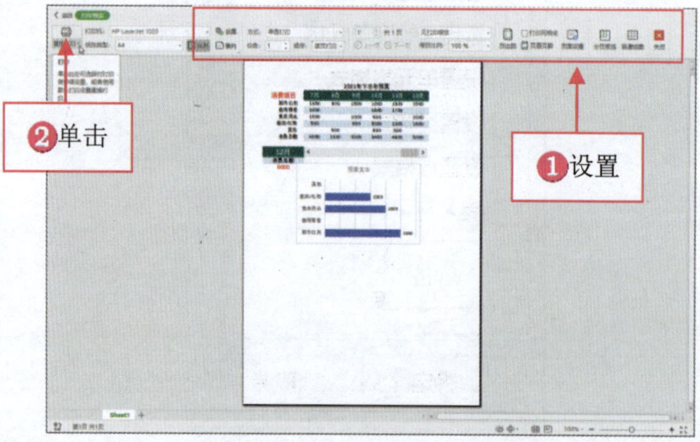

图 6-50 单击“直接打印”按钮

6.5 设置工作表页面

工作表编辑完成后，可以对表格进行页面设置，包括为工作表格添加页眉页脚、页面格式设置以及添加图片等。本节主要介绍添加页眉和页脚以及设置背景图片的内容操作。

6.5.1　添加页眉和页脚

添加页眉和页脚

在 WPS 表格中可以设置页眉和页脚。而页脚是每页的底部信息。下面介绍添加页眉和页脚的操作方法。

Step 01　在 WPS 表格工作界面中，单击“文件”|“打开”命令，打开工作簿“素材\第 6 章\6.5.1.et”，如图 6-51 所示。

Step 02　单击“插入”菜单，在功能区中单击“页眉页脚”按钮，如图 6-52 所示。

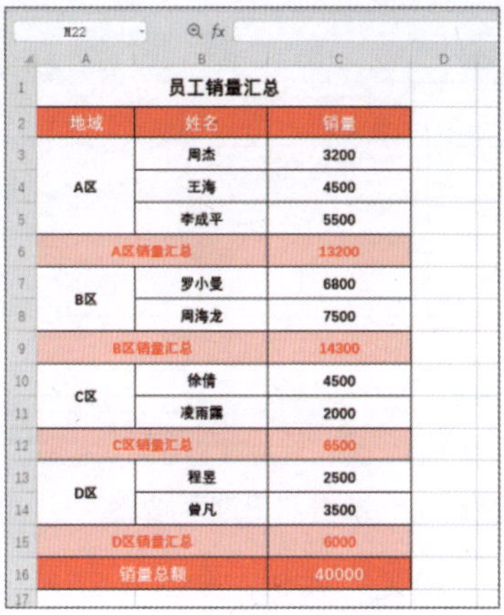

图 6-51　打开素材文件

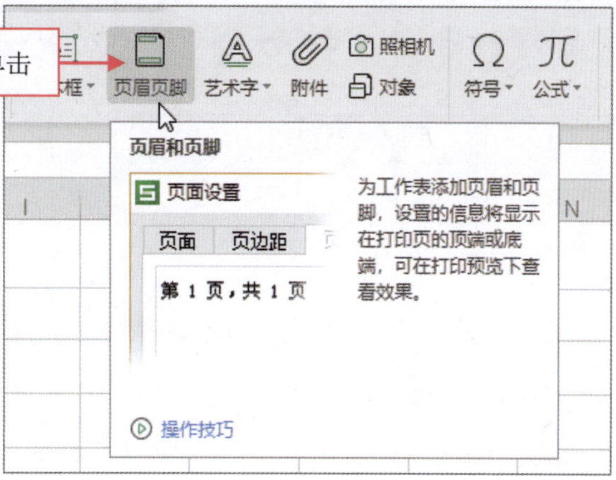

图 6-52　单击“页眉页脚”按钮

Step 03　弹出“页面设置”对话框，单击“页眉”右侧的下拉按钮，在弹出的列表框中选择“第 1 页”选项，如图 6-53 所示。

Step 04　执行上述操作后，单击“自定义页脚”按钮，如图 6-54 所示。

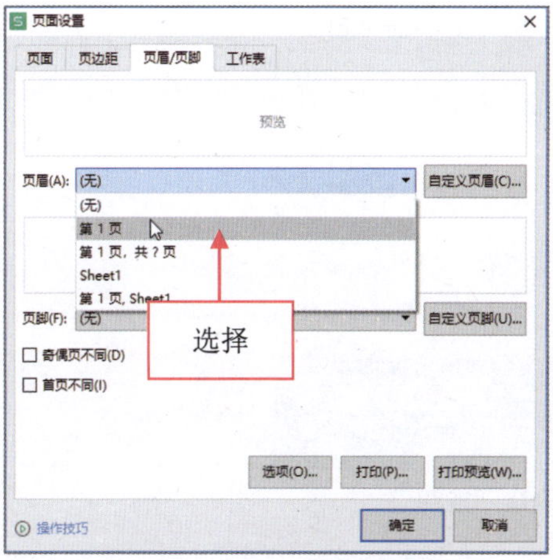

图 6-53　选择“第 1 页”选项

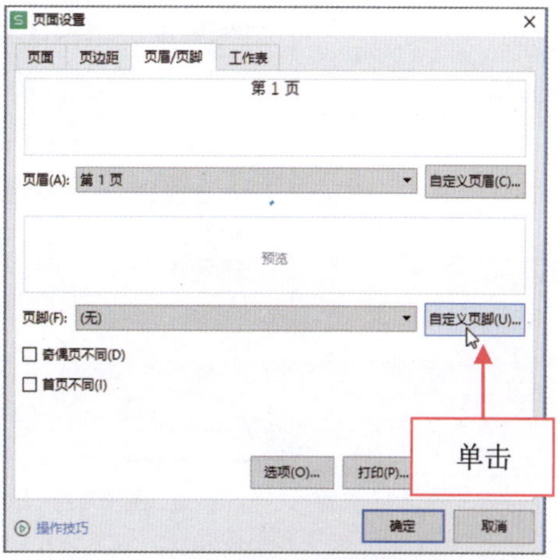

图 6-54　单击“自定义页脚”按钮

Step 05　弹出“页脚”对话框，将光标定位到“中”文本框中，输入相应页脚信息，如图 6-55 所示。

Step06 执行上述操作后，将鼠标光标定位到“右”文本框中，单击“日期”按钮，如图 6-56 所示。

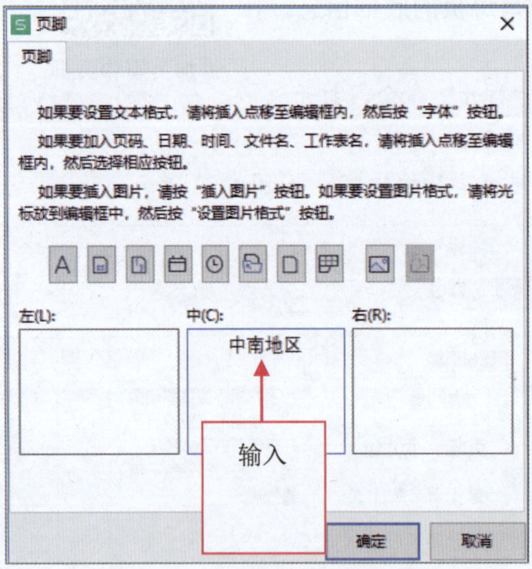

图 6-55　输入相应信息

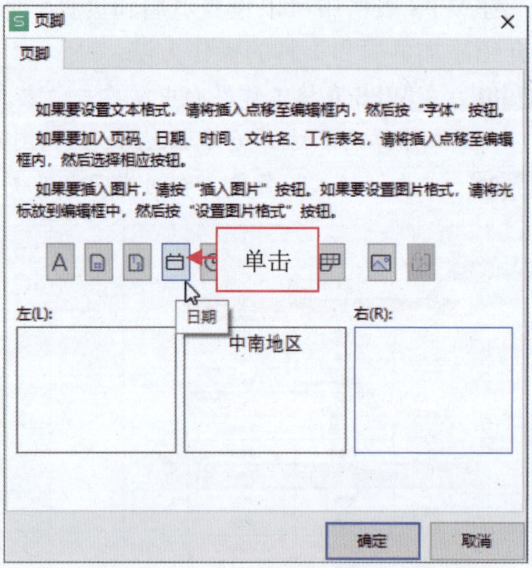

图 6-56　单击“日期”按钮

Step07 单击“确定”按钮，返回“页面设置”对话框，单击“确定”按钮，如图 6-57 所示。执行上述操作后，即可完成添加页眉和页脚的操作。

图 6-57　单击“确定”按钮

6.5.2　设置背景图片

表格制作完成后，用户可以根据需要，对表格的页面进行背景设置，下面介绍设置背景图片的操作方法。

设置背景图片

Step 01　在 WPS 表格工作界面中，单击“文件”|“打开”命令，打开工作簿“素材\第 6 章\6.5.2.et”，如图 6-58 所示。

Step 02　单击“页面布局”菜单，在功能区中单击“背景图片”按钮，如图 6-59 所示。

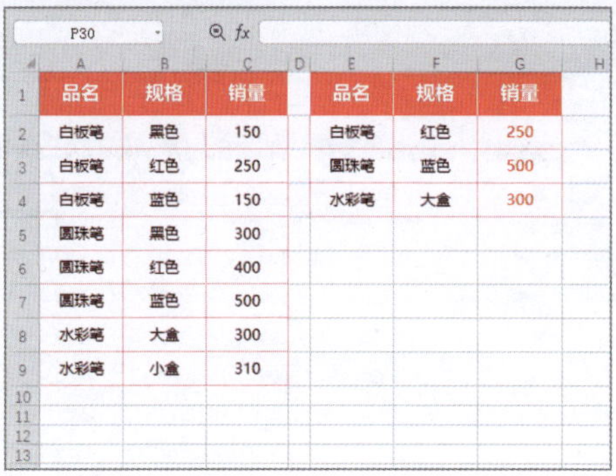

图 6-58　打开素材文件

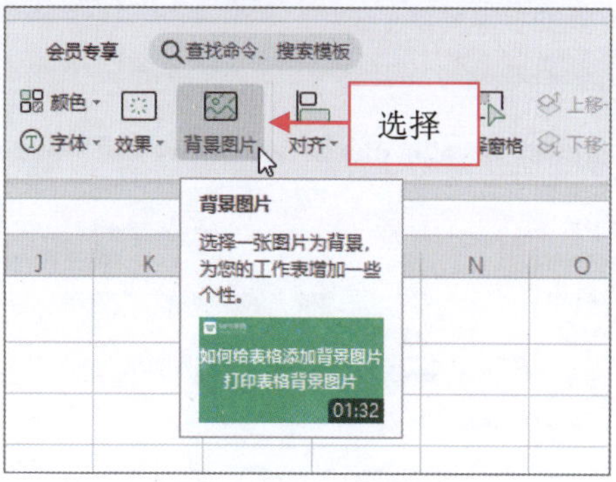

图 6-59　单击“背景图片”按钮

Step 03　弹出“工作表背景”对话框，选择素材图片，单击“打开”按钮，如图 6-60 所示。

Step 04　执行上述操作后，即可在工作表中插入的背景图片，效果如图 6-61 所示。

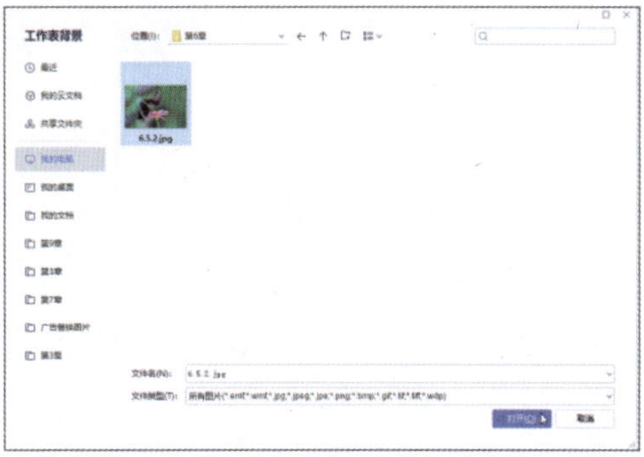

图 6-60　单击“打开”按钮

图 6-61　插入背景图片

本章小结

本章主要介绍了创建数据透视表与视图的方法，首先介绍了创建数据透视表的方法；其次介绍了分析数据透视表的方法，其中包括排序数据、自定义筛选数据以及使用切片器筛选数据等内容；再次介绍了打印与保护工作表的方法；最后介绍了设置工作表页面的方法。

本章习题

本章习题

本章重点介绍了创建数据透视表与数据透视图的操作方法，本节将通过上机练习题，对本章的知识点进行回顾。

在 WPS 表格工作界面中，单击“文件”|“打开”命令，打开工作簿“素材\第 6 章\6.7.et”，如图 6-62 所示。在“布局和格式”选项卡中选中“对于空单元格，显示”复选框，在文本框中输入 0，单击“确定”按钮，即可查看空白单元格显示为 0，效果如图 6-63 所示。

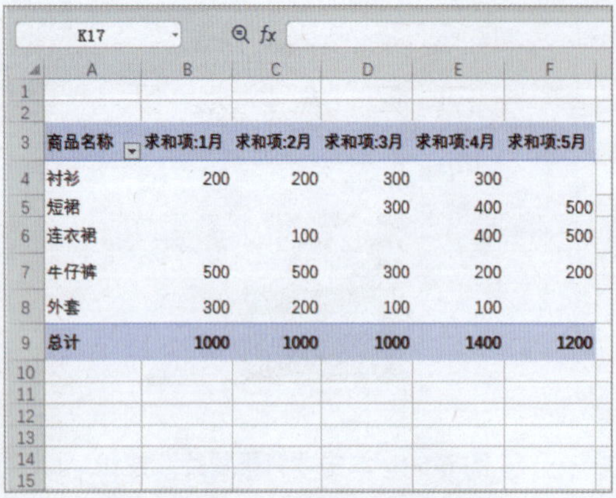

商品名称	求和项:1月	求和项:2月	求和项:3月	求和项:4月	求和项:5月
衬衫	200	200	300	300	
短裙			300	400	500
连衣裙		100		400	500
牛仔裤	500	500	300	200	200
外套	300	200	100	100	
总计	1000	1000	1000	1400	1200

图 6-62　打开素材文件

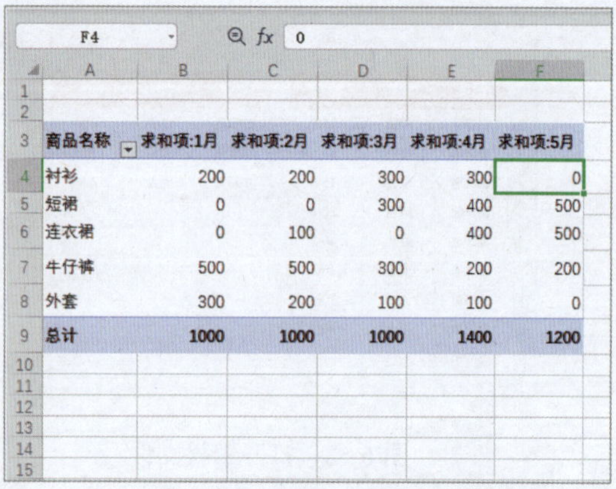

商品名称	求和项:1月	求和项:2月	求和项:3月	求和项:4月	求和项:5月
衬衫	200	200	300	300	0
短裙	0	0	300	400	500
连衣裙	0	100	0	400	500
牛仔裤	500	500	300	200	200
外套	300	200	100	100	0
总计	1000	1000	1000	1400	1200

图 6-63　空白单元格显示为 0 效果

第 7 章
创建与编辑演示文稿

学习 WPS 演示文稿之前，应从演示文稿的建立开始，演示文稿的建立包括创建文稿、打开文稿、保存文稿和编辑幻灯片。本章主要向读者介绍幻灯片的基本操作、演示文稿的基本操作、插入幻灯片对象、设置 WPS 演示文稿的切换效果、设置 WPS 演示文稿的动画效果以及应用幻灯片母版的操作方法，希望读者可以熟练掌握。

本章重点

- 幻灯片的基本操作
- 演示文稿的基本操作
- 插入幻灯片对象
- 设置 WPS 演示文稿的切换效果
- 设置 WPS 演示文稿的动画效果
- 应用幻灯片母版

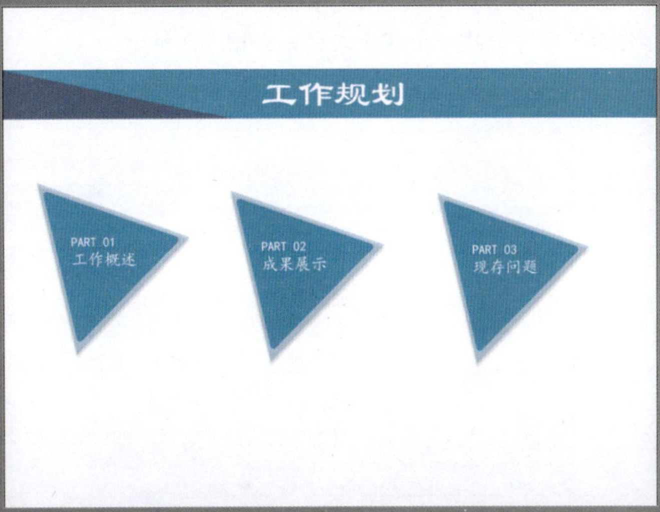

7.1 幻灯片的基本操作

在 WPS 演示文稿中，幻灯片的基本操作主要包括插入幻灯片和编辑幻灯片，在对幻灯片的操作过程中，还可以修改幻灯片。本节主要介绍创建以及保存演示文稿，新建、删除幻灯片的操作方法。

7.1.1 创建演示文稿

创建演示文稿

空白演示文稿即没有任何初始设置的演示文稿，它仅显示一张标题幻灯片，并且标题幻灯片中仅有标题占位符。但是该演示文稿中仍然包含默认的版式，如标题和内容、节标题等，可使用这些版式快速添加幻灯片。下面介绍创建演示文稿的操作方法。

Step 01 启动 WPS Office 2019 界面，单击“新建”按钮，如图 7-1 所示。

Step 02 在“新建”界面中，❶切换至“演示”选项卡；❷单击“新建空白文档”命令，如图 7-2 所示。

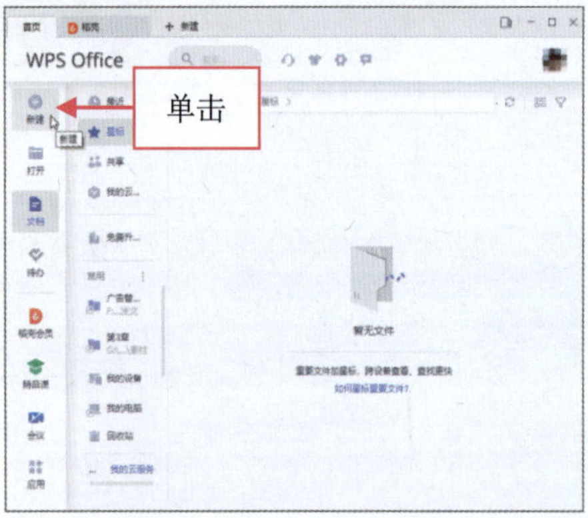

图 7-1 单击“新建”按钮

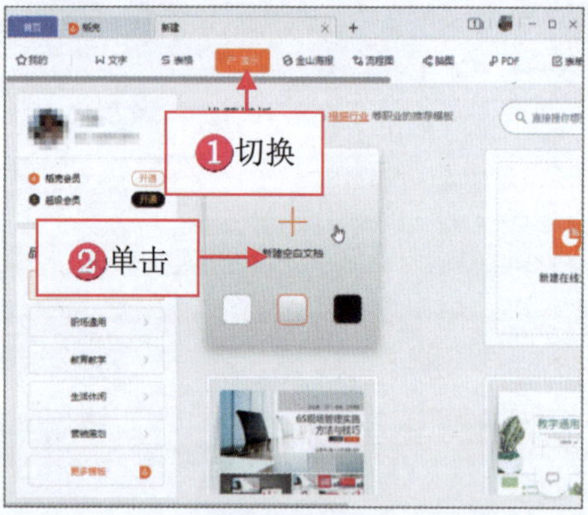

图 7-2 单击“新建空白文档”命令

Step 03 执行上述操作后，即可创建一个演示文稿，如图 7-3 所示。

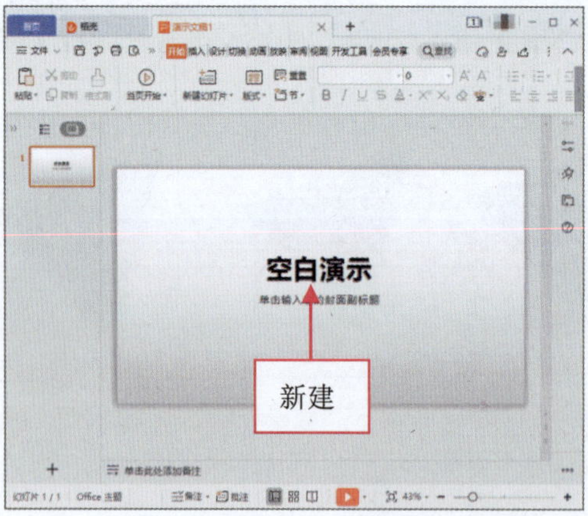

图 7-3 创建一个演示文稿

7.1.2　保存演示文稿

在实际工作中，一定要养成经常保存的习惯。在制作演示文稿的过程中，保存的次数越多，因意外事故造成的损失就越小。

在 WPS 演示文稿中，保存文稿的方法主要有以下三种。

➢ 按钮：单击“自定义快速访问工具栏”中的“保存”按钮。

➢ 快捷键 1：按【Ctrl+S】组合键。

➢ 快捷键 2：按【Shift+F12】组合键。

7.1.3　新建幻灯片

新建幻灯片

在系统默认情况下，新建的空白演示文稿中只有一张幻灯片，这时就需要在演示文稿中添加新的幻灯片。下面介绍新建幻灯片的操作方法。

Step 01　单击“文件”|“打开”命令，打开素材文件“素材\第 7 章\7.1.3.dps”，如图 7-4 所示。

Step 02　单击“开始”菜单，在功能区中单击“新建幻灯片”按钮，如图 7-5 所示。

图 7-4　打开素材文件

图 7-5　单击“新建幻灯片”按钮

Step 03　执行上述操作后，即可新建幻灯片，如图 7-6 所示。

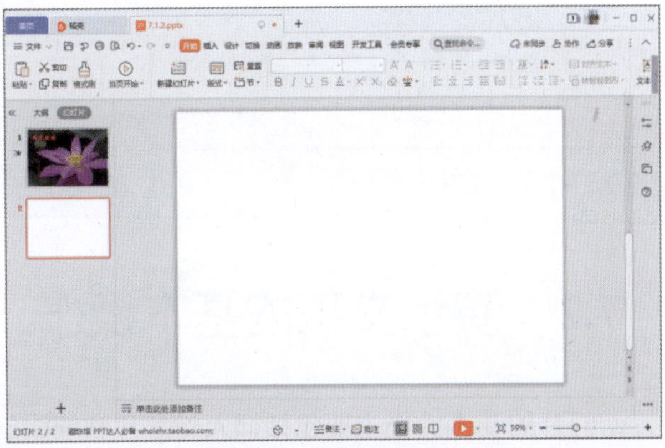

图 7-6　新建幻灯片

7.1.4 删除幻灯片

在编辑完幻灯片后，如果发现幻灯片张数太多了，可以根据需要删除一些不必要的幻灯片。下面介绍删除幻灯片的操作方法。

删除幻灯片

Step 01 单击“文件”|“打开”命令，打开素材文件“素材\第 7 章\7.1.4.dps”，如图 7-7 所示。

Step 02 在演示文稿中，选择需要删除的幻灯片，如图 7-8 所示。

图 7-7 打开素材文件

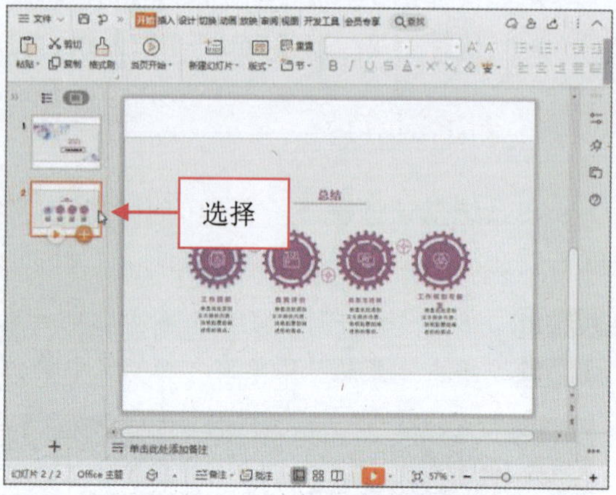

图 7-8 选择需要删除幻灯片

Step 03 单击鼠标右键，在弹出的快捷菜单中选择“删除幻灯片”选项，如图 7-9 所示。

Step 04 执行上述操作后，即可删除幻灯片，效果如图 7-10 所示。

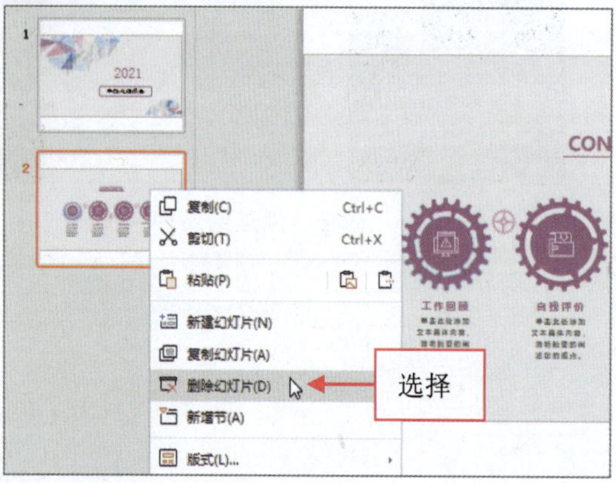

图 7-9 选择“删除幻灯片”选项

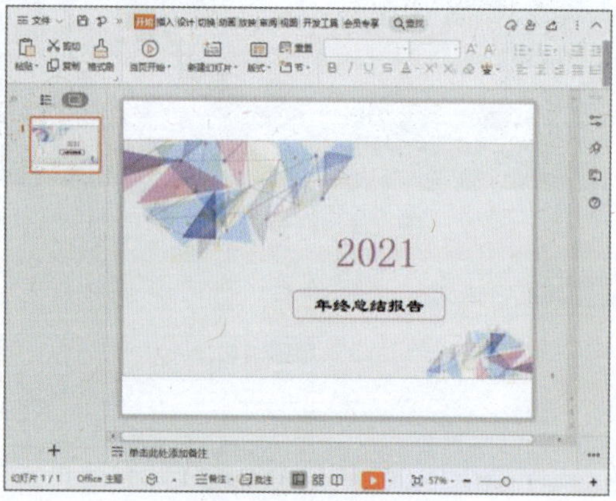

图 7-10 删除幻灯片

7.2 演示文稿的基本操作

WPS 演示文稿中，幻灯片的基本操作主要包括插入幻灯片和编辑幻灯片。在对幻灯片的操作过程中，还可以修改幻灯片。本节主要介绍设计演示文稿以及使用智能美化演示文稿的操作方法。

7.2.1　设计演示文稿方案

WPS 演示文稿中内置众多设计方案，如果对演示文稿不满意，可以在设计方案中选择演示文稿。下面介绍设计演示文稿方案的操作方法。

设计演示文稿方案

Step 01 单击“文件”|“打开”命令，打开素材文件“素材\第 7 章\7.2.1.dps”，如图 7-11 所示。

Step 02 单击“设计”菜单，在功能区中单击“更多设计”按钮，如图 7-12 所示。

图 7-11　打开素材文件

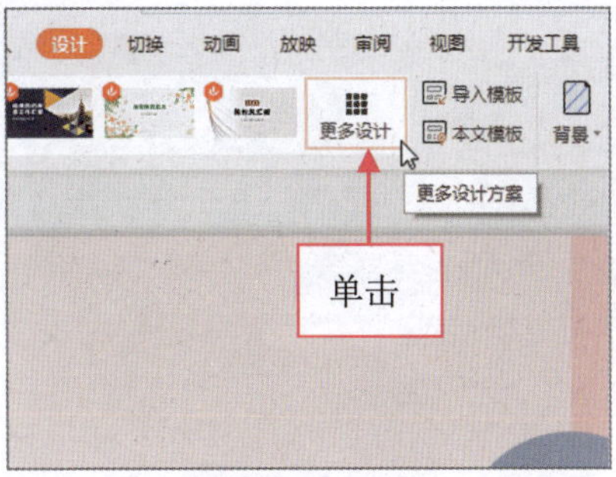

图 7-12　单击“更多设计”按钮

Step 03 弹出“设计方案”对话框，❶切换至“免费专区”选项卡；❷选择相应模板样式，如图 7-13 所示。

Step 04 执行上述操作后，进入选择的相应模板，在模板界面中选择需要的模板，单击“应用模板风格”按钮，如图 7-14 所示。

图 7-13　选择相应模板

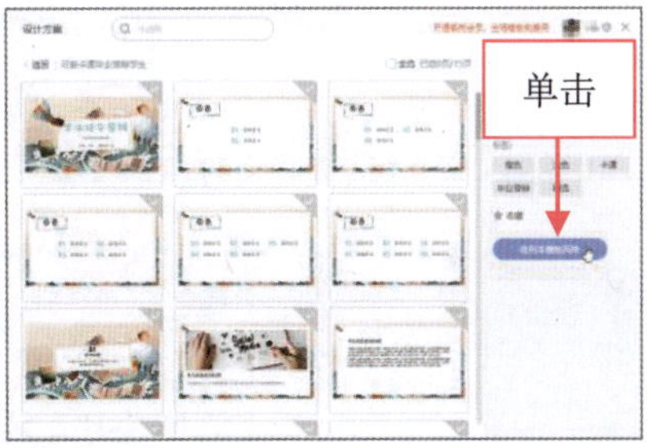

图 7-14　单击“应用模板风格”按钮

Step 05 执行上述操作后，演示文稿即可应用所选的设计方案，效果如图 7-15 所示。

图 7-15　查看所选设计方案

7.2.2 使用智能美化演示文稿

WPS 演示文稿可以使用智能美化功能。下面介绍使用智能美化演示文稿的操作方法。

使用智能美化演示文稿

Step01 单击“文件”|“打开”命令，打开素材文件“素材\第 7 章\7.2.2.dps”，如图 7-16 所示。

Step02 单击“设计”菜单，在功能区中单击“智能美化”按钮，如图 7-17 所示。

图 7-16　打开素材文件

图 7-17　单击“智能美化”按钮

Step03 弹出“选择你要美化的页面”对话框，切换至“简约”选项卡，选择相应模板样式，如图 7-18 所示。

图 7-18　选择相应模板样式

Step04 执行上述操作后，进入选择的相应模板，在模板界面中选择需要的模板，单击“剩余试用页”按钮，如图 7-19 所示。

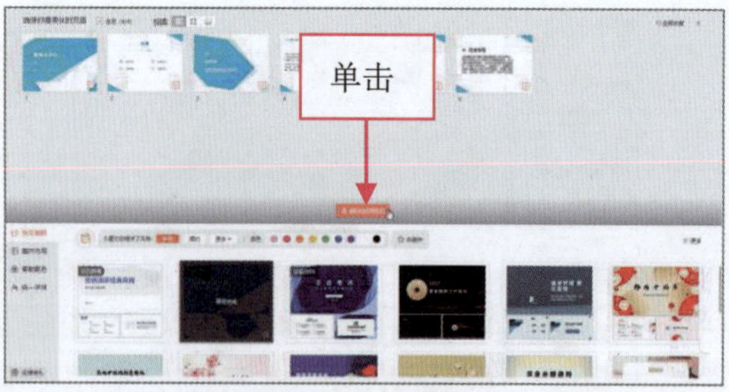

图 7-19　单击“剩余试用页”按钮

Step05 执行上述操作后，即可使用智能美化演示文稿，效果如图 7-20 所示。

图 7-20　最终效果

7.3　插入幻灯片对象

在 WPS 演示文稿中，可以方便地在演示文稿中插入图片和绘制图形，并能对添加的图片和图形对象进行相应的编辑。本节主要介绍插入图片、插入智能图形、插入表格、插入图表以及插入视频的操作方法。

7.3.1　插入图片

在制作演示文稿时，插入图片是为了让背景更丰富，显得不枯燥。下面介绍插入图片的操作方法。

插入图片

Step 01　单击“文件”|“打开”命令，打开素材文件“素材\第 7 章\7.3.1.dps”，如图 7-21 所示。

Step 02　单击“插入”菜单，在功能区中单击“图片”按钮，如图 7-22 所示。

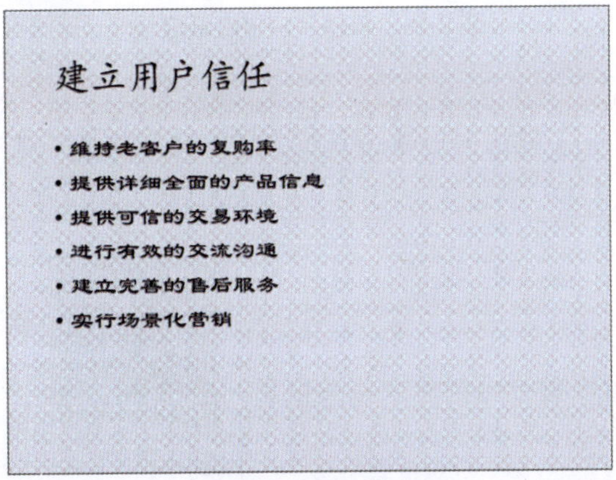

图 7-21　打开素材文件

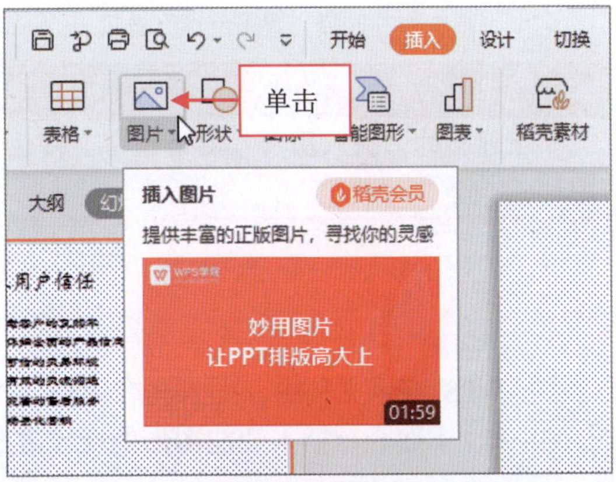

图 7-22　单击“图片”按钮

Step 03 在弹出的列表框中选择“本地图片”选项，如图 7-23 所示。

Step 04 弹出“插入图片”对话框，❶选择需要插入的图片；❷单击“打开”按钮，如图 7-24 所示。

图 7-23 选择“本地图片”选项

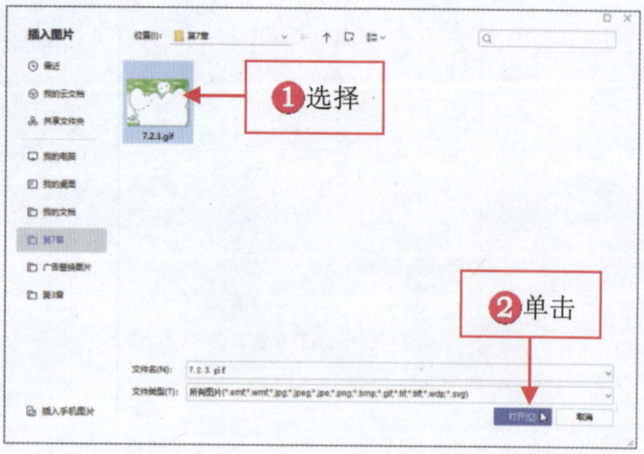

图 7-24 单击“打开”按钮

Step 05 即可在幻灯片中插入图片，调整图片位置和大小，选择新插入的图片，单击鼠标右键，弹出快捷菜单，选择“置于底层”选项，如图 7-25 所示。

Step 06 执行上述操作后，即可将图片放置在最底层，效果如图 7-26 所示。

图 7-25 选择“置于底层”选项

图 7-26 将图片放置在最底层

▶ 专家指点

在弹出的“插入图片”对话框中，按住【Ctrl】键的同时单击鼠标左键，即可选择多张图片。

7.3.2 插入智能图形

插入智能图形

在 WPS 演示文稿中，插入列表图形课件可以将分组信息或相关信息显示出来，下面介绍插入智能图形的操作方法。

Step 01 单击“文件”|“打开”命令，打开素材文件“素材\第 7 章\7.3.2.dps”，切换至第 2 个幻灯片，如图 7-27 所示。

Step 02 单击“插入”菜单，❶在功能区中单击“智能图形”下拉按钮；❷弹出列表框选择“智能图形”选项，如图 7-28 所示。

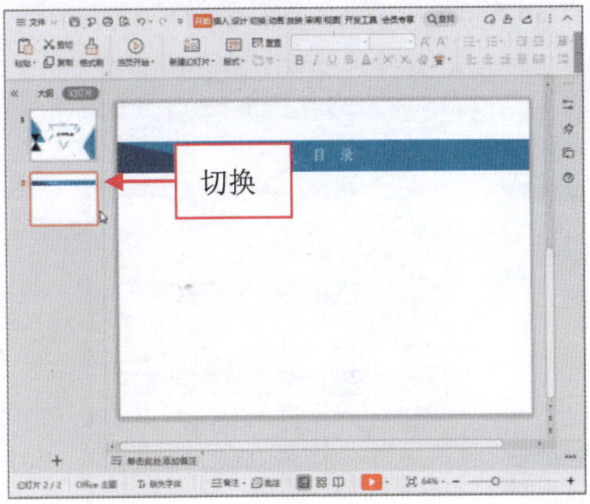

图 7-27　切换第 2 张幻灯片

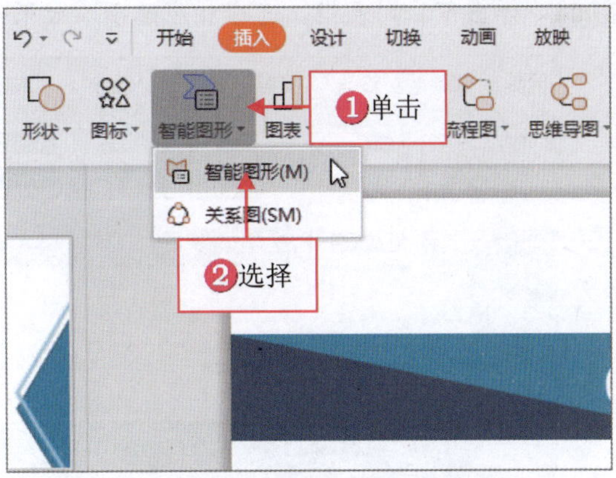

图 7-28　选择“智能图形”选项

Step 03 弹出“选择智能图形”对话框，切换至“全部”选项卡，在中间的下拉列表框中选择“垂直框列表”选项，如图 7-29 所示。

Step 04 单击“插入”按钮，即可插入列表图形，调整至合适位置，如图 7-30 所示。

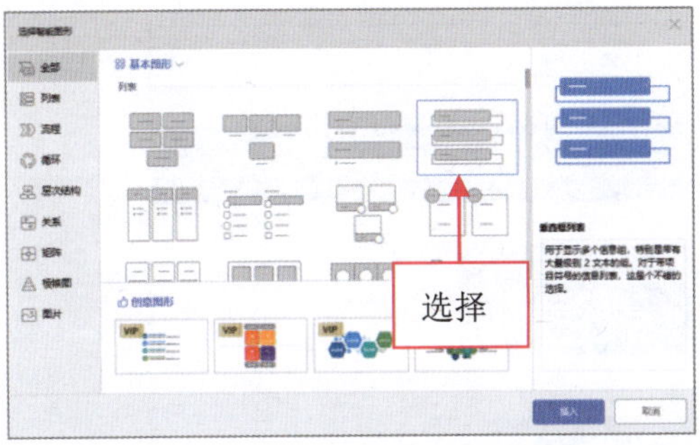

图 7-29　选择“垂直框列表”选项

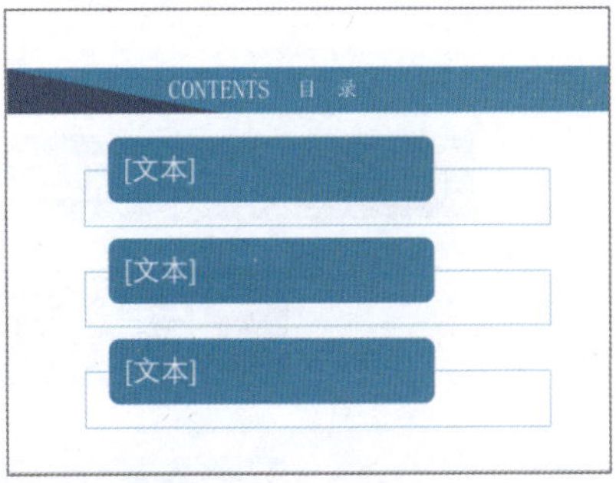

图 7-30　合适位置

Step 05 单击智能图形中的文本占位符，输入相应文本，如图 7-31 所示。

Step 06 用与上述同样的方法，输入其他文本即可，效果如图 7-32 所示。

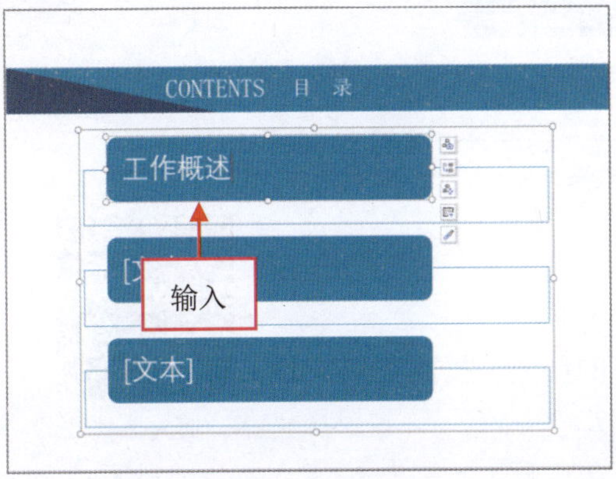

图 7-31　输入相应文本

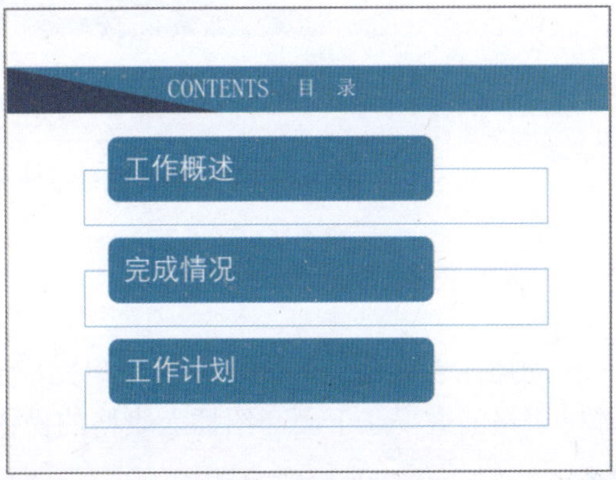

图 7-32　输入其他文本

Step 07 选中添加的智能图形，单击“设计”菜单，在功能区中单击“更改颜色”按钮，如图 7-33 所示。

Step 08 弹出下拉列表框，选择相应选项，效果如图 7-34 所示。

图 7-33　单击“更改颜色”按钮

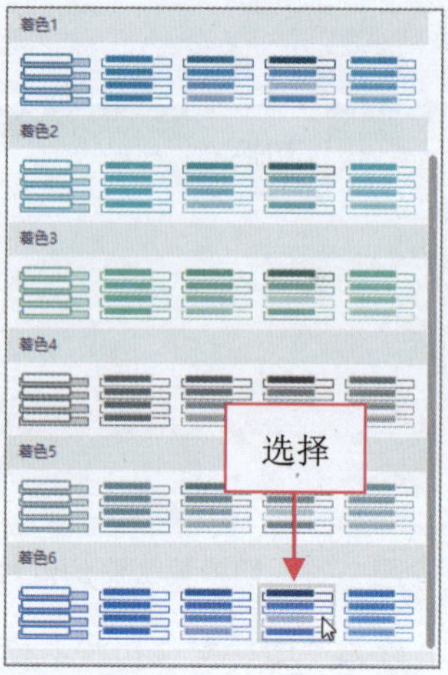

图 7-34　选择相应选项

Step 09 执行上述操作后，即可查看更改智能图形颜色，效果如图 7-35 所示。

图 7-35　更改智能图形颜色后的效果

7.3.3　插入表格

插入表格

自动插入表格功能，能够方便用户完成表格的创建，提高在幻灯片中添加表格的效率。下面介绍插入表格的操作方法。

Step 01 单击“文件”|“打开”命令，打开素材文件“素材\第 7 章\7.3.3.dps”，如图 7-36 所示。

Step 02　在演示文稿中单击占位符中的“插入表格”按钮，如图 7-37 所示。

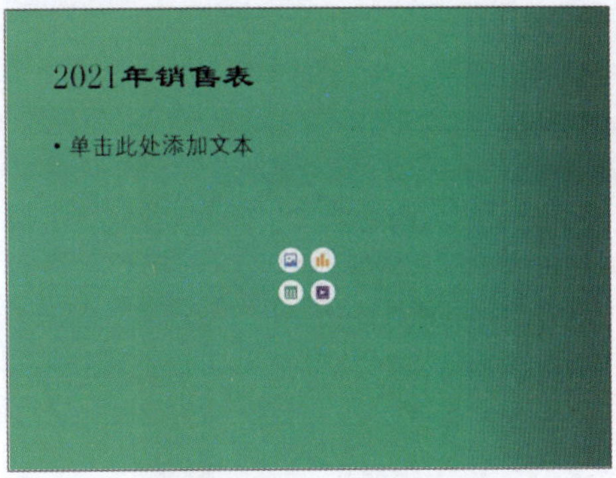

图 7-36　打开素材文件

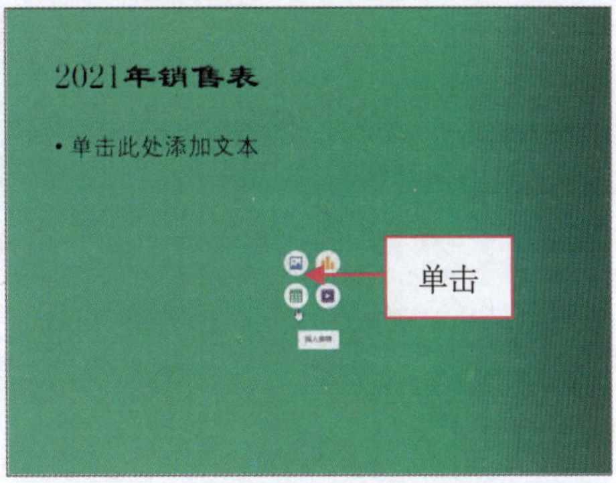

图 7-37　单击“插入表格”按钮

Step 03　弹出“插入表格”对话框，❶分别设置“行数”和“列数”为 5；❷单击“确定”按钮，如图 7-38 所示。

Step 04　执行上述操作后，即可插入表格输入相应内容，将鼠标光标为时，按住鼠标左键拖曳至合适位置释放鼠标左键，调整表格的列宽和高度，效果如图 7-39 所示。

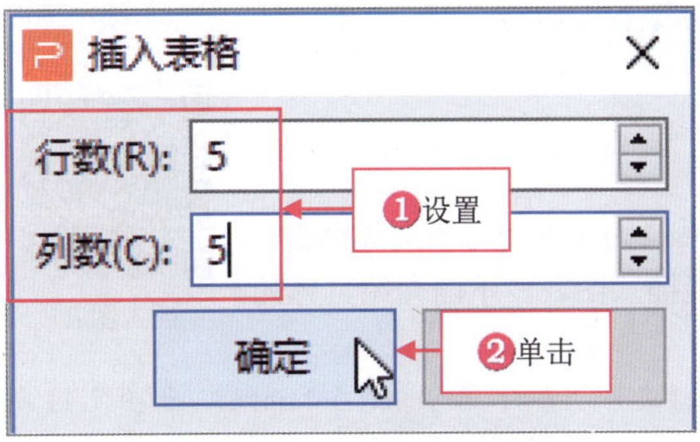

图 7-38　单击“确定”按钮

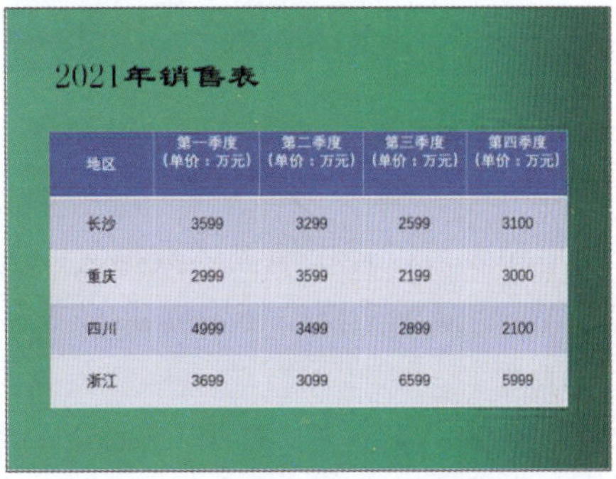

图 7-39　调整列宽和高度的效果

Step 05　单击“表格样式”菜单，在功能区中单击“其他”下拉按钮，如图 7-40 所示。

Step 06　执行上述操作后，在弹出的预设样式中切换至“中色系”选项区中选择“中度样式 2-强调 2”选项，如图 7-41 所示。

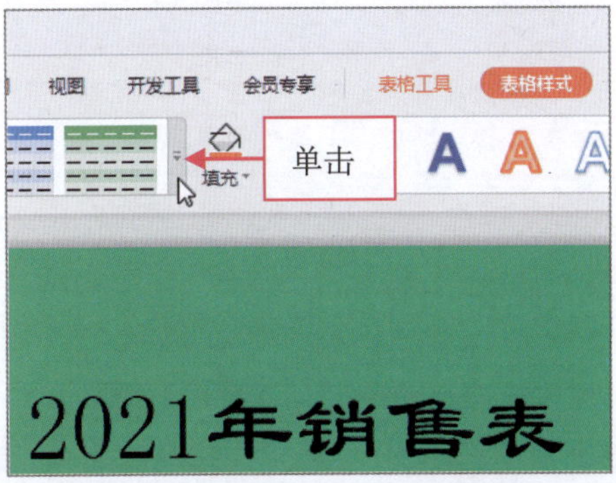

图 7-40　单击“其他”下拉按钮

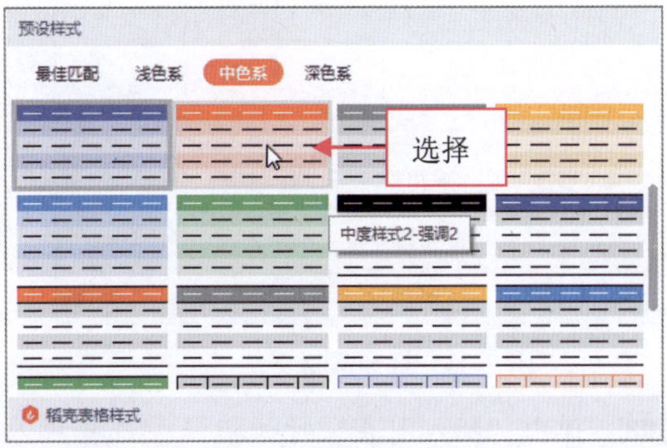

图 7-41　选择“中度样式 2-强调 2”选项

Step 07 执行上述操作后，即可查看插入表格中的预设样式，效果如图 7-42 所示。

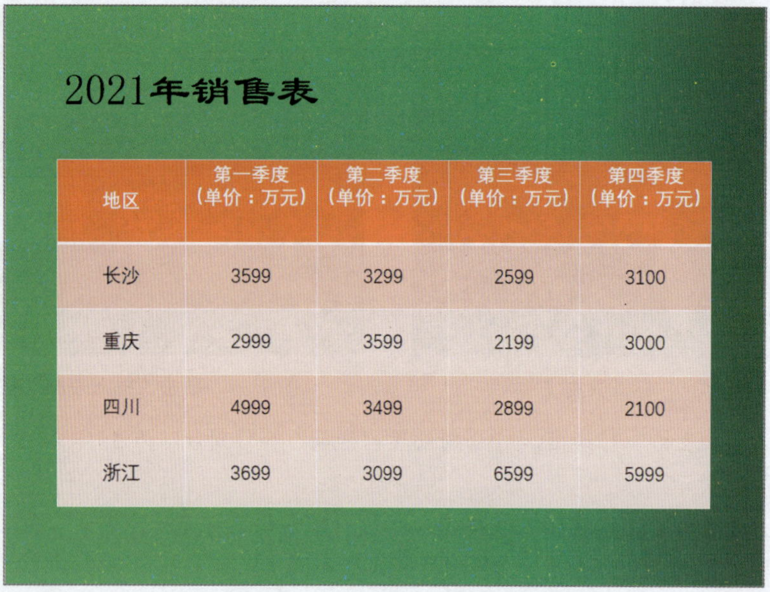

图 7-42　查看表格预设样式

7.3.4　插入图表

插入图表

使用图表可以轻松地描述数据之间的关系。为了方便分析对比数据，可以在 WPS 演示文稿中使用提供的图表功能插入图表，下面介绍具体的操作方法。

Step 01 单击“文件”|“打开”命令，打开素材文件“素材\第 7 章\7.3.4.dps”，如图 7-43 所示。

Step 02 在演示文稿中单击占位符中的“插入图表”按钮，如图 7-44 所示。

图 7-43　打开素材文件

图 7-44　单击“插入图表”按钮

Step 03 弹出“插入图表”对话框，❶选择插入图表类型；❷单击“插入”按钮，如图 7-45 所示。

Step 04 执行上述操作后，即可插入图表，效果如图 7-46 所示。

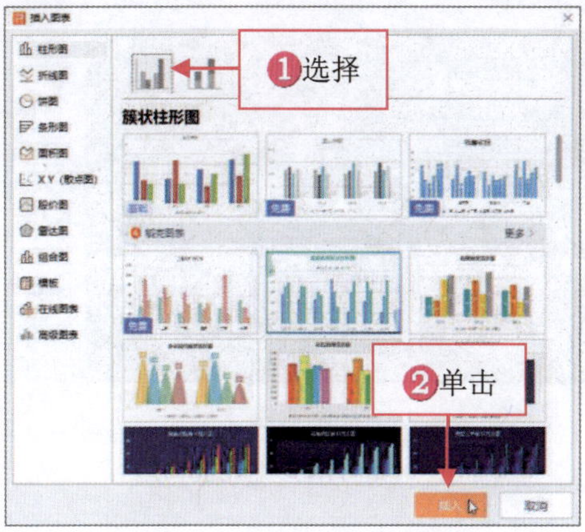

图 7-45 单击“插入”按钮

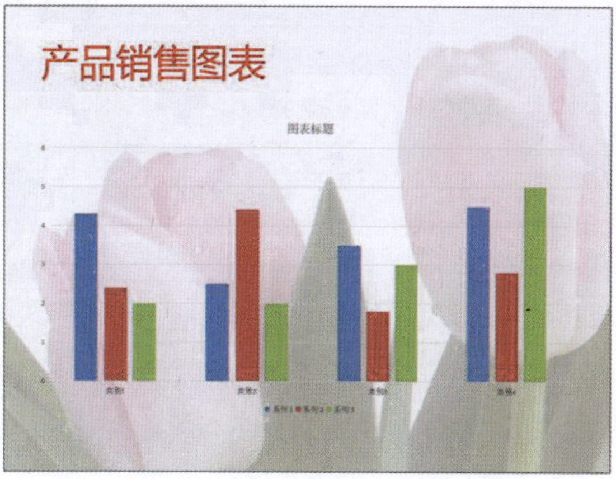

图 7-46 插入图表效果

7.3.5 插入视频

插入视频

通常，WPS 演示文稿剪辑管理器中的视频不能满足用户的需求，此时可以通过选项插入来自文件中的视频。下面介绍插入视频的操作方法。

Step 01 单击“文件”|“打开”命令，打开素材文件“素材\第 7 章\7.3.5.dps”，如图 7-47 所示。

Step 02 单击“插入”菜单，❶在功能区中单击“视频”下拉按钮；❷在弹出的列表框中选择“嵌入本地视频”选项，如图 7-48 所示。

图 7-47 打开素材文件

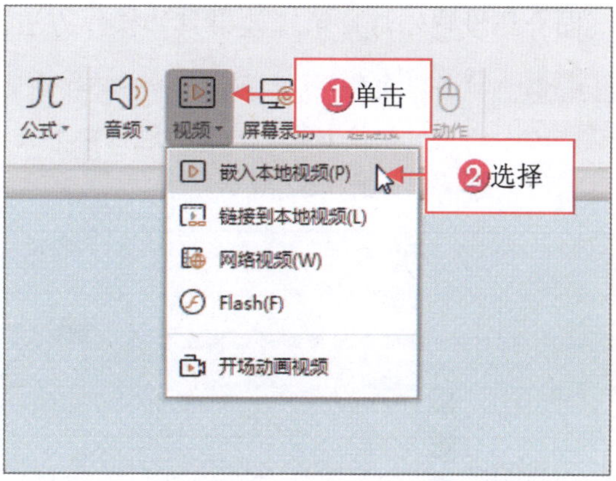

图 7-48 选择“嵌入本地视频”选项

Step 03 弹出“插入视频”对话框，❶选择相应视频选项；❷单击“打开”按钮，如图 7-49 所示。

Step 04 执行上述操作后，即可插入视频并调整合适位置，效果如图 7-50 所示。

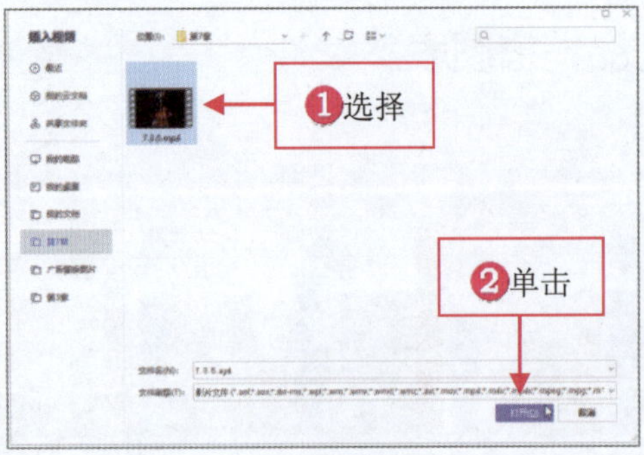

图 7-49　单击“打开”按钮

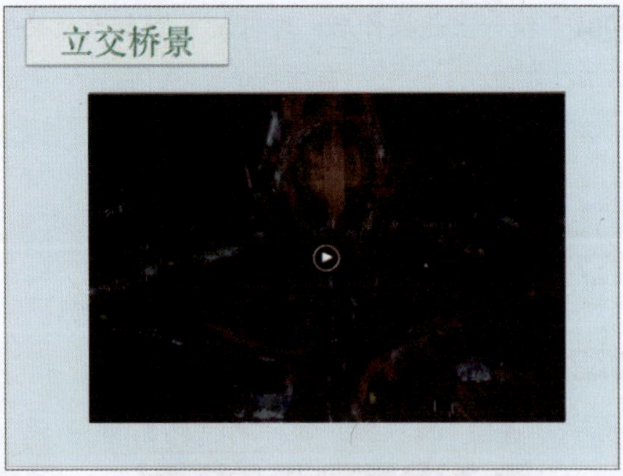

图 7-50　插入视频

7.4　设置 WPS 演示文稿的切换效果

在 WPS 演示文稿中，可以为多张幻灯片设置动画切换效果，其中包括“平滑”“淡出”“切出”“擦除”“百叶窗”“梳理”以及“分割”等十八种切换样式，本节介绍“轮辐”“溶解”以及“切换速度和声音”效果的操作方法。

7.4.1　设置幻灯片轮辐效果

设置幻灯片轮辐效果

在 WPS 演示文稿中，为某一张幻灯片设置轮辐切换效果以后，该幻灯片在放映时将会以许多风轮的方式进行旋转逐渐显现出来。下面介绍设置幻灯片轮辐效果具体操作方法。

Step 01　单击“文件”|“打开”命令，打开素材文件“素材\第 7 章\7.4.1.dps”，如图 7-51 所示。

Step 02　单击“切换”菜单，在功能区中单击“其他”下拉按钮，在弹出列表框中选择“轮辐”选项，如图 7-52 所示。

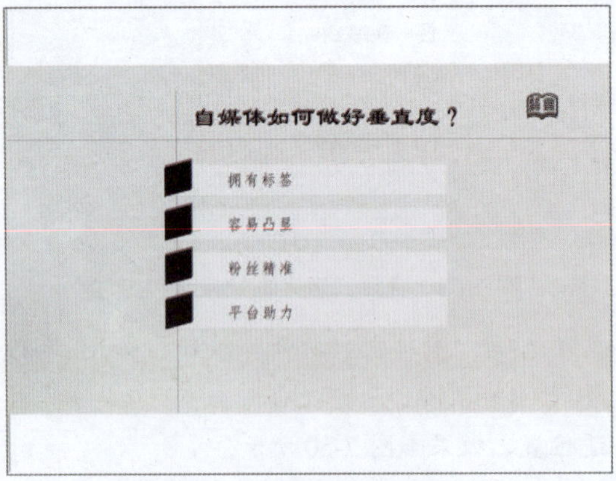

图 7-51　打开素材文件

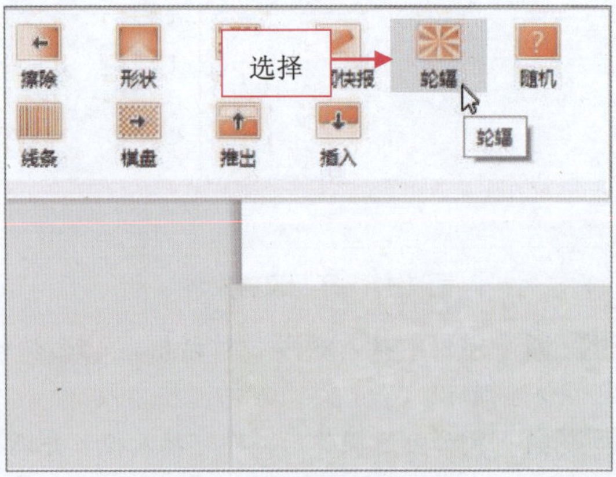

图 7-52　选择“轮辐”选项

Step 03　再次单击“切换”菜单，在功能区单击“效果选项”下拉按钮；如图 7-53 所示。

Step 04　在弹出的列表框中选择“4 根”选项，如图 7-54 所示。

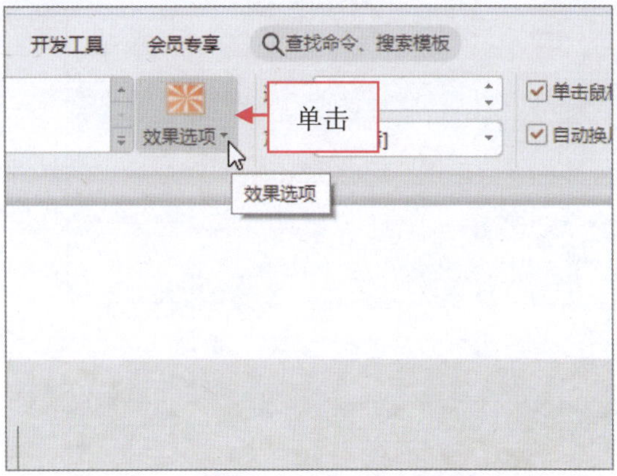

图 7-53　单击“效果选项”下拉按钮

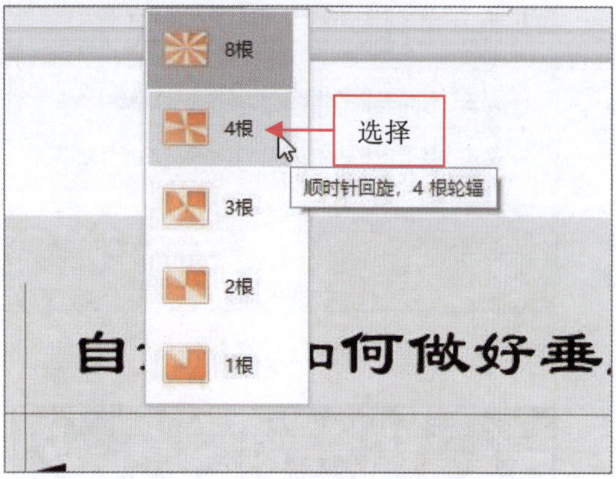

图 7-54　选择“4 根”选项

Step 05　执行上述操作后，即可添加轮辐切换效果，在“预览”选项板中单击“预览效果”按钮，预览轮辐切换效果，如图 7-55 所示。

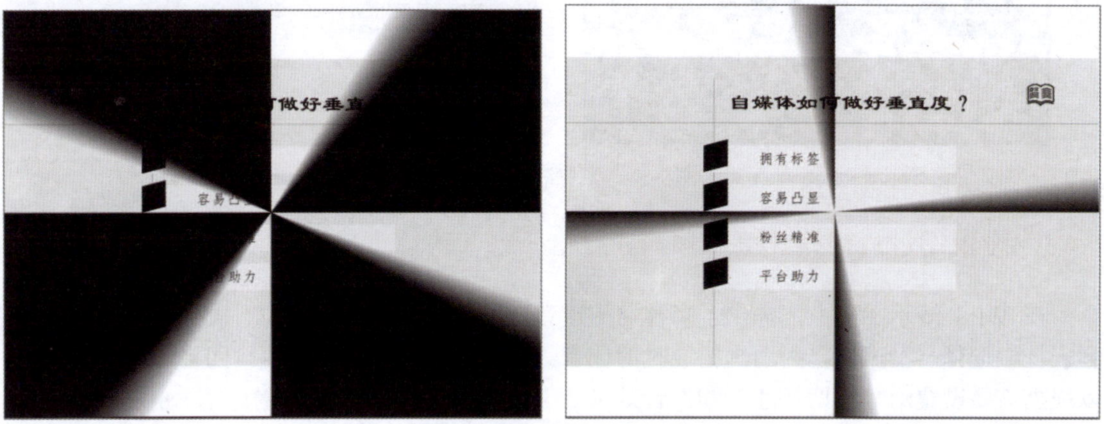

图 7-55　预览轮辐切换效果

7.4.2　设置幻灯片溶解效果

设置幻灯片溶解效果

在 WPS 演示文稿中，为某一张幻灯片设置溶解切换效果以后，该幻灯片在放映时将会以许多小正方形的形式逐渐显现出来。下面介绍设置幻灯片溶解效果的操作方法。

Step 01　单击“文件”|“打开”命令，打开素材文件“素材\第 7 章\7.4.2.dps”，如图 7-56 所示。

Step 02　单击“切换”菜单，在功能区中单击“其他”下拉按钮，在弹出列表框中选择“溶解”选项，如图 7-57 所示。

Step 03　执行上述操作后，即可添加溶解切换效果，在“预览”选项板中单击“预览效果”按钮，如图 7-58 所示。

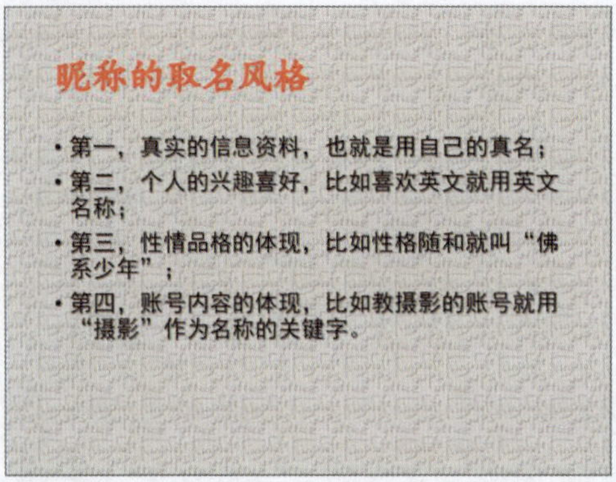
昵称的取名风格
• 第一，真实的信息资料，也就是用自己的真名；
• 第二，个人的兴趣喜好，比如喜欢英文就用英文名称；
• 第三，性情品格的体现，比如性格随和就叫“佛系少年”；
• 第四，账号内容的体现，比如教摄影的账号就用“摄影”作为名称的关键字。

图 7-56　打开素材文件

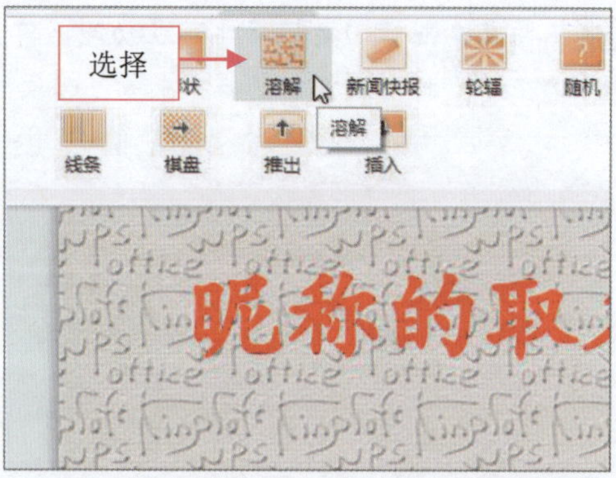
选择
溶解
新闻快报
轮辐
随机
线条
棋盘
推出
插入
昵称的取

图 7-57　选择“溶解”选项

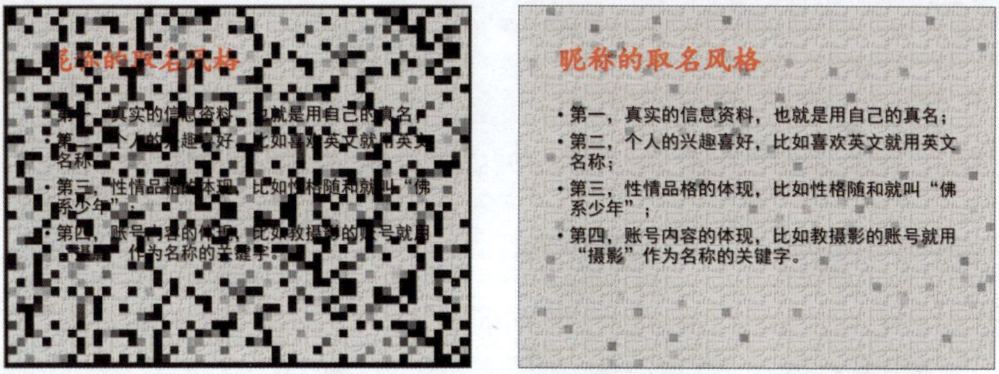
昵称的取名风格
• 第一，真实的信息资料，也就是用自己的真名；
• 第二，个人的兴趣喜好，比如喜欢英文就用英文名称；
• 第三，性情品格的体现，比如性格随和就叫“佛系少年”；
• 第四，账号内容的体现，比如教摄影的账号就用“摄影”作为名称的关键字。

图 7-58　预览溶解切换效果

7.4.3　设置幻灯片切换速度和声音

在 WPS 演示文稿中，提供了多种切换声音，可以从“声音”下拉列表框中选择一种声音作为动画播放时的伴音。添加切换效果后，还可以根据需要设置幻灯片切换速度和声音效果。

设置幻灯片切换速度和声音

Step 01　单击“文件”|“打开”命令，打开素材文件“素材\第 7 章\7.4.3.dps”，如图 7-59 所示。

Step 02　单击“切换”菜单，在功能区中设置相应的速度，如图 7-60 所示。

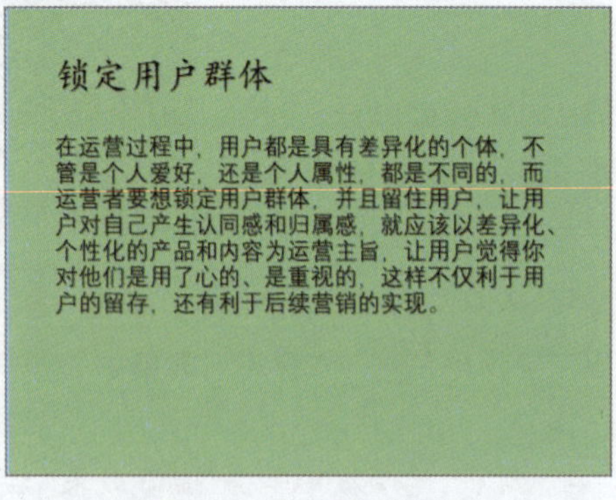
锁定用户群体
在运营过程中，用户都是具有差异化的个体，不管是个人爱好，还是个人属性，都是不同的，而运营者要想锁定用户群体，并且留住用户，让用户对自己产生认同感和归属感，就应该以差异化、个性化的产品和内容为运营主旨，让用户觉得你对他们是用了心的、是重视的，这样不仅利于用户的留存，还有利于后续营销的实现。

图 7-59　打开素材文件

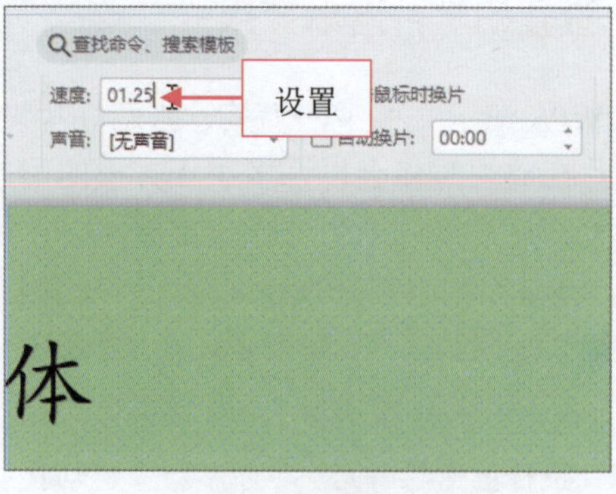
查找命令、搜索模板
速度: 01.25
设置
鼠标时换片
声音: [无声音]
自动换片: 00:00
体

图 7-60　设置相应速度

Step03　执行上述操作后，❶在功能区中单击“声音”下拉按钮；❷在弹出的下拉列表框中选择“风铃”选项，如图 7-61 所示。执行上述操作后，即可在幻灯片中设置切换声音。

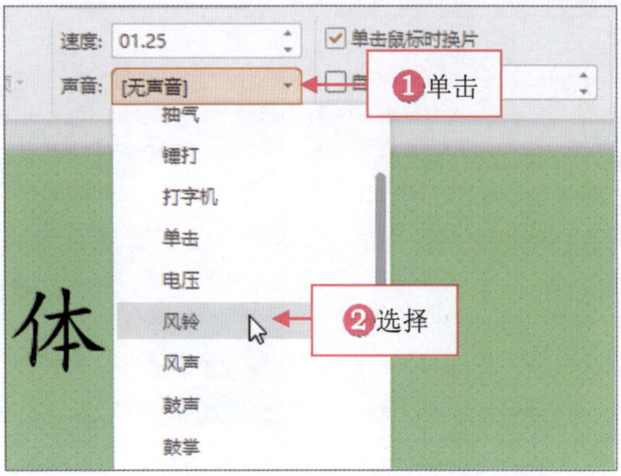

图 7-61　选择“风铃”选项

7.5　设置 WPS 演示文稿的动画效果

在 WPS 演示文稿中的动画效果非常多，可以运用提供的动画效果，将幻灯片中的标题、文本、图表或图片等对象设置以动态的方式进行播放。

7.5.1　添加对象进入动画效果

添加对象进入动画效果

在 WPS 演示文稿中的“进入”动画中，可以将幻灯片中的文本或图形对象，设置为相应的动画效果。下面介绍添加对象进入动画效果的操作方法。

Step01　单击“文件”|“打开”命令，打开素材文件“素材\第 7 章\7.5.1.dps”，选择需要设置进入动画对象，如图 7-62 所示。

Step02　❶单击“动画”菜单；❷在功能区中单击“其他”下拉按钮，如图 7-63 所示。

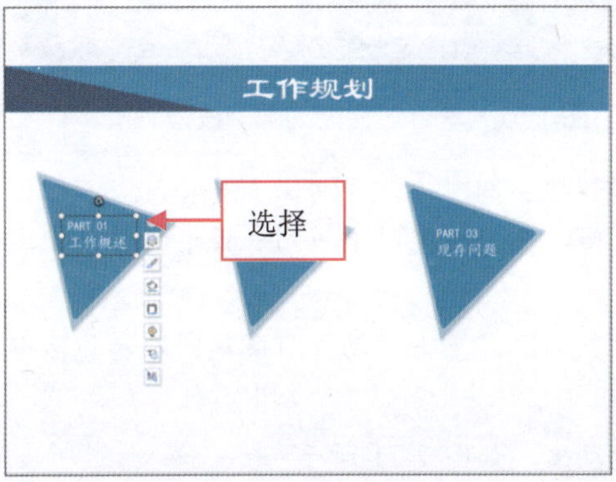

图 7-62　选择需要动画效果

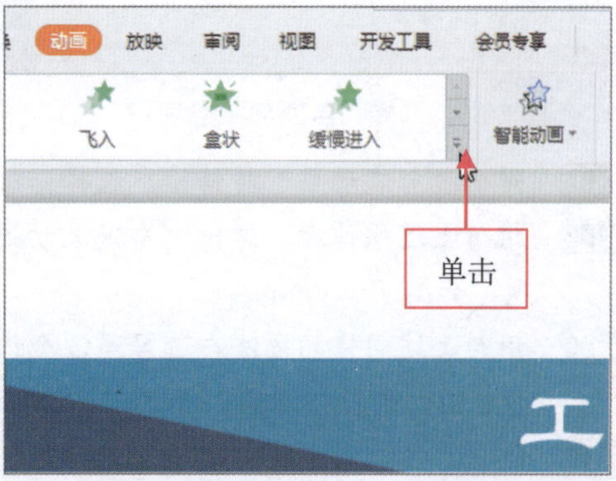

图 7-63　单击“其他”下拉按钮

Step 03 弹出下拉列表框，在进入选项区中选择“飞入”选项，如图 7-64 所示。

Step 04 单击“动画”菜单，在功能区中单击“自定义动画”按钮，如图 7-65 所示。

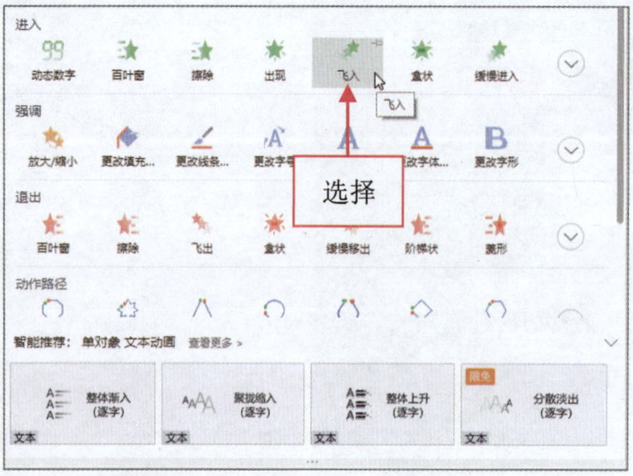

图 7-64　选择“飞入”选项

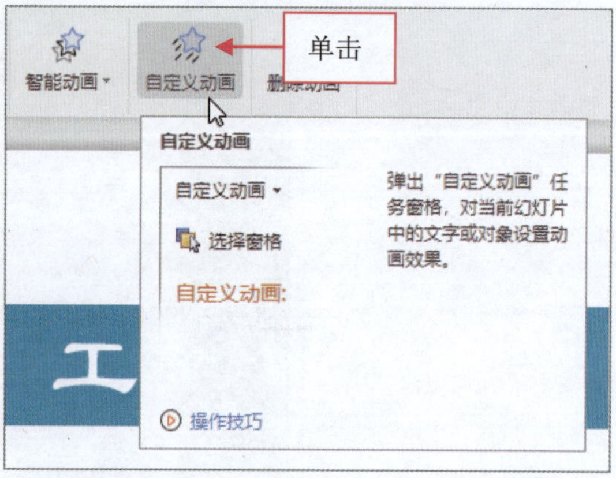

图 7-65　单击“自定义动画”按钮

Step 05 弹出“自定义动画”窗格，在“方向”下拉列表框中选择“自顶部”选项，如图 7-66 所示。

Step 06 选择第 2 个设置动画对象，单击“动画”菜单，在功能区中单击“智能动画”按钮，如图 7-67 所示。

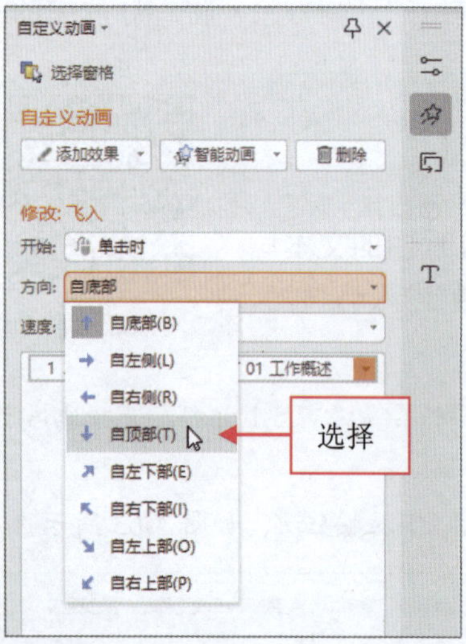

图 7-66　选择“自顶部”选项

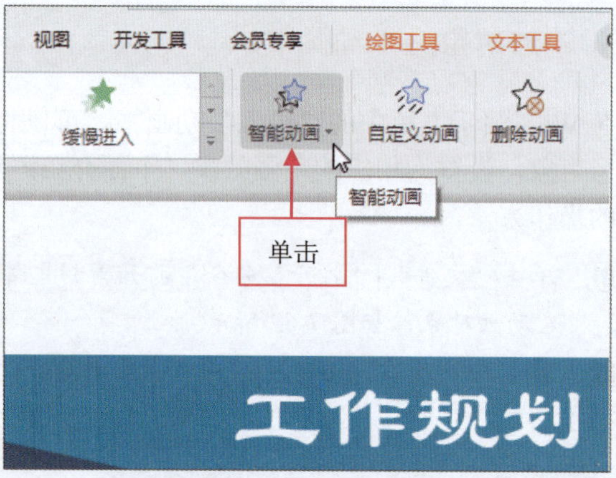

图 7-67　单击“智能动画”按钮

Step 07 弹出“智能动画”对话框，选择一种智能动画，如图 7-68 所示。

Step 08 执行上述操作后，弹出“自定义动画”窗格，在“速度”下拉列表框中选择“快速”选项，如图 7-69 所示。

Step 09 用与上述同样的方法，选择第 3 个设置对象动画，单击“动画”菜单，在功能区中单击“智能动画”按钮，如图 7-70 所示。

Step 10 弹出“智能动画”对话框，选择一种智能动画，如图 7-71 所示。

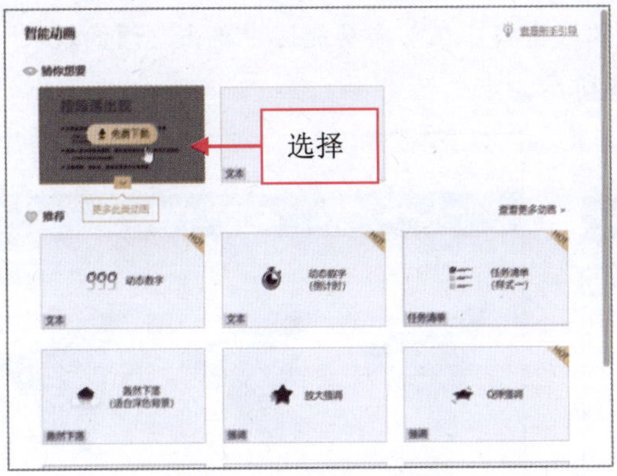

图 7-68　选择相应动画

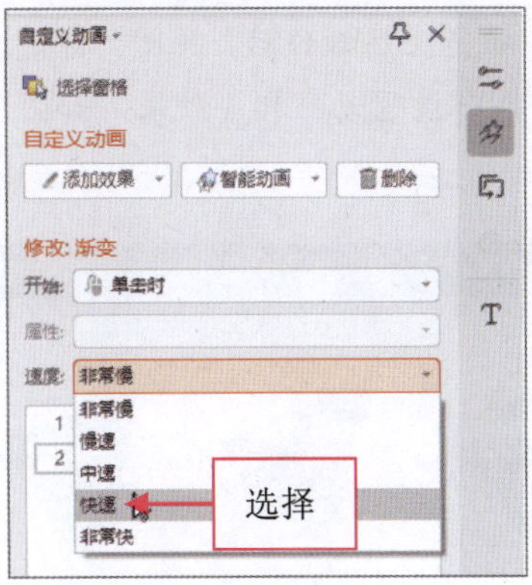

图 7-69　单击"快速"选项

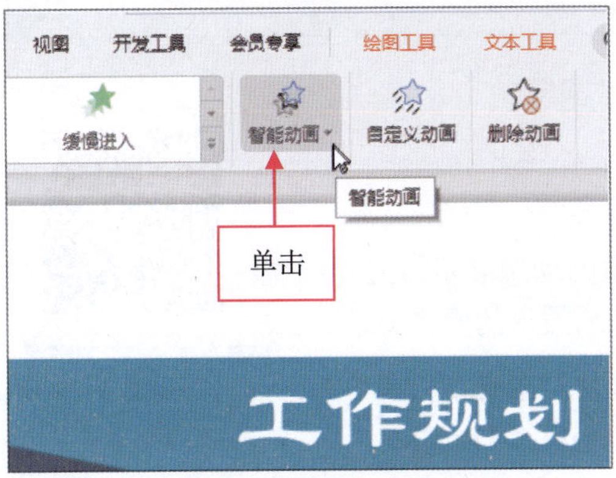

图 7-70　单击"智能动画"按钮

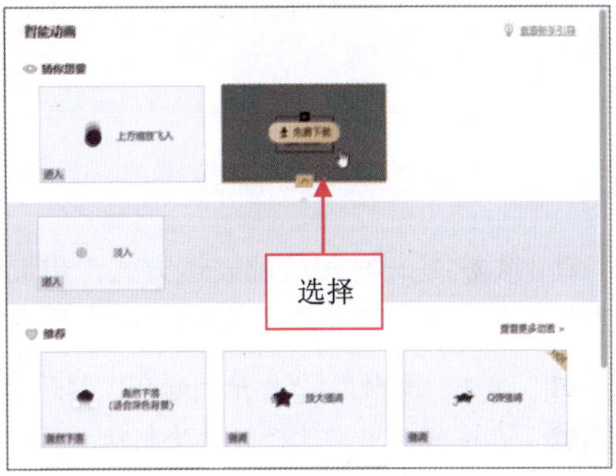

图 7-71　选择相应动画

Step 11 执行上述操作后，弹出"自定义动画"窗格，在"速度"下拉列表框中选择"中速"选项，如图 7-72 所示。

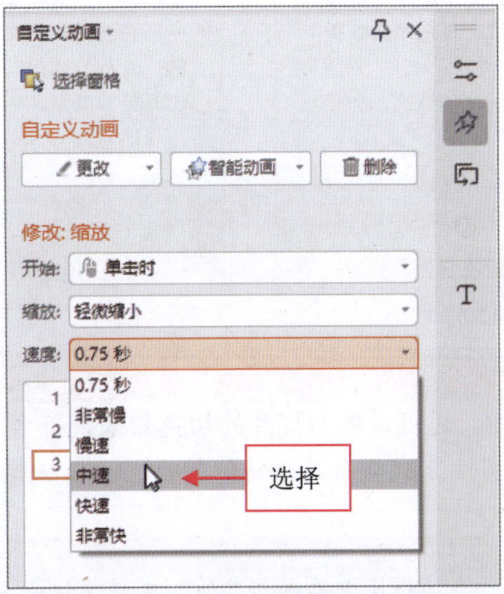

图 7-72　选择"中速"选项

Step 12 执行上述操作后，关闭“自定义动画”窗格，在动画功能区中单击“预览效果”按钮，即可设置动画相应效果，如图 7-73 所示。

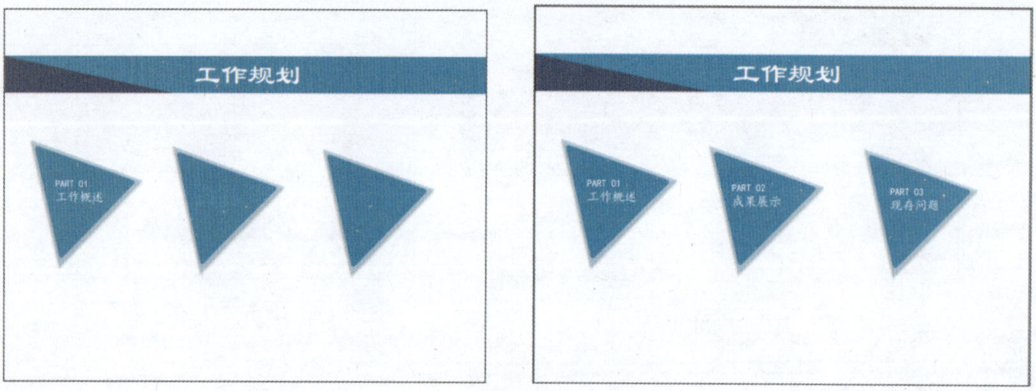
工作规划
PART 01
工作概述
工作规划
PART 01
工作概述
PART 02
成果展示
PART 03
现存问题

图 7-73　设置相应动画效果

7.5.2　设置动态数字动画效果

动态数字是一种很好的表达方式，借助数据的动态展示，配合一些图表让数据更加清晰，下面介绍设置动态数字动画效果的操作方法。

设置动态数字动画效果

Step 01 单击“文件”|“打开”命令，打开素材文件“素材\第 7 章\7.5.2.dps”，如图 7-74 所示。

Step 02 在编辑区中，选择需要绘制动画的对象，如图 7-75 所示。

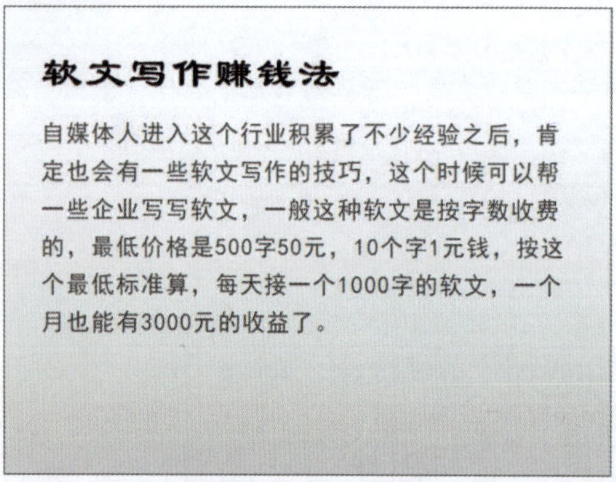
软文写作赚钱法
自媒体人进入这个行业积累了不少经验之后，肯定也会有一些软文写作的技巧，这个时候可以帮一些企业写写软文，一般这种软文是按字数收费的，最低价格是500字50元，10个字1元钱，按这个最低标准算，每天接一个1000字的软文，一个月也能有3000元的收益了。

图 7-74　打开素材文件

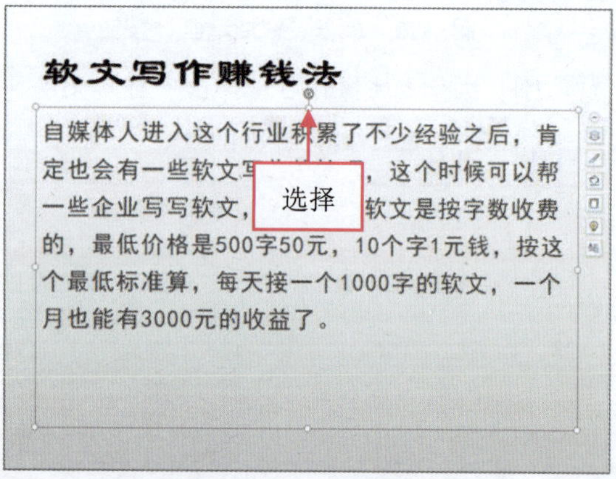
软文写作赚钱法
选择

图 7-75　选择对象

> **▶ 专家指点**
>
> 在“基本型”选项区中，还可以将幻灯片的切换效果设置为“百叶窗”“擦除”“出现”以及“轮子”等，每一种切换方式都有其独特的特征。可以根据需要，选择合适的基本型切换效果。

Step 03 单击“动画”菜单，在功能区中单击“其他”下拉按钮，如图 7-76 所示。

Step 04 在弹出的列表框中，选择“动态数字”选项，如图 7-77 所示。

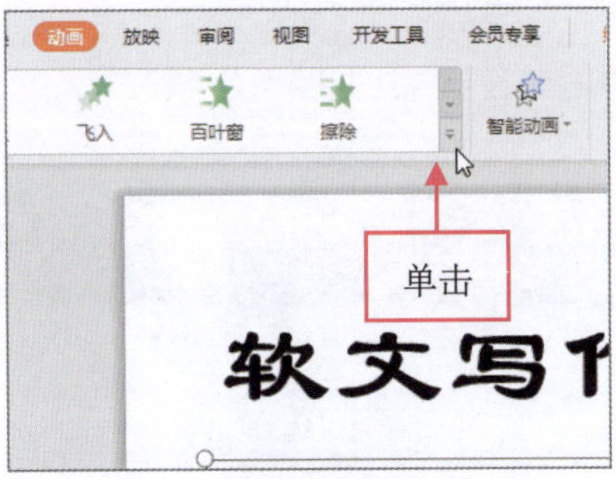
动画
放映
审阅
视图
开发工具
会员专享
飞入
百叶窗
擦除
智能动画
单击

图 7-76　单击“其他”下拉按钮

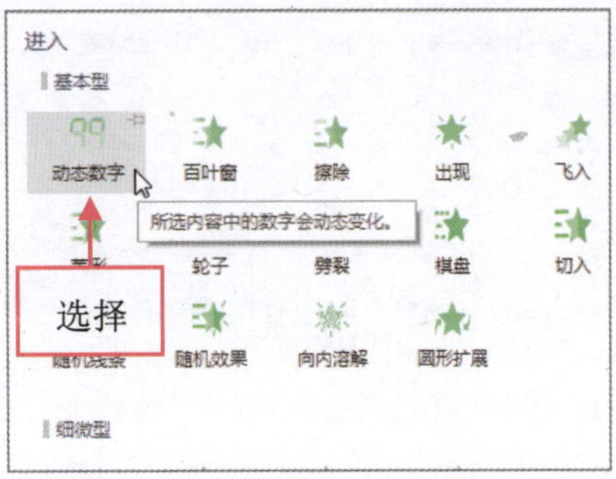
进入
基本型
动态数字
百叶窗
擦除
出现
飞入
所选内容中的数字会动态变化。
轮子
劈裂
棋盘
切入
选择
随机效果
向内溶解
圆形扩展
细微型

图 7-77　选择“动态数字”选项

Step 05　绘制完成后，单击“预览效果”按钮，预览动画效果，如图 7-78 所示。

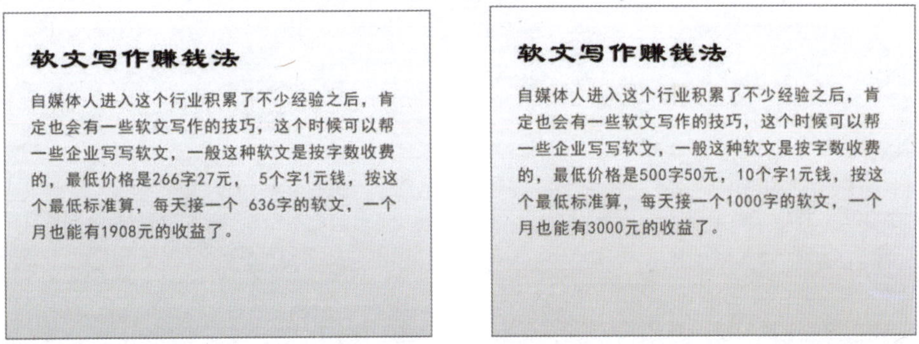
软文写作赚钱法
自媒体人进入这个行业积累了不少经验之后，肯定也会有一些软文写作的技巧，这个时候可以帮一些企业写写软文，一般这种软文是按字数收费的，最低价格是266字27元， 5个字1元钱，按这个最低标准算，每天接一个 636字的软文，一个月也能有1908元的收益了。
软文写作赚钱法
自媒体人进入这个行业积累了不少经验之后，肯定也会有一些软文写作的技巧，这个时候可以帮一些企业写写软文，一般这种软文是按字数收费的，最低价格是500字50元，10个字1元钱，按这个最低标准算，每天接一个1000字的软文，一个月也能有3000元的收益了。

图 7-78　预览动画效果

7.5.3　设置动作路径效果

设置动作路径效果

在 WPS 演示文稿中的动作路径动画，不仅提供了大量预设路径效果，还可以自定义动画路径。下面介绍设置动作路径效果的操作方法。

Step 01　单击“文件”|“打开”命令，打开素材文件“素材\第 7 章\7.5.3.dps”，如图 7-79 所示。

Step 02　在编辑区中，选择需要绘制动画的对象，如图 7-80 所示。

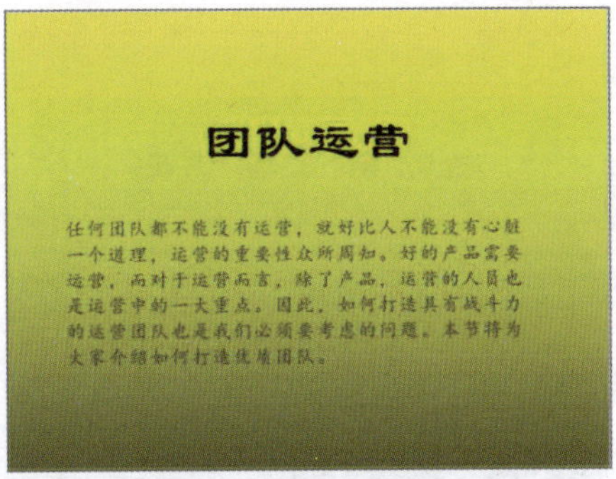
团队运营
任何团队都不能没有运营，就好比人不能没有心脏一个道理，运营的重要性众所周知。好的产品需要运营，而对于运营而言，除了产品，运营的人员也是运营中的一大重点。因此，如何打造具有战斗力的运营团队也是我们必须要考虑的问题。本节将为大家介绍如何打造优质团队。

图 7-79　打开素材文件

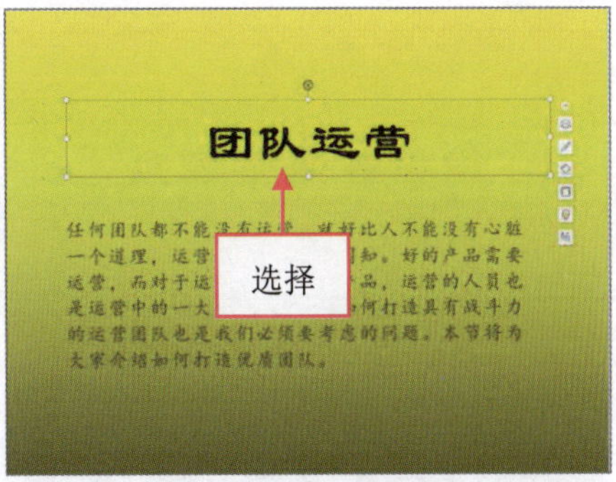
团队运营
选择

图 7-80　选择对象

Step 03　单击“动画”菜单，在功能区中单击“其他”下拉按钮，如图 7-81 所示。

Step 04　弹出的列表框，在“动作路径”选项区中选择“心形”选项，如图 7-82 所示。

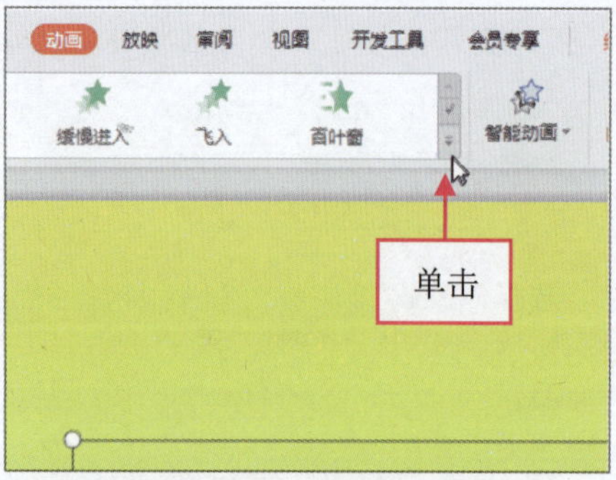

图 7-81　单击“其他”下拉按钮

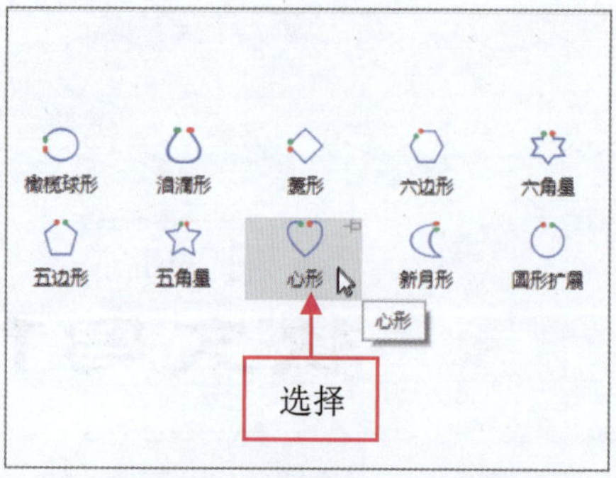

图 7-82　选择“心形”选项

Step 05　绘制完成后，单击“预览效果”按钮，预览动画效果，如图 7-83 所示。

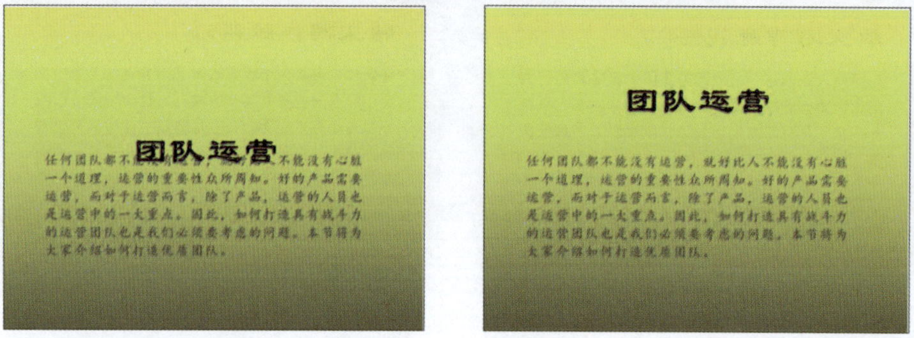

图 7-83　预览动画效果

7.5.4　设置放大效果

在 WPS 演示文稿的切换效果列表框中，包括“基本型”“细微型”“华丽型”以及“温和型”四种选项区。下面介绍放大效果的操作方法。

设置放大效果

Step 01　单击“文件”|“打开”命令，打开素材文件“素材\第 7 章\7.5.4.dps”，如图 7-84 所示。

Step 02　在编辑区中，选择需要绘制动画的对象，如图 7-85 所示。

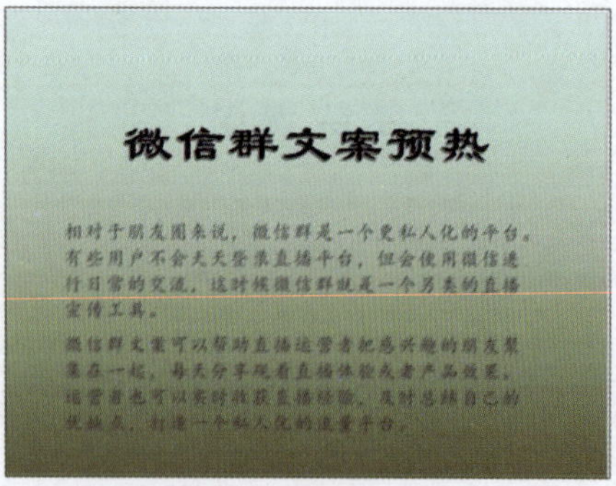

图 7-84　打开素材文件

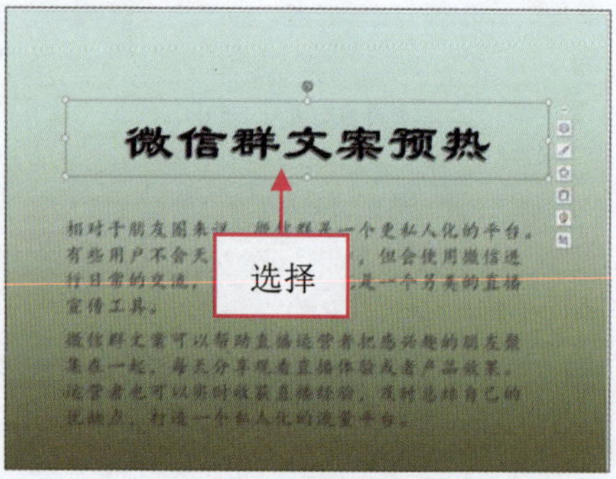

图 7-85　选择对象

Step 03　单击“动画”菜单，在功能区中单击“其他”下拉按钮，如图 7-86 所示。

Step 04　弹出的列表框，在“华丽型”选项区中选择“放大”选项，如图 7-87 所示。

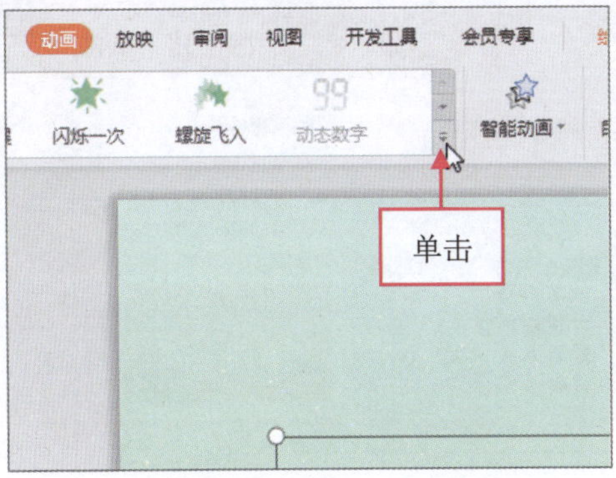

图 7-86　单击“其他”下拉按钮

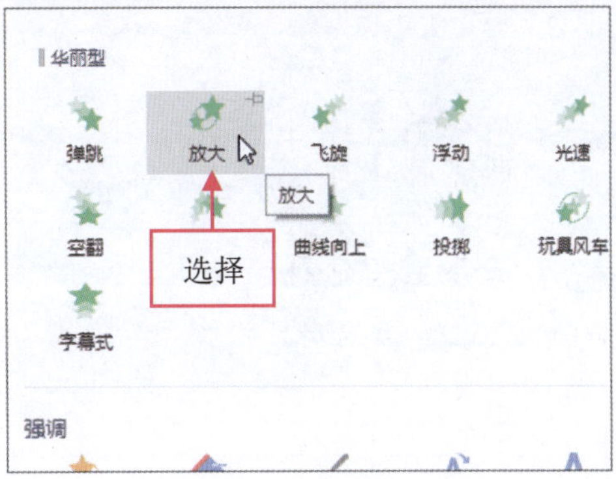

图 7-87　选择“放大”选项

Step 05　执行上述操作后，单击“预览效果”按钮，预览动画效果，如图 7-88 所示。

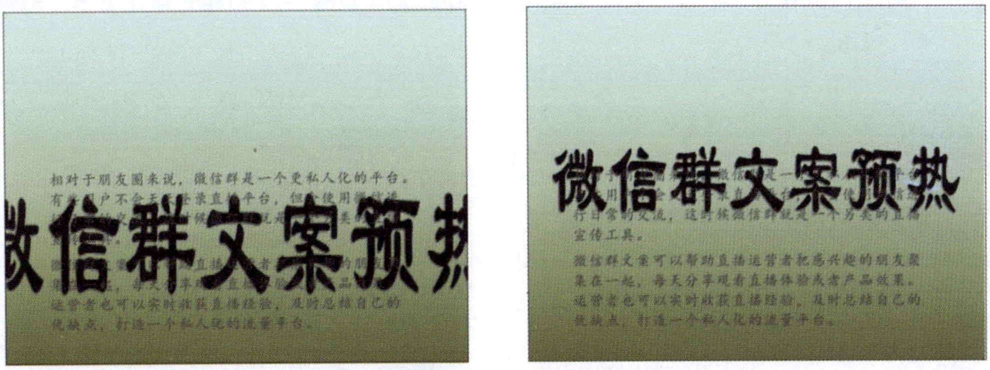

图 7-88　预览动画效果

7.6　应用幻灯片母版

母版是一种特殊的幻灯片，用于设置演示文稿中每张幻灯片的预设格式。母版控制演示文稿中的所有元素，如字体、字行和背景等。

7.6.1　打开幻灯片母版

幻灯片母版可以影响标题幻灯片以外的所有幻灯片，可以保证整个幻灯片风格的统一，将每张幻灯片出现的内容一次性编辑，下面介绍打开幻灯片母版的操作方法。

打开幻灯片母版

Step 01　单击“文件”|“打开”命令，打开素材文件“素材\第 7 章\7.6.1.dps”，如图 7-89 所示。

Step 02　单击“视图”菜单，在功能区中单击“幻灯片母版”按钮，如图 7-90 所示。

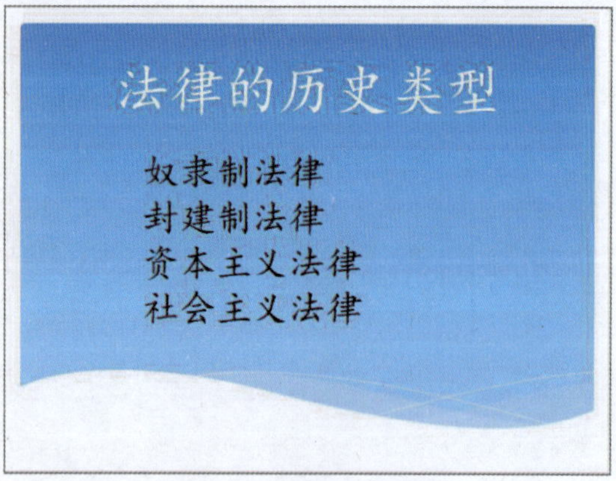

图 7-89　打开素材文件

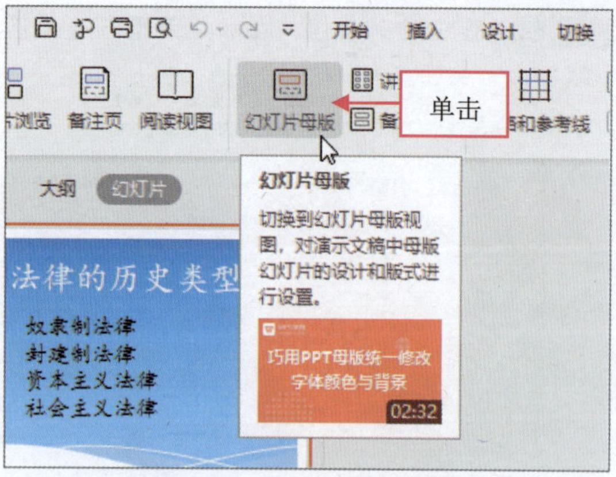

图 7-90　单击“幻灯片母版”按钮

Step 03　执行上述操作后，将展开“幻灯片母版”面板，如图 7-91 所示。

Step 04　执行上述操作后，单击“关闭母版视图”按钮，如图 7-92 所示。即可退出“幻灯片母版”视图。

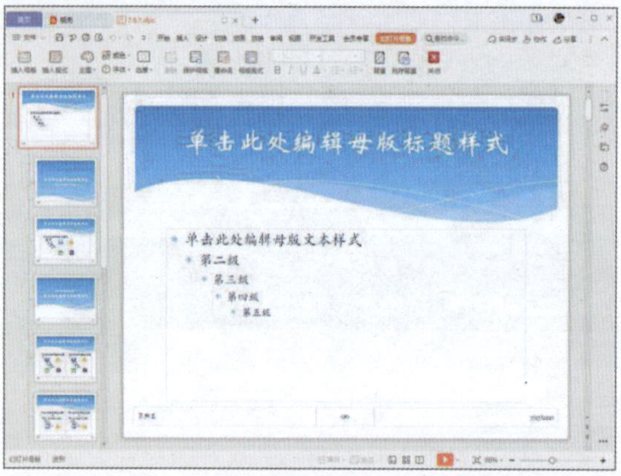

图 7-91　展开“幻灯片母版”面板

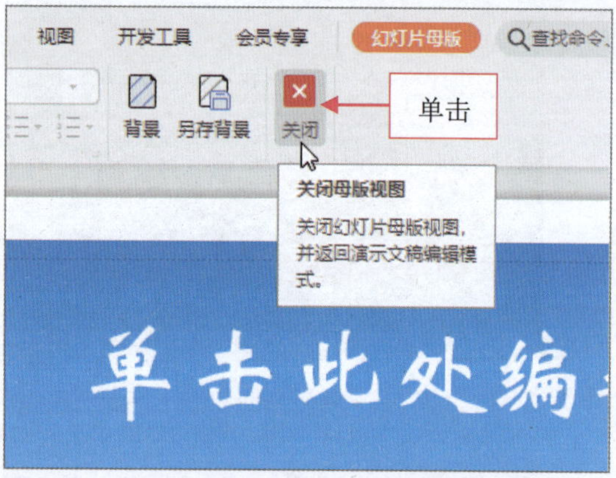

图 7-92　单击“关闭母版视图”按钮

▶ 专家指点

在幻灯片母版视图下，可以看到所有可以输入内容的区域，如标题占位符、副标题占位符以及母版下方的页脚占位符。

7.6.2　打开讲义母版

讲义母版是用来控制讲义的打印格式，允许在一张讲义中设置几张幻灯片，并设置页眉、页脚和页码等基本信息。

打开讲义母版

Step 01　单击“文件”|“打开”命令，打开素材文件“素材\第 7 章\7.6.2.dps”，如图 7-93 所示。

Step 02　单击“视图”菜单，在功能区中单击“讲义母版”按钮，如图 7-94 所示。

Step 03　执行上述操作后，将展开“讲义母版”面板，如图 7-95 所示。

Step 04　执行上述操作后，单击“关闭”按钮，如图 7-96 所示，即可退出“讲义母版”视图。

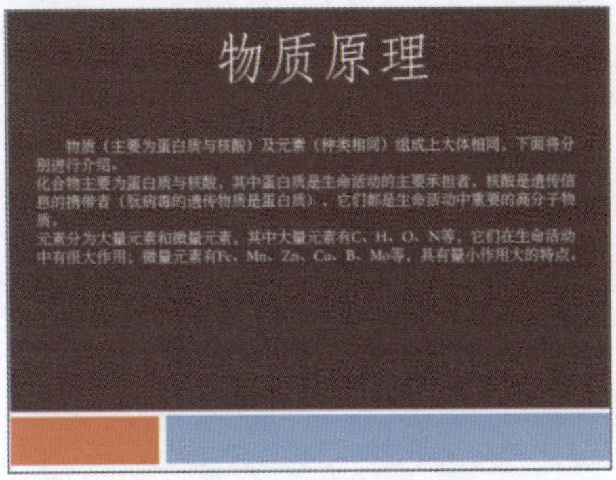

图 7-93　打开素材文件

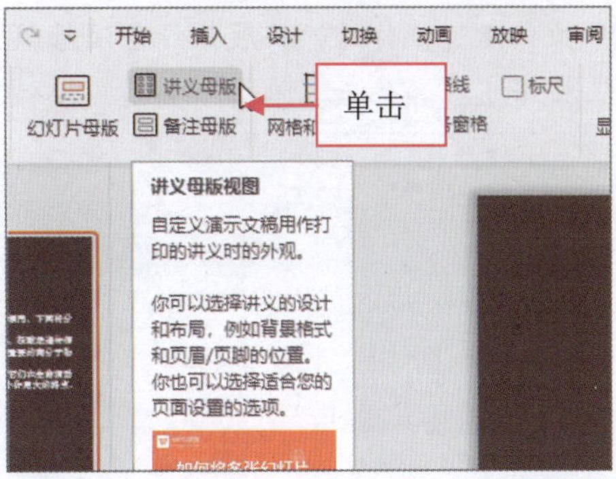

图 7-94　单击“讲义母版”按钮

图 7-95　展开“讲义母版”面板

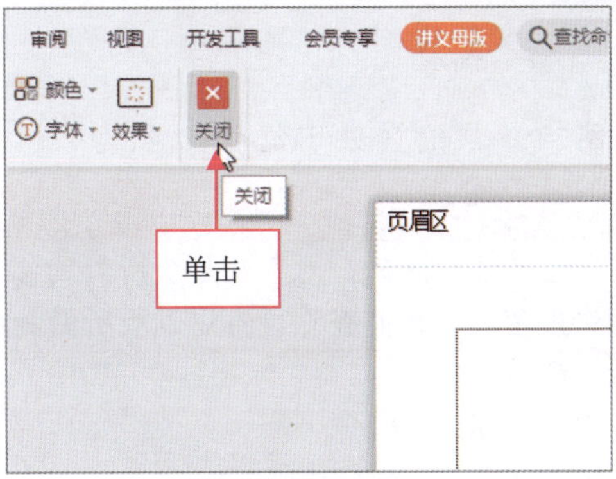

图 7-96　单击“关闭”按钮

7.6.3　打开备注母版

备注母版主要是设置幻灯片的备注格式，作为演示者在演示时的提示和参考，备注栏中的内容还可以单独打印出来。下面介绍打开备注母版的操作方法。

打开备注母版

Step 01　单击“文件”|“打开”命令，打开素材文件“素材\第 7 章\7.6.3.dps”，如图 7-97 所示。

Step 02　单击“视图”菜单，在功能区中单击“备注母版”按钮，如图 7-98 所示。

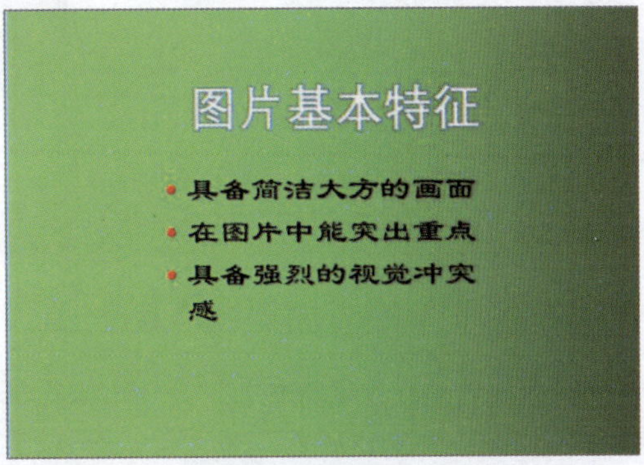

图 7-97　打开素材文件

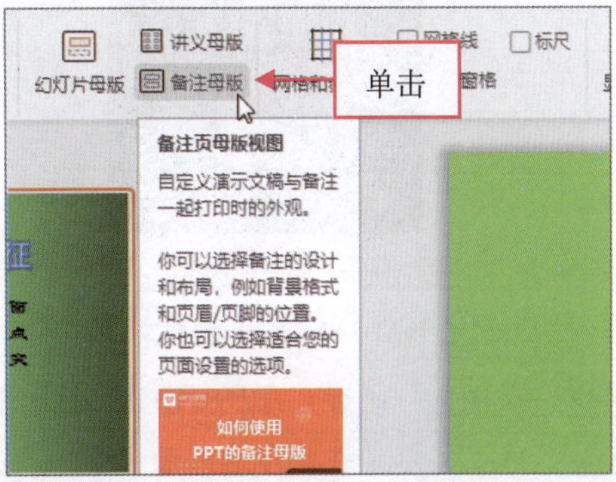

图 7-98　单击“备注母版”按钮

Step 03 执行上述操作后，将展开“备注母版”面板，如图 7-99 所示。

Step 04 执行上述操作后，单击“关闭”按钮，如图 7-100 所示，即可退出“讲义母版”视图。

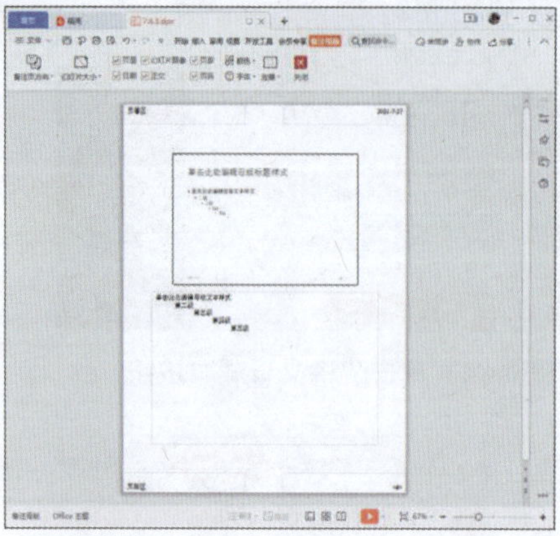

图 7-99 展开“备注母版”面板

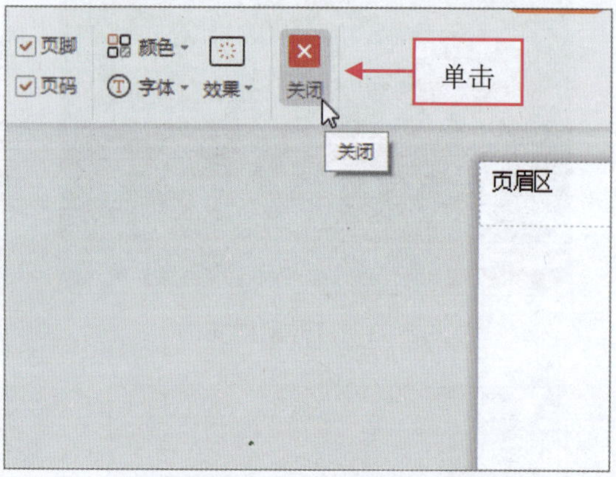

图 7-100 单击“关闭”按钮

▶ 专家指点

当退出备注母版时，对备注母版所做的修改将应用到演示文稿中的所有备注页上，只有在备注视图下，才能查看对备注母版所做的修改。

7.6.4 更改母版版式

更改母版版式

更改幻灯片母版时，若对单张幻灯片进行更改后，修改的母版将被保留。在应用设计模板时，会在演示文稿上添加幻灯片母版。通常，模板也包含标题母版，可以在标题母版上更改具有“标题幻灯片”版式的幻灯片。

Step 01 单击“文件”|“打开”命令，打开素材文件“素材\第 7 章\7.6.4.dps”，如图 7-101 所示。

Step 02 单击“视图”菜单，在功能区中单击“幻灯片母版”按钮，如图 7-102 所示。

图 7-101 打开素材文件

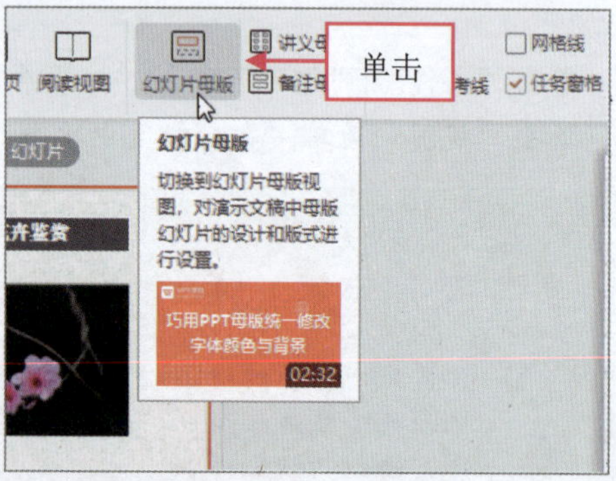

图 7-102 单击“幻灯片母版”按钮

Step 03 切换至“幻灯片母版”面板，选择第 3 张幻灯片，如图 7-103 所示。

Step 04 选中文本，在字体选项面板中，设置“字号”为 32、“字体颜色”为紫色，如图 7-104 所示。

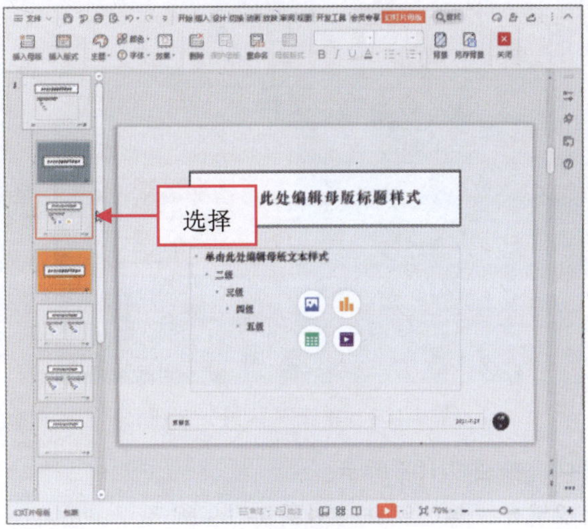

图 7-103　选择需要更改的幻灯片

图 7-104　设置字体属性

Step 05　执行上述操作后，即可更改母版版式，效果如图 7-105 所示。

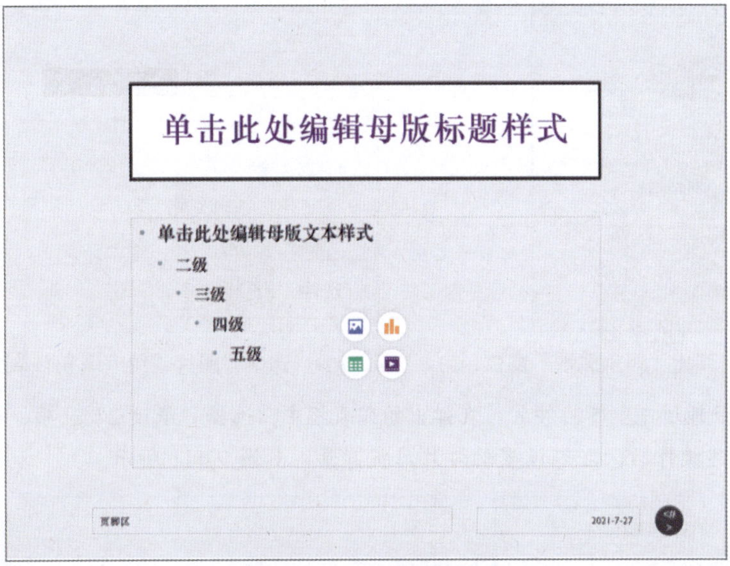

图 7-105　更改母版版式效果

7.6.5　设置母版背景

设置母版背景

设置母版背景包括纯色填充、渐变填充、纹理填充和图片填充，下面介绍具体操作方法。

Step 01　单击“文件”|“打开”命令，打开素材文件“素材\第 7 章\7.6.5.dps”，如图 7-106 所示。

Step 02　单击“视图”菜单，在功能区中单击“幻灯片母版”按钮，进入“幻灯片母版”面板，单击“背景”按钮，如图 7-107 所示。

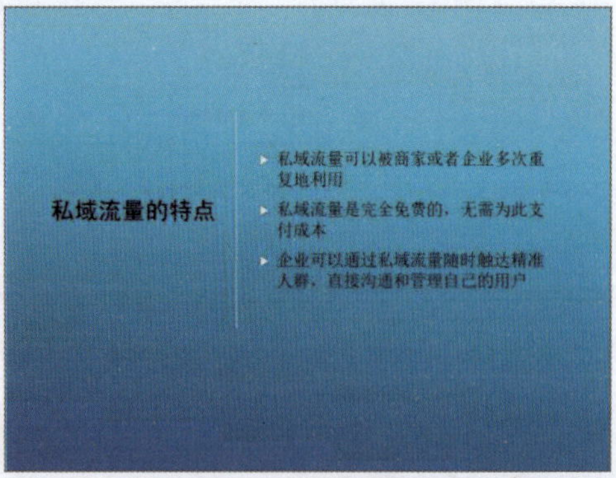

图 7-106　打开素材文件

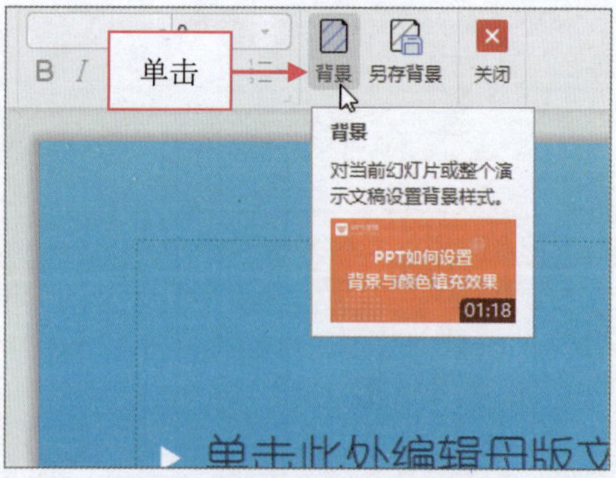

图 7-107　单击“背景”按钮

Step 03　执行上述操作后，弹出“对象属性”窗口，如图 7-108 所示。

Step 04　在“填充”选项区中，选中“图片或纹理填充”单选按钮，如图 7-109 所示。

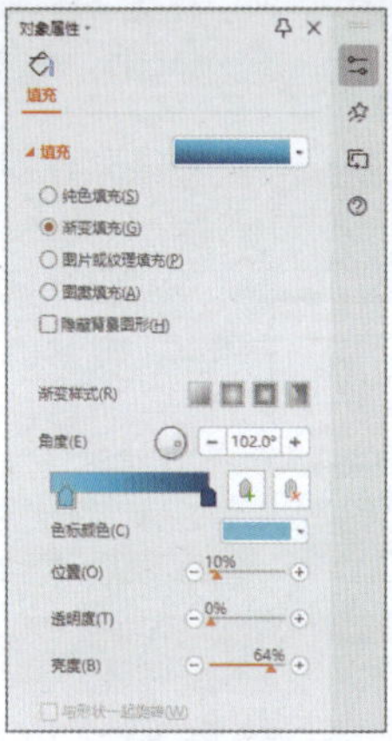

图 7-108　弹出“对象属性”窗口

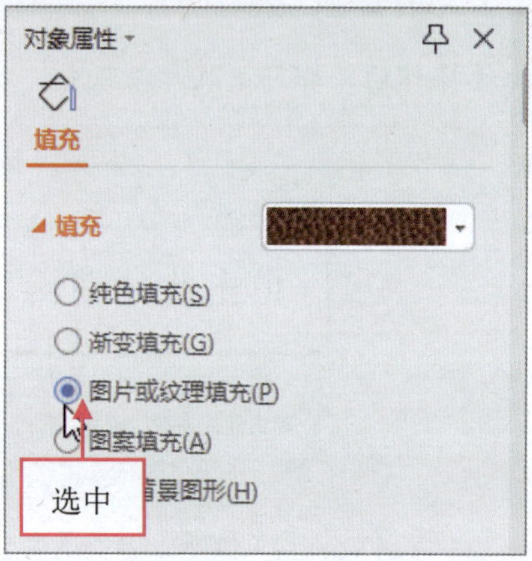

图 7-109　选中“图片或纹理填充”单选按钮

Step 05　单击“纹理填充”下拉按钮，在弹出的列表框中，选择“纸纹 2”选项，如图 7-110 所示。

Step 06　执行上述操作后，即可设置幻灯片母版背景，如图 7-111 所示。

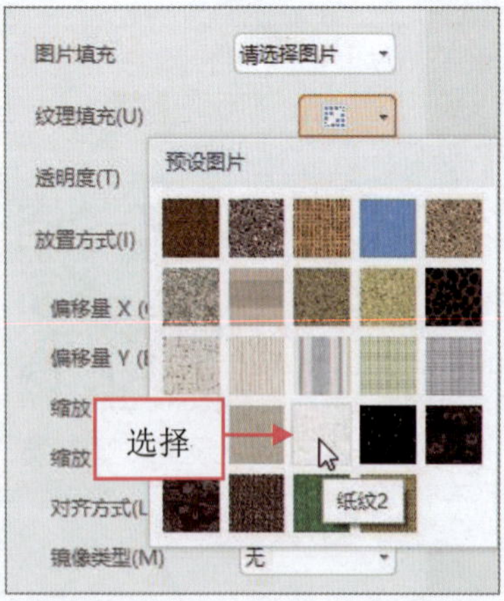

图 7-110　选择“纸纹 2”选项

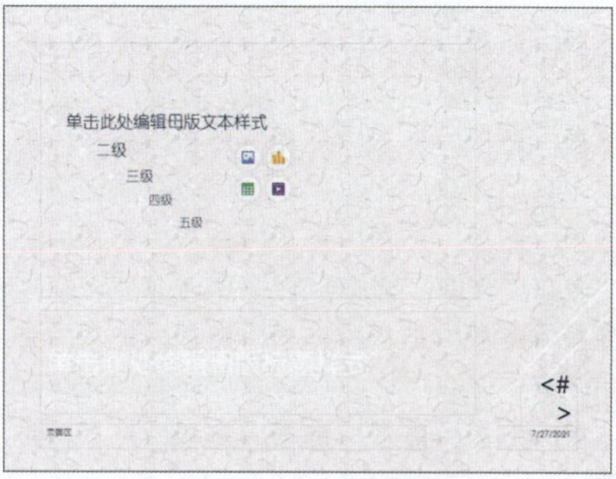

图 7-111　设置幻灯片母版背景

> **▶ 专家指点**
>
> 在弹出的“设置背景格式”对话框中，可以选择插入文件中的图片作为母版背景。但要注意的是在“幻灯片母版”中插入图片后，单击“关闭母版视图”按钮，就不能对幻灯片背景进行编辑。

7.6.6　设置占位符属性

设置占位符属性

在 WPS 演示文稿中，占位符、文本框以及自选图形对象都具有相似的属性，如大小、填充颜色以及线型等，具体操作如下。

Step 01　单击“文件”|“打开”命令，打开素材文件“素材\第 7 章\7.6.6.dps”，如图 6-112 所示。

Step 02　单击“视图”菜单，在功能区中单击“幻灯片母版”按钮，进入“幻灯片母版”面板，选择需要编辑占位符的幻灯片母版，如图 7-113 所示。

图 7-112　打开素材文件

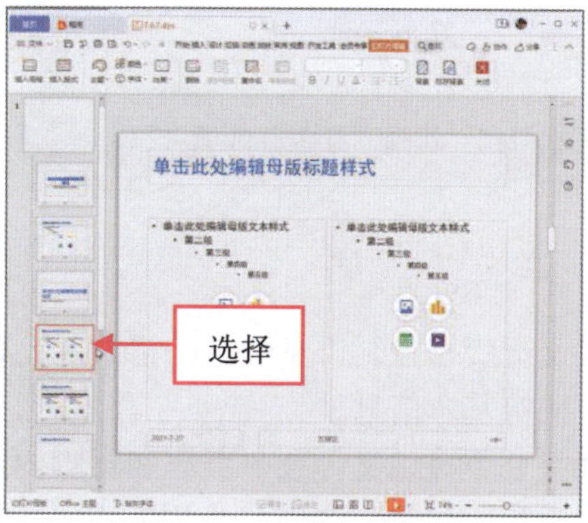

图 7-113　选择幻灯片母版

Step 03　在标题占位符中单击鼠标右键，在弹出的快捷菜单中，选择“设置对象格式”选项，如图 7-114 所示。

Step 04　弹出“对象属性”窗口，在“填充”选项区，选中“纯色填充”单选按钮，如图 7-115 所示。

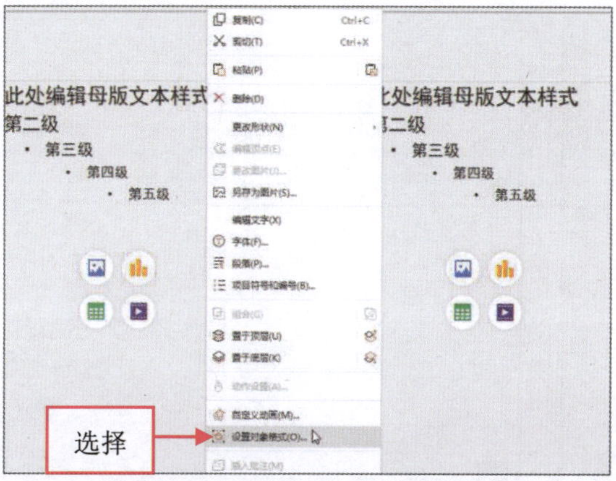

图 7-114　选择“设置对象格式”选项

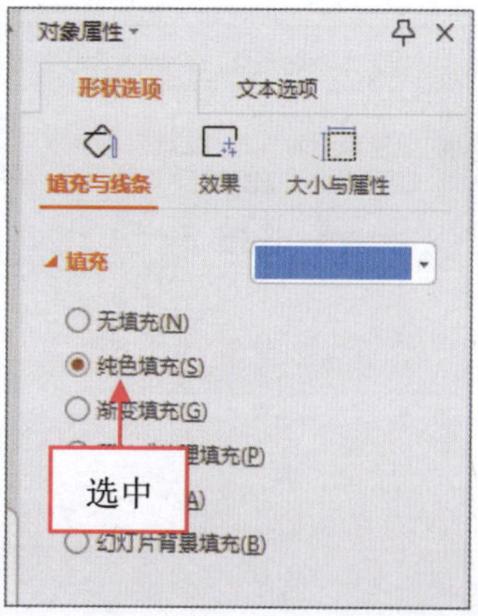

图 7-115　选中“纯色填充”单选按钮

Step05 在“颜色”选项区中，单击“颜色”右侧的下拉按钮，在弹出的列表框中，选择“红色”选项，如图 7-116 所示。

Step06 执行上述操作后，即可设置占位符属性，效果如图 7-117 所示。

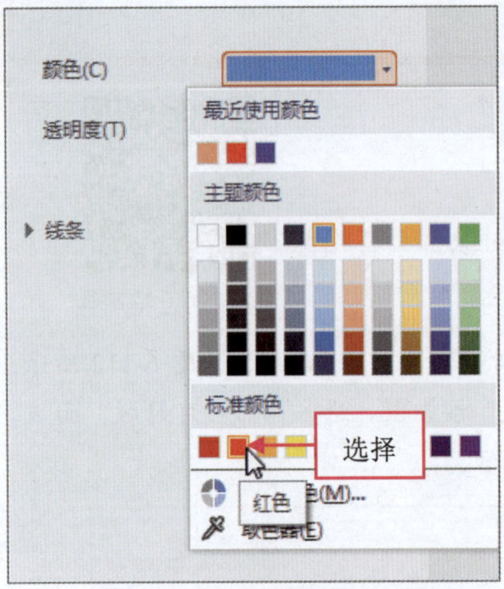

图 7-116　选择“红色”选项

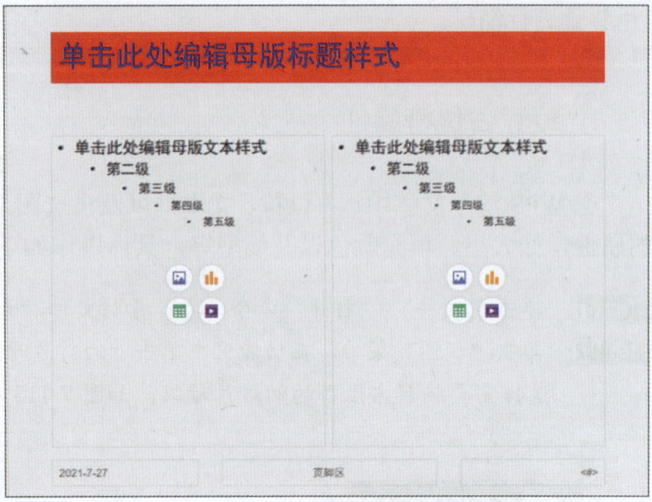

图 7-117　设置占位符属性

7.6.7　应用讲义母版

讲义母版是控制讲义的打印格式，允许在一张讲义中设置几张幻灯片，并设置页眉、页脚和页码等基本信息。

如果要更改讲义母版中页眉和页脚内的文本、日期或页码的外观、位置和大小，就要更改讲义母版。在每一张幻灯片的板式中，如果不希望页眉和页脚的文本、日期或幻灯片编号在幻灯片中显示，则只能将页眉和页脚应用于讲义而不是幻灯片中。

打开演示文稿，单击“视图”菜单，在功能区中单击“讲义母版”按钮，即可进入“讲义母版”视图。单击“讲义方向”下拉按钮，在弹出的列表框中选择“横向”选项，如图 7-118 所示。执行上述操作后，即可设置讲义方向，如图 7-119 所示。

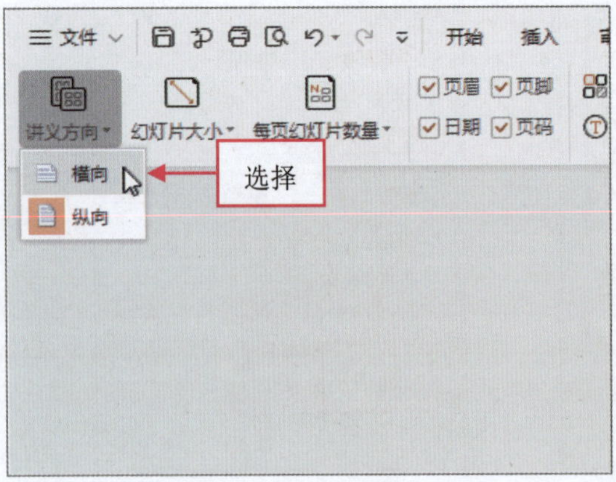

图 7-118　选择“横向”选项

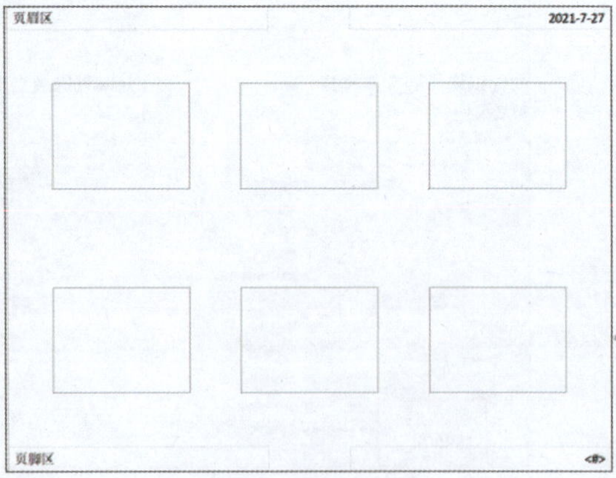

图 7-119　设置讲义方向

单击“页面设置”选项板中的“每页幻灯片数量”下拉按钮，在弹出的列表框中，选择“4 张幻灯片”选项，如图 7-120 所示。执行上述操作后，即可设置每页幻灯片数量，如图 7-121 所示。

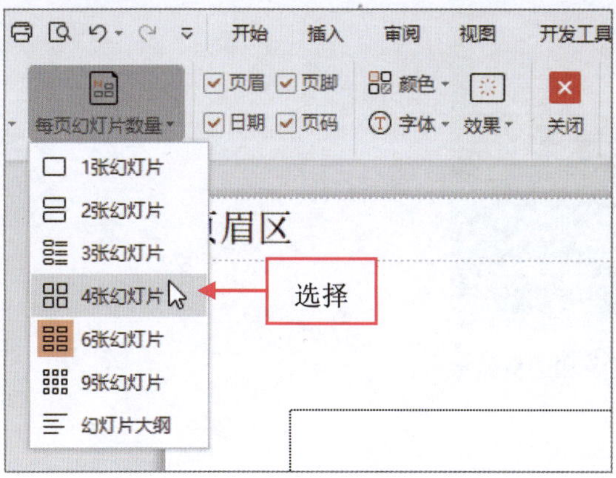

图 7-120　选择“4 张幻灯片”选项

图 7-121　设置每页幻灯片数量

7.6.8　应用备注母版

备注母版主要用来设置幻灯片的备注格式，一般是用于打印输出的，所以备注母版的设置大多也和打印页面相关。WPS 演示文稿为每张幻灯片都设置了一个备注页，供演讲人添加备注。备注母版用于控制报告人注释的显示内容和格式，使多数注释有统一的外观。

要显示备注母版，可在“视图”面板中，单击“备注母版”按钮，即可显示备注母版视图，如图 7-122 所示。备注母版的上方是幻灯片缩略图，选中该缩略图，拖曳其四周的控制点，可调整缩略图的大小，效果如图 7-123 所示。

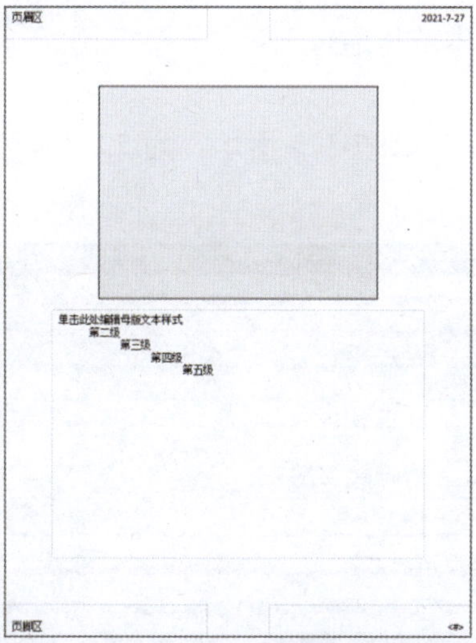

图 7-122　“备注母版”视图

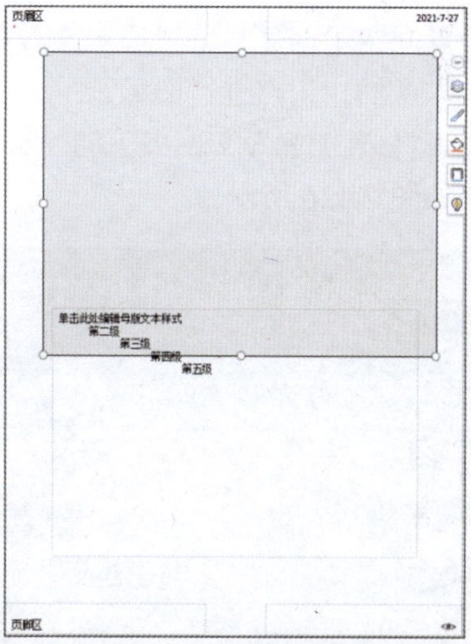

图 7-123　调整缩略图的大小

切换至“形状格式”面板，可设置缩略图的颜色和边框效果，如图 7-124 所示。

图 7-124　设置颜色和边框效果

本章小结

本章主要介绍了创建与编辑演示文稿的方法，首先介绍幻灯片的基本操作，包括了创建和保存演示文稿、新建和删除幻灯片等内容；其次介绍了演示文稿的基本操作、插入幻灯片对象等内容；再次介绍了设置 WPS 演示文稿的切换效果以及动画效果的方法；最后介绍了应用幻灯片母版的方法。

本章习题

本章习题

本章重点介绍了创建与编辑演示文稿的方法，本节将通过上机练习题，对本章的知识点进行回顾。

打开“素材\第 7 章”文件夹下的 7.8.dps 素材，如图 7-125 所示。为 7.8.dps 素材添加百叶窗，效果如图 7-126 所示。

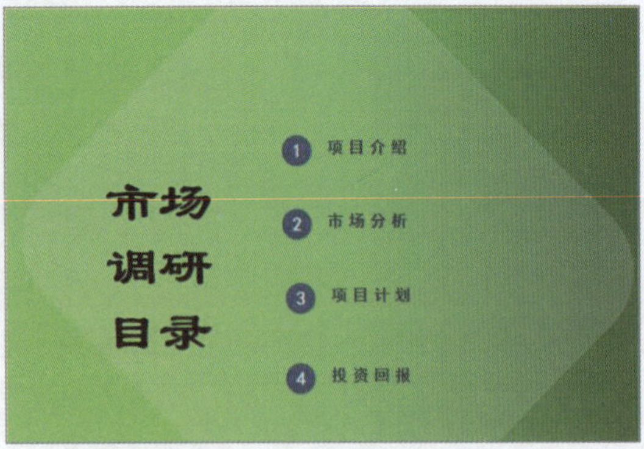

图 7-125　打开素材文件

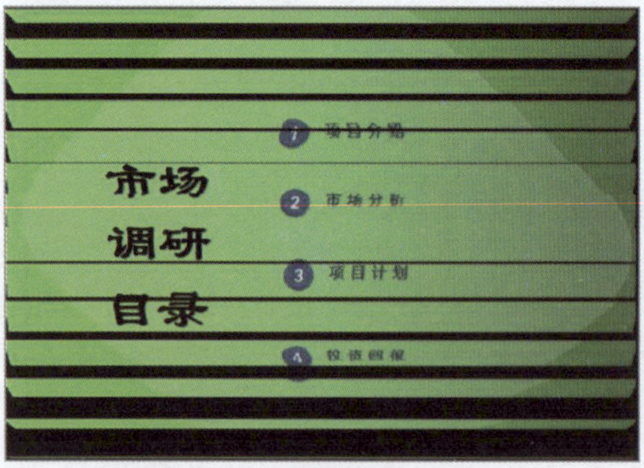

图 7-126　预览百叶窗效果

第 8 章 放映与输出演示文稿

在 WPS 演示文稿中，可以将制作好的部分幻灯片、讲义、备注页和大纲等打印出来。本章主要向读者介绍设置演示文稿放映方式、设置演示文稿输出与打印等内容的操作。

本章重点

- 设置演示文稿放映方式
- 设置演示文稿输出与打印

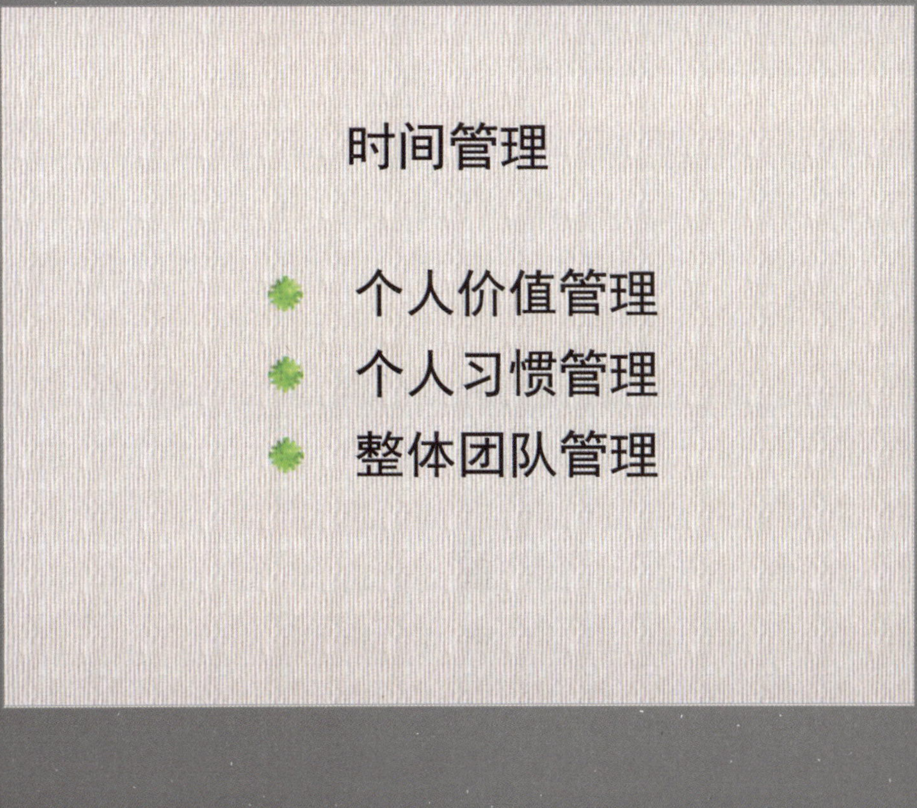

8.1 设置演示文稿放映方式

在 WPS 演示文稿中提供了多种演示文稿的放映方式，最常用的是幻灯片页面的演示控制。演示文稿制作完成后，需要查看成果，或让观众欣赏演示文稿，此时可以通过幻灯片放映观看幻灯片的总体效果。本节主要介绍设置演讲者放映、设置自定义放映以及设置幻灯片的放映时间等内容的操作。

8.1.1 设置演讲者放映

设置演讲者放映

演讲者放映方式可全屏显示幻灯片，在演讲者自行播放时，演讲者都将具有完整的控制权。不仅可以采用人工或自动的方式放映，还可以将演示文稿暂停，并能够添加更多的细节或对其错误之处进行修改。下面介绍设置演讲者放映的操作方法。

Step01 单击“文件”|“打开”命令，打开素材文件“素材\第 8 章\8.1.1.dps”，如图 8-1 所示。

Step02 单击“放映”菜单，在功能区中单击“放映设置”按钮，如图 8-2 所示。

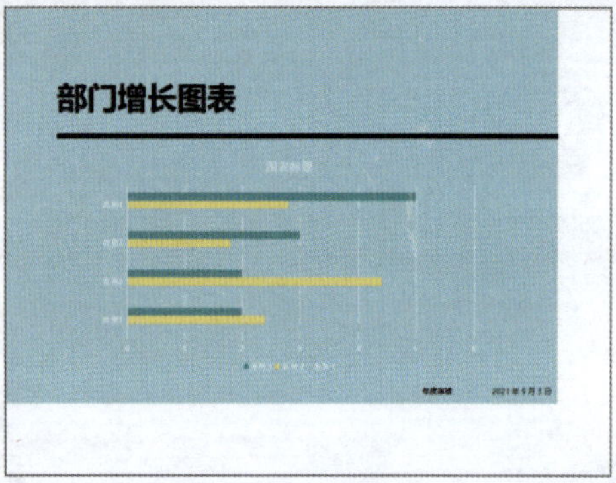

图 8-1 打开素材文件

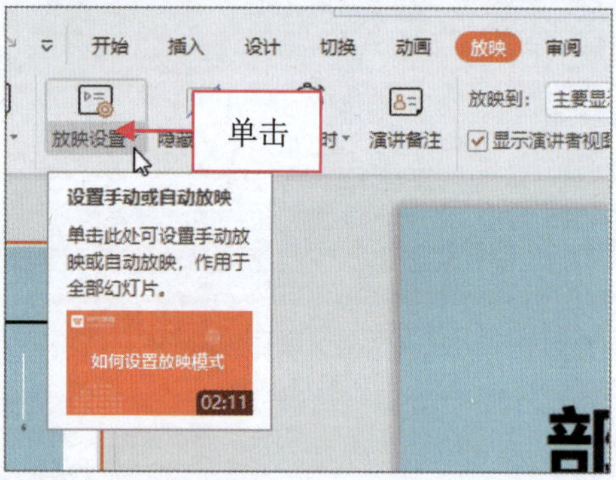

图 8-2 单击“放映设置”按钮

Step03 在弹出的列表框中选择“放映设置”选项，如图 8-3 所示。

Step04 弹出“设置放映方式”对话框，在“放映类型”选项区中，选中“演讲者放映（全屏幕）”单选按钮，如图 8-4 所示。

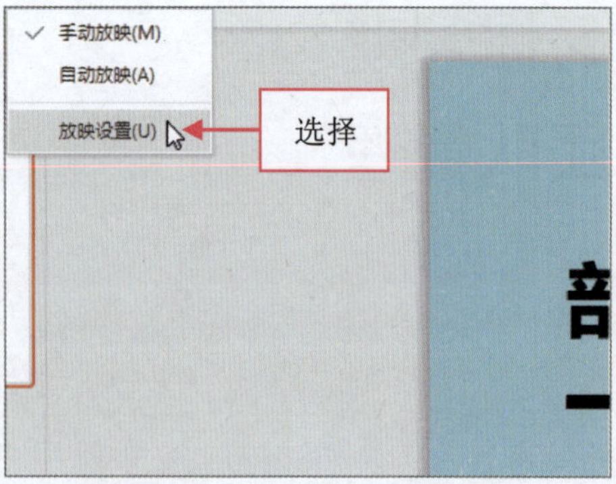

图 8-3 选择“放映设置”选项

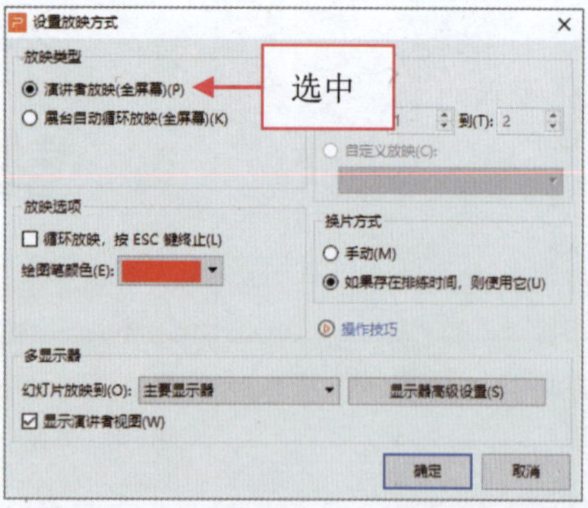

图 8-4 选中“演讲者放映（全屏幕）”单选按钮

Step 05　单击“确定”按钮，单击“从头开始”按钮，如图 8-5 所示，即可开始放映幻灯片。

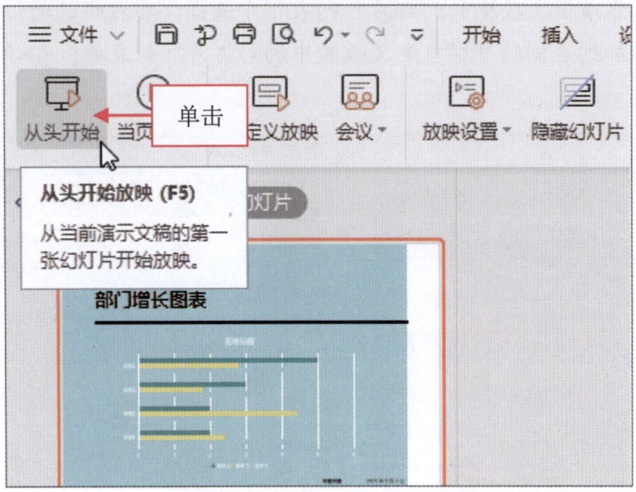

图 8-5　单击“从头开始”按钮

> ▶ 专家指点
>
> 选中“演讲者放映（全屏幕）”单选按钮，可以全屏显示幻灯片。

8.1.2　设置自定义放映

针对不同场合和不同观众，WPS 演示文稿的放映方式也会因顺序或者内容发生变化。下面介绍设置自定义放映的操作方法。

设置自定义放映

Step 01　单击“文件”|“打开”命令，打开素材文件“素材\第 8 章\8.1.2.dps”，如图 8-6 所示。

Step 02　单击“放映”菜单，在功能区中单击“自定义放映”按钮，如图 8-7 所示。

图 8-6　打开素材文件

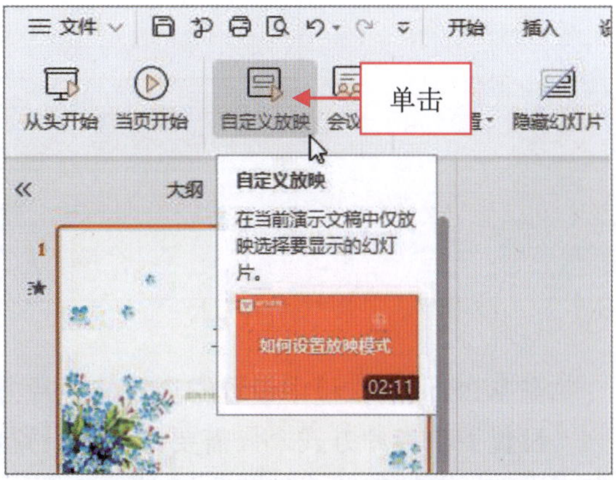

图 8-7　单击“自定义放映”按钮

Step 03　弹出“自定义放映”对话框，单击“新建”按钮，如图 8-8 所示。

Step 04　弹出“定义自定义放映”对话框，❶在“幻灯片放映名称”文本框中输入自定义放映名称；❷在“在演示文稿中的幻灯片”列表框中选择需要放映的幻灯片；❸单击“添加”按钮；❹添加到右侧的“在自定义放映中的幻灯片”列表框；❺单击“确定”按钮，如图 8-9 所示。

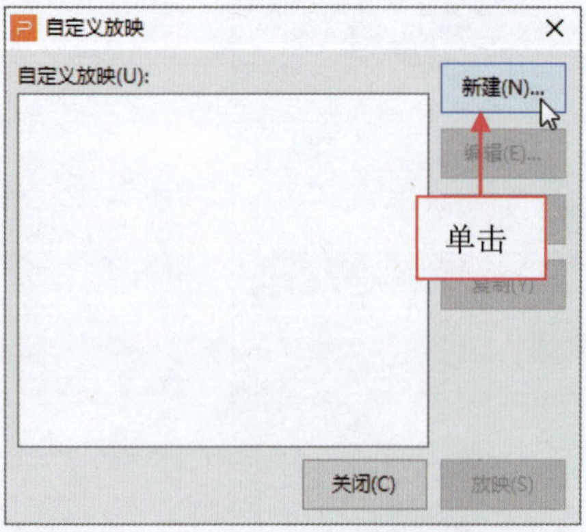

图 8-8　单击“新建”按钮

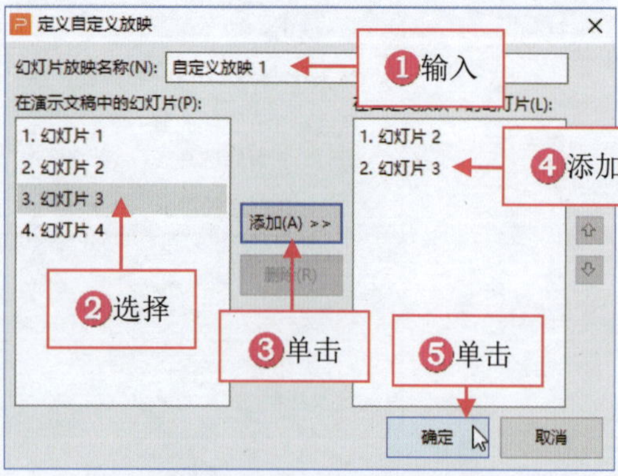

图 8-9　单击“确定”按钮

Step 05　返回“自定义放映”对话框，单击“关闭”按钮即可，如图 8-10 所示。

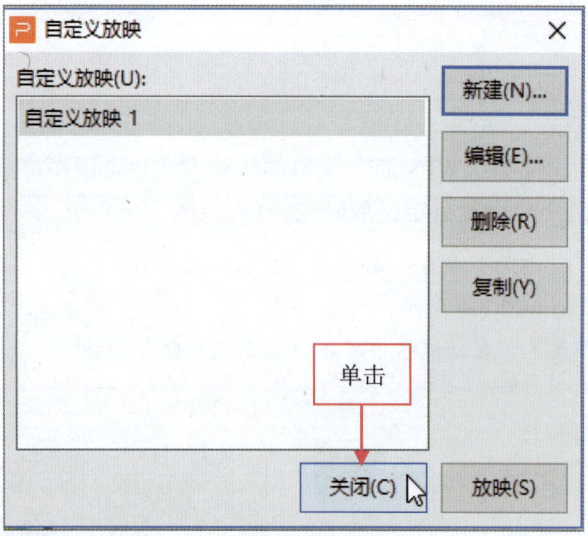

图 8-10　单击“关闭”按钮

8.1.3　设置幻灯片的换片方式

在 WPS 演示文稿中设置幻灯片的换片方式主要有两种，分别为手动和排练时间。

设置手动换片方式，只需要打开“设置放映方式”对话框，在“换片方式”选项区中选中“手动”单选按钮，如图 8-11 所示，即可设置手动换片方式。

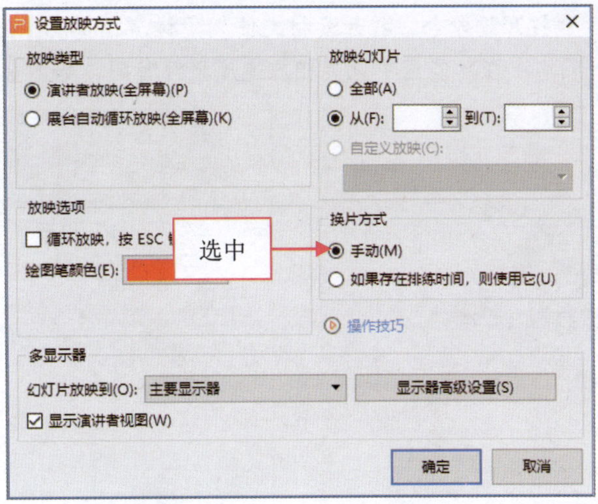

图 8-11　选中“手动”单选按钮

设置手动换片方式，只需要打开“设置放映方式”对话框，在“换片方式”选项区中选中“如果存在排练时间，则使用它”单选按钮，如图 8-12 所示，即可设置排练时间。

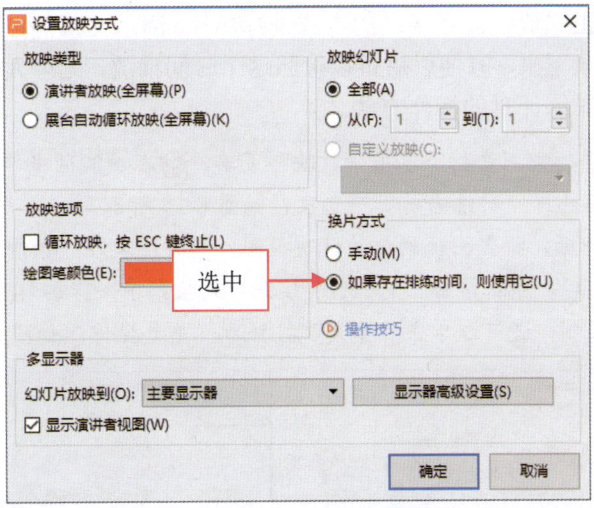

图 8-12　选中“如果存在排练时间，则使用它”单选按钮

8.1.4　设置幻灯片的放映时间

在 WPS 演示文稿中的默认情况下，在放映演示文稿时需要单击才能播放下一个动画或者下一张幻灯片，这种方式称为手动放映。如果需要自动播放下一张幻灯片或者下一个动画可以设置放映时间。

手动设置放映时间

1．手动设置放映时间

手动设置放映时间是指对每张幻灯片设置播放时间长度，下面介绍设置手动放映时间的操作方法。

Step 01 单击“文件”|“打开”命令，打开素材文件“素材\第 8 章\8.1.4.dps”，如图 8-13 所示。

Step 02 单击“切换”菜单，在功能区中设置相应速度换片时间，如图 8-14 所示。

图 8-13　打开素材文件

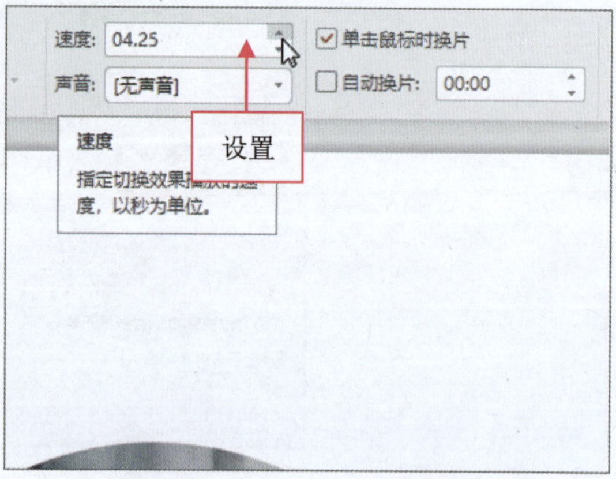

图 8-14　设置相应速度

2. 设置排练计时

排练计时是指在正式放映前用手动的方式进行换片。演示文稿能自动把手动换片的时间记录下来，方便以后可以按照这个时间播放，无须人为控制，下面介绍设置排练计时的操作方法。

设置排练计时

Step 01 用与上述同样的案例素材，单击“放映”菜单，❶在功能区中单击“排练计时”按钮；❷弹出列表框选择“排练当前页”选项，如图 8-15 所示。

Step 02 执行上述操作后，将会出现幻灯片放映视图，同时出现在“预演”工具栏。当放映时间到达预设时间后，可以单击“下一项”按钮切换到下一张幻灯片，也可以单击“暂停”按钮暂停录制，还可以单击“重复”按钮，重复操作，如图 8-16 所示。

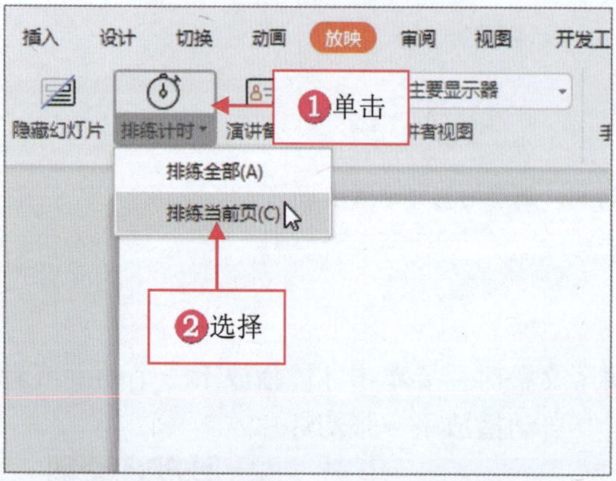

图 8-15　选择“排练当前页”选项

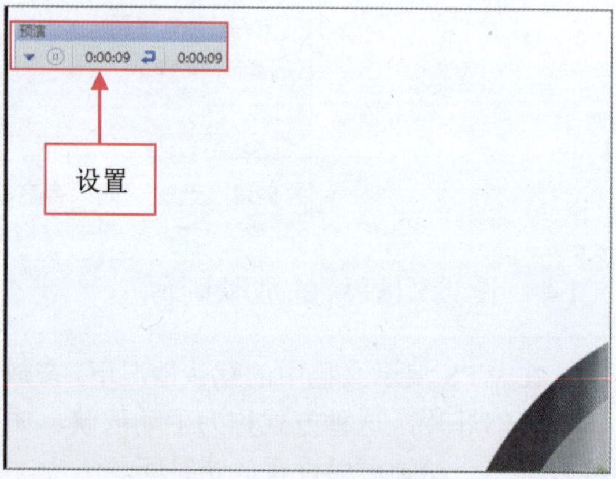

图 8-16　设置相应选项

Step 03 到达末尾时，出现信息提示框，单击“是”按钮，如图 8-17 所示。

Step 04 保存排练计时后，演示文稿将退出排练计时状态，以幻灯片浏览视图模式显示，可以看到幻灯片的播放时间，如图 8-18 所示。

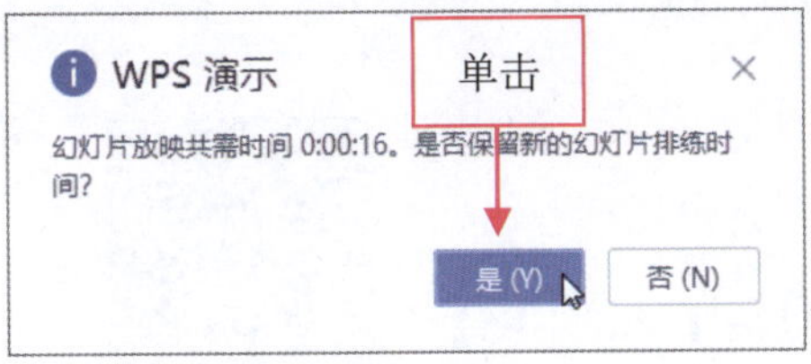

图 8-17　单击“是”按钮

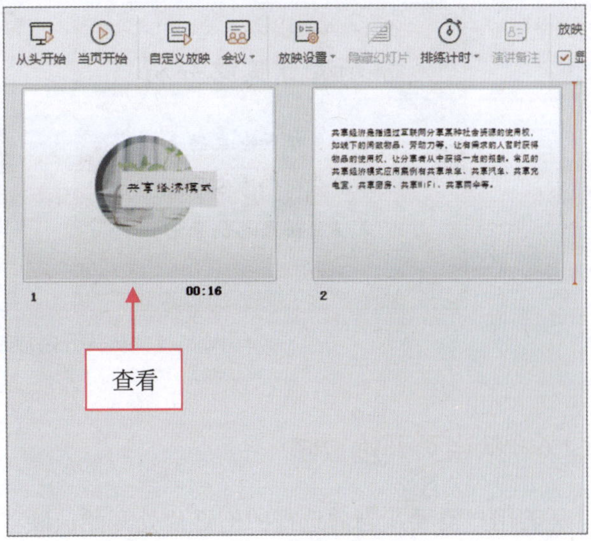

图 8-18　查看播放时间

8.1.5　从头开始放映

从头开始放映

如果希望在演示文稿中从第 1 张开始依次进行放映，按【F5】键或单击“开始放映幻灯片”选项板中的“从头开始”按钮即可。下面介绍从头开始放映的操作方法。

Step 01　单击“文件”|“打开”命令，打开素材文件“素材\第 8 章\8.1.5.dps”，如图 8-19 所示。

Step 02　单击“放映”菜单，在功能区中单击“从头开始”按钮，如图 8-20 所示。

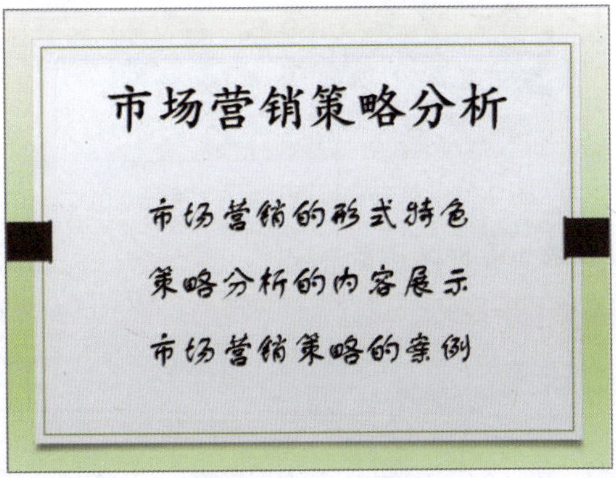

图 8-19　打开素材文件

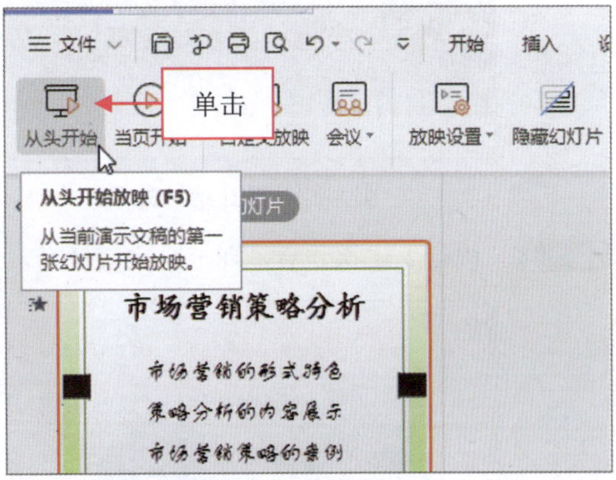

图 8-20　单击“从头开始”按钮

Step 03　执行上述操作后，即可从头开始放映幻灯片，效果如图 8-21 所示。

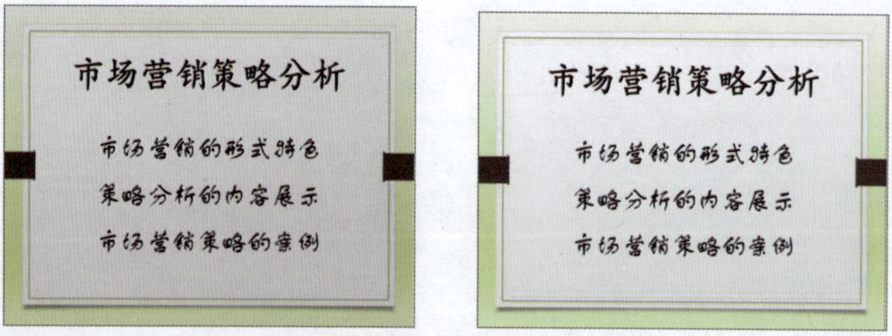

图 8-21　从头开始放映幻灯片效果

8.1.6　从当页开始放映

从当页开始放映

若用户需要从当前选择的幻灯片处开始放映，可以按【Shift+F5】组合键，或单击“当页开始”按钮。下面具体介绍从当页开始放映的操作方法。

Step 01　单击“文件”|“打开”命令，打开素材文件“素材\第 8 章\8.1.6.dps”，如图 8-22 所示。

Step 02　进入第 3 张幻灯片，然后单击“放映”菜单，在功能区中单击“当页开始”按钮，如图 8-23 所示。

图 8-22　打开素材文件

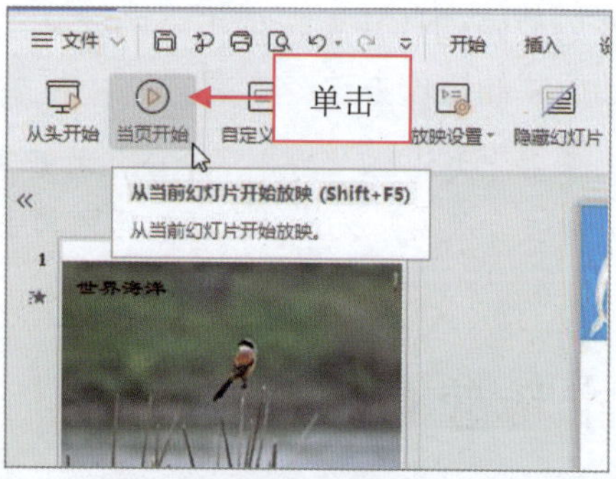

图 8-23　单击“当页开始”按钮

Step 03　执行上述操作后，即可从当页开始放映，效果如图 8-24 所示。

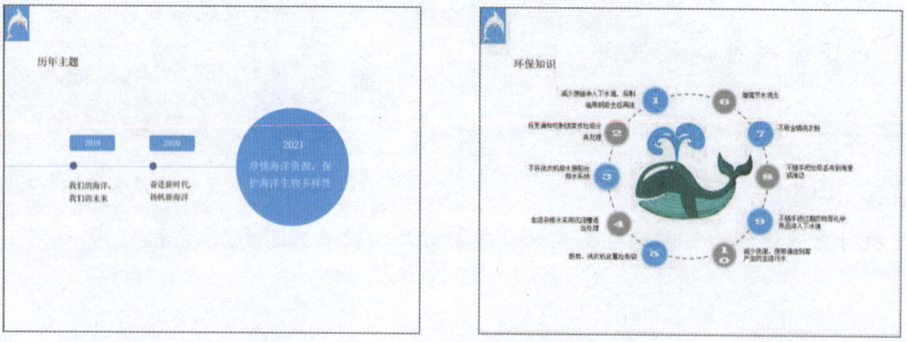

图 8-24　从当页开始放映效果

8.2　设置演示文稿输出与打印

在 WPS 演示文稿中提供了多种保存、输出演示文稿的方法。可以将制作出来的演示文稿输出为多种样式，如将演示文稿打包，以网页、文件的形式输出等。本节主要介绍设置幻灯片的大小、方向、宽度和高度以及编号起始值，输出 JPG 文件、输出 PDF 文件、打包演示文稿以及打印演示文稿等操作方法。

8.2.1　设置幻灯片大小

在 WPS 演示文稿中打印演示文稿前，用户可以根据自己的需要，对打印页面大小进行设置，下面介绍具体操作方法。

设置幻灯片大小

Step 01　单击“文件”|“打开”命令，打开素材文件“素材\第 8 章\8.2.1.dps”，如图 8-25 所示。

Step 02　单击“设计”菜单，在功能区中单击“幻灯片大小”下拉按钮，如图 8-26 所示。

图 8-25　打开素材文件

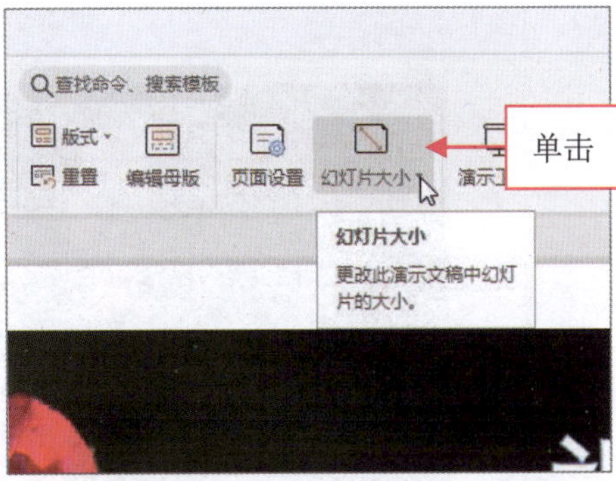

图 8-26　单击“幻灯片大小”下拉按钮

Step 03　在弹出的列表框中，选择“自定义大小”选项，如图 8-27 所示。

Step 04　弹出“页面设置”对话框，❶单击“幻灯片大小”下拉按钮；❷在弹出的下拉列表框中选择“A4 纸张（210 × 297 毫米）”选项，如图 8-28 所示。

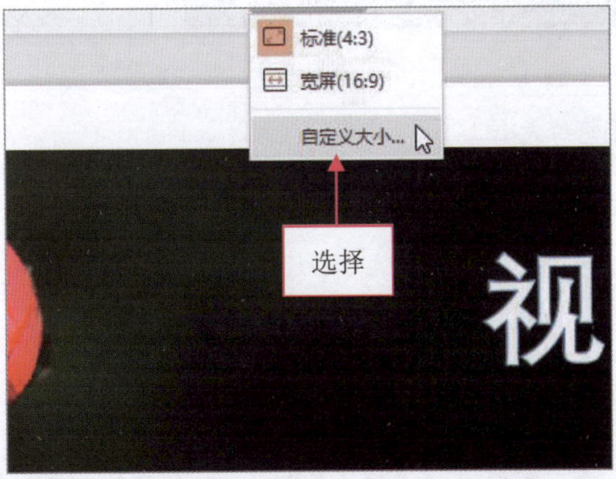

图 8-27　选择“自定义大小”选项

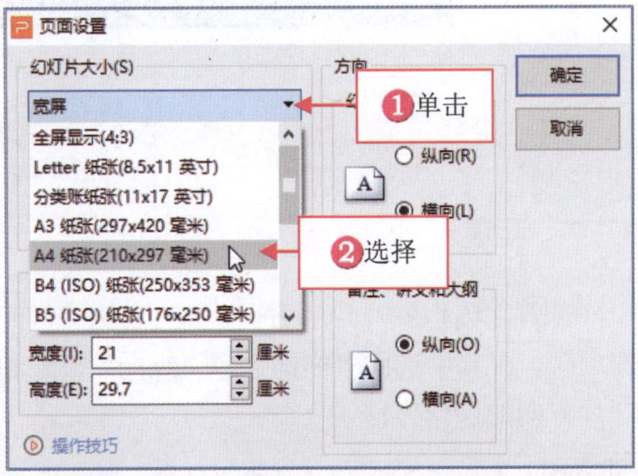

图 8-28　选择“A4 纸张（210×297 毫米）”选项

Step 05 执行上述操作后，单击“确定”按钮，如图 8-29 所示。

Step 06 弹出“页面缩放选项”对话框，单击“确保适合”按钮，如图 8-30 所示。

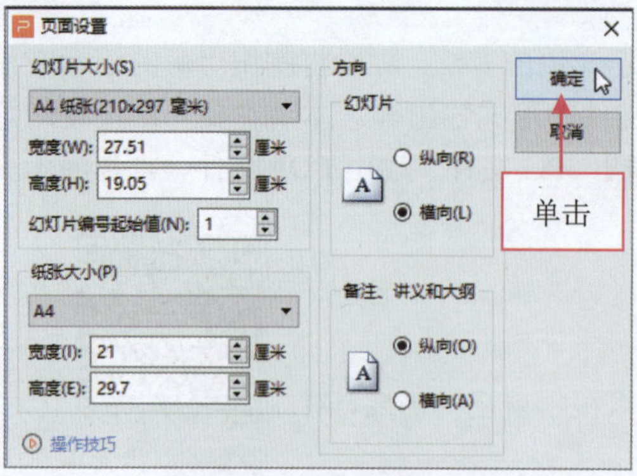

图 8-29 单击“确定”按钮

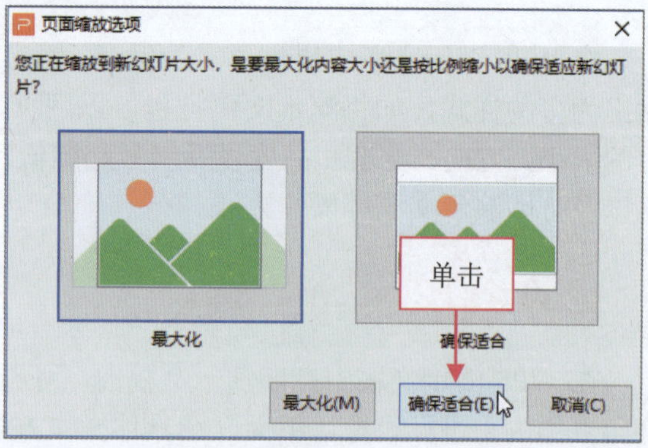

图 8-30 单击“确保适合”按钮

Step 07 执行上述操作后，即可查看设置幻灯片大小，效果如图 8-31 所示。

图 8-31 设置幻灯片大小

8.2.2 设置幻灯片方向

设置文稿中幻灯片的方向，需要进入“页面设置”对话框中的“方向”选项区，在其中选中“横向”或“纵向”单选按钮即可，下面介绍设置幻灯片方向的操作方法。

设置幻灯片方向

Step 01 单击“文件”|“打开”命令，打开素材文件“素材\第 8 章\8.2.2.dps”，如图 8-32 所示。

Step 02 单击“设计”菜单，在功能区中单击“幻灯片大小”下拉按钮，如图 8-33 所示。

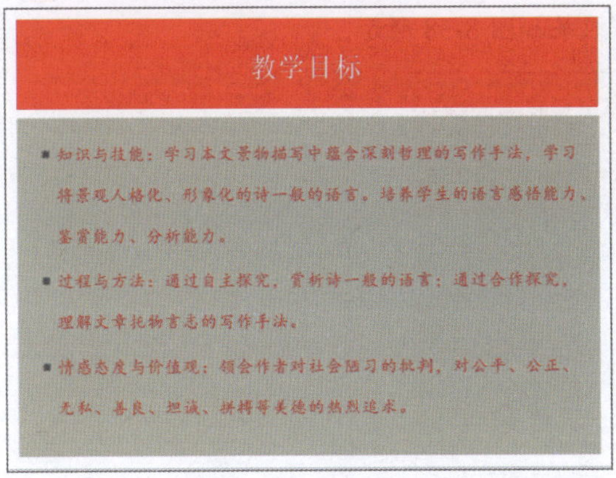

图 8-32　打开素材文件

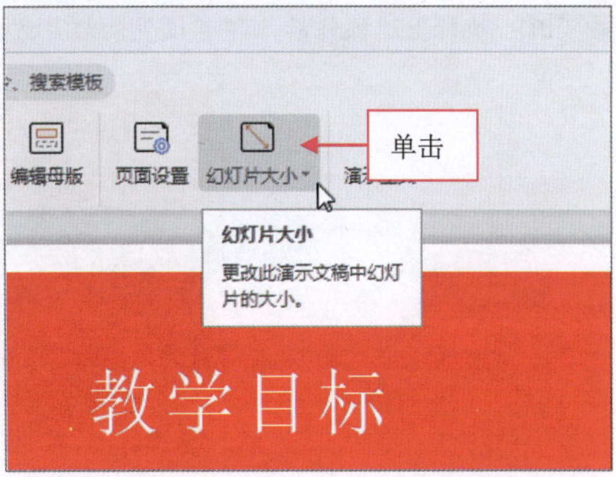

图 8-33　单击“幻灯片大小”按钮

Step 03　在弹出的列表框中，选择“自定义大小”选项，如图 8-34 所示。

Step 04　弹出“页面设置”对话框，在“方向”选项区中，选中“幻灯片”选项区中的“纵向”单选按钮，如图 8-35 所示。

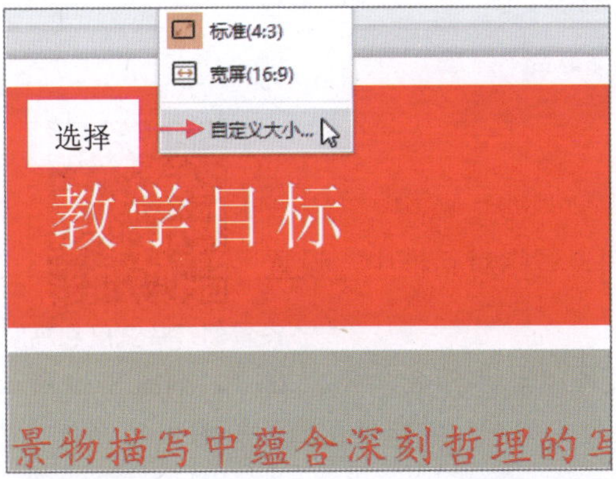

图 8-34　选择“自定义大小”选项

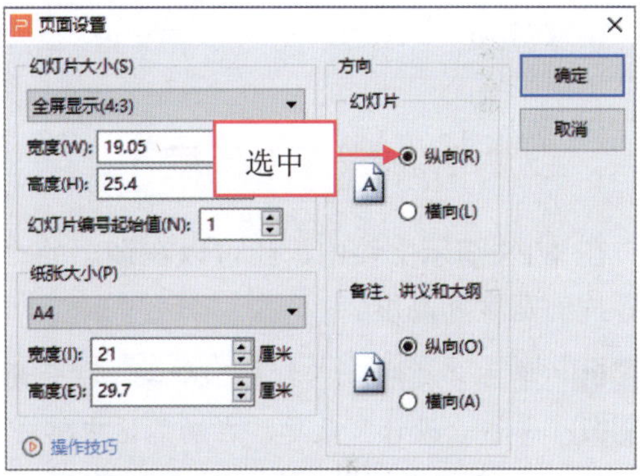

图 8-35　选中“纵向”单选按钮

Step 05　执行上述操作后，单击“确定”按钮，如图 8-36 所示。

Step 06　弹出“页面缩放选项”对话框，单击“确保适合”按钮，如图 8-37 所示。

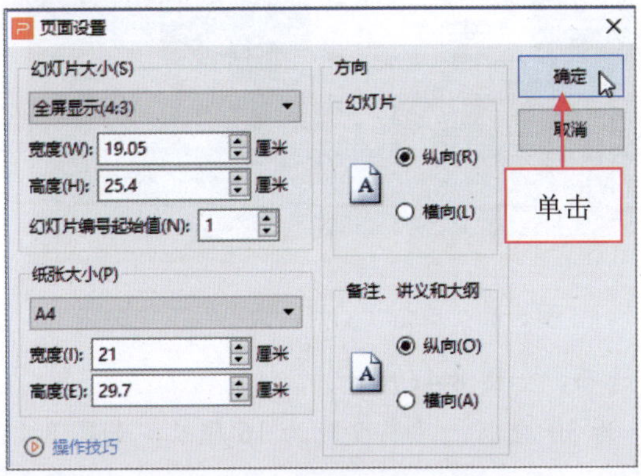

图 8-36　单击“确定”按钮

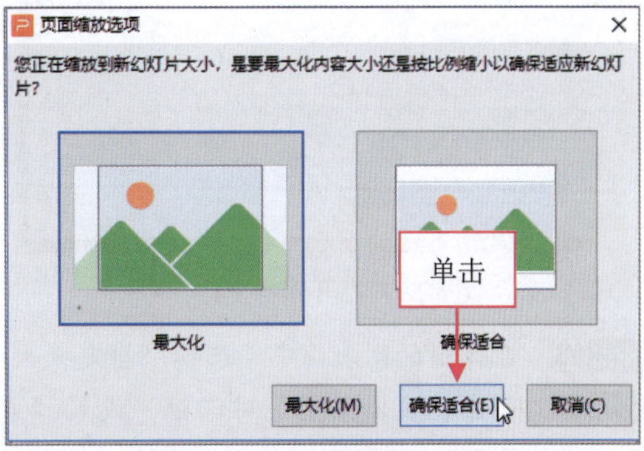

图 8-37　单击“确保适合”按钮

Step 07 执行上述操作后，即可设置幻灯片方向，效果如图 8-38 所示。

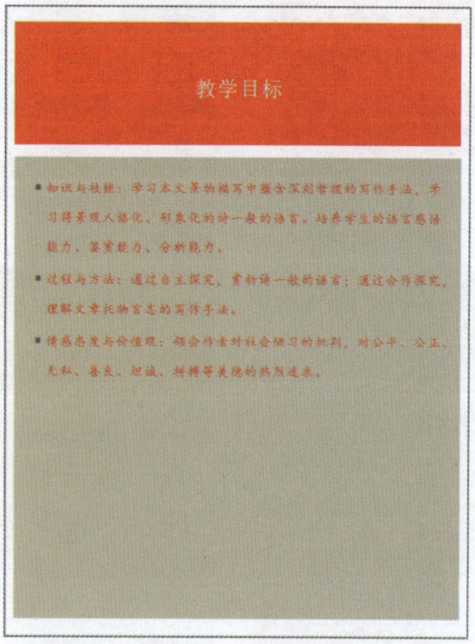
教学目标

图 8-38　单击“确保适合”按钮

8.2.3　设置幻灯片宽度和高度

在 WPS 演示文稿中，还可以在调出的“页面设置”对话框中，设置幻灯片的宽度和高度。

设置幻灯片宽度和高度

Step 01 单击“文件”|“打开”命令，打开素材文件“素材\第 8 章\8.2.3.dps”，如图 8-39 所示。

Step 02 单击“设计”菜单，在功能区中单击“幻灯片大小”下拉按钮，如图 8-40 所示。

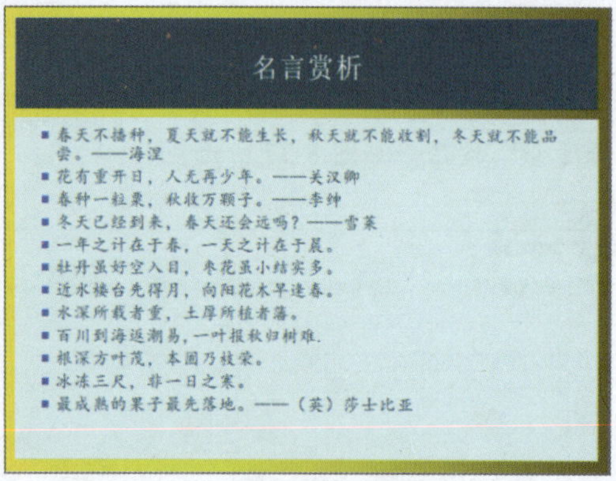
名言赏析
春天不播种，夏天就不能生长，秋天就不能收割，冬天就不能品尝。——海涅
花有重开日，人无再少年。——关汉卿
春种一粒粟，秋收万颗子。——李绅
冬天已经到来，春天还会远吗？——雪莱
一年之计在于春，一天之计在于晨。
牡丹虽好空入目，枣花虽小结实多。
近水楼台先得月，向阳花木早逢春。
水深所载者重，土厚所植者蕃。
百川到海逆潮易，一叶报秋归树难.
根深方叶茂，本固乃枝荣。
冰冻三尺，非一日之寒。
最成熟的果子最先落地。——（英）莎士比亚

图 8-39　打开素材文件

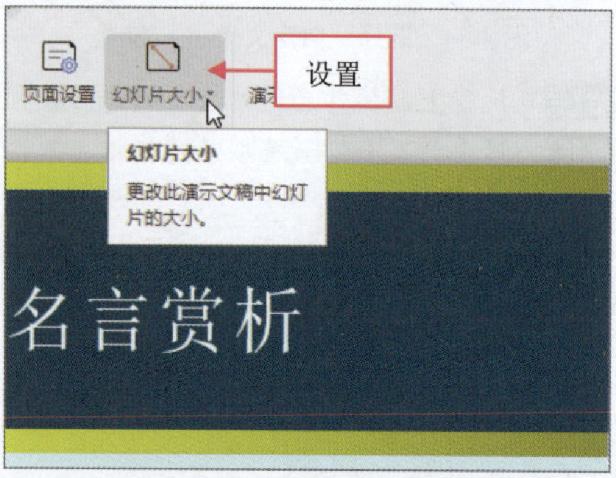
页面设置
幻灯片大小
设置
幻灯片大小
更改此演示文稿中幻灯片的大小。
名言赏析

图 8-40　单击“幻灯片大小”下拉按钮

Step 03 在弹出的列表框中，选择“自定义大小”选项，如图 8-41 所示。

Step 04 弹出“页面设置”对话框，设置“宽度”为 30 厘米、“高度”为 16 厘米，如图 8-42 所示。

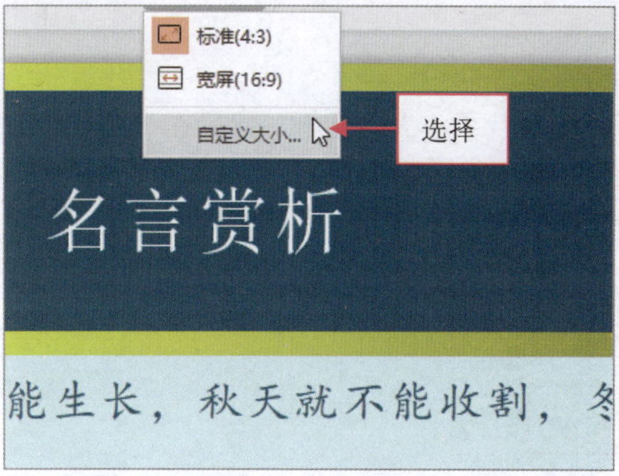

图 8-41　选择“自定义大小”选项

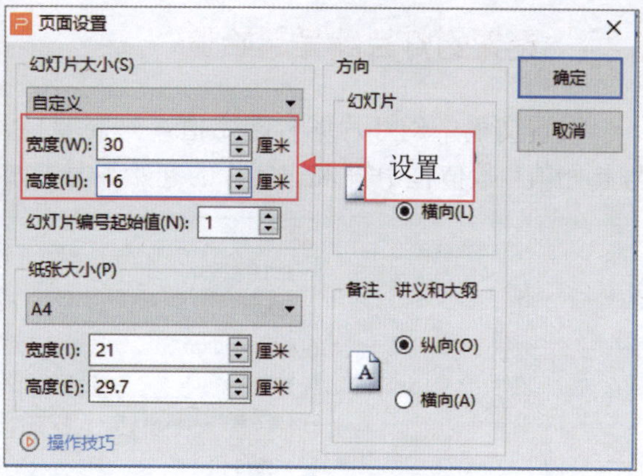

图 8-42　设置相应数值

Step 05　执行上述操作后，单击“确定”按钮，如图 8-43 所示。

Step 06　弹出“页面缩放选项”对话框，单击“确保适合”按钮，如图 8-44 所示。

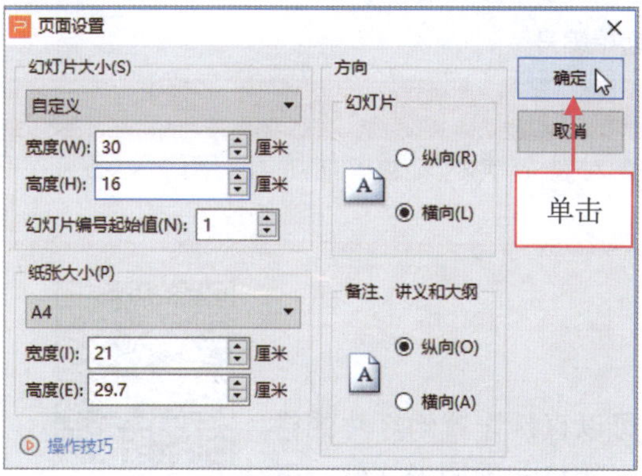

图 8-43　单击“确定”按钮

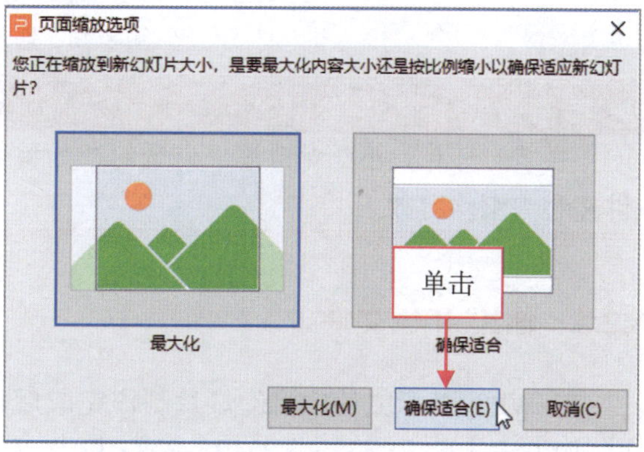

图 8-44　单击“确保适合”按钮

Step 07　执行上述操作后，即可查看设置幻灯片宽度和高度，效果如图 8-45 所示。

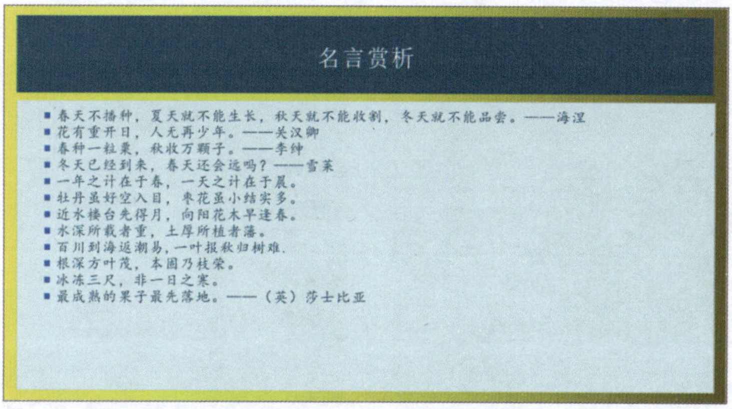

图 8-45　设置幻灯片宽度和高度

8.2.4　设置幻灯片编号起始值

设置文稿中幻灯片编号起始值，只需要打开“幻灯片大小”对话框，然后在“幻灯片编号起始值”数值框中输入幻灯片的起始编号，如图 8-46 所示，即可设置幻灯片编号的起始值。

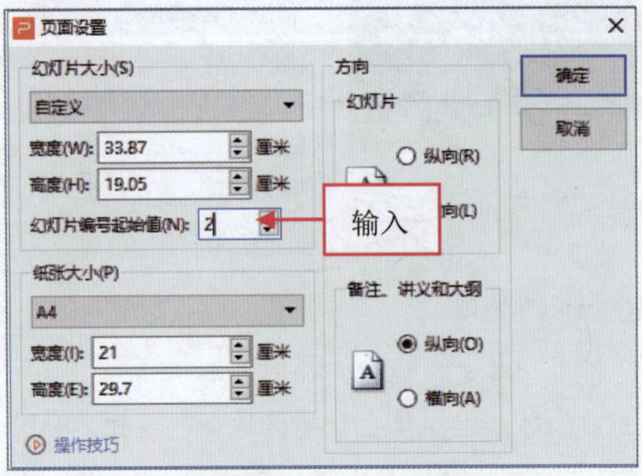

图 8-46　输入起始编号

> **▶ 专家指点**
>
> 在“幻灯片大小”对话框中设置的起始编号，对整个演示文稿中的所有幻灯片、备注、讲义和大纲均有效。

8.2.5　输出 JPG 文件

输出 JPG 文件

在 WPS 演示文稿中将幻灯片制作完成后，可以直接设置幻灯片的格式，如 GIF、JPG、TIFF、BMP、PNG 以及 WMF 等格式的图形文件。下面介绍输出 JPG 文件的操作方法。

Step 01　单击“文件”|“打开”命令，打开素材文件“素材\第 8 章\8.2.5.dps”，如图 8-47 所示。

Step 02　在标题栏中单击鼠标右键，在弹出的快捷菜单中选择“另存为”选项，如图 8-48 所示。

图 8-47　打开素材文件

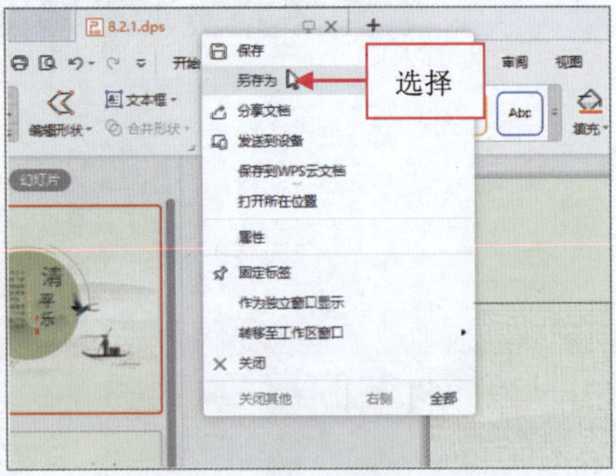

图 8-48　选择“另存为”选项

Step 03　弹出“另存文件”对话框，❶设置保存路径和文件；❷设置“文件类型”为“JPEG 文件交换格式（*.jpg）”；❸单击“保存”按钮，如图 8-49 所示。

Step 04　弹出提示对话框，单击“每张幻灯片”按钮，如图 8-50 所示。

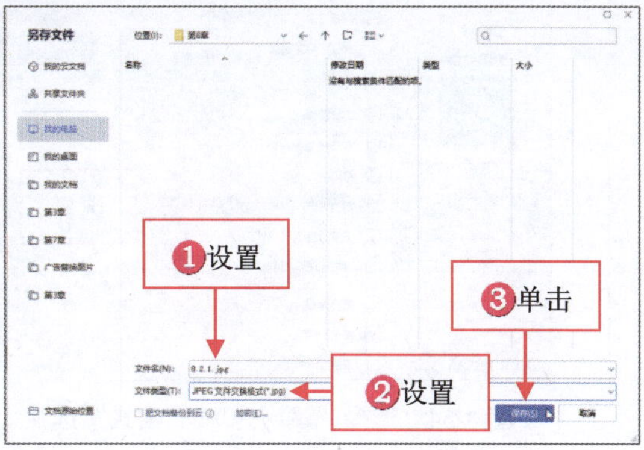

图 8-49　单击“保存”按钮

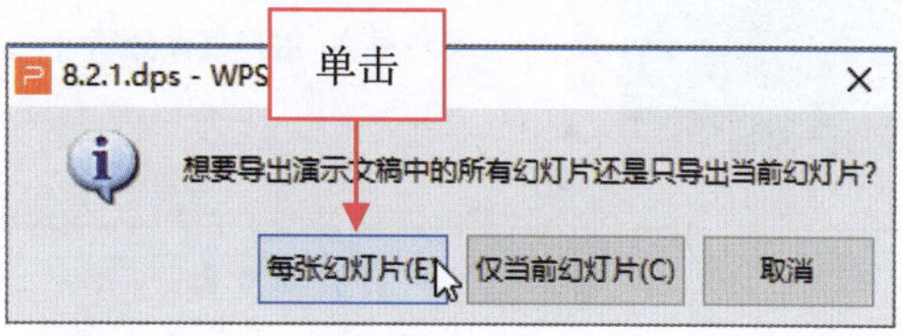

图 8-50　单击“每张幻灯片”按钮

Step 05　再次弹出“WPS 演示”对话框，单击“确定”按钮，如图 8-51 所示。

Step 06　执行上述操作后，打开保存的文件夹，即可查看所有已保存为 JPG 文件格式的幻灯片，如图 8-52 所示。

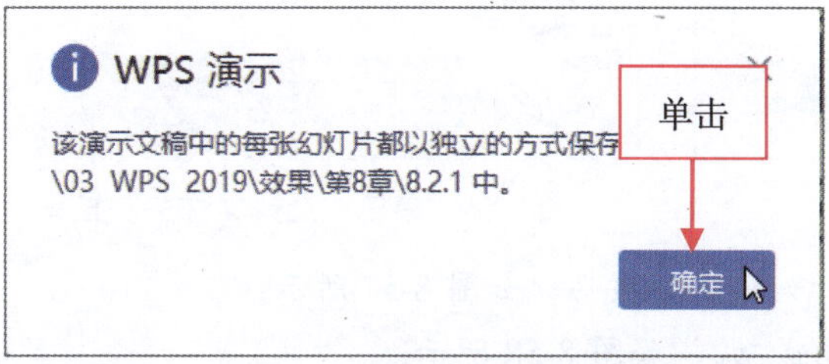

图 8-51　单击“确定”按钮

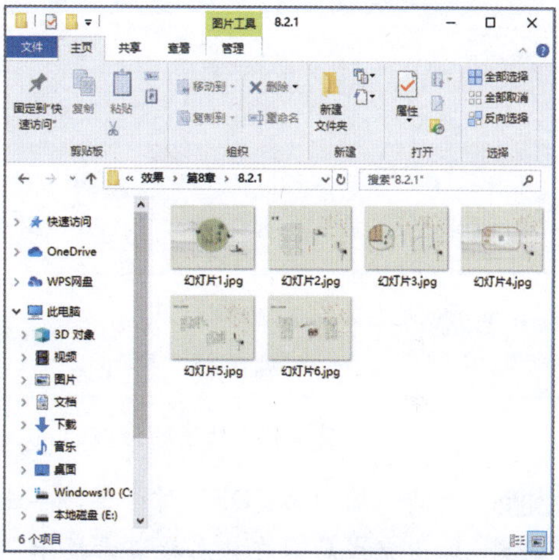

图 8-52　查看所有已保存的 JPG 文件

8.2.6　输出 PDF 文件

PDF 是一种流行的电子文档格式，将演示文稿保存 PDF 文档后，就不需要用 WPS 演示文稿进行打开查看；可以使用专门的 PDF 阅读软件打开，方便阅读和传播。下面介绍输出 PDF 文件的操作方法。

输出 PDF 文件

Step 01　单击“文件”|“打开”命令，打开素材文件“素材\第 8 章\8.2.6.dps”，如图 8-53 所示。

Step 02　单击“文件”下拉按钮，在弹出的列表框中选择“文件”|“输出为 PDF 格式”选项，如图 8-54 所示。

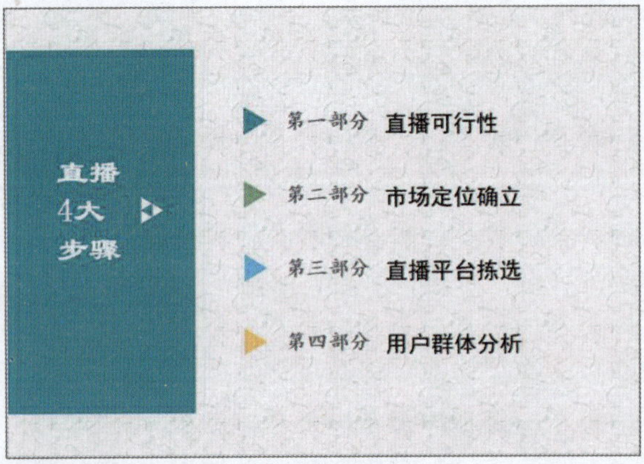

图 8-53　打开素材文件

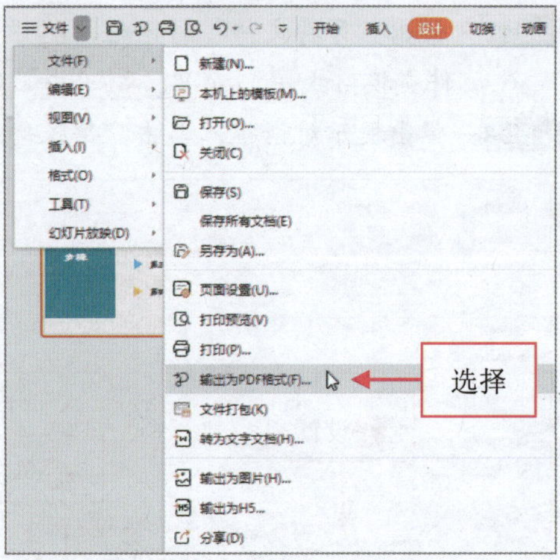

图 8-54　选择“输出为 PDF 格式”选项

Step 03　弹出“输出为 PDF”对话框，单击“保存目录”右侧的 ··· 按钮，如图 8-55 所示。

Step 04　弹出“选择路径”对话框，选择保存文件夹的位置，单击“选择文件夹”按钮，如图 8-56 所示。

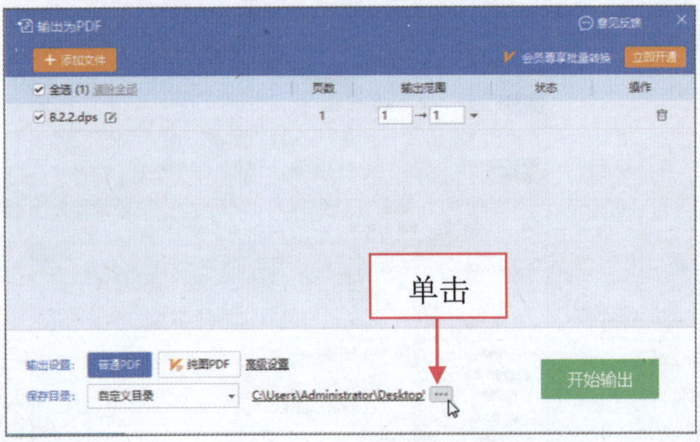

图 8-55　单击相应按钮

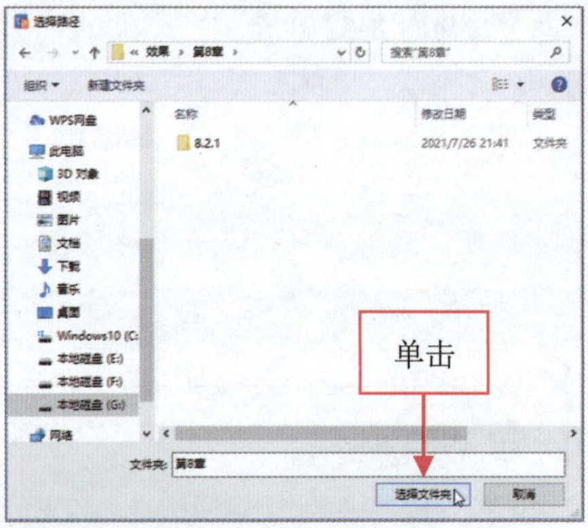

图 8-56　单击“选择文件夹”按钮

Step 05　返回“输出为 PDF”对话框，单击“开始输出”按钮，如图 8-57 所示。

Step 06　输出完成后，在状态栏查看提示“输出成功”，如图 8-58 所示。

图 8-57　单击“开始输出”按钮

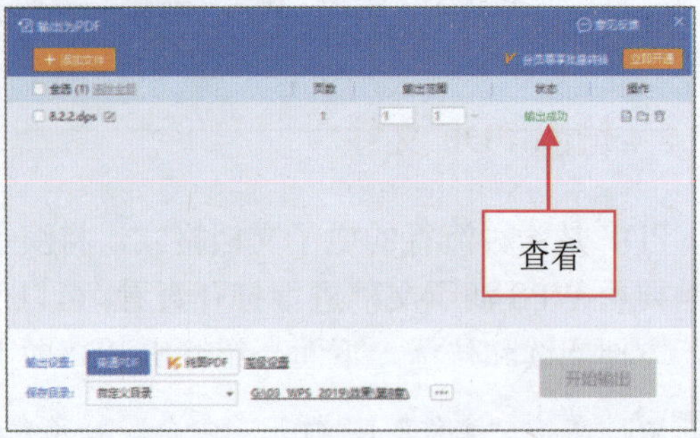

图 8-58　查看提示“输出成功”

Step 07　执行上述操作后，打开保存的文件夹，即可查看 PDF 文件格式，如图 8-59 所示。

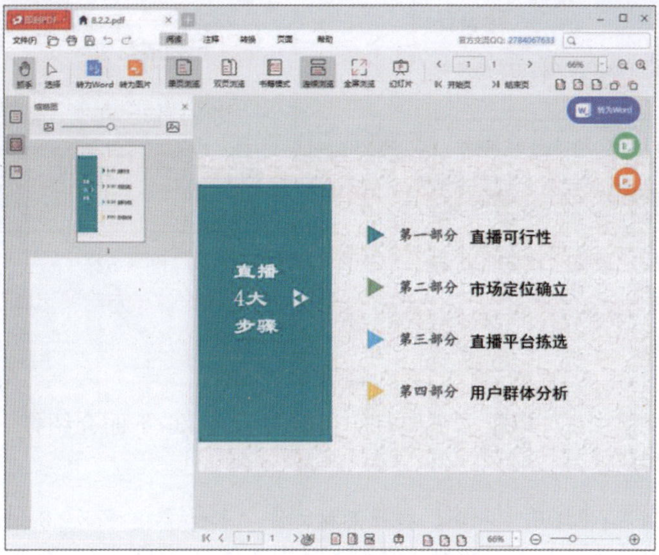

图 8-59　查看保存的 PDF 文件

8.2.7　打包演示文稿

打包演示文稿

如果制作的演示文稿中包含了数据的链接、特殊字体、视频以及音频等，为了保证能在其他电脑上正常使用，最好将演示文稿打包存放。下面介绍打包演示文稿的操作方法。

Step 01　单击“文件”|“打开”命令，打开素材文件“素材\第 8 章\8.2.7.dps”，如图 8-60 所示。

Step 02　单击“文件”下拉按钮，在弹出的列表框中选择“文件打包”|“打包成文件夹”选项，如图 8-61 所示。

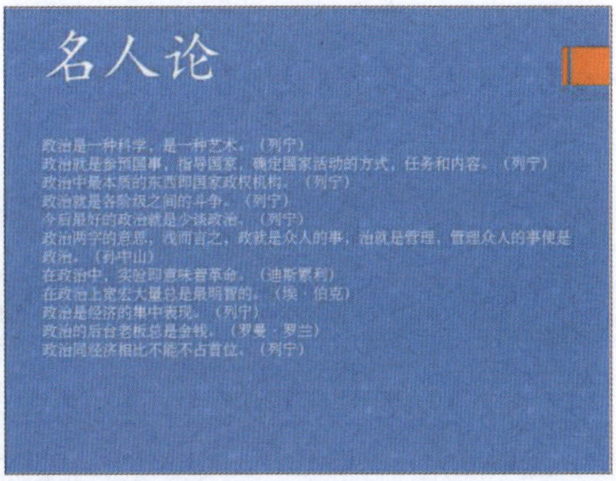

图 8-60　打开素材文件

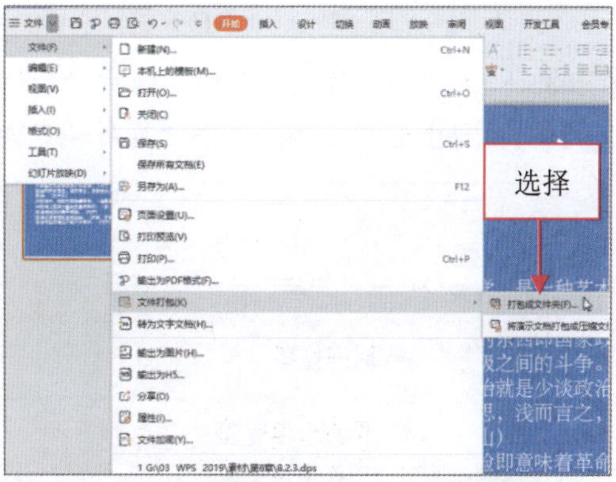

图 8-61　选择“打包成文件夹”选项

Step 03　弹出“演示文件打包”对话框，❶设置“文件夹名称”和“位置”；❷单击“确定”按钮，如图 8-62 所示。

Step 04　弹出“已完成打包”对话框，单击“关闭”按钮即可，如图 8-63 所示。

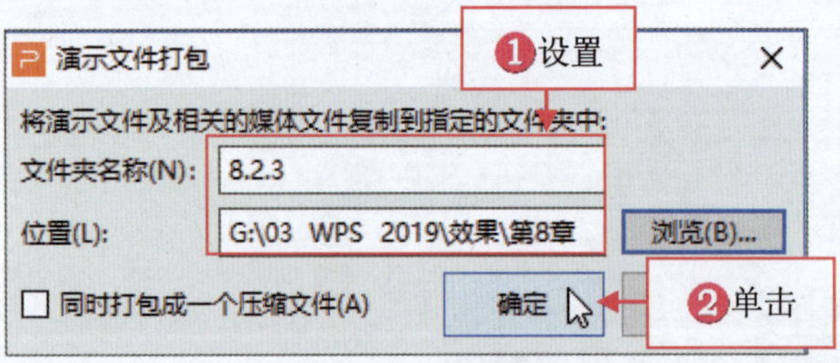

图 8-62　单击“确定”按钮

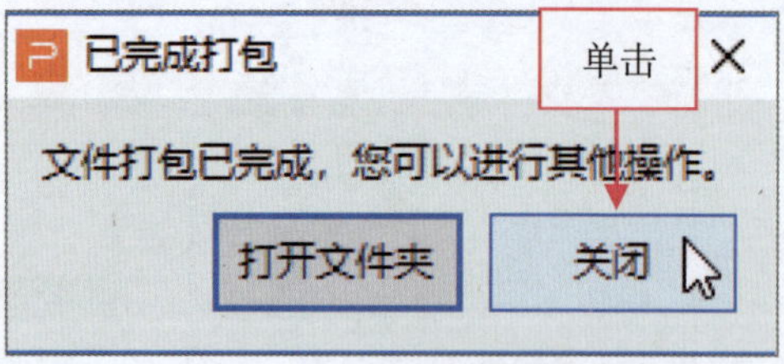

图 8-63　单击“关闭”按钮

8.2.8　打印演示文稿

打印演示文稿

在 WPS 演示文稿中，可以根据需要打印当前演示文稿。下面介绍打印演示文稿的操作方法。

Step 01　单击“文件”|“打开”命令，打开素材文件“素材\第 8 章\8.2.8.dps”，如图 8-64 所示。

Step 02　单击“文件”下拉按钮，在弹出的列表框中选择“文件”|“打印预览”选项，如图 8-65 所示。

图 8-64　打开素材文件

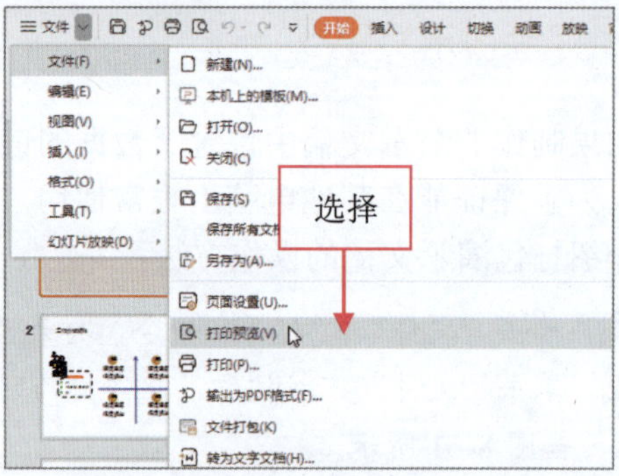

图 8-65　选择“打印预览”选项

Step 03　进入“打印预览”页面，选中“幻灯片加框”复选框，如图 8-66 所示。

Step 04　执行上述操作后，单击“页眉和页脚”按钮，如图 8-67 所示。

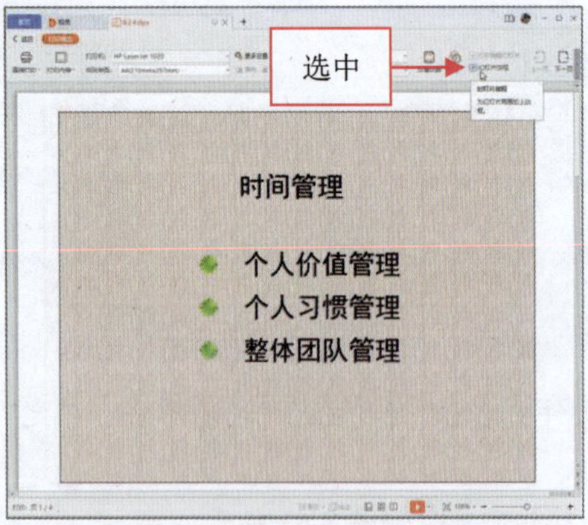

图 8-66　选中“幻灯片加框”复选框

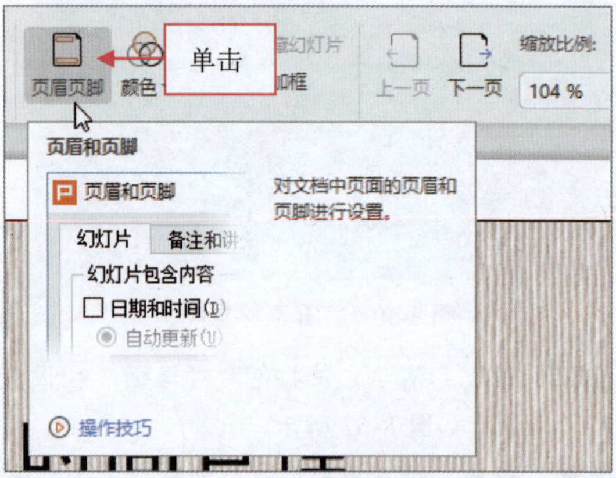

图 8-67　单击“页眉和页脚”按钮

Step 05 弹出“页眉和页脚”对话框，❶选中“日期和时间”复选框；❷在“自动更新”下拉列表框中选择一种日期格式，如图 8-68 所示。

Step 06 执行上述操作后，❶选中“幻灯片编号”复选框；❷单击“全部应用”按钮，如图 8-69 所示。

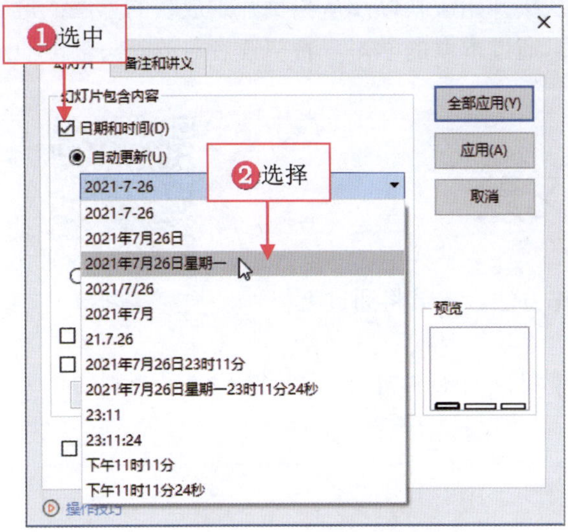

图 8-68 选择相应选项

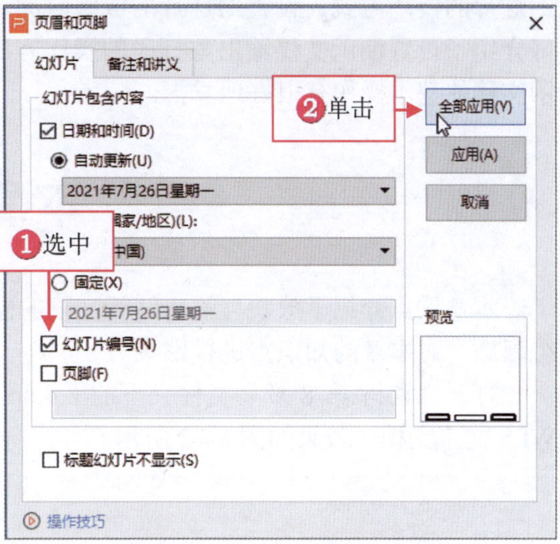

图 8-69 单击“全部应用”按钮

Step 07 设置完成后，单击“直接打印”按钮，如图 8-70 所示。执行上述操作后，即可开始打印演示文稿。

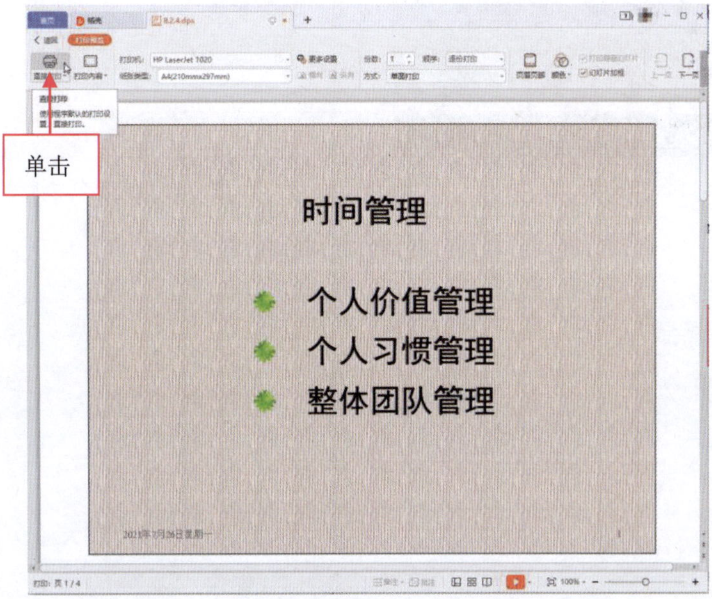

图 8-70 单击“直接打印”按钮

本章小结

本章首先介绍了设置演示文稿放映方式，包括设置演讲者放映、设置自定义放映、设置幻灯片的换片方式、设置幻灯片的放映时间、从头开始放映以及从当页开始放映的方法；最好介绍了设置演示文稿输出与打印的操作方法。通过本章的学习，希望读者对放映与输出演示文稿的基本操作有很好地掌握。

本章习题

本章习题

本章重点介绍了放映与输出演示文稿的操作方法，本节将通过上机练习题，对本章的知识点进行回顾。

打开“素材\第 8 章”文件夹下的 8.4.dps 素材，如图 8-71 所示。将 8.4.dps 素材转换为 WPS 文字文档，效果如图 8-72 所示。

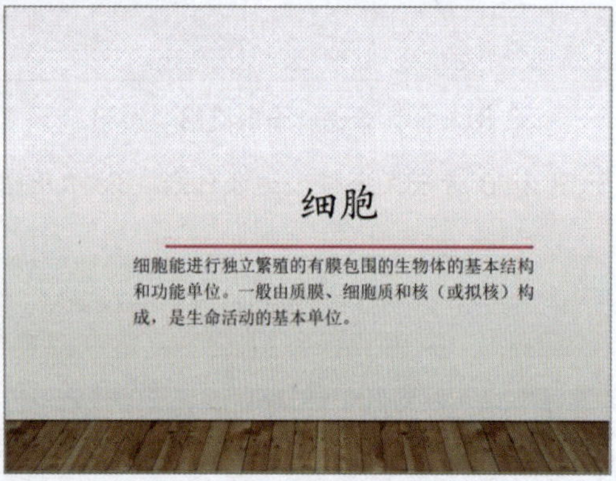
细胞
细胞能进行独立繁殖的有膜包围的生物体的基本结构和功能单位。一般由质膜、细胞质和核（或拟核）构成，是生命活动的基本单位。

图 8-71　打开素材文件

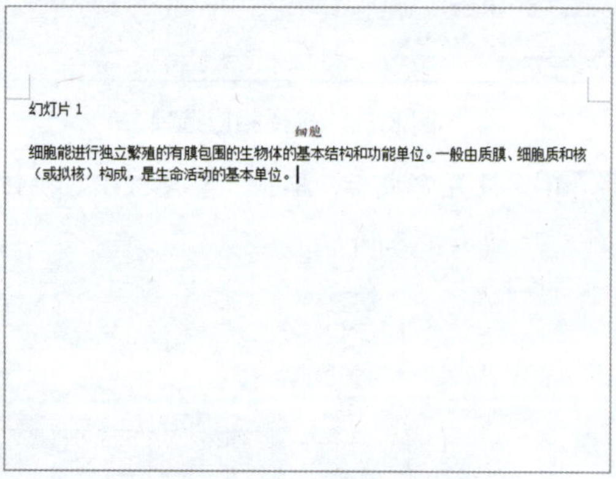
幻灯片 1
细胞
细胞能进行独立繁殖的有膜包围的生物体的基本结构和功能单位。一般由质膜、细胞质和核（或拟核）构成，是生命活动的基本单位。

图 8-72　查看转换后的效果

第 9 章
应用 WPS 组件与云操作

在 WPS 演示文稿中除了文档、表格、演示文稿外，其他组件也是办公的好帮手。本章主要向读者介绍了创建 PDF 功能、创建流程图、创建脑图、制作金山海报、创建表单以及 WPS 文件的云操作内容。

本章重点

- 创建 PDF 功能
- 创建流程图
- 创建脑图
- 制作金山海报
- 创建表单
- WPS 文件的云操作

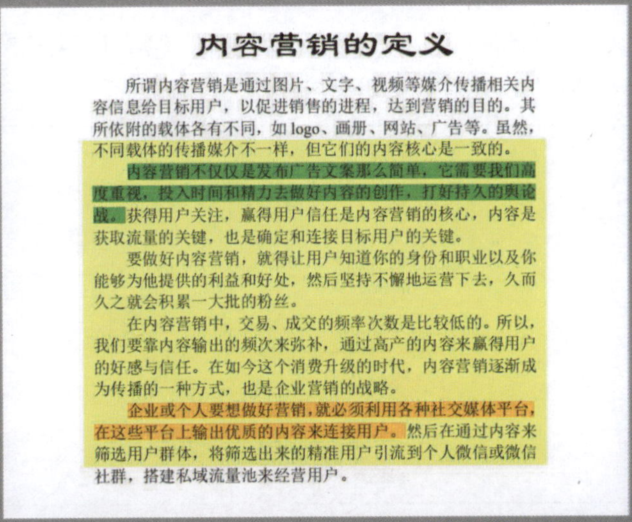

内容营销的定义

所谓内容营销是通过图片、文字、视频等媒介传播相关内容信息给目标用户，以促进销售的进程，达到营销的目的。其所依附的载体各有不同，如 logo、画册、网站、广告等。虽然，不同载体的传播媒介不一样，但它们的内容核心是一致的。

内容营销不仅仅是发布广告文案那么简单，它需要我们高度重视，投入时间和精力去做好内容的创作，打好持久的舆论战。获得用户关注，赢得用户信任是内容营销的核心，内容是获取流量的关键，也是确定和连接目标用户的关键。

要做好内容营销，就得让用户知道你的身份和职业以及你能够为他提供的利益和好处，然后坚持不懈地运营下去，久而久之就会积累一大批的粉丝。

在内容营销中，交易、成交的频率次数是比较低的。所以，我们要靠内容输出的频次来弥补，通过高产的内容来赢得用户的好感与信任。在如今这个消费升级的时代，内容营销逐渐成为传播的一种方式，也是企业营销的战略。

企业或个人要想做好营销，就必须利用各种社交媒体平台，在这些平台上输出优质的内容来连接用户。然后在通过内容来筛选用户群体，将筛选出来的精准用户引流到个人微信或微信社群，搭建私域流量池来经营用户。

9.1 创建 PDF 功能

PDF 是工作中最常用的文件格式之一，PDF 文件的优势在于即使在其他计算机上打开也不会受影响，且内容不会被随意修改。本节主要介绍新建 PDF 文件、设置高亮 PDF 文件以及添加 PDF 签名文件等内容的操作。

9.1.1 新建 PDF 文件

新建 PDF 文件

在工作中经常需要给其他同事发送PDF格式的文件，除了将 WPS 文字、WPS 表格、WPS 演示文稿转换为 PDF 格式外，还可以直接使用 WPS Office 2019 创建 PDF 文件，下面介绍新建 PDF 文件的操作方法。

Step 01 启动 WPS Office 2019 界面，在“首页”单击“新建”按钮，如图 9-1 所示。

Step 02 ①切换至 PDF 选项卡；②单击“新建 PDF”栏中的“从文件新建 PDF”按钮，如图 9-2 所示。

图 9-1 单击“新建”按钮

图 9-2 单击“从文件新建 PDF”按钮

Step 03 弹出“打开文件”对话框，①选择相应的素材文件；②单击“打开”按钮，如图 9-3 所示。

Step 04 系统将根据所选文件，开始新建 PDF 文件，如图 9-4 所示。

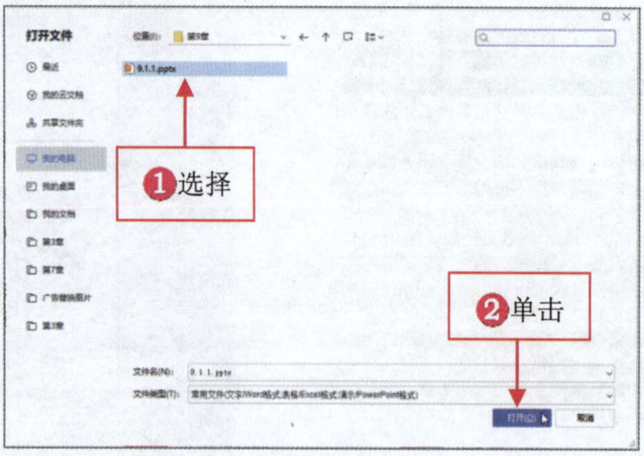

图 9-3 单击“打开”按钮

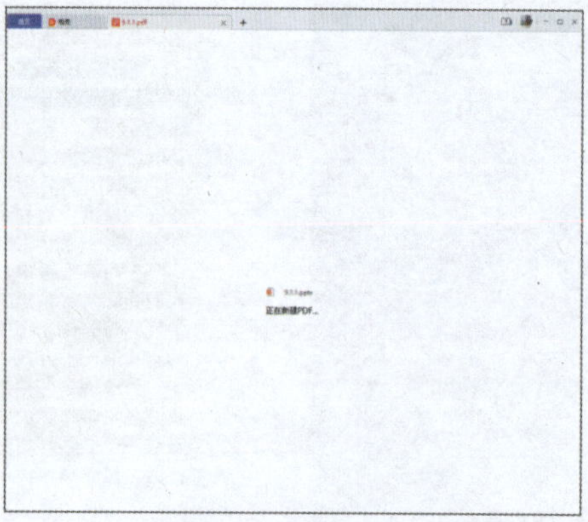

图 9-4 新建 PDF 文件

Step 05　执行上述操作后，即可查看新建的 PDF 文件，效果如图 9-5 所示。

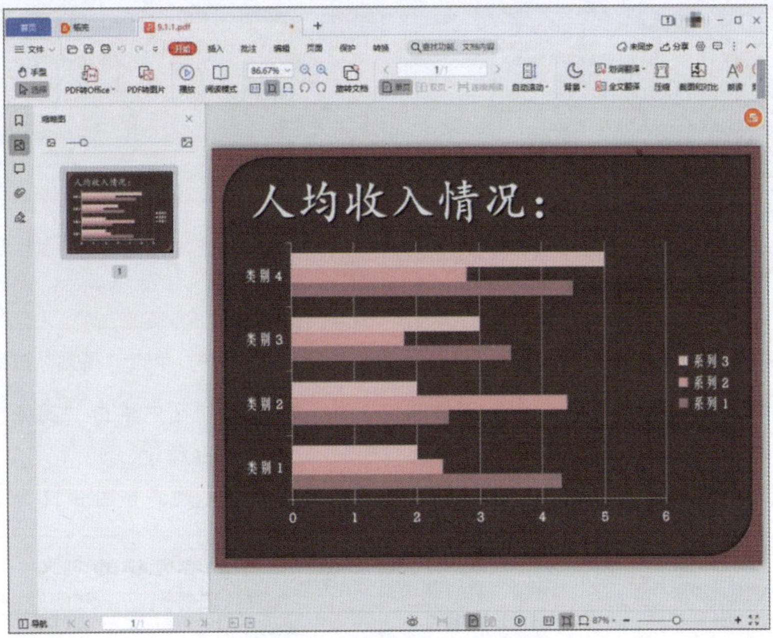

图 9-5　查看新建 PDF 文件

9.1.2　设置高亮 PDF 文件

PDF 文本中重要的文档可以设置高亮提醒，方便查找。下面介绍高亮设置 PDF 文件的操作方法。

设置高亮 PDF 文件

Step 01　打开素材文件“素材\第 9 章\9.1.2.pdf”，如图 9-6 所示。

Step 02　单击“插入”菜单，在功能区中单击“高亮”按钮，如图 9-7 所示。

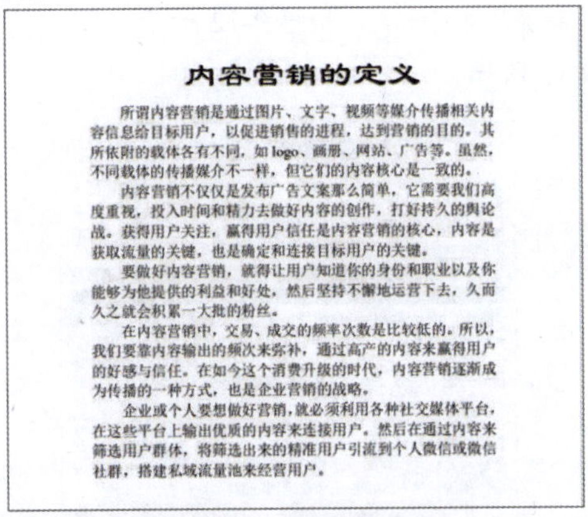

内容营销的定义

所谓内容营销是通过图片、文字、视频等媒介传播相关内容信息给目标用户，以促进销售的进程，达到营销的目的。其所依附的载体各有不同，如 logo、画册、网站、广告等。虽然，不同载体的传播媒介不一样，但它们的内容核心是一致的。

内容营销不仅仅是发布广告文案那么简单，它需要我们高度重视，投入时间和精力去做好内容的创作，打好持久的舆论战。获得用户关注，赢得用户信任是内容营销的核心，内容是获取流量的关键，也是确定和连接目标用户的关键。

要做好内容营销，就得让用户知道你的身份和职业以及你能够为他提供的利益和好处，然后坚持不懈地运营下去，久而久之就会积累一大批的粉丝。

在内容营销中，交易、成交的频率次数是比较低的。所以，我们要靠内容输出的频次来弥补，通过高产的内容来赢得用户的好感与信任。在如今这个消费升级的时代，内容营销逐渐成为传播的一种方式，也是企业营销的战略。

企业或个人要想做好营销，就必须利用各种社交媒体平台，在这些平台上输出优质的内容来连接用户。然后在通过内容来筛选用户群体，将筛选出来的精准用户引流到个人微信或微信社群，搭建私域流量池来经营用户。

图 9-6　打开素材文件

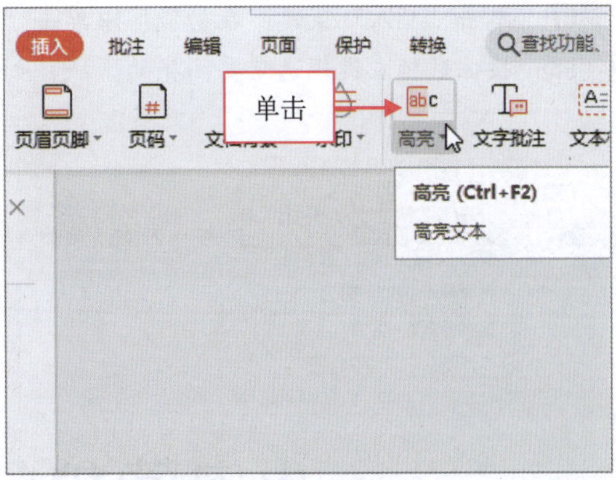

图 9-7　单击“高亮”按钮

Step 03　选择需要高亮的文本，按住鼠标左键拖曳至合适位置，如图 9-8 所示。

Step 04　释放鼠标左键，再次单击“高亮”按钮，如图 9-9 所示，取消高亮功能。

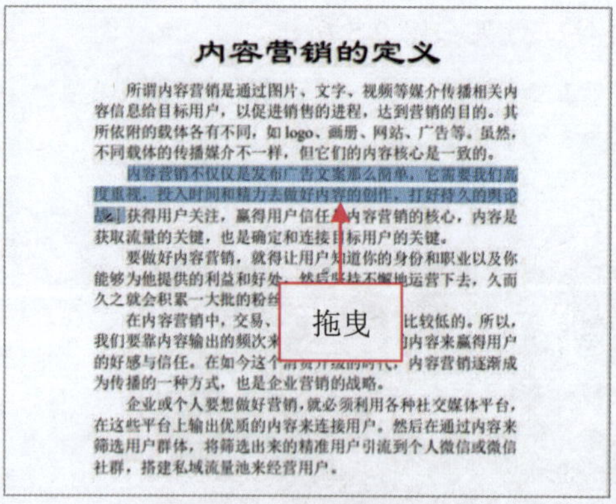

图 9-8　拖曳至合适位置

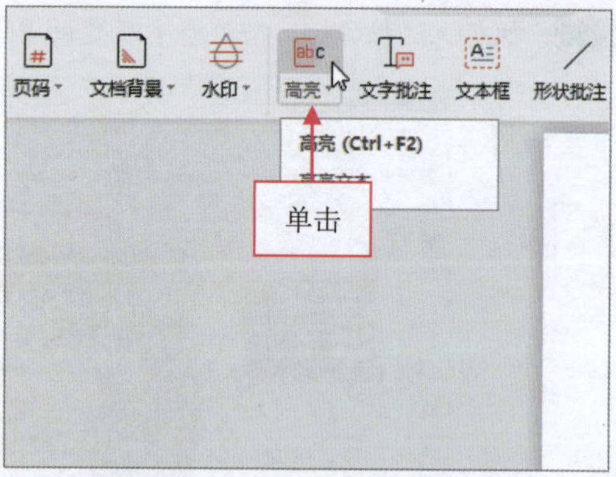

图 9-9　单击“高亮”按钮

Step 05　如果需要更改高亮颜色，单击“插入”菜单，❶在功能区中单击“高亮”下拉按钮；❷在弹出的下拉列表框中选择“橙色”色块，如图 9-10 所示。

Step 06　再次选中需要高亮的文本，即可查看到高亮颜色已经更改，如图 9-11 所示。

图 9-10　选择“橙色”色块

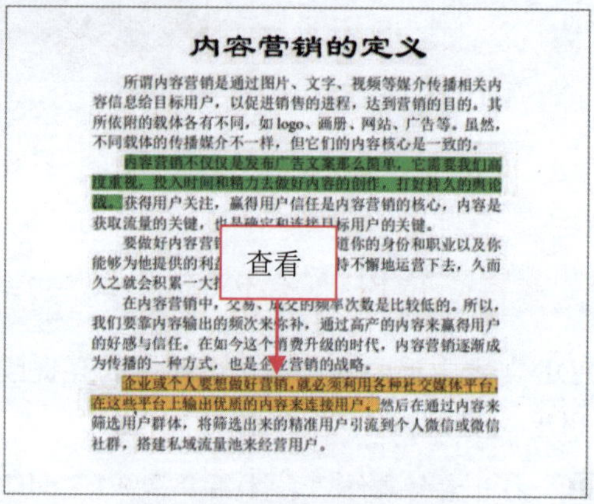

图 9-11　查看更改的颜色

Step 07　单击“插入”菜单，在功能区中单击“区域高亮”按钮，如图 9-12 所示。

Step 08　按住鼠标左键框选需要高亮的区域，如图 9-13 所示。

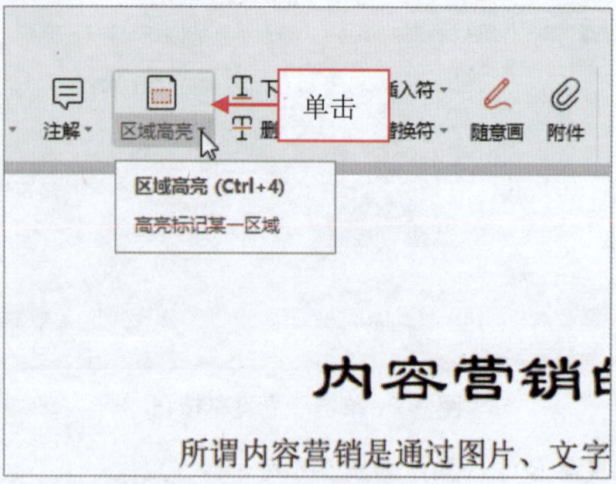

图 9-12　单击“区域高亮”按钮

图 9-13　选择需要设置高亮的区域

Step 09　释放鼠标左键，即可查看已经高亮显示的区域，效果如图 9-14 所示。

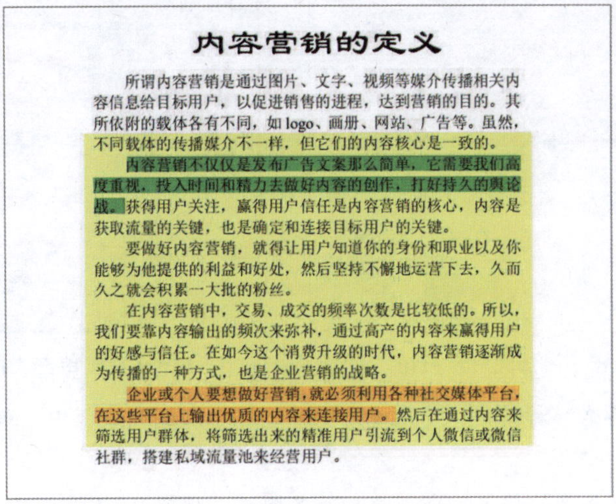

内容营销的定义

所谓内容营销是通过图片、文字、视频等媒介传播相关内容信息给目标用户，以促进销售的进程，达到营销的目的。其所依附的载体各有不同，如 logo、画册、网站、广告等。虽然，不同载体的传播媒介不一样，但它们的内容核心是一致的。

内容营销不仅仅是发布广告文案那么简单，它需要我们高度重视，投入时间和精力去做好内容的创作，打好持久的舆论战。获得用户关注，赢得用户信任是内容营销的核心，内容是获取流量的关键，也是确定和连接目标用户的关键。

要做好内容营销，就得让用户知道你的身份和职业以及你能够为他提供的利益和好处，然后坚持不懈地运营下去，久而久之就会积累一大批的粉丝。

在内容营销中，交易、成交的频率次数是比较低的。所以，我们要靠内容输出的频次来弥补，通过高产的内容来赢得用户的好感与信任。在如今这个消费升级的时代，内容营销逐渐成为传播的一种方式，也是企业营销的战略。

企业或个人要想做好营销，就必须利用各种社交媒体平台，在这些平台上输出优质的内容来连接用户。然后在通过内容来筛选用户群体，将筛选出来的精准用户引流到个人微信或微信社群，搭建私域流量池来经营用户。

图 9-14　查看高亮区域

9.1.3　添加 PDF 签名文件

签名可以让人更容易的识别 PDF 的来源，也可以使 PDF 文档显得更加专业。下面介绍添加 PDF 文件签名的操作方法。

添加 PDF 签名文件

Step 01　打开素材文件“素材\第 9 章\9.1.3.pdf”，如图 9-15 所示。

Step 02　单击“插入”菜单，❶在功能区中单击“PDF 签名”下拉按钮；❷在弹出的列表框中选择“创建签名”选项，如图 9-16 所示。

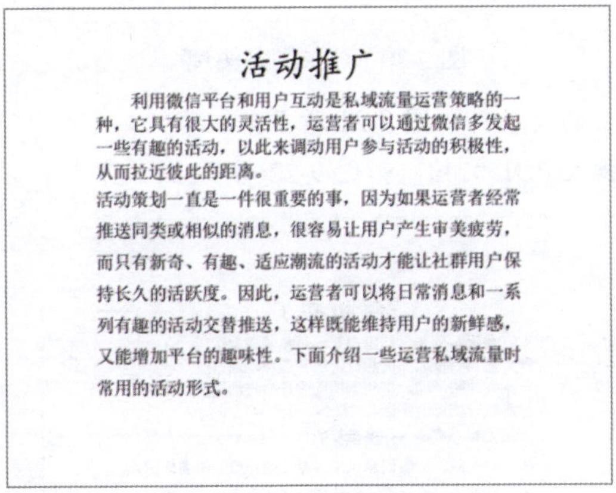

活动推广

利用微信平台和用户互动是私域流量运营策略的一种，它具有很大的灵活性，运营者可以通过微信多发起一些有趣的活动，以此来调动用户参与活动的积极性，从而拉近彼此的距离。

活动策划一直是一件很重要的事，因为如果运营者经常推送同类或相似的消息，很容易让用户产生审美疲劳，而只有新奇、有趣、适应潮流的活动才能让社群用户保持长久的活跃度。因此，运营者可以将日常消息和一系列有趣的活动交替推送，这样既能维持用户的新鲜感，又能增加平台的趣味性。下面介绍一些运营私域流量时常用的活动形式。

图 9-15　打开素材文件

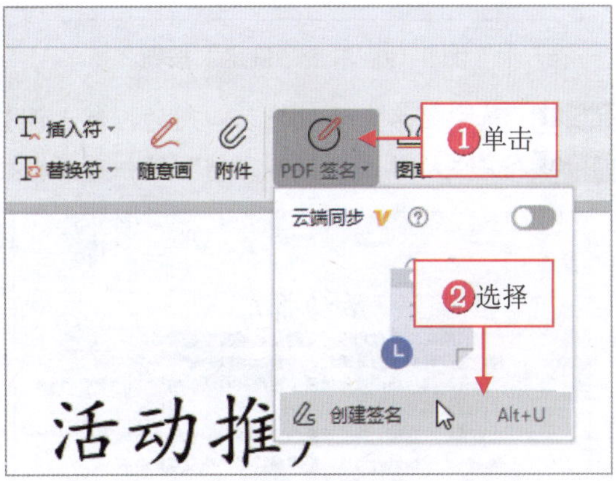

图 9-16　选择“创建签名”选项

Step 03　弹出“PDF 签名”对话框，在“图片”选项卡中单击“添加图片”按钮，如图 9-17 所示。

Step 04　弹出“添加图片”对话框，❶选择相应的素材文件；❷单击“打开”按钮，如图 9-18 所示。

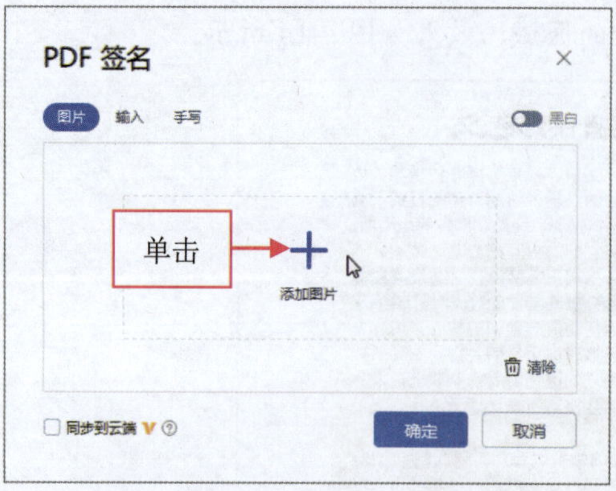

图 9-17 单击“添加图片”按钮

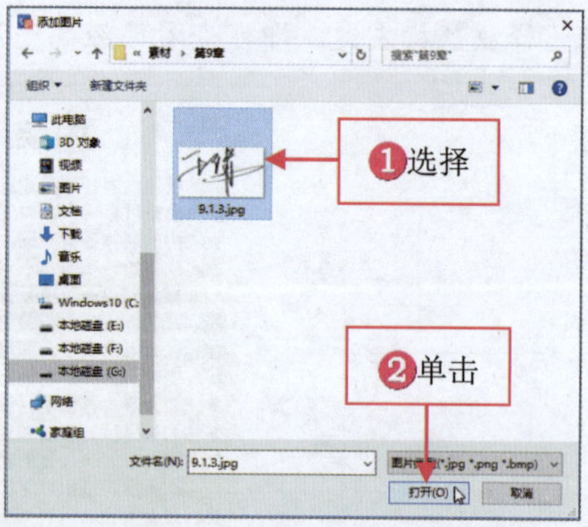

图 9-18 单击“打开”按钮

Step 05 返回“PDF 签名”对话框，可以查看图片已经添加到列表框中，单击“确定”按钮，如图 9-19 所示。

Step 06 单击需要添加签名的位置，即可添加签名图片，如图 9-20 所示。

图 9-19 单击“确定”按钮

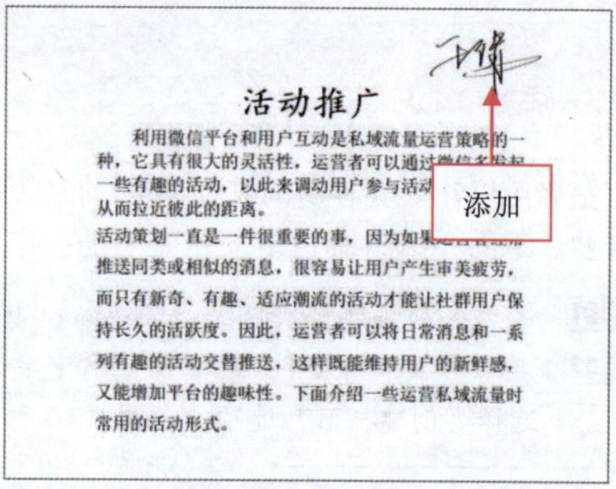

图 9-20 添加签名图片

Step 07 选中签名，通过拖动四周的控制点调整签名的大小，如图 9-21 所示。

Step 08 完成后单击“嵌入文档”按钮，将签名嵌入 PDF 文档，如图 9-22 所示。

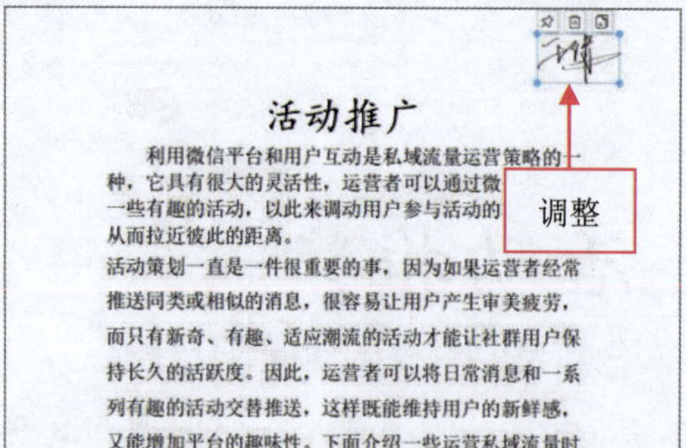

图 9-21 调整签名大小

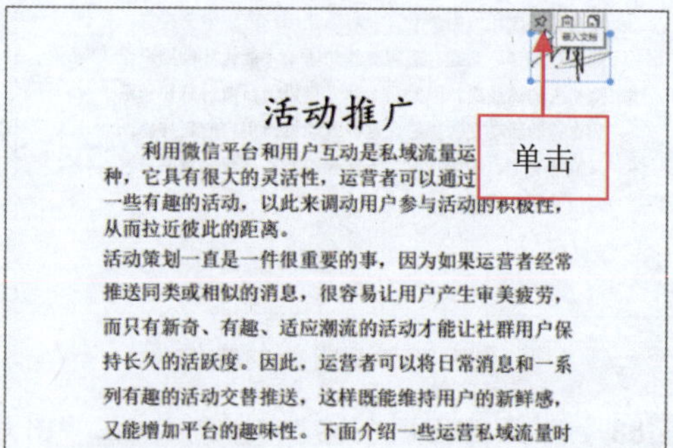

图 9-22 单击“嵌入文档”按钮

Step 09　执行上述操作后，即可查看签名已经嵌入 PDF 文档，效果如图 9-23 所示。

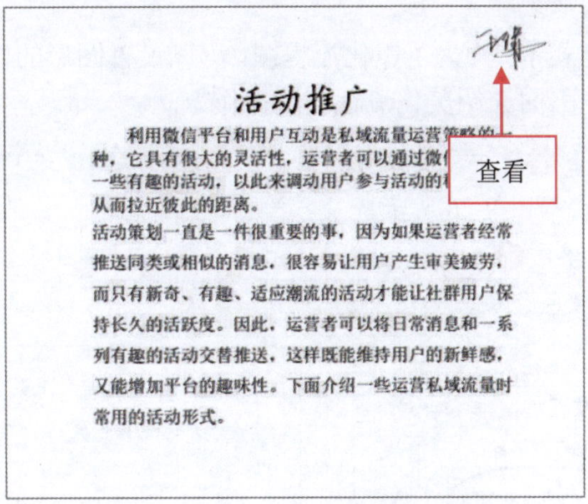
活动推广
利用微信平台和用户互动是私域流量运营策略的一
种，它具有很大的灵活性，运营者可以通过微
一些有趣的活动，以此来调动用户参与活动的
从而拉近彼此的距离。
活动策划一直是一件很重要的事，因为如果运营者经常
推送同类或相似的消息，很容易让用户产生审美疲劳，
而只有新奇、有趣、适应潮流的活动才能让社群用户保
持长久的活跃度。因此，运营者可以将日常消息和一系
列有趣的活动交替推送，这样既能维持用户的新鲜感，
又能增加平台的趣味性。下面介绍一些运营私域流量时
常用的活动形式。
查看

图 9-23　签名嵌入 PDF 文档后的效果

9.2　创建流程图

流程图是工作中经常用到的图形，使用 WPS 可以更方便地创建流程图。本节介绍新建、美化以及插入流程图的操作方法。

9.2.1　新建流程图

流程图可以从 WPS 的其他组件中创建，例如：WPS 文字、WPS 表格、WPS 演示文稿等，也可以单独地创建。下面介绍新建流程图的操作方法。

新建流程图

Step 01　启动 WPS Office 2019 界面，❶在“新建”页面中切换至“流程图”选项卡；❷单击“新建空白图”按钮+，如图 9-24 所示。

Step 02　执行上述操作后，即可创建一个新的流程图，如图 9-25 所示。

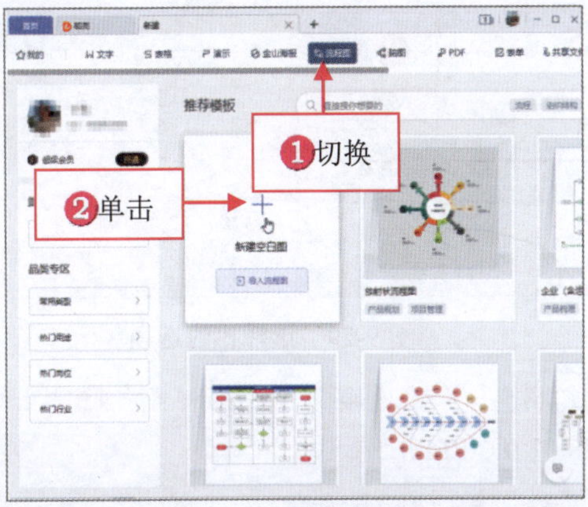
❶切换
❷单击
推荐模板
新建空白图

图 9-24　单击“新建空白图”按钮

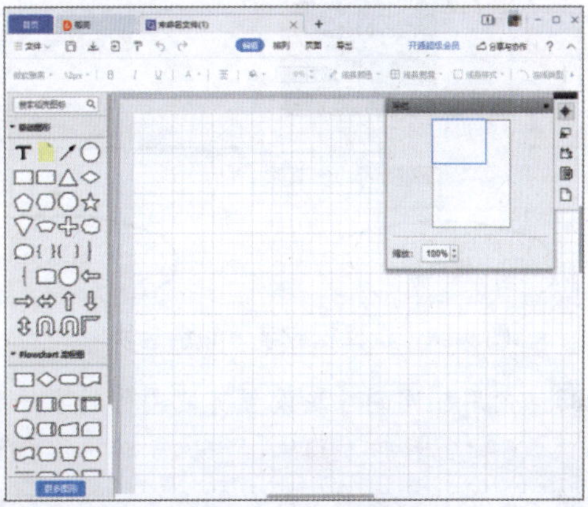

图 9-25　创建流程图

9.2.2 美化流程图

美化流程图

系统默认的流程图样式单一，为了美化流程图，可以设置图形的样式、主题风格、页面样式等。下面介绍美化流程图的操作方法。

Step 01 打开流程图模板，❶选中需要设置的图形；❷在“编辑”选项区中设置字体和字号，如图 9-26 所示。

Step 02 单击“编辑”菜单，❶在功能区中单击“填充样式”下拉按钮；❷在弹出的下拉列表框中选择相应颜色色块，如图 9-27 所示。

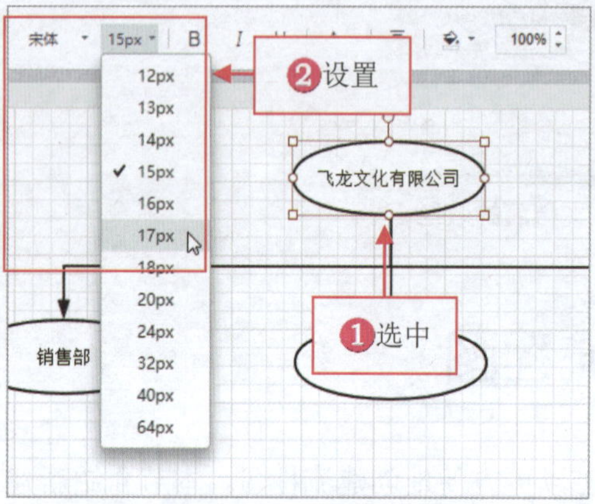

图 9-26　设置字体和字号

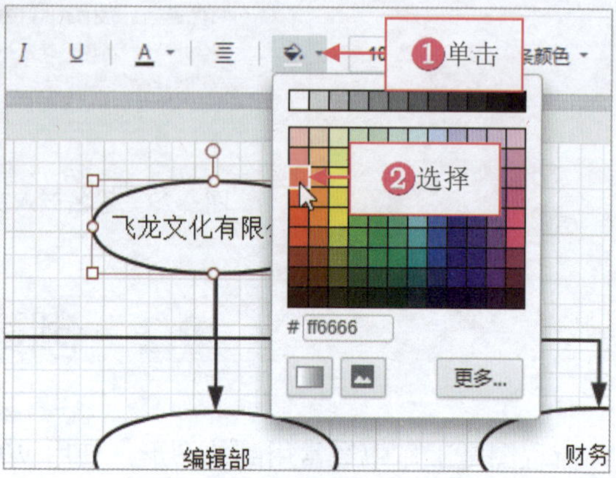

图 9-27　选择相应颜色色块

Step 03 单击“编辑”菜单，❶在功能区中单击“字体颜色”下拉按钮；❷在弹出的下拉列表框中选择相应字体颜色色块，如图 9-28 所示。

Step 04 单击“编辑”菜单，❶在功能区中单击“线条宽度”下拉按钮；❷在弹出的下拉列表框中选择 0 px 选项，如图 9-29 所示。

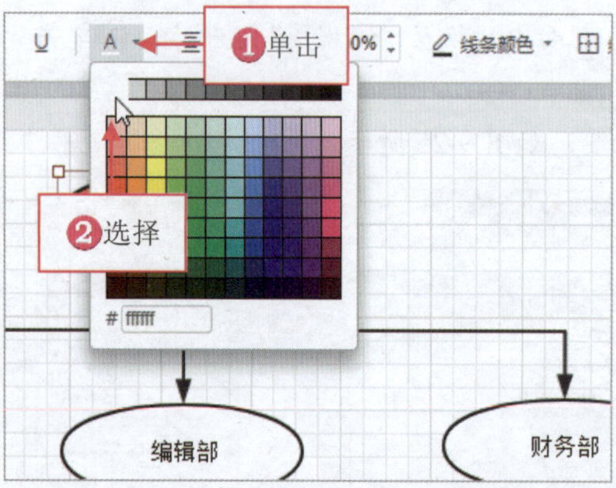

图 9-28　选择相应字体颜色色块

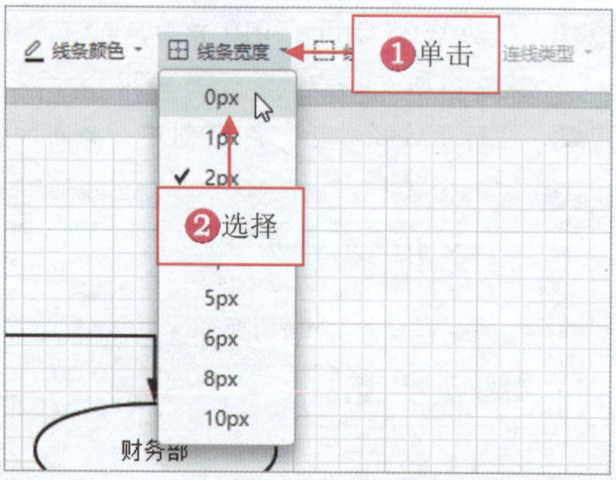

图 9-29　选择相应选项

Step 05 使用相同的方法设置其他图形的字体和填充颜色，如果需要复制图形样式，❶选中需要复制的图形；❷单击“格式刷”按钮，如图 9-30 所示。

Step 06 选中目标图形，即可查看复制的图形样式，效果如图 9-31 所示。

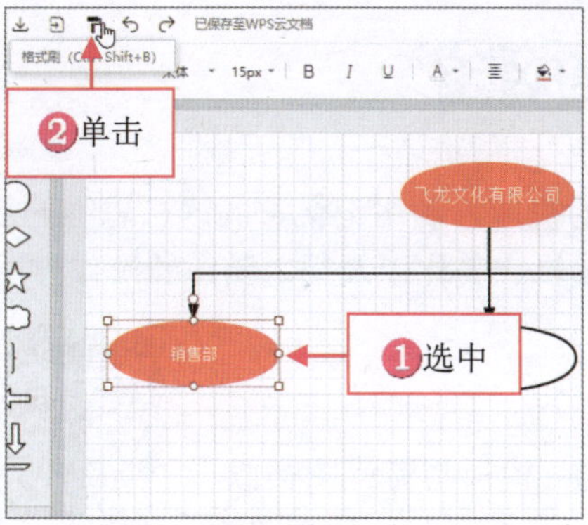

图 9-30　单击“格式刷”按钮

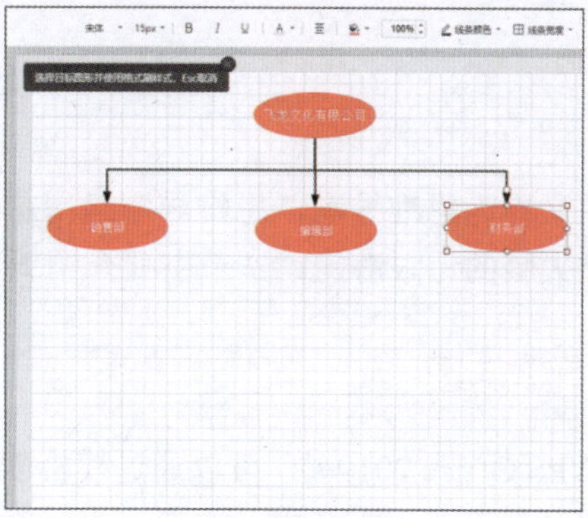

图 9-31　图形样式复制后的效果

9.2.3　插入流程图

插入流程图

下面介绍插入流程图的操作方法。

Step 01　打开素材文件“素材\第 9 章\9.2.3.wps”，①单击“插入”菜单；②在功能区中单击“流程图”下拉按钮；③在弹出的列表框中选择“插入已有流程图（RP）选项，如图 9-32 所示。

Step 02　弹出“请选择流程图”对话框，①在左侧选择插入的流程图；②单击“插入到文档”按钮，如图 9-33 所示。

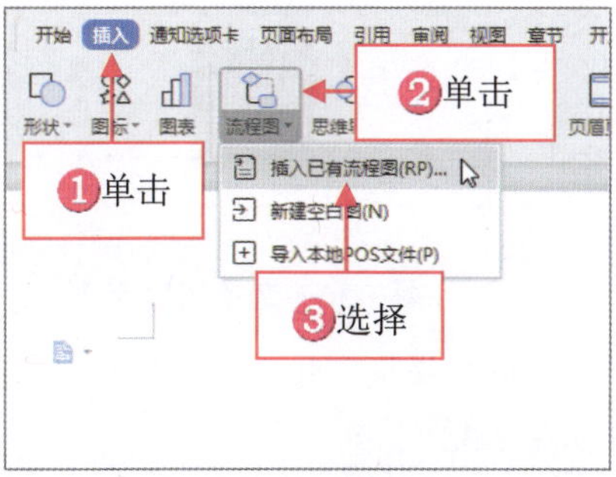

图 9-32　选择“插入已有流程图（RP）选项

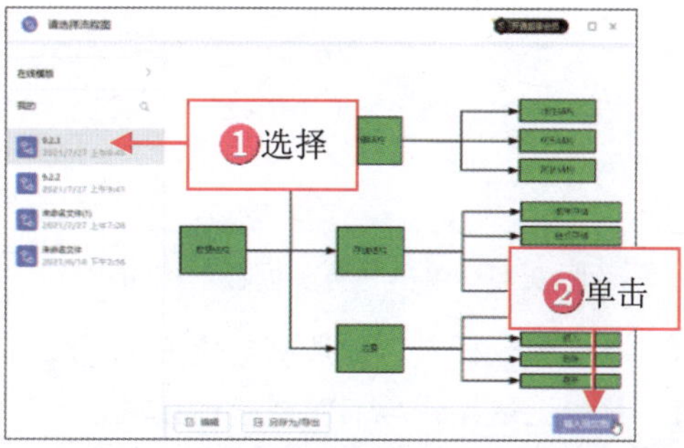

图 9-33　单击“插入到文档”按钮

Step 03　执行上述操作后，流程图将以图片的形式插入到 WPS 文档中，效果如图 9-34 所示。

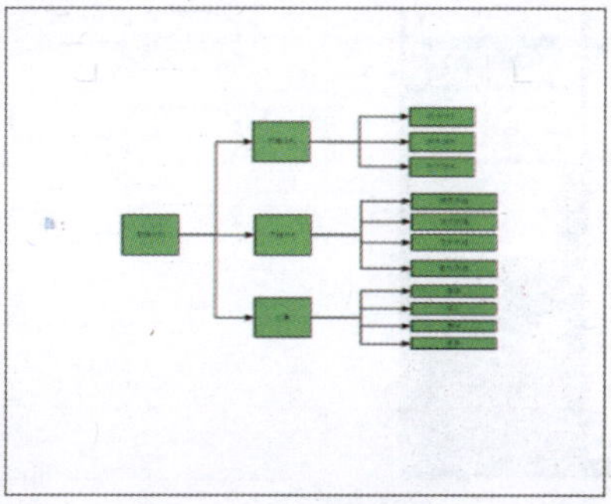

图 9-34　查看流程图

9.3 创建脑图

脑图又称为思维导图，思维导图运用左右脑的机能，利用记忆、阅读、思维的规律，开启了人类大脑的无限潜能。本节主要介绍新建、编辑、美化以及插入脑图的操作方法。

9.3.1 新建脑图

在 WPS Office 2019 中，可以通过模板创建脑图。模板与流程图类似，脑图也自动保存在云文档中，方便可以随时使用。下面介绍新建脑图的操作方法。

新建脑图

Step 01 启动 WPS Office 2019 界面，在“新建”页面中，切换至“脑图”选项卡的“免费专区”面板，单击“更多模板”按钮，如图 9-35 所示。

Step 02 进入免费专区页面，选择相应的模板缩略图，如图 9-36 所示。

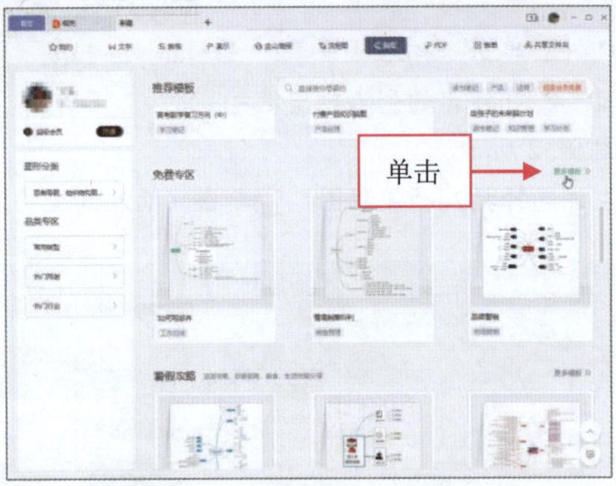

图 9-35 单击“更多模板”按钮

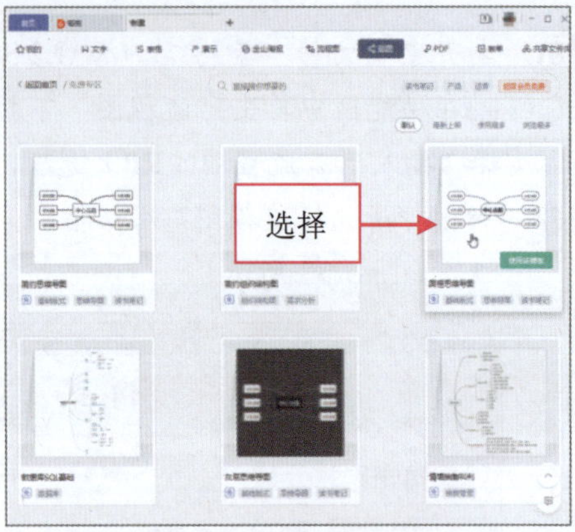

图 9-36 选择相应模板

Step 03 查看模板样式，如果确定使用该模板，单击“使用此模板”按钮，如图 9-37 所示。

Step 04 执行上述操作后，即可通过模板创建脑图，如图 9-38 所示。

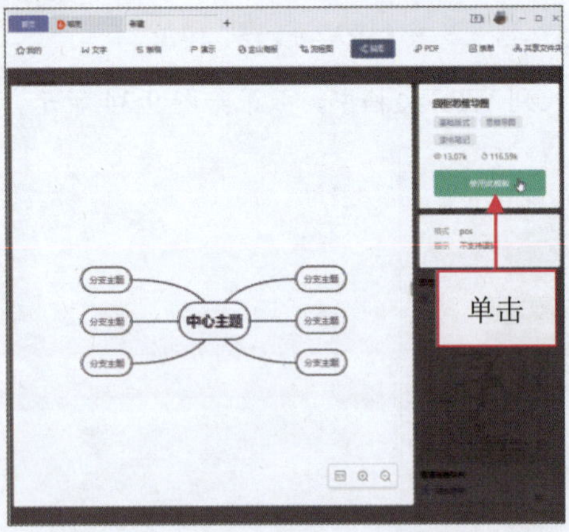

图 9-37 单击“使用此模板”按钮

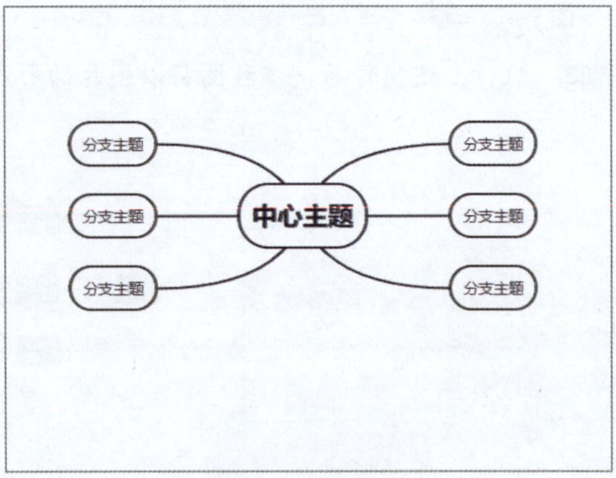

图 9-38 创建脑图

9.3.2　编辑脑图

编辑脑图

创建空白脑图后需要在其中添加主题，完成脑图的制作。下面介绍编辑脑图的操作方法。

Step 01　新建一个的空白脑图，双击脑图的节点，在其中输入相应的文本内容，如图 9-39 所示。

Step 02　选择相应文本节点，单击“插入”菜单，在功能区中单击“子主题”按钮，如图 9-40 所示。

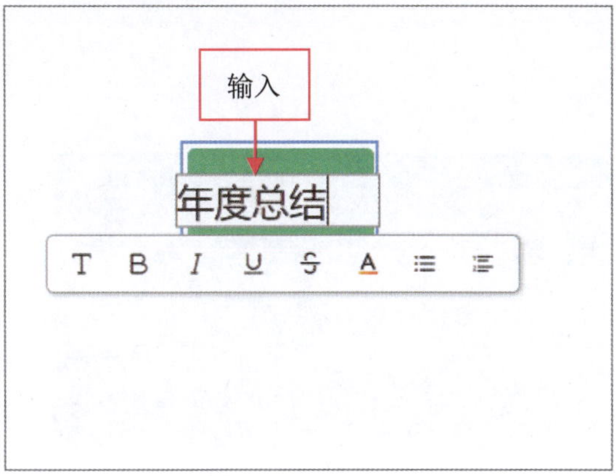

图 9-39　输入相应文本

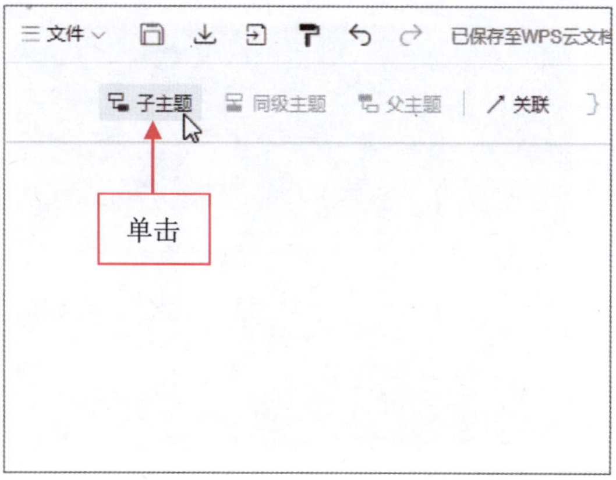

图 9-40　单击“子主题”按钮

Step 03　在子节点中输入文本，然后选中子节点，单击“插入”菜单，在功能区中单击“同级主题”按钮，如图 9-41 所示，输入相应文本。

Step 04　用与上述同样的方法，创建其他节点，即可查看效果，如图 9-42 所示。

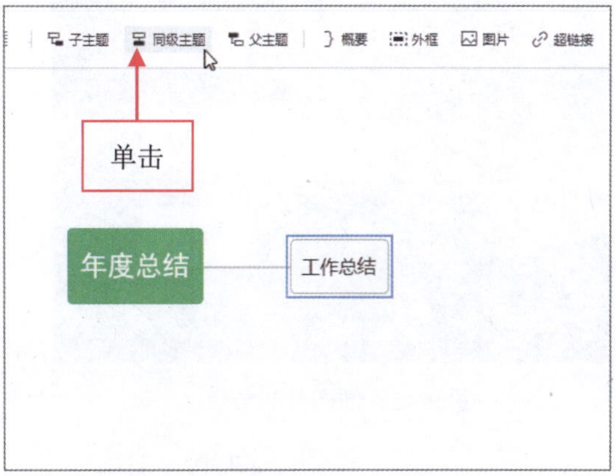

图 9-41　单击“同级主题”按钮

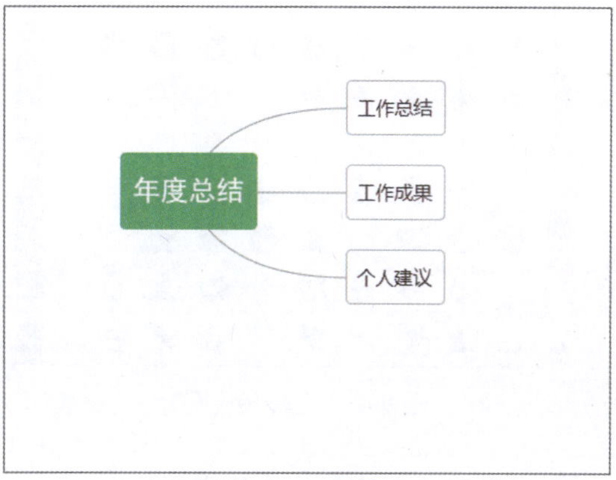

图 9-42　查看效果

9.3.3　美化脑图

系统默认的脑图样式比较单一，如果希望脑图的样式好看、多样化，可以根据需要进行操作，下面介绍具体的操作方法。

1．添加节点图标

在节点上添加图标，可以使脑图看起来更加清晰明了。下面介绍了添加节点图标的操作方法。

添加节点图标

Step 01 新建一个空白的脑图模板，双击脑图的节点，在其中输入相应的文本内容，如图 9-43 所示。

Step 02 选中要添加图标的节点，单击“插入”菜单，在功能区中单击“图标”下拉按钮☺，如图 9-44 所示。

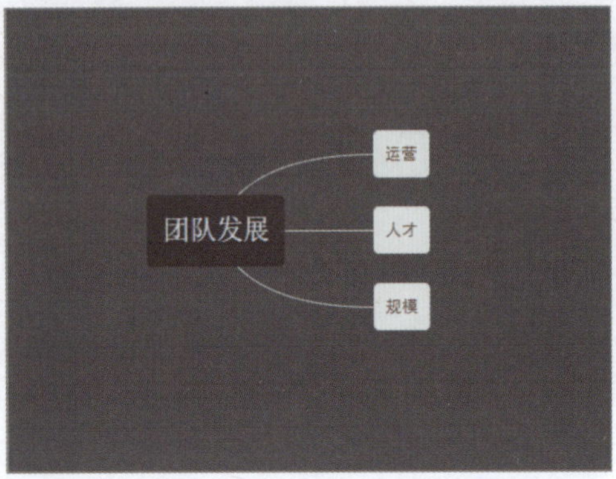

图 9-43　输入相应文本

图 9-44　单击“图标”下拉按钮

Step 03 在弹出的列表框中，选择相应的图标样式，如图 9-45 所示。

Step 04 用与上述同样的方法，创建其他节点，即可查看效果，如图 9-46 所示。

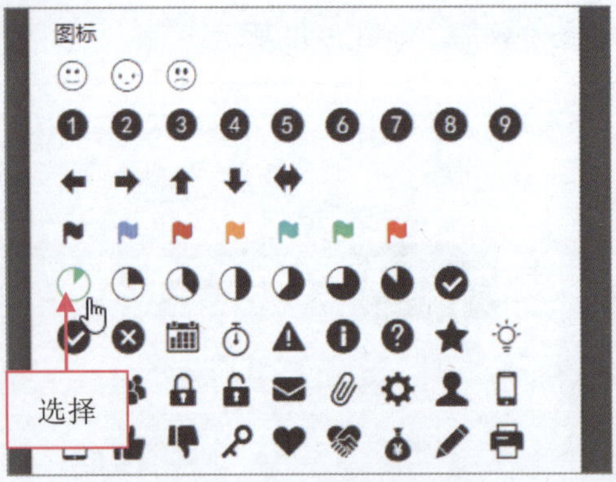

图 9-45　选择相应图标

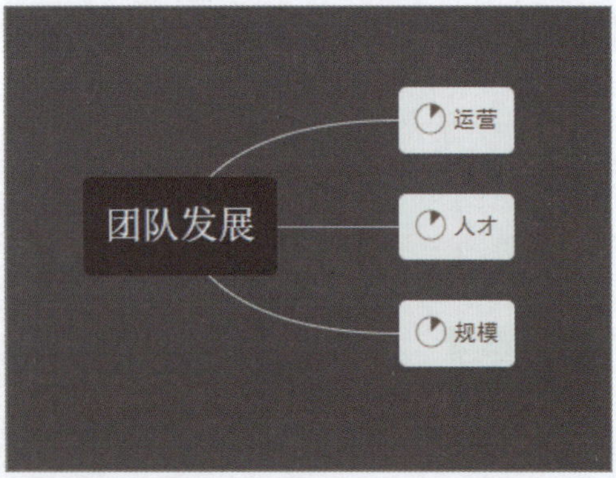

图 9-46　创建其他节点

2．设置填充颜色和字体颜色

如果对填充的颜色和字体颜色不是很满意，可以使用节点主题美化。下面介绍设置填充颜色和字体颜色的操作方法。

设置填充颜色和字体颜色

Step 01 选中要设置填充颜色和字体颜色的节点，单击“样式”菜单，在功能区中单击“节点样式”按钮，如图 9-47 所示。

Step 02 在弹出的列表框中，选择相应的背景颜色，如图 9-48 所示。

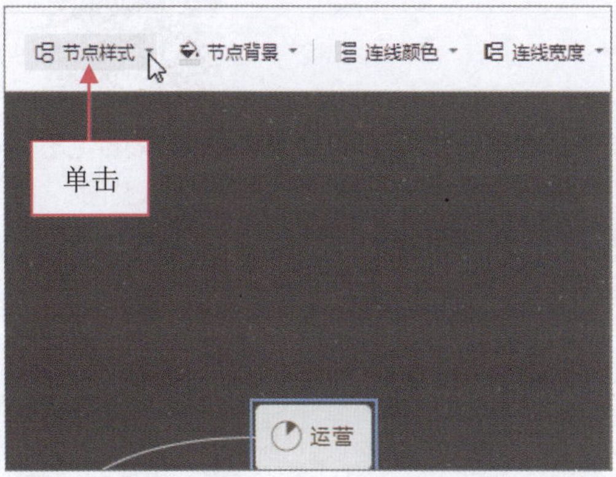

图 9-47　单击“节点样式”按钮

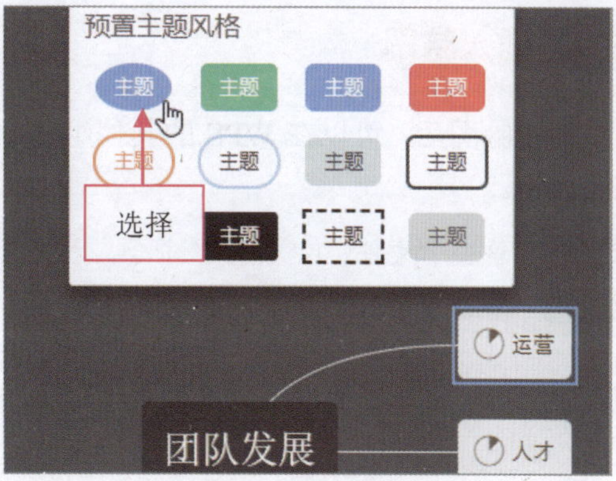

图 9-48　选择相应背景颜色

Step03 选中节点，单击“开始”菜单，❶在功能区中单击“字体颜色”下拉按钮A；❷在弹出的列表框中选择相应的颜色色块，如图 9-49 所示。

Step04 设置完成后，选中该节点，单击快速访问工具栏中的“格式刷”按钮，如图 9-50 所示。

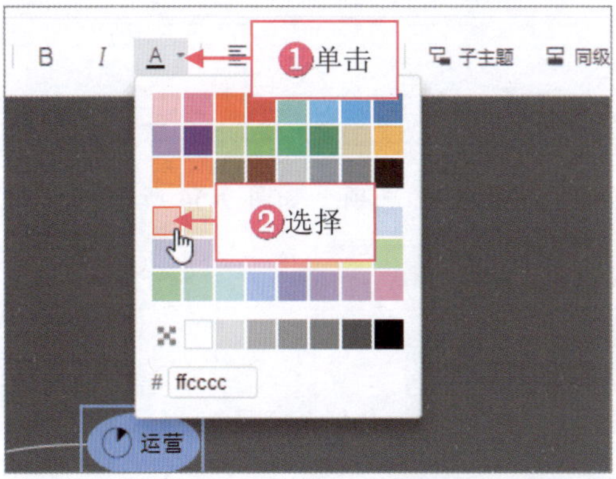

图 9-49　选择相应颜色

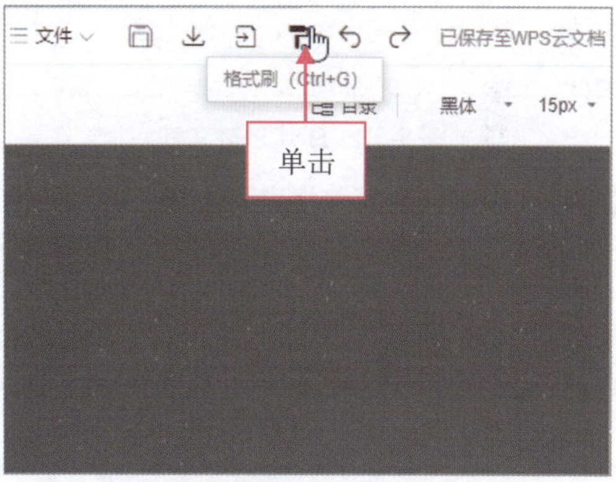

图 9-50　单击“格式刷”按钮

Step05 依次单击需要应用背景颜色和字体颜色的节点，效果如图 9-51 所示。

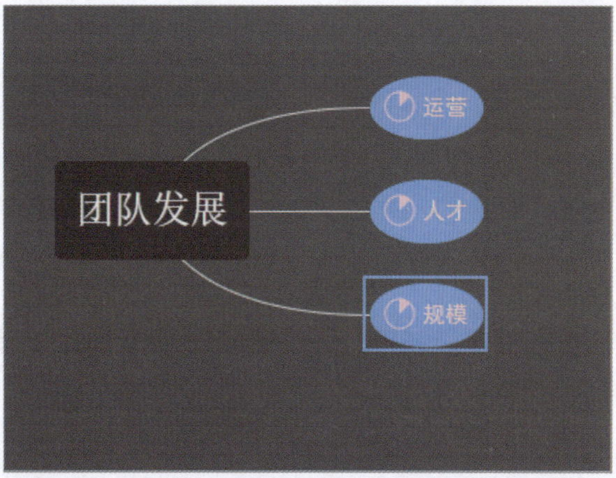

图 9-51　最终效果

9.3.4 插入脑图

插入脑图

创建脑图后，可以在 WPS 的其他组件中插入脑图，插入脑图的操作方法如下。

Step 01 单击“文件”|“打开”命令，打开素材文件“素材\第 9 章\9.3.4.dpf”，如图 9-52 所示。

Step 02 单击“插入”菜单，在功能区中单击“思维导图”下拉按钮，如图 9-53 所示。

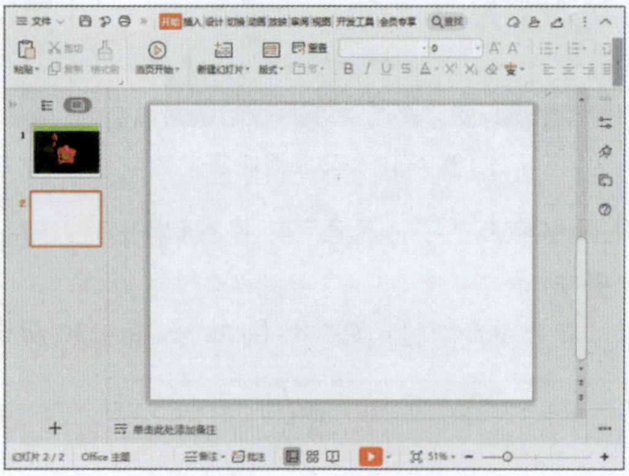

图 9-52 打开素材文件

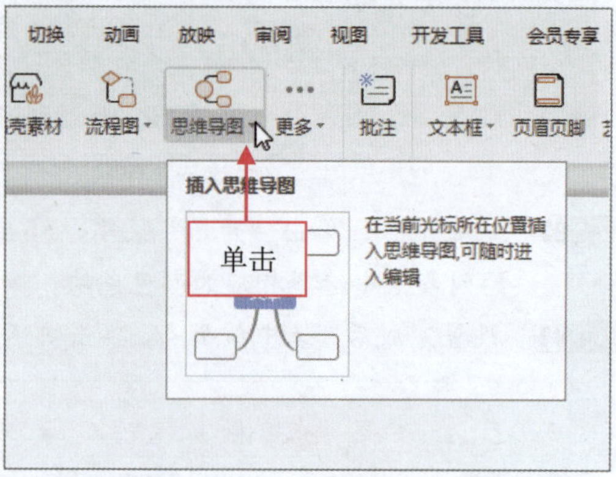

图 9-53 单击“思维导图”下拉按钮

Step 03 在弹出的列表框中，选择“插入已有思维导图（RM）”选项，如图 9-54 所示。

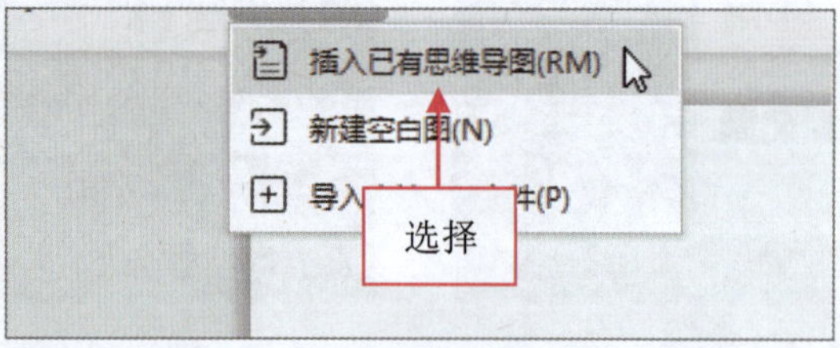

图 9-54 选择“插入已有思维导图（RM）”选项

Step 04 弹出“请选择思维导图”对话框，❶选择需要插入的脑图；❷单击“插入到文档”按钮，如图 9-55 所示。

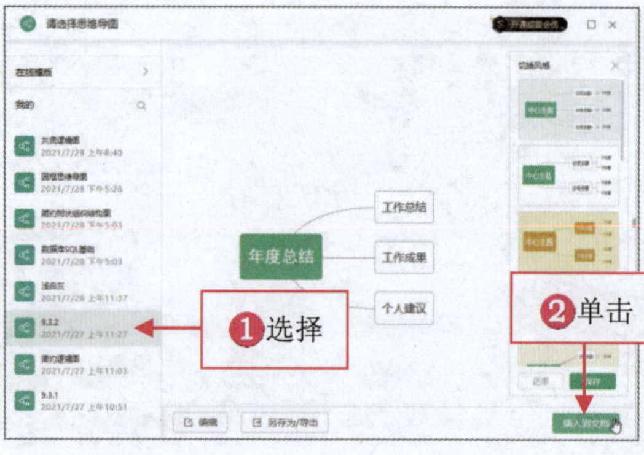

图 9-55 单击“插入到文档”按钮

Step 05 执行上述操作后，脑图将以图片的形式插入到演示文稿中，如图 9-56 所示。

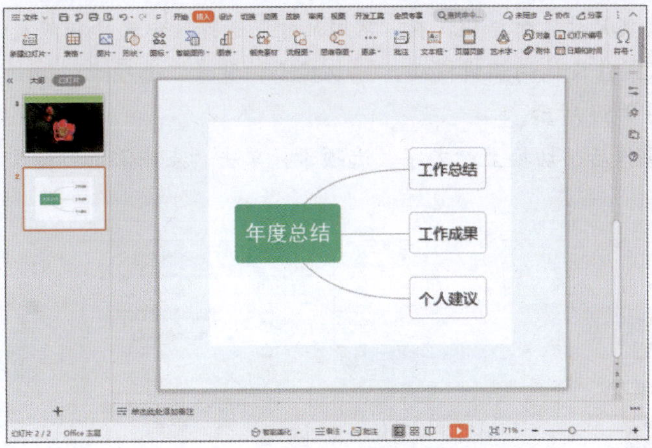

图 9-56 将脑图插入到演示文稿

9.4 制作金山海报

WPS Office 2019 的图片设计功能非常强大，不仅可以制作海报还能制作邀请函等。而且内置的模板也非常精美，只需更改下文字内容就可以使用。

9.4.1 制作海报

海报是人们常用的一种宣传方式，在生活中处处可见，使用 WPS 金山海报就可以轻松地制作好看的海报。下面介绍制作海报的操作方法。

制作海报

Step 01 启动 WPS Office 2019 界面，单击“新建”按钮，如图 9-57 所示。

Step 02 ❶在“新建”页面中切换至“金山海报”选项卡；❷单击“新建空白画布”按钮，如图 9-58 所示。

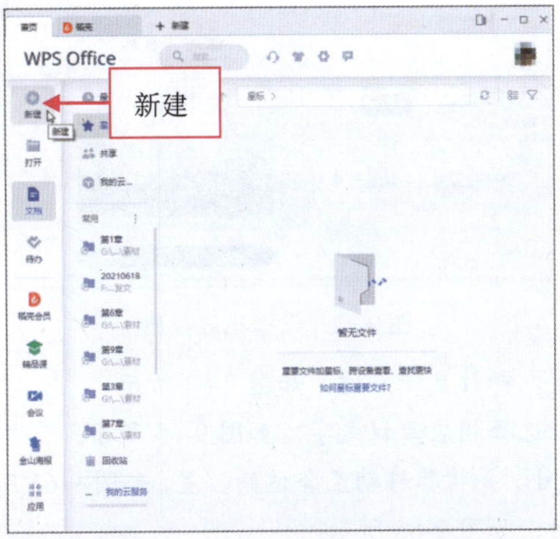

图 9-57 单击“新建”按钮

图 9-58 单击“新建空白画布”按钮

Step 03 弹出“自定义尺寸”对话框，在“常用尺寸”选择区中选择相应尺寸，单击“开启设计”按钮，进入图片设计的编辑模式，❶切换至“背景”选项卡；❷选择一张图片作为海报背景，如图 9-59 所示。

Step 04 执行上述操作后，切换至“文字”选项卡，单击“点击添加标题文字”选项，如图 9-60 所示。

图 9-59　选择相应选项

图 9-60　单击“点击添加标题文字”选项

Step 05 更改海报上的文字占位符文本，如图 9-61 所示。

Step 06 执行上述操作后，设置字体为“隶书”，字体大小为 40，加粗为 26，如图 9-62 所示。

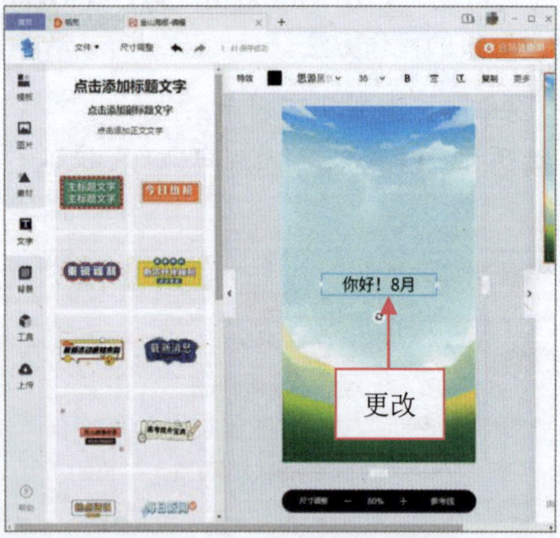

图 9-61　更改占位符文本

图 9-62　设置相应参数

Step 07 选中占位符文本，将标题拖曳至合适位置，释放鼠标左键，如图 9-63 所示。

Step 08 执行上述操作后，在“文字”选项卡中，选择相应素材文字，如图 9-64 所示。

Step 09 拖曳素材文字四周的控制点，调整文字大小，并将其移动至合适的位置，如图 9-65 所示。

Step 10 切换“素材”选项卡中，选择相应的素材，如图 9-66 所示。

图 9-63　拖曳至合适位置

图 9-64　单击“思维导图”下拉按钮

图 9-65　调整文字大小

图 9-66　选择相应素材

Step 11　拖曳素材图片四周的控制点，调整图片大小，并将其移动到合适的位置，如图 9-67 所示。

Step 12　切换至“工具”选项卡，单击“二维码”工具，在下方设置相应二维码，单击“生成二维码”按钮，将二维码插入海报，调整二维码大小，并将其移动到合适的位置，如图 9-68 所示。

图 9-67　调整图片大小

图 9-68　调整二维码大小

Step 13 切换至“文字”选项卡，选择相应素材文字，调整大小，并将其移动到合适的位置，如图 9-69 所示。

Step 14 制作完成后，①单击“保存并下载”按钮；②在弹出的列表框中选择“下载到电脑”选项，即可下载保存，如图 9-70 所示。

图 9-69　拖曳至合适位置

图 9-70　选择“下载到电脑”选项

9.4.2　制作邀请函

邀请函是邀请亲朋好友、知名人士、专家等参加某活动时所发的书信。在 WPS Office 2019 有很多的内置样式，可以快速地制作出美观大方的邀请函。

制作邀请函

Step 01 启动 WPS Office 2019 界面，单击“新建”按钮，如图 9-71 所示。

Step 02 ①在“新建”页面中切换至“金山海报”选项卡；②在“邀请函”右侧单击“更多”按钮，如图 9-72 所示。

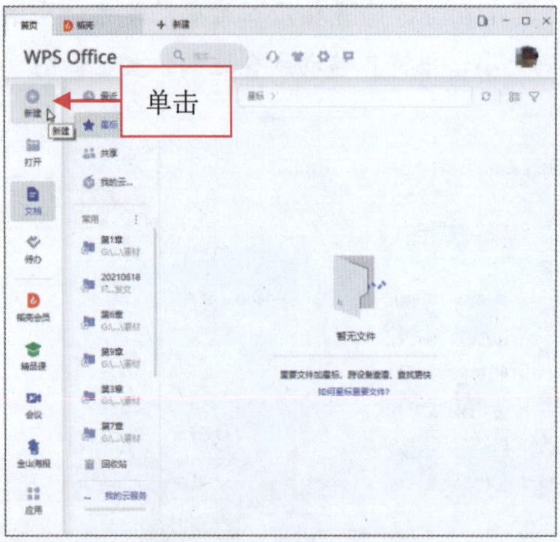

图 9-71　单击“新建”按钮

图 9-72　单击“更多”按钮

Step 03 在“邀请函”窗口中，选择相应的邀请函模板样式，如图 9-73 所示。

Step 04 执行上述操作后，即可根据模板创建邀请函，如图 9-74 所示。

图 9-73　选择相应样式

图 9-74　创建邀请函

Step05　双击邀请函中的文本框，更改其中的文本内容，❶选中“二维码”，❷单击“换图”按钮，如图 9-75 所示。

Step06　弹出“打开文件”对话框，选择相应文件，单击“打开”按钮，如图 9-76 所示。

图 9-75　单击“换图”按钮

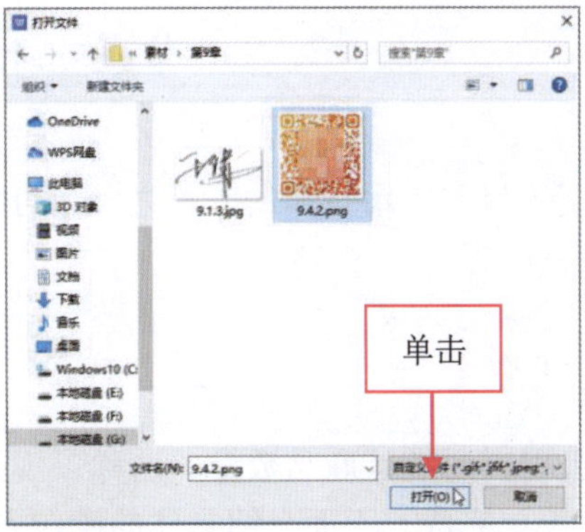

图 9-76　单击“打开”按钮

Step07　执行上述操作后，即可完成邀请函的制作，如图 9-77 所示。

Step08　❶在右上角单击“保存并下载”下拉按钮；❷在弹出的列表框中选择“下载到电脑”选项，如图 9-78 所示。

图 9-77　完成邀请函

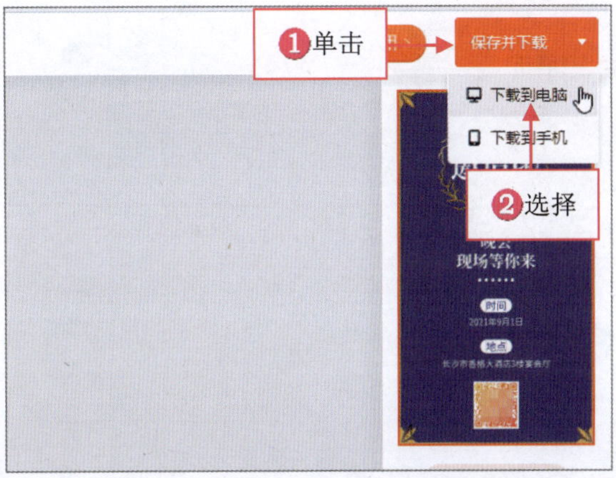

图 9-78　选择“下载到电脑”选项

Step 09 弹出“另存文件”对话框，设置文件名，保存相应位置，单击“保存”按钮，如图 9-79 所示。

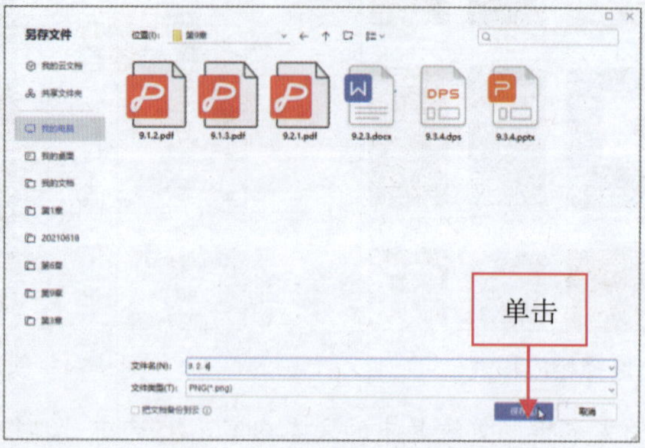

图 9-79 单击“保存”按钮

9.5 创建表单

表单属于目前应用较多的工具之一，可以通过表单将问题发布到网上，邀请指定人员参与表单问答。

9.5.1 新建表单

新建表单

如某公司需要统计商品数量、名称、规则以及相关信息等问题。可以使用 WPS 表单完成。下面介绍具体的操作方法。

Step 01 启动 WPS Office 2019 界面，单击“新建”按钮，如图 9-80 所示。

Step 02 在“新建”页面中切换至“表单”选项卡；单击“新建空白表单”按钮，如图 9-81 所示。

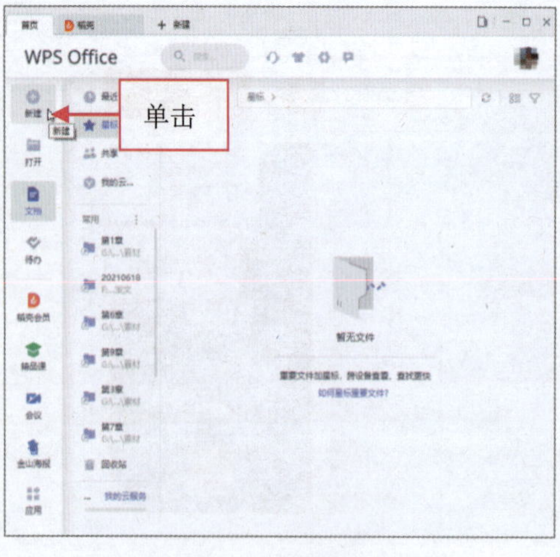

图 9-80 单击“新建”按钮

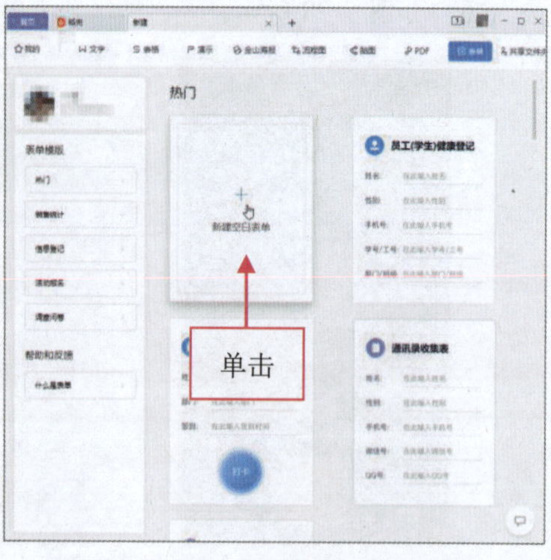

图 9-81 单击“新建空白表单”按钮

Step 03　新建空白表单，单击“请输入表单标题”栏，如图 9-82 所示，在其中输入相应表单标题。

Step 04　根据需要，使用相同的方法输入其他内容，在问题下方选中“必填”复选框，如图 9-83 所示。

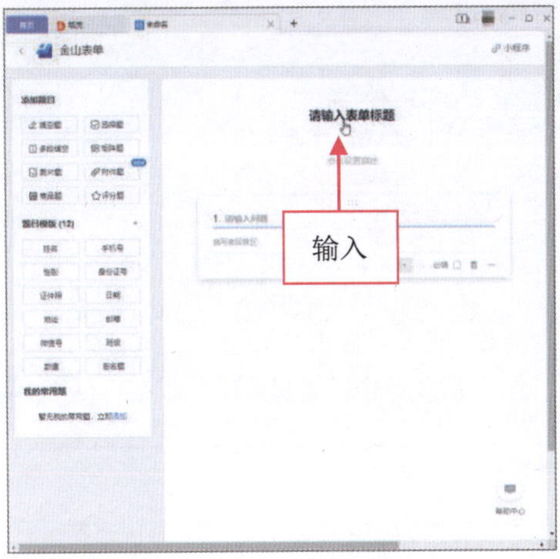

图 9-82　输入相应表单标题

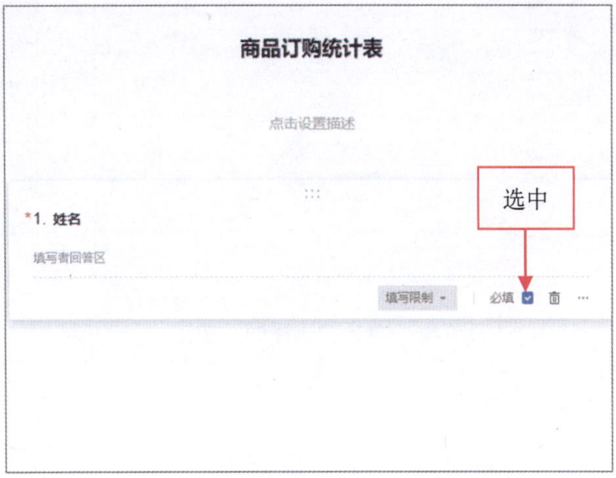

图 9-83　选中“必填”复选框

Step 05　在右侧“题目模版”栏中单击“手机号”按钮，如图 9-84 所示。

Step 06　在表单中添加“手机号”项目，单击“添加题目”栏中的“填空题”按钮，如图 9-85 所示。

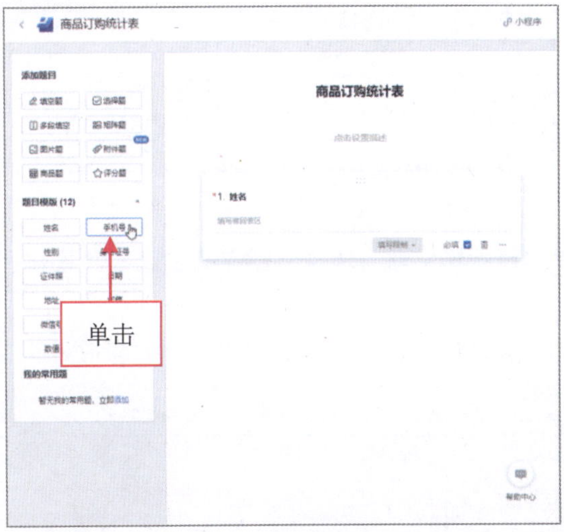

图 9-84　单击“手机号”按钮

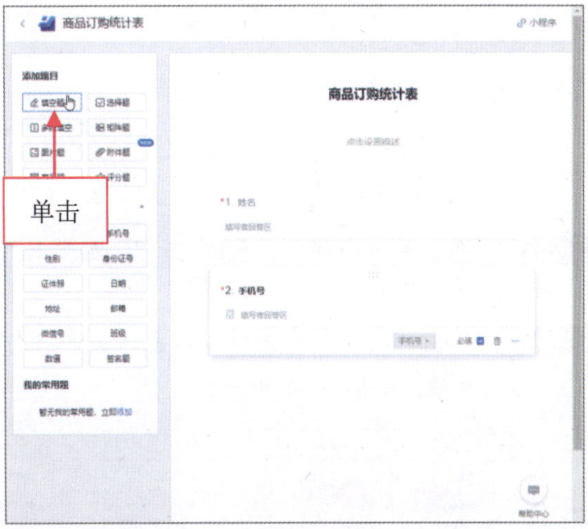

图 9-85　单击“填空题”按钮

Step 07　添加一个“填空题”项目，设置相应问题，单击“添加题目”栏中的“选择题”按钮，如图 9-86 所示。

Step 08　输入标题内容和选择项目，单击“添加选项”命令，如图 9-87 所示。

Step 09　输入选项内容，单击“添加“其他”项”按钮，如图 9-88 所示。

Step 10　单击“单选题”下拉按钮，弹出列表框选择“多选题”选项，如图 9-89 所示。

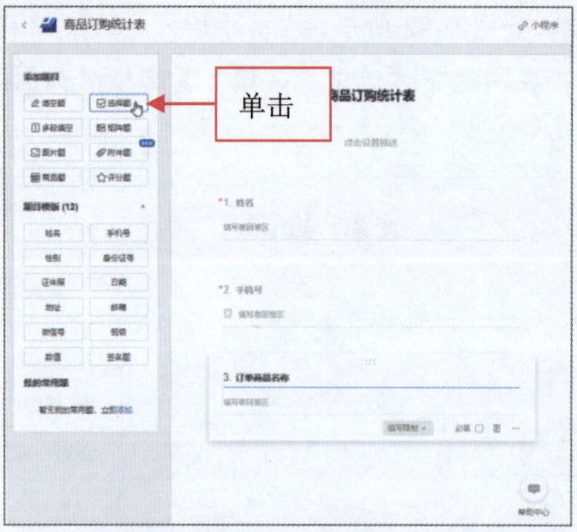

图 9-86　单击“选择题”按钮

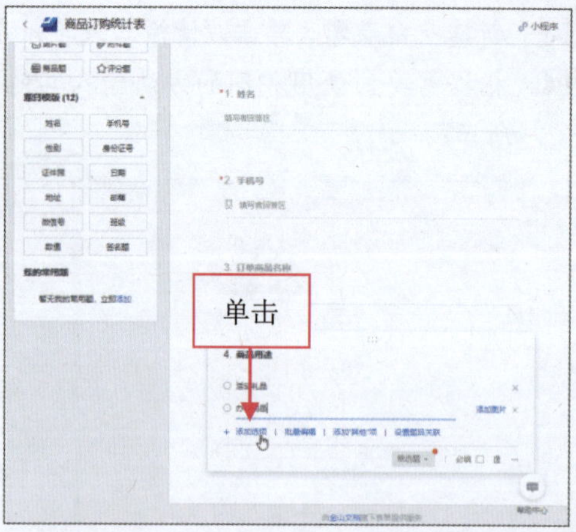

图 9-87　单击“添加选项”命令

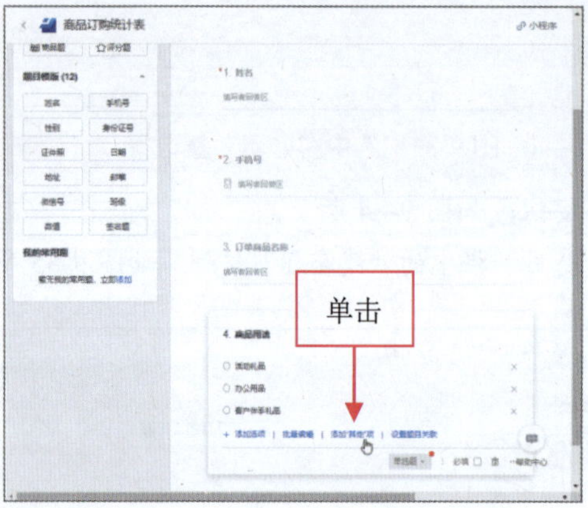

图 9-88　单击“添加“其他”项”按钮

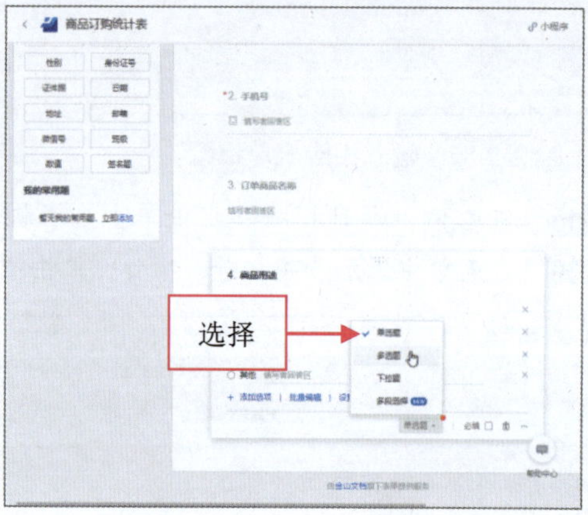

图 9-89　选择“多选题”选项

Step 11　选中第 3 个问题，❶单击“添加题目”栏中的“填空题”选项；❷单击“设置”按钮，如图 9-90 所示。

Step 12　弹出“设置”对话框，单击“表单状态”下拉按钮，在弹出的列表框中选择“定时停止”选项，如图 9-91 所示。

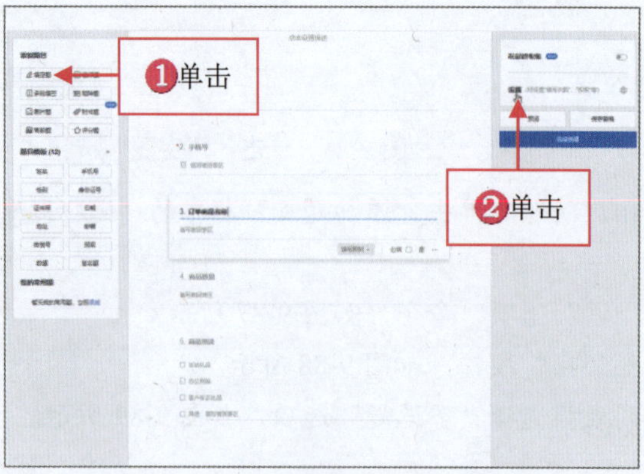

图 9-90　单击“设置”按钮

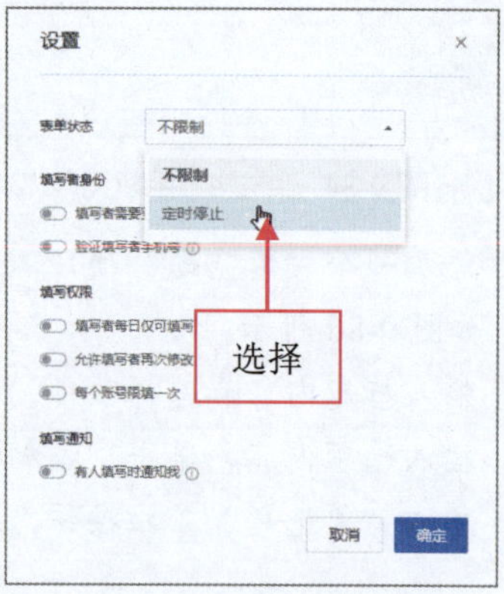

图 9-91　选择“定时停止”选项

Step 13　单击“设置截止时间”右侧的日历按钮，在展开的日历中设置结束时间，单击“确定”按钮，如图 9-92 所示。

Step 14　返回“设置”对话框，分别设置其他信息，单击“确定”按钮，如图 9-93 所示。

图 9-92　单击“确定”按钮

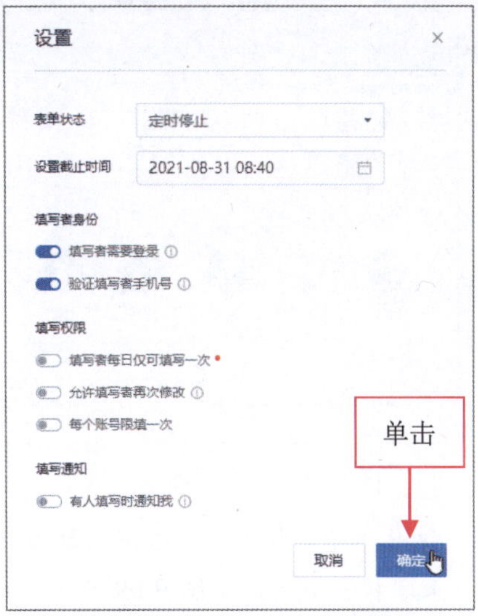

图 9-93　单击“确定”按钮

Step 15　返回表单编辑界面，单击“预览”按钮，在打开的预览窗口中可以查看计算机显示的效果，单击按钮，如图 9-94 所示。

Step 16　即可查看在手机中显示的效果，如果确认无误，单击“完成创建”按钮，如图 9-95 所示。

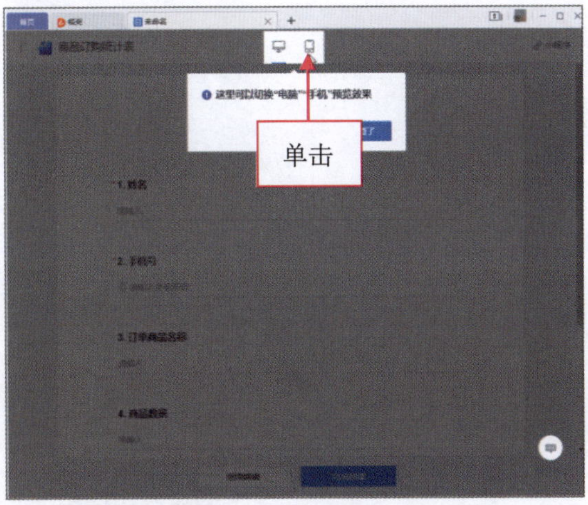

图 9-94　单击按钮

图 9-95　单击“完成创建”按钮

Step 17　弹出对话框，显示创建成功后，在“邀请方式”中选择“微信”选项，如图 9-96 所示。

Step 18　将链接通过微信邀请的方式发送给填写人，填写人打开后，直接填写信息，填写完成后单击“提交”按钮，如图 9-97 所示。

图 9-96　选择“微信”选项

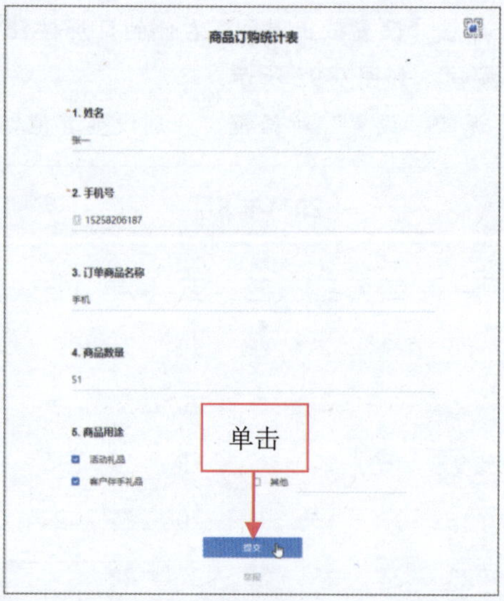

图 9-97　单击“提交”按钮

Step 19　弹出“提交内容”对话框，单击“确定”按钮，如图 9-98 所示。

Step 20　表单提交成功，如图 9-99 所示。

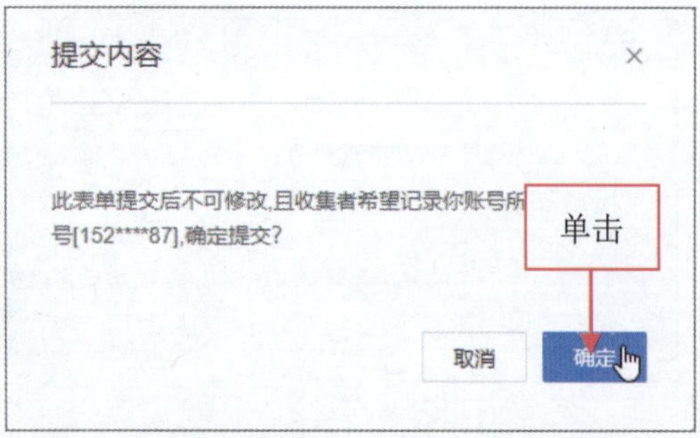

图 9-98　单击“确定”按钮

图 9-99　表单提交成功

9.5.2　创建模板培训

WPS 内置多种表单模板，可以选择需要的模板快速创建出需要的表单，下面介绍创建模板的操作方法。

创建模板培训

Step 01　启动 WPS Office 2019 界面，❶在“新建”页面中切换至“表单”选项卡；❷在左侧的“活动报名”中选择一种模板，单击“立即使用”按钮，如图 9-100 所示。

Step 02　执行上述操作后，即可创建一个新的模板表单，查看是否需要添加问题，完成后单击“完成创建”按钮，即可发布问题，如图 9-101 所示。

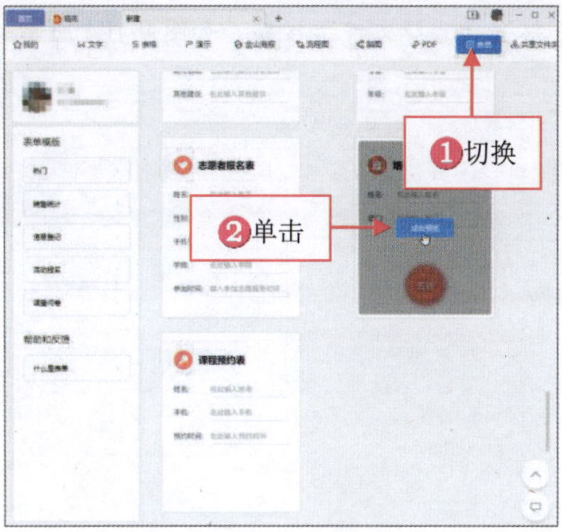

图 9-100　单击“立即使用”按钮

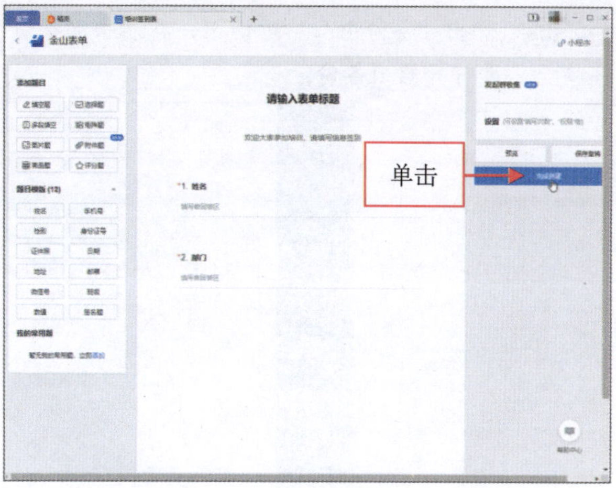

图 9-101　单击“完成创建”按钮

9.6　WPS 文件的云操作

在 WPS Office 2019 软件中可以通过云备份、云同步、云共享以及云协作给用户带来最好的体验和安全。

9.6.1　WPS 文件的云备份

WPS 文件的云备份

云备份主要是通过云储存的方式把所有使用过的数据都备份在网络上，不仅节约了成本，还起到了安全作用，也方便用户寻找。

Step 01　单击“文件”|“打开”命令，打开素材文件“素材\第 9 章\9.6.1.wps”，如图 9-102 所示。

Step 02　单击“文件”下拉按钮，在弹出的列表框中选择“工具”|“备份中心”选项，如图 9-103 所示。

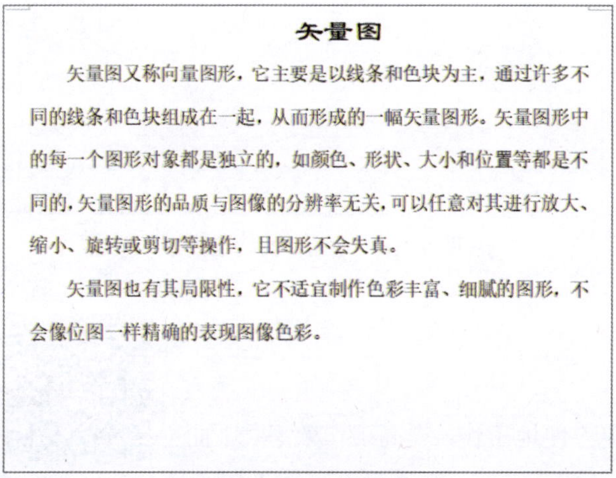

矢量图

矢量图又称向量图形，它主要是以线条和色块为主，通过许多不同的线条和色块组成在一起，从而形成的一幅矢量图形。矢量图形中的每一个图形对象都是独立的，如颜色、形状、大小和位置等都是不同的，矢量图形的品质与图像的分辨率无关，可以任意对其进行放大、缩小、旋转或剪切等操作，且图形不会失真。

矢量图也有其局限性，它不适宜制作色彩丰富、细腻的图形，不会像位图一样精确的表现图像色彩。

图 9-102　打开素材文件

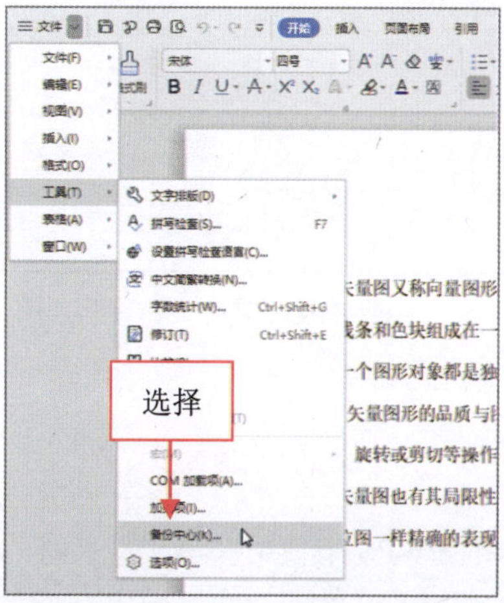

图 9-103　选择“备份中心”选项

Step 03 弹出“备份中心”对话框，在“手动备份”中单击“选择文件”按钮，如图 9-104 所示，即可开启云备份,。

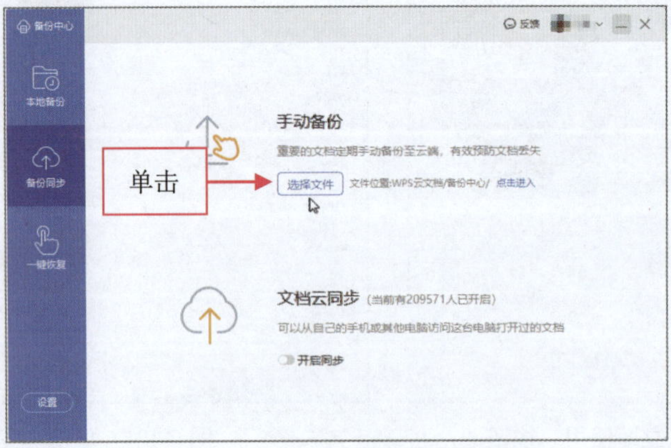

图 9-104　单击“选择文件”按钮

9.6.2　WPS 文件的云同步

WPS 文件的云同步

云同步是指能不断的刷新 WPS 文件的信息，包括新建、修改以及删除的文件，都能进行同步更新。当资料不小心被格式化时，只需要登录账号就能查找到想要的数据。下面主要介绍进行云同步设置的操作方法。

Step 01 启动 WPS Office 2019 界面，❶在“首页”面板中单击“全局设置”按钮；❷在弹出的列表框中选择“设置”选项，如图 9-105 所示。

Step 02 执行上述操作后，进入设置面板，在“工作环境”中单击“文档云同步”按钮，如图 9-106 所示，即可完成云同步。

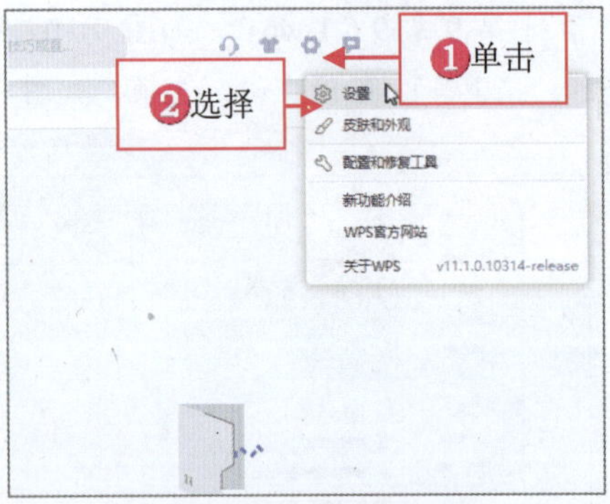

图 9-105　选择“设置”选项

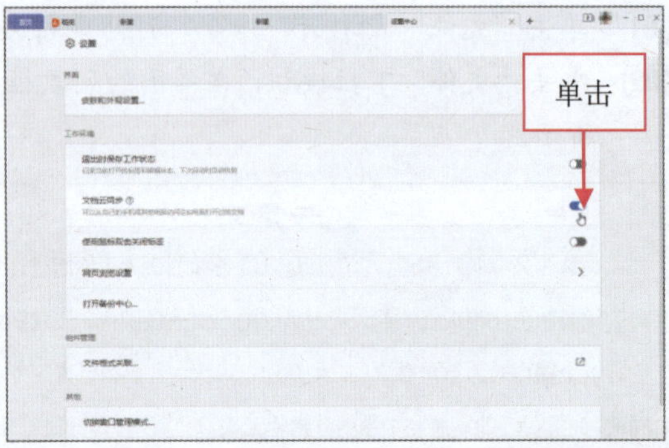

图 9-106　单击“文档云同步”按钮

9.6.3　WPS 文件的云共享

WPS 文件的云共享

在 WPS 中使用共享文件夹是为了更方便地工作，提高工作效率。下面介绍 WPS 文件的云共享操作方法。

Step 01　启动 WPS Office 2019 界面，在“首页”面板，❶单击“文档”按钮；❷在选项面板中单击“共享”按钮，如图 9-107 所示。

Step 02　执行上述操作后，在“共享文件夹”中，单击“立即创建”按钮，即可邀请好友或者同事一起编辑文件，如图 9-108 所示。

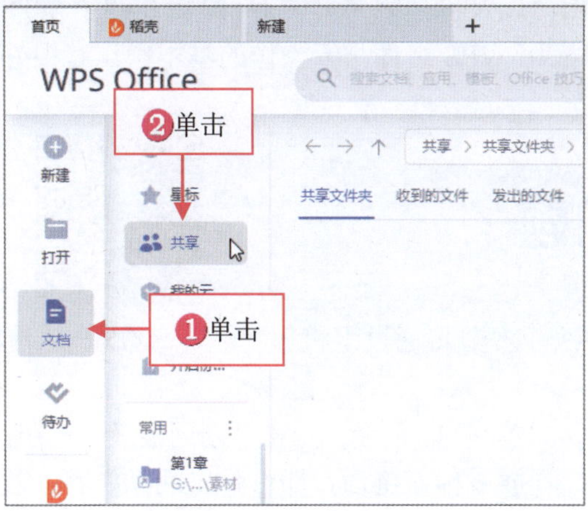

图 9-107　单击“共享”按钮

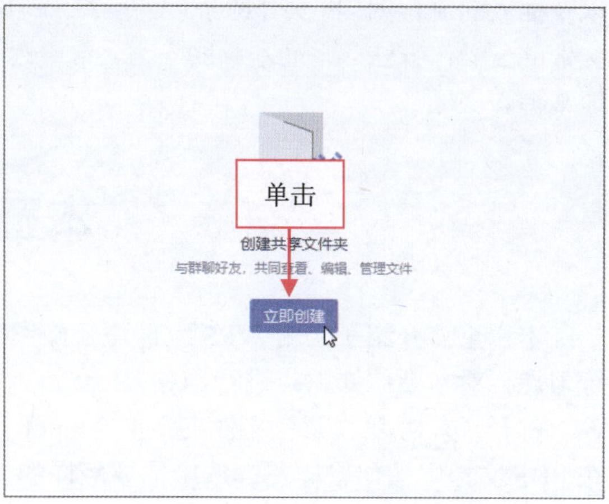

图 9-108　单击“立即创建”按钮

9.6.4　WPS 文件的云协作

WPS 文件的云协作

云协作可以支持多人同时编辑一个文档和历史还原等，在工作中给用户节省了很多时间。在云协作的状态下，文件中的数据是安全可控的，可以设置不同的文档权限，以避免泄露内容信息。

Step 01　单击“文件”|“打开”命令，打开素材文件“素材\第 9 章\9.6.4.wps”，如图 9-109 所示。

Step 02　单击“协作”下拉按钮，在弹出的列表框中选择“进入多人编辑”选项，如图 9-110 所示，即可邀请好友或者同事一起完成。

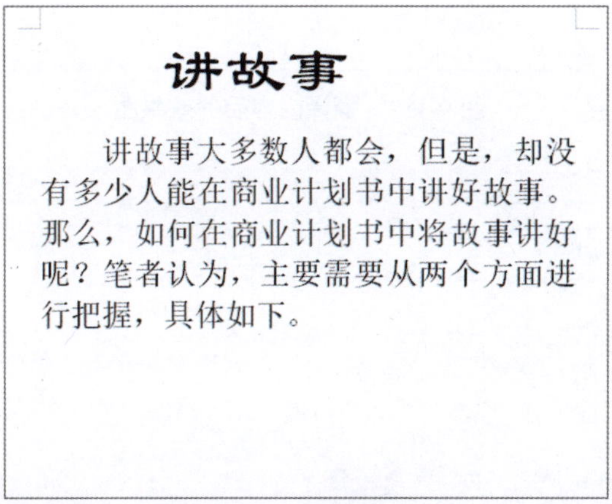
讲故事

讲故事大多数人都会，但是，却没有多少人能在商业计划书中讲好故事。那么，如何在商业计划书中将故事讲好呢？笔者认为，主要需要从两个方面进行把握，具体如下。

图 9-109　打开素材文件

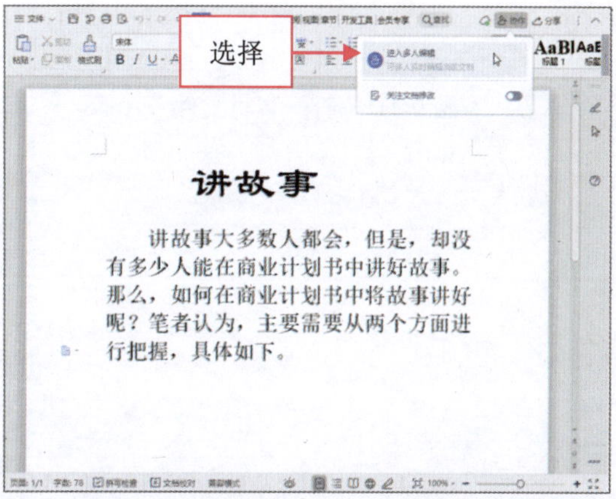

图 9-110　选择“进入多人编辑”选项

本章小结

本章首先介绍了创建 PDF 功能的方法；其次介绍了创建流程图的方法，包括新建、美化以及插入的流程图；再次介绍了创建脑图、制作金山海以及创建表单等内容；最后介绍了 WPS 文件的云操作方法。通过本章的学习，希望读者对应用 WPS 组件与云操作的基本操作有很好地掌握。

本章习题

本章习题

本章重点介绍了应用 WPS 组件与云操作的方法，本节将通过上机练习题，对本章的知识点进行回顾。

打开“素材\第 9 章”文件夹下的 9.8.pdf 素材，如图 9-111 所示。单击“划词翻译”按钮，在 PDF 文档中按住鼠标左键选中需要翻译的文本，释放鼠标左键后，即可弹出翻译内容，效果如图 9-112 所示。

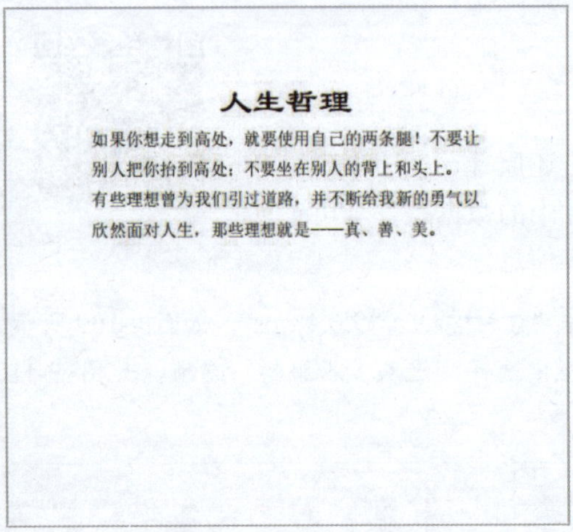
人生哲理
如果你想走到高处，就要使用自己的两条腿！不要让
别人把你抬到高处；不要坐在别人的背上和头上。
有些理想曾为我们引过道路，并不断给我新的勇气以
欣然面对人生，那些理想就是——真、善、美。

图 9-111　打开素材文件

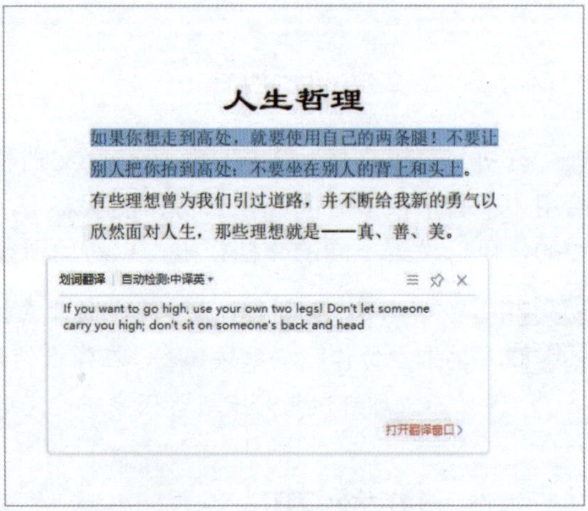
人生哲理
如果你想走到高处，就要使用自己的两条腿！不要让
别人把你抬到高处；不要坐在别人的背上和头上。
有些理想曾为我们引过道路，并不断给我新的勇气以
欣然面对人生，那些理想就是——真、善、美。
划词翻译
自动检测:中译英
If you want to go high, use your own two legs! Don't let someone carry you high; don't sit on someone's back and head
打开翻译窗口

图 9-112　翻译内容后的效果图

第 10 章 行业办公综合案例

WPS Office 是目前办公软件中应用最频繁的，可制作各种办公文件，能够大大提高办公人员日常工作质量和效率。本章主要介绍制作邀请函、制作员工表格信息以及制作活动策划演示文稿的操作方法，希望读者可以举一反三，熟练使用 WPS 制作各种办公文件。

本章重点

- 制作邀请函
- 制作员工表格信息
- 制作活动策划演示文稿

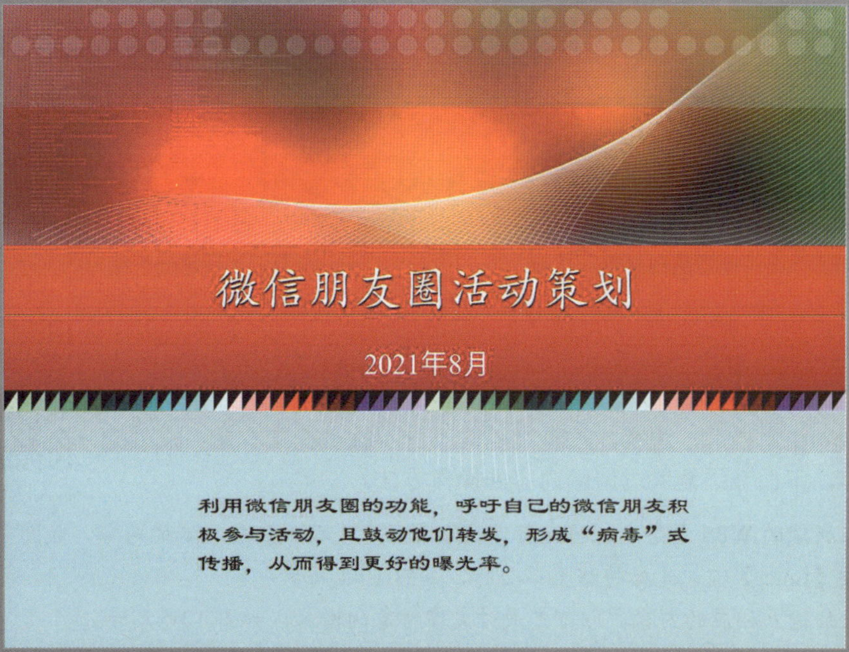
微信朋友圈活动策划
2021年8月
利用微信朋友圈的功能，呼吁自己的微信朋友积极参与活动，且鼓动他们转发，形成“病毒”式传播，从而得到更好的曝光率。

10.1 制作邀请函

年会邀请函是企业举办大型活动晚会时，对公司内部人员、加盟商以及一些合作企业所发出的请约性书信。年会的主要目的在于答谢客户、激励员工，营造良好的企业氛围和企业文化，增强员工之间的沟通和交流。让员工明白企业下一年度的战略目标和工作重点，共同奋进，共创美好未来。

10.1.1 新建空白文档

新建空白文档

制作年会邀请函之前，首先需要在 WPS 文字中新建一个空白的文档。下面介绍新建空白文档的操作方法。

Step 01 启动 WPS Office 2019 界面，❶在“新建”页面中切换至“文字”选项卡；❷单击“新建空白文档”按钮⊞，如图 10-1 所示。

Step 02 执行上述操作后，即可新建一个空白的文字文档，如图 10-2 所示。

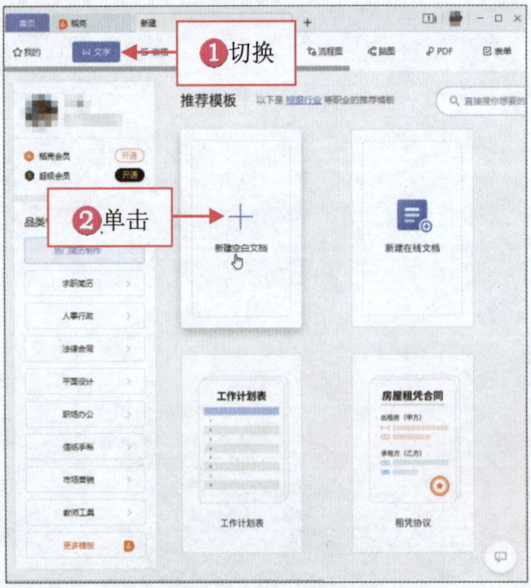

图 10-1 单击“新建空白文档”按钮

图 10-2 新建一个空白的文字文档

10.1.2 输入邀请函内容

输入邀请函内容

新建 Word 文档后，通常，编辑文档的第一步就是在文本插入点处输入文本内容，下面介绍输入邀请函内容的操作方法。

Step 01 在新建的 WPS 文字中，将光标定位在文档中，输入相应文本的内容，如图 10-3 所示。

Step 02 按【Enter】键，光标将移至第 2 行，如图 10-4 所示。

Step 03 继续输入相应的内容，即可完成对文字对象的输入，如图 10-5 所示。

Step 04　在第 2 行的相应文字位置中间，多次按【空格】键，❶空出相应字符位置并选择空格；❷在弹出的浮动面板中单击“下划线”按钮U，如图 10-6 所示。

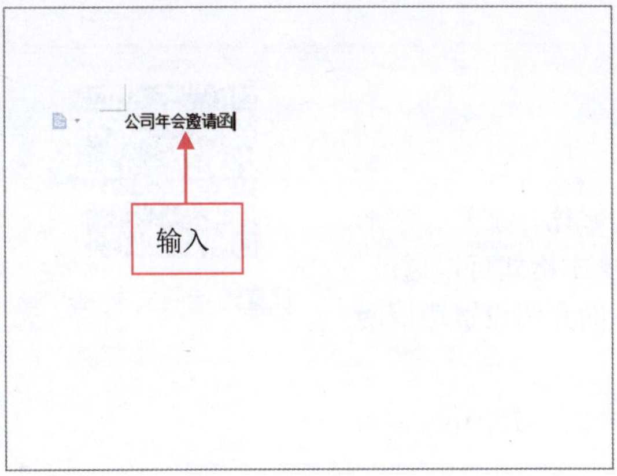
公司年会邀请函
输入

图 10-3　输入文本

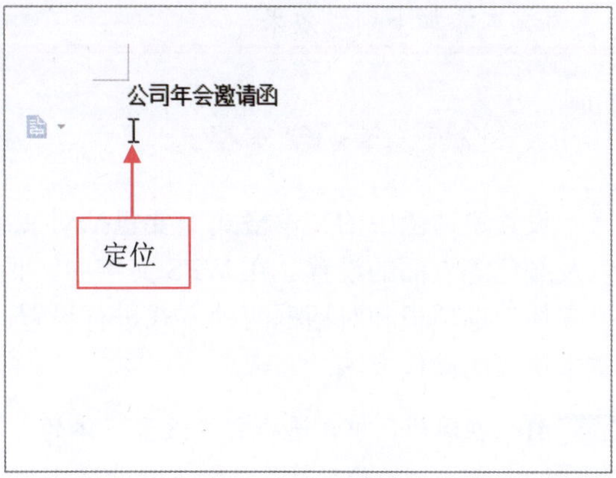
公司年会邀请函
定位

图 10-4　移动光标

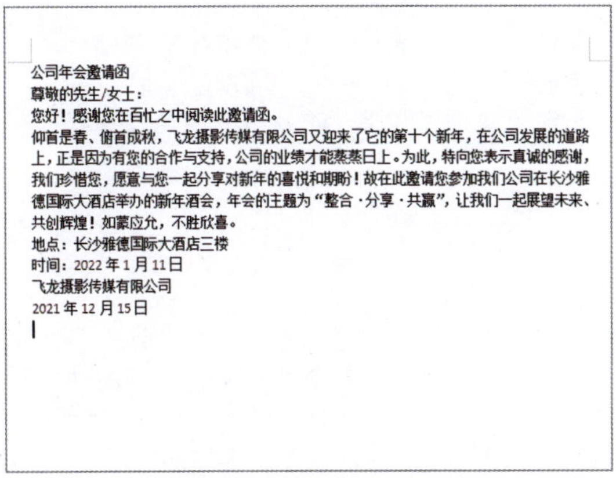
公司年会邀请函
尊敬的先生/女士：
您好！感谢您在百忙之中阅读此邀请函。
仰首是春、俯首成秋，飞龙摄影传媒有限公司又迎来了它的第十个新年，在公司发展的道路
上，正是因为有您的合作与支持，公司的业绩才能蒸蒸日上。为此，特向您表示真诚的感谢，
我们珍惜您，愿意与您一起分享对新年的喜悦和期盼！故在此邀请您参加我们公司在长沙雅
德国际大酒店举办的新年酒会，年会的主题为“整合·分享·共赢”，让我们一起展望未来、
共创辉煌！如蒙应允，不胜欣喜。
地点：长沙雅德国际大酒店三楼
时间：2022 年 1 月 11 日
飞龙摄影传媒有限公司
2021 年 12 月 15 日

图 10-5　完成文本输入

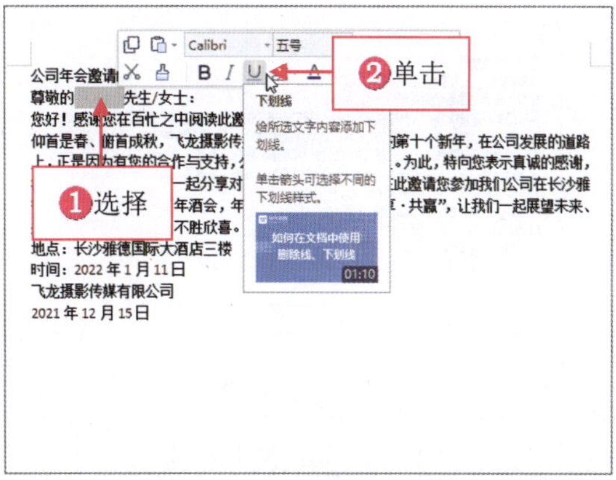
Calibri
五号
B I U
下划线
给所选文字内容添加下划线。
单击箭头可选择不同的下划线样式。
如何在文档中使用删除线、下划线
01:10
❶选择
❷单击

图 10-6　在空格位置添加下划线效果

Step 05　执行上述操作后，即可在空格位置添加下划线效果，如图 10-7 所示。

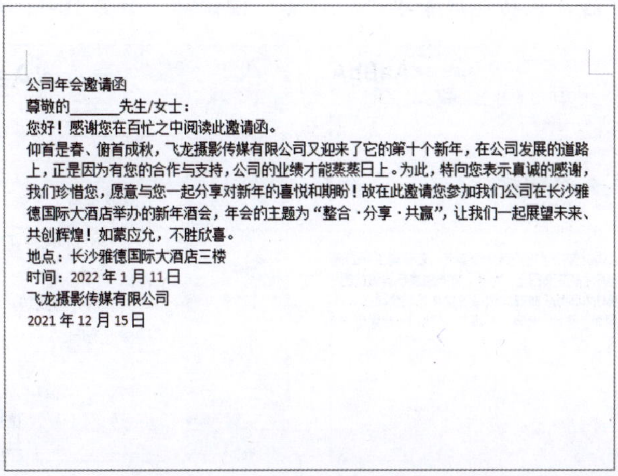
公司年会邀请函
尊敬的______先生/女士：
您好！感谢您在百忙之中阅读此邀请函。
仰首是春、俯首成秋，飞龙摄影传媒有限公司又迎来了它的第十个新年，在公司发展的道路
上，正是因为有您的合作与支持，公司的业绩才能蒸蒸日上。为此，特向您表示真诚的感谢，
我们珍惜您，愿意与您一起分享对新年的喜悦和期盼！故在此邀请您参加我们公司在长沙雅
德国际大酒店举办的新年酒会，年会的主题为“整合·分享·共赢”，让我们一起展望未来、
共创辉煌！如蒙应允，不胜欣喜。
地点：长沙雅德国际大酒店三楼
时间：2022 年 1 月 11 日
飞龙摄影传媒有限公司
2021 年 12 月 15 日

图 10-7　在空格位置添加下划线效果

▶ 专家指点

在 WPS Office 2019 软件中，选择文本中的空格后，按【Ctrl + U】组合键，也可以快速为文本添加下划线效果。

10.1.3 设置邀请函文本格式

设置邀请函文本格式

设置邀请函中的文本格式主要包括对文字的字体、字号、字形以及颜色等方面的设置。在 WPS 文字中，设置文本格式可以通过“字体”选项板和对话框两种方式进行设置。下面介绍设置邀请函文本格式的操作方法。

Step 01 在编辑区中，选择需要设置字体的文本内容，如图 10-8 所示。

Step 02 单击“开始”菜单，❶在功能区中设置“字体”为“隶书”；❷设置“字号”为“二号”，如图 10-9 所示。

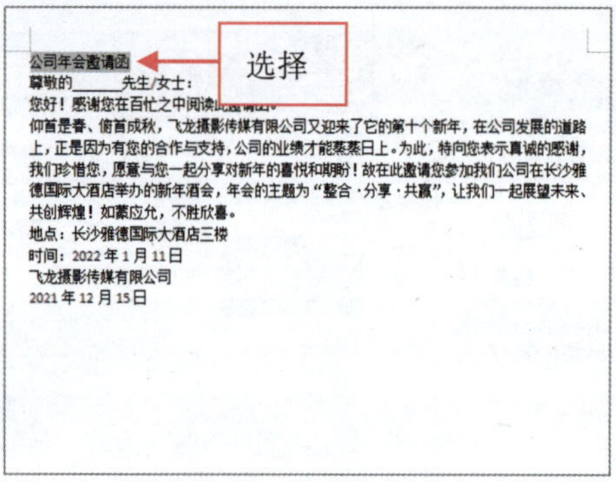

图 10-8 选择文本内容

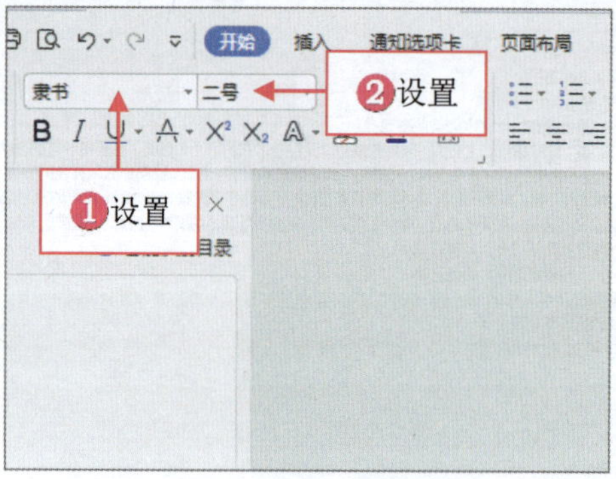

图 10-9 设置字体类型与大小

Step 03 在“段落”选项板中，单击“居中”按钮，如图 10-10 所示。执行上述操作后，设置文本居中对齐。

Step 04 执行上述操作后，在功能区中单击“段落”按钮，如图 10-11 所示。

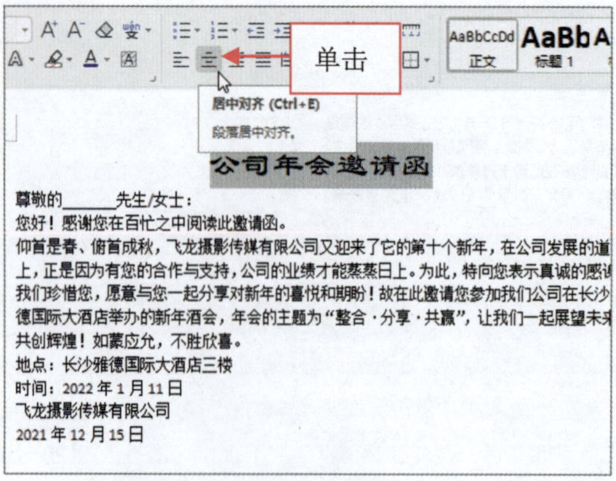

图 10-10 单击“居中”按钮

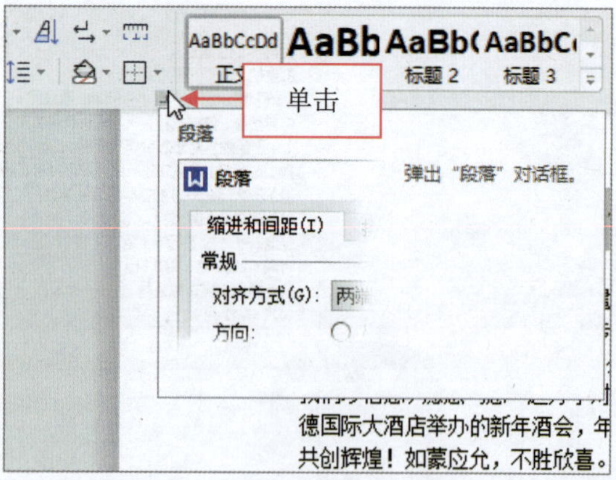

图 10-11 单击“段落”按钮

▶ 专家指点

在 WPS 文字中所能使用的字体，本身只是 Windows 系统的一部分，而不属于 WPS 文字程序。因此，在 WPS 文字中可以使用的字体类型取决于用户在 Windows 系统中安装的字体。如果要在 WPS 文字中使用更多的字体，就必须在系统中进行添加。

Step 05 弹出“段落”对话框，❶在“间距”选项区中设置“段后”为 1.5 行；❷单击“确定”按钮，如图 10-12 所示。

Step 06 执行上述操作后，即可设置标题文本的间距效果，如图 10-13 所示。

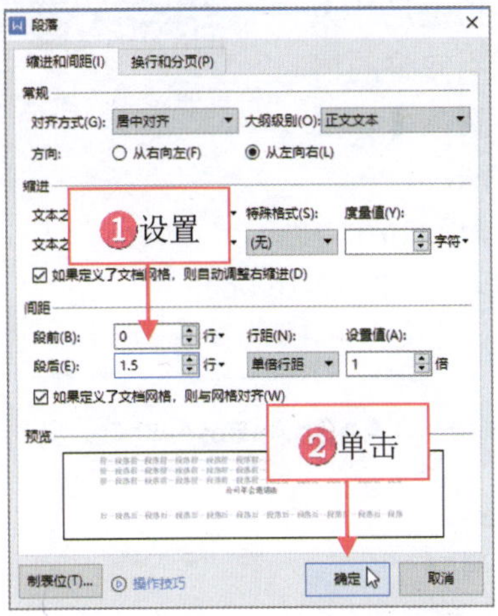

图 10-12　单击“确定”按钮

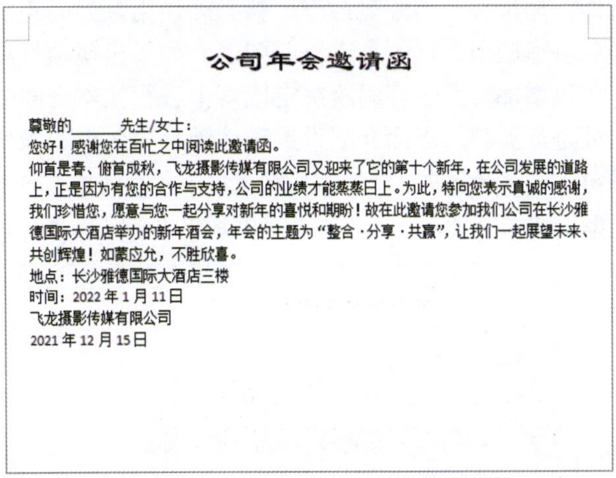

公司年会邀请函

尊敬的______先生/女士：
您好！感谢您在百忙之中阅读此邀请函。
仰首是春、俯首成秋，飞龙摄影传媒有限公司又迎来了它的第十个新年，在公司发展的道路上，正是因为有您的合作与支持，公司的业绩才能蒸蒸日上。为此，特向您表示真诚的感谢，我们珍惜您，愿意与您一起分享对新年的喜悦和期盼！故在此邀请您参加我们公司在长沙雅德国际大酒店举办的新年酒会，年会的主题为“整合·分享·共赢”，让我们一起展望未来、共创辉煌！如蒙应允，不胜欣喜。
地点：长沙雅德国际大酒店三楼
时间：2022 年 1 月 11 日
飞龙摄影传媒有限公司
2021 年 12 月 15 日

图 10-13　设置标题文本的间距效果

▶ 专家指点

段落是构成整个文档的骨架，它是由正文、图表和图形等加上一个段落标记构成的。段落的格式包括段落对齐、段落缩进和段落间距等。

Step 07 用与上述同样的方法，设置文档中其他文本的“字号”为“小四”，设置字体大小，效果如图 10-14 所示。

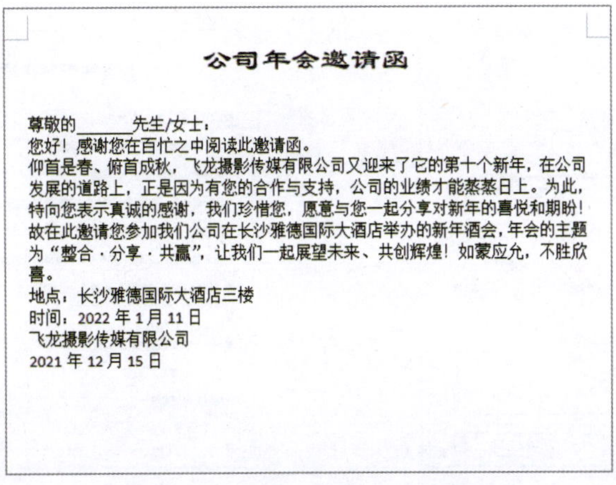

公司年会邀请函

尊敬的______先生/女士：
您好！感谢您在百忙之中阅读此邀请函。
仰首是春、俯首成秋，飞龙摄影传媒有限公司又迎来了它的第十个新年，在公司发展的道路上，正是因为有您的合作与支持，公司的业绩才能蒸蒸日上。为此，特向您表示真诚的感谢，我们珍惜您，愿意与您一起分享对新年的喜悦和期盼！故在此邀请您参加我们公司在长沙雅德国际大酒店举办的新年酒会，年会的主题为“整合·分享·共赢”，让我们一起展望未来、共创辉煌！如蒙应允，不胜欣喜。
地点：长沙雅德国际大酒店三楼
时间：2022 年 1 月 11 日
飞龙摄影传媒有限公司
2021 年 12 月 15 日

图 10-14　设置其他文本字体大小

▶ 专家指点

在 WPS 文字中，文本的字号效果就是指文本的字体大小。在文档的不同文本中使用不同的字号，可以将不同层次的文本清晰地区分开来。当用户阅读时，就可以清晰地分辨出文档的布局和结构。因此，在编辑文本对象时，可以根据内容和排版的需要设置文本的字号大小。

10.1.4　设置邀请函行距效果

设置邀请函行距效果

如果某行包含大字符、图形或公式，Microsoft Word 将增加该行的行距。如果要均匀分隔各行，就必须使用额外间距，并指定足够大的间距以适应所在行的大字符或图形。如果出现项目显示不完整的情况，可以增加行距。行间距决定段落中各行文本之间的距离，可以根据需要进行调整。下面介绍设置邀请函行距效果的操作方法。

Step 01　在编辑区中，选择需要设置段落行距的文本内容，如图 10-15 所示。

Step 02　单击“开始”菜单，在功能区中单击“段落”按钮，如图 10-16 所示。

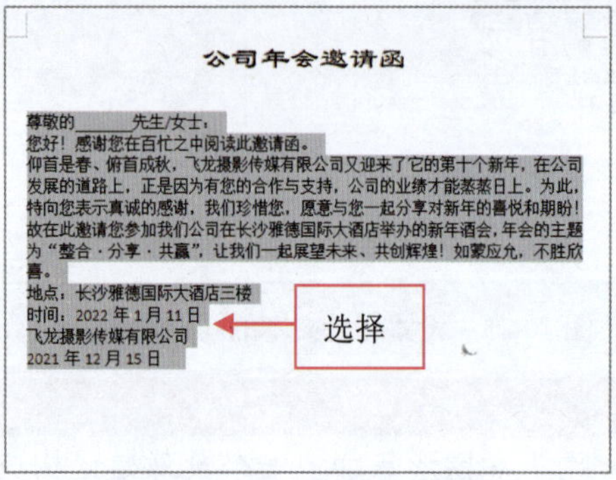
公司年会邀请函
尊敬的______先生/女士：
您好！感谢您在百忙之中阅读此邀请函。
仰首是春、俯首成秋，飞龙摄影传媒有限公司又迎来了它的第十个新年，在公司发展的道路上，正是因为有您的合作与支持，公司的业绩才能蒸蒸日上。为此，特向您表示真诚的感谢，我们珍惜您，愿意与您一起分享对新年的喜悦和期盼！故在此邀请您参加我们公司在长沙雅德国际大酒店举办的新年酒会，年会的主题为“整合·分享·共赢”，让我们一起展望未来、共创辉煌！如蒙应允，不胜欣喜。
地点：长沙雅德国际大酒店三楼
时间：2022 年 1 月 11 日
飞龙摄影传媒有限公司
2021 年 12 月 15 日
选择

图 10-15　选择文本内容

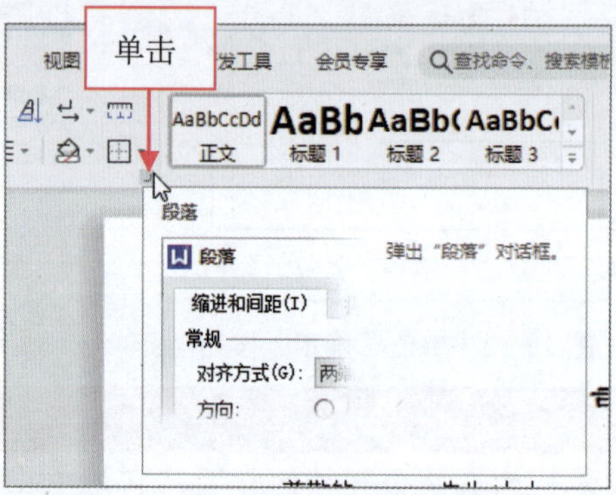
单击
视图
发工具
会员专享
查找命令、搜索模板
AaBbCcDd
正文
AaBb
标题 1
AaBb(
标题 2
AaBbC
标题 3
段落
段落
弹出“段落”对话框。
缩进和间距(I)
常规
对齐方式(G):
方向:

图 10-16　单击“段落”按钮

Step 03　执行上述操作后，弹出“段落”对话框，在“间距”选项区中设置“行距”为“2 倍行距”，如图 10-17 所示。

Step 04　单击“确定”按钮，即可设置文本段落行距效果，如图 10-18 所示。

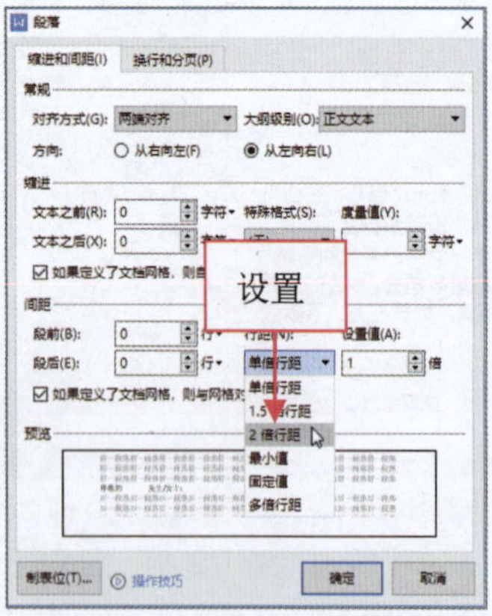
段落
缩进和间距(I)
换行和分页(P)
常规
对齐方式(G):
两端对齐
大纲级别(O):
正文文本
方向:
从右向左(F)
从左向右(L)
缩进
文本之前(R):
文本之后(X):
特殊格式(S):
度量值(Y):
如果定义了文档网格，则自
设置
间距
段前(B):
段后(E):
行距(N):
设置值(A):
单倍行距
1.5 倍行距
2 倍行距
最小值
固定值
多倍行距
如果定义了文档网格，则与网格对
预览
制表位(T)...
操作技巧
确定
取消

图 10-17　设置“行距”参数

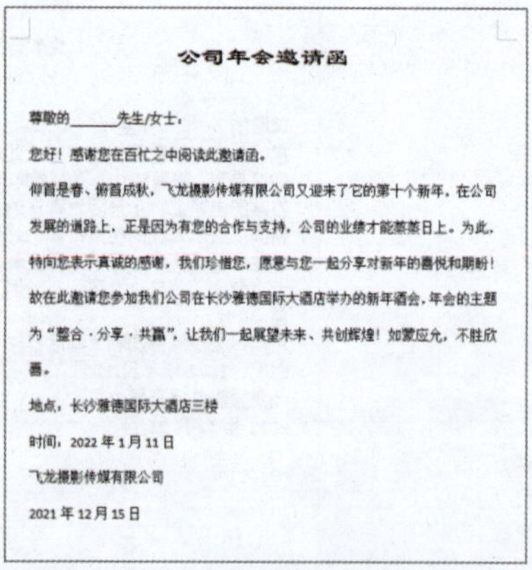
公司年会邀请函
尊敬的______先生/女士：
您好！感谢您在百忙之中阅读此邀请函。
仰首是春、俯首成秋，飞龙摄影传媒有限公司又迎来了它的第十个新年，在公司发展的道路上，正是因为有您的合作与支持，公司的业绩才能蒸蒸日上。为此，特向您表示真诚的感谢，我们珍惜您，愿意与您一起分享对新年的喜悦和期盼！故在此邀请您参加我们公司在长沙雅德国际大酒店举办的新年酒会，年会的主题为“整合·分享·共赢”，让我们一起展望未来、共创辉煌！如蒙应允，不胜欣喜。
地点：长沙雅德国际大酒店三楼
时间：2022 年 1 月 11 日
飞龙摄影传媒有限公司
2021 年 12 月 15 日

图 10-18　设置文本段落行距效果

> ▶ 专家指点
>
> 在段落样式编辑过程中，利用快捷键也可以进行段落行距样式设置。如按【Ctrl + 1】组合键设置单倍行距；按【Ctrl + 2】组合键设置 2 倍行距；按【Ctrl + 10】组合键设置 1.10 倍行距；按【Ctrl + 0】组合键在段前增加或删除一行。

10.1.5　设置邀请函首行缩进

段落缩进的样式有首行缩进、左缩进、右缩进和悬挂缩进等四种，下面介绍设置邀请函文本首行缩进的操作方法。

设置邀请函首行缩进

Step 01 在编辑区中，选择需要设置段落缩进的文本内容，如图 10-19 所示。

Step 02 单击“开始”菜单，在功能区单击“段落”按钮，如图 10-20 所示。

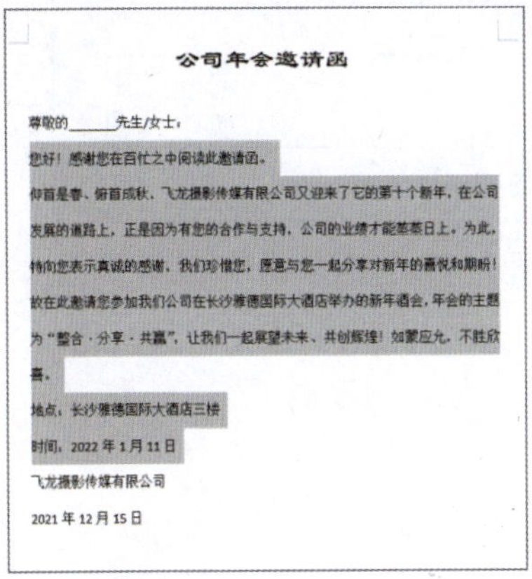

公司年会邀请函

尊敬的______先生/女士：

您好！感谢您在百忙之中阅读此邀请函。

仰首是春、俯首成秋，飞龙摄影传媒有限公司又迎来了它的第十个新年，在公司发展的道路上，正是因为有您的合作与支持，公司的业绩才能蒸蒸日上。为此，特向您表示真诚的感谢，我们珍惜您，愿意与您一起分享对新年的喜悦和期盼！故在此邀请您参加我们公司在长沙雅德国际大酒店举办的新年酒会，年会的主题为“整合 · 分享 · 共赢”，让我们一起展望未来、共创辉煌！如蒙应允，不胜欣喜。

地点：长沙雅德国际大酒店三楼

时间：2022 年 1 月 11 日

飞龙摄影传媒有限公司

2021 年 12 月 15 日

图 10-19　选择文本内容

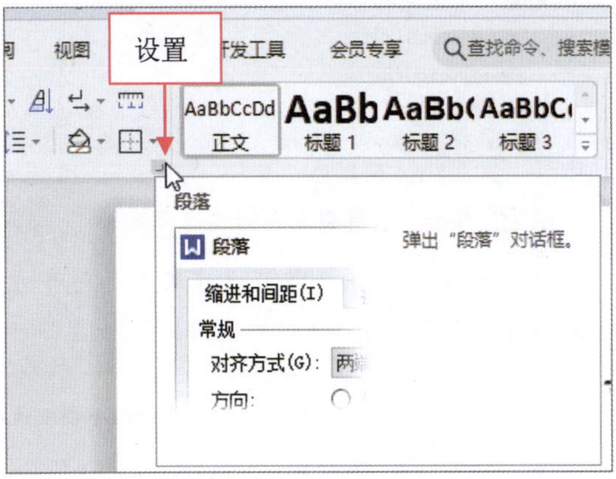

图 10-20　单击“段落”按钮

Step 03 弹出“段落”对话框，在“缩进”选项区中，设置“特殊格式”为“首行缩进”，如图 10-21 所示。

Step 04 单击“确定”按钮，即可设置正文文本段落的首行缩进效果，如图 10-22 所示。

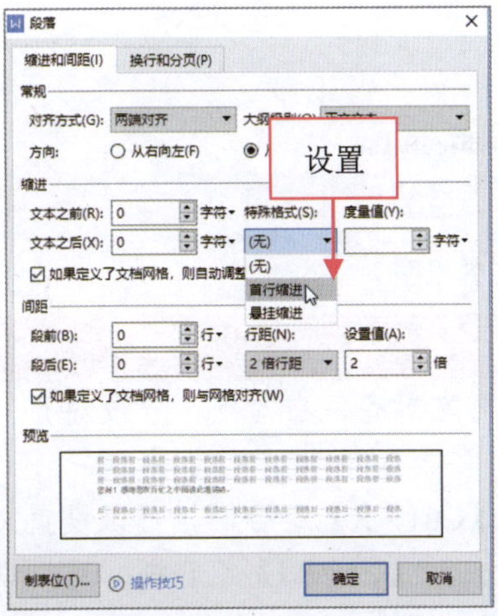

图 10-21　设置“特殊格式”为“首行缩进”

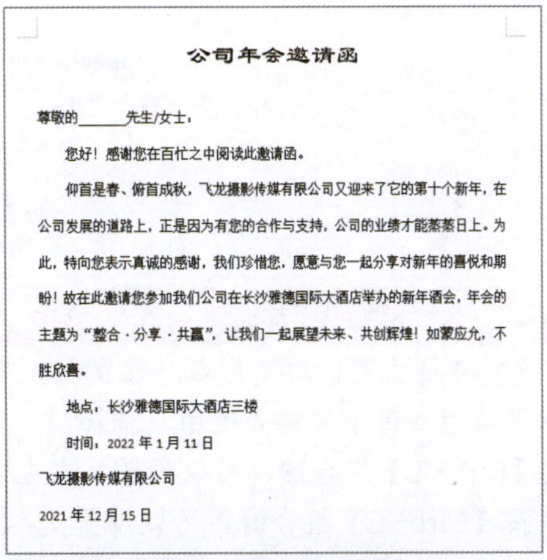

公司年会邀请函

尊敬的______先生/女士：

您好！感谢您在百忙之中阅读此邀请函。

仰首是春、俯首成秋，飞龙摄影传媒有限公司又迎来了它的第十个新年，在公司发展的道路上，正是因为有您的合作与支持，公司的业绩才能蒸蒸日上。为此，特向您表示真诚的感谢，我们珍惜您，愿意与您一起分享对新年的喜悦和期盼！故在此邀请您参加我们公司在长沙雅德国际大酒店举办的新年酒会，年会的主题为“整合 · 分享 · 共赢”，让我们一起展望未来、共创辉煌！如蒙应允，不胜欣喜。

地点：长沙雅德国际大酒店三楼

时间：2022 年 1 月 11 日

飞龙摄影传媒有限公司

2021 年 12 月 15 日

图 10-22　设置首行缩进效果

Step 05 执行上述操作后，选择最后两行文本内容，如图 10-23 所示。

Step 06 单击“开始”菜单，在功能区单击“段落”按钮，弹出“段落”对话框，❶在“常规”选项板中单击“对齐方式”下拉按钮；❷弹出列表框选择“右对齐”选项，如图 1-24 所示。

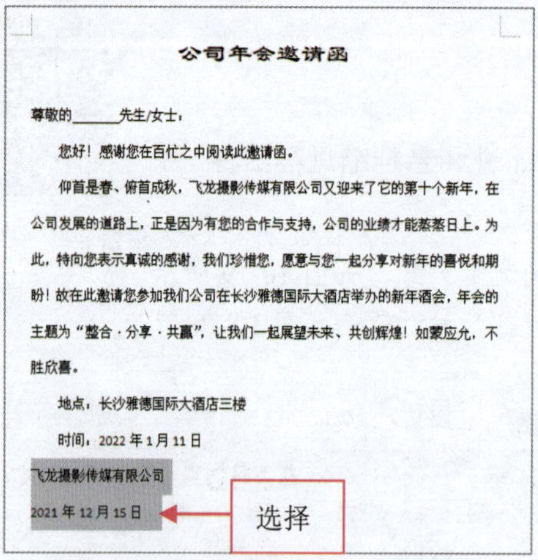
公司年会邀请函

尊敬的______先生/女士：

您好！感谢您在百忙之中阅读此邀请函。

仰首是春、俯首成秋，飞龙摄影传媒有限公司又迎来了它的第十个新年，在公司发展的道路上，正是因为有您的合作与支持，公司的业绩才能蒸蒸日上。为此，特向您表示真诚的感谢，我们珍惜您，愿意与您一起分享对新年的喜悦和期盼！故在此邀请您参加我们公司在长沙雅德国际大酒店举办的新年酒会，年会的主题为“整合 · 分享 · 共赢”，让我们一起展望未来、共创辉煌！如蒙应允，不胜欣喜。

地点：长沙雅德国际大酒店三楼

时间：2022 年 1 月 11 日

飞龙摄影传媒有限公司

2021 年 12 月 15 日

图 10-23 选择最后两行文本内容

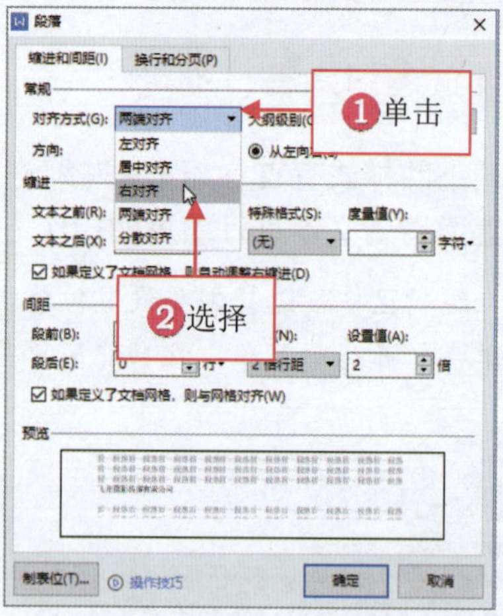

图 10-24 选择“右对齐”选项

Step 07 单击“确定”按钮，即可设置文本的对齐方式，效果如图 10-25 所示。至此，公司年会邀请函制作完成。

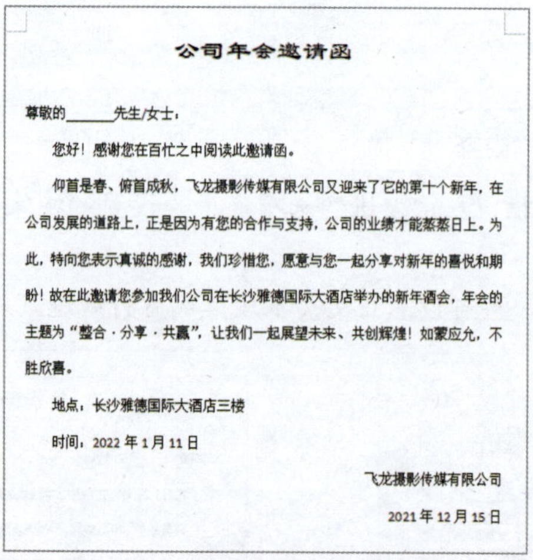
公司年会邀请函

尊敬的______先生/女士：

您好！感谢您在百忙之中阅读此邀请函。

仰首是春、俯首成秋，飞龙摄影传媒有限公司又迎来了它的第十个新年，在公司发展的道路上，正是因为有您的合作与支持，公司的业绩才能蒸蒸日上。为此，特向您表示真诚的感谢，我们珍惜您，愿意与您一起分享对新年的喜悦和期盼！故在此邀请您参加我们公司在长沙雅德国际大酒店举办的新年酒会，年会的主题为“整合 · 分享 · 共赢”，让我们一起展望未来、共创辉煌！如蒙应允，不胜欣喜。

地点：长沙雅德国际大酒店三楼

时间：2022 年 1 月 11 日

飞龙摄影传媒有限公司

2021 年 12 月 15 日

图 10-25 公司年会邀请函效果图

▶ 专家指点

水平对齐样式可以决定段落边缘的外观和方向，有左对齐、右对齐、分散对齐、居中对齐和两端对齐等十种样式供用户选择。

按【Ctrl + L】组合键，可以设置文本左对齐；按【Ctrl + R】组合键，可以设置文本右对齐；按【Ctrl + E】组合键，可以设置文本居中对齐；按【Ctrl + J】组合键，可以设置文本两端对齐；按【Ctrl + Shift + J】组合键，可以设置文本分散对齐。

10.2　制作员工表格信息

员工档案信息表是指员工在企业所备案的信息。企业员工人数较多且流动量大，人力资源部一般都会对各部门的人员信息进行汇总，以便以后员工信息产生变化而进行更改，为以后企业所做出的决策提供依据。员工档案信息表主要包含工号、姓名、部门、学历、身份证号、生日、性别、年龄、现任职务、联系电话与居住地址等；其次，员工在人力资源部备案的信息必须是真实有效的。

10.2.1　新建员工信息表

新建员工信息表

每次启动 WPS 表格时，系统会自动生成一个新的工作簿，文件名为“工作簿 1”，用户还可以创建新的工作簿或根据表格提供的模板新建工作簿，以提高工作效率。创建员工档案信息表之前，首先需要创建一个空白的工作簿，下面介绍新建员工信息表的操作方法。

Step 01　启动 WPS Office 2019 界面，❶在“新建”页面中切换至“表格”选项卡；❷单击“新建空白文档”按钮，如图 10-26 所示。

Step 02　执行上述操作后，即可创建工作簿，如图 10-27 所示。

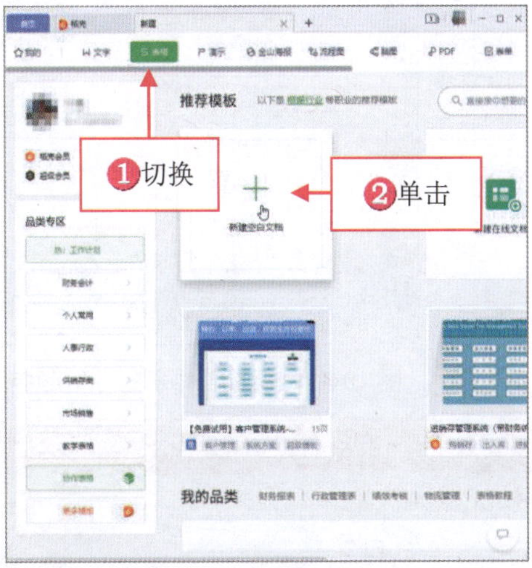

图 10-26　单击“新建空白文档”按钮

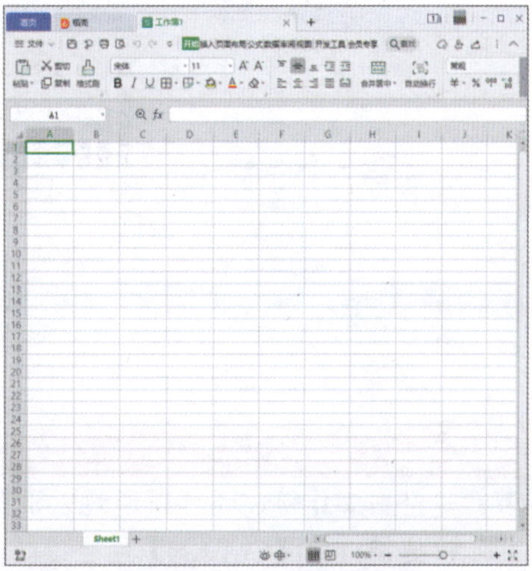

图 10-27　创建工作簿

Step 03　在界面左下角 Sheet1 工作表名称上，❶单击鼠标右键；❷在弹出的快捷菜单中选择“重命名”选项，如图 10-28 所示。

Step 04　此时工作表的名称呈可编辑状态，重新输入新的名称“员工档案信息表”，输入完成后，按【Enter】键确认，即可对工作表进行重命名操作，完成工作簿的创建操作，如图 10-29 所示。

Step 05　在界面右下角第 1 个工作表标签上，单击鼠标右键，弹出快捷菜单，❶选择“工作表标签颜色”选项，单击右侧的箭头按钮；❷弹出列表框，在“标准色”选项区中选择“红色”色块，如图 10-30 所示。

Step 06 执行上述操作后，即可设置工作表的标签颜色，效果如图 10-31 所示。

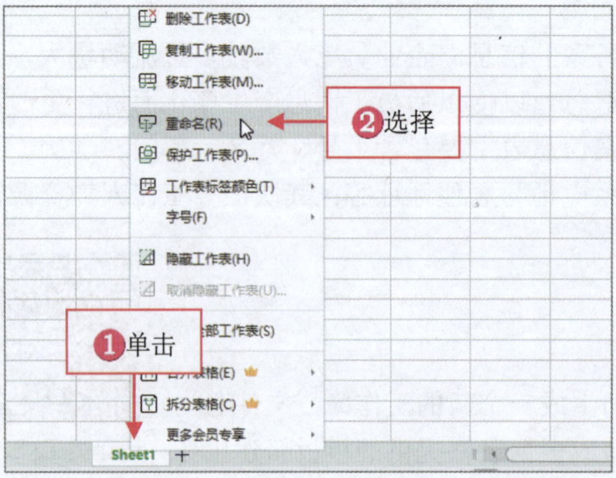

图 10-28　选择“重命名”选项

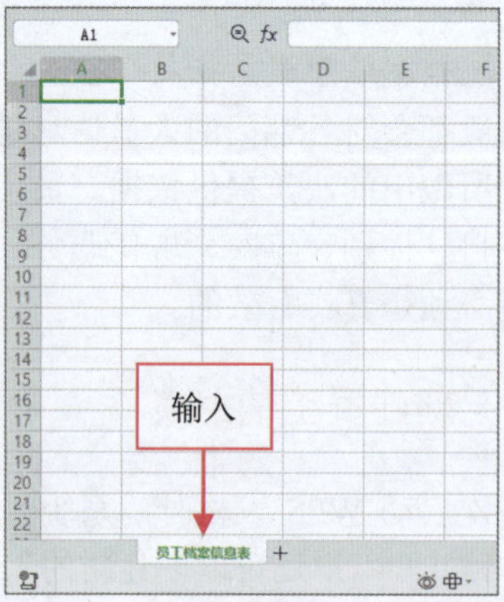

图 10-29　对工作表进行重命名操作

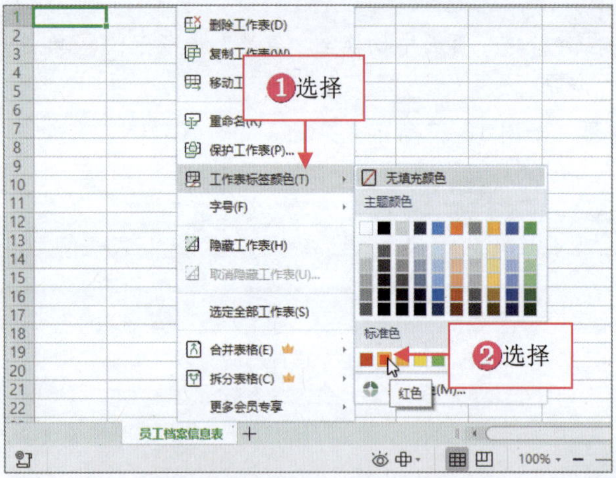

图 10-30　选择“红色”色块

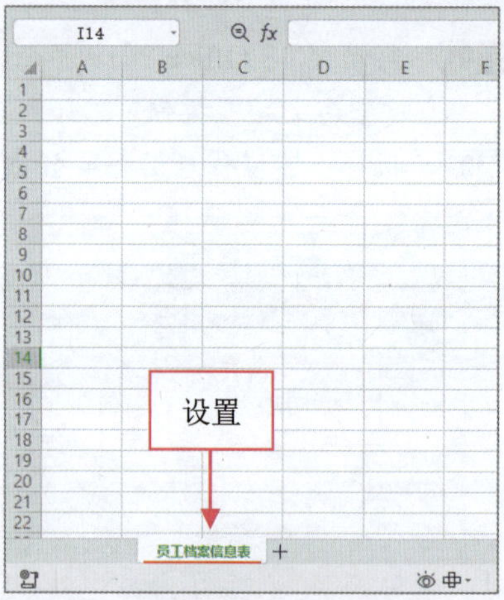

图 10-31　设置工作表的标签颜色

▶ 专家指点

若新建空白工作簿，还可以通过以下两种方法完成。

➢　快捷键：按【Ctrl + N】组合键，可以新建一个空白文档。

➢　按钮：❶单击快速访问工具栏右侧的“自定义快速访问工具栏”按钮；❷在弹出的列表框中选择“新建”选项，执行上述操作后，即可将“新建”图标添加至快速访问工具栏中；❸单击“新建”按钮，即可新建一个空白文档，如图 10-32 所示。

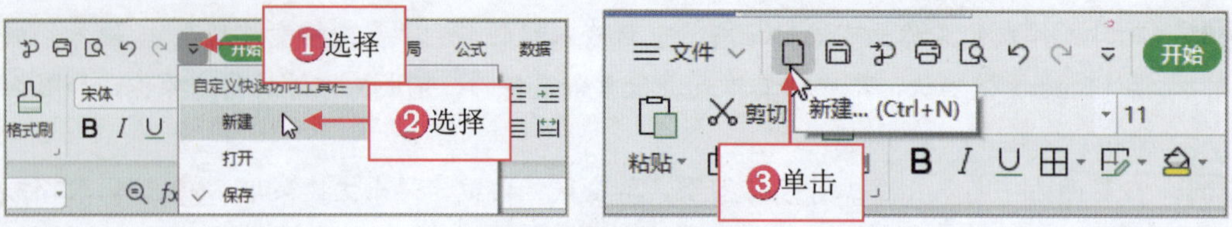

图 10-32　新建工作簿

10.2.2　创建员工档案信息内容

创建好空白的工作簿后，接下来输入员工档案信息表的表单内容。录入表单内容后，调整表格的行高和列宽，使表格内容显示更加全面。下面主要介绍创建员工档案信息内容的操作方法。

创建员工档案信息内容

Step 01　在创建的工作簿中，输入员工档案信息表的内容，如图 10-33 所示。

员工档案信息表											
序号	工号	姓名	部门	学历	身份证号	生日	性别	年龄	现任职务	联系电话	居住地址
1	12	小芳	销售部	本科					技术专员	13126252323	湖南省湘潭市雨湖区
2	86	张瑶	销售部	硕士					技术专员	13126594858	湖南省湘潭市雨湖区
3	57	小敏	销售部	本科					技术经理	15462532641	湖南省湘潭市雨湖区
4	45	田心	销售部	本科					技术主管	15489562356	湖南省湘潭市岳塘区
5	13	张燕	行政部	大专					客服专员	16523526324	湖南省湘潭市岳塘区
6	46	夏亿	行政部	硕士					客服主管	14562542352	湖南省湘潭市岳塘区
7	35	李田	行政部	本科					行政主管	16598563241	湖南省湘潭市雨湖区
8	95	刘顺	客服部	本科					行政专员	16658952344	湖南省湘潭市雨湖区
9	110	彭知	客服部	本科					销售专员	18958236545	湖南省湘潭市岳塘区
10	168	周爽	技术部	本科					销售专员	18596587458	湖南省长沙市开福区
11	55	苏倩	技术部	硕士					质检员	18659854563	湖南省长沙市开福区
12	85	高园	技术部	本科					安全员	13145625874	湖南省长沙市开福区

图 10-33　输入员工档案信息表的内容

Step 02　在行标 1 上单击鼠标右键，在弹出的快捷菜单中选择“行高”选项，如图 10-34 所示。

Step 03　弹出“行高”对话框，❶在其中设置参数为 48；❷单击“确定”按钮，如图 10-35 所示。

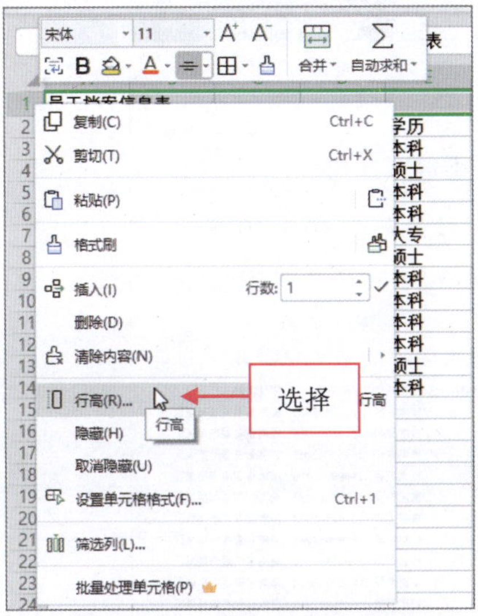

图 10-34　选择“行高”选项

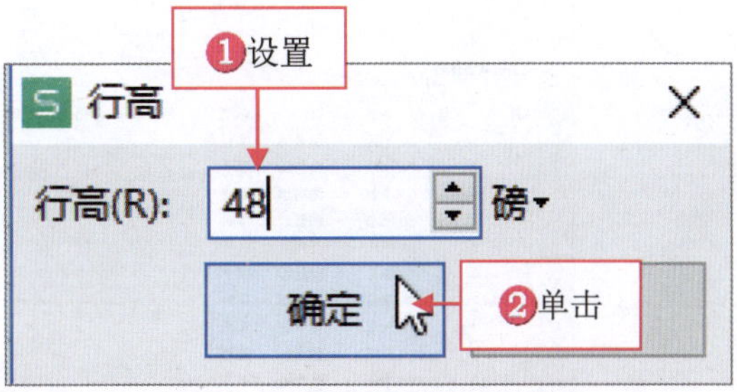

图 10-35　单击“确定”按钮

▶ 专家指点

将鼠标移至编辑区行标 1 下方的边框线上，此时鼠标指标呈形状，按住鼠标左键并向下拖曳，也可以调整行标 1 表格的行高效果。

Step 04 执行上述操作后，即可设置第 1 行单元格的整行高度，效果如图 10-36 所示。

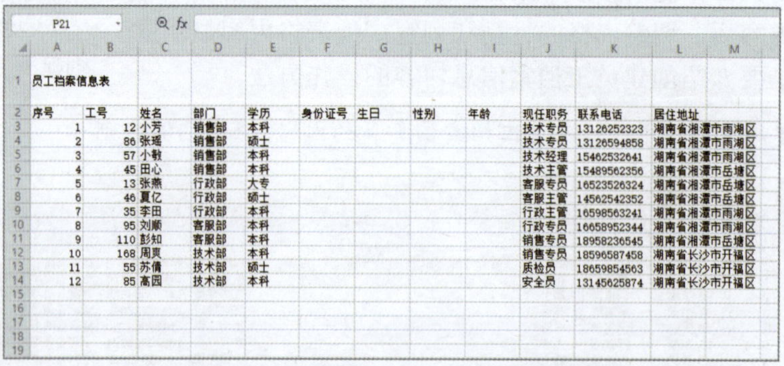

图 10-36　设置第 1 行单元格的整行高度

Step 05 选择行标 2 至行标 14 区域，在该区域上单击鼠标右键，在弹出的快捷菜单中选择“行高”选项，弹出“行高”对话框，设置“行高”参数为 20，如图 10-37 所示。

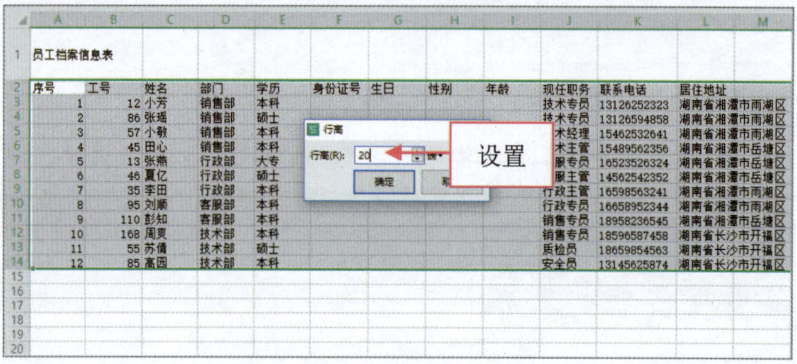

图 10-37　设置“行高”参数为 20

Step 06 单击“确定”按钮，即可设置区域内的行高，效果如图 10-38 所示。

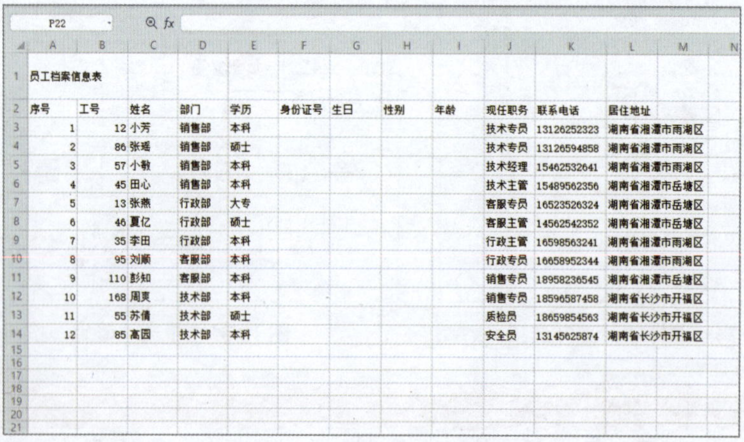

图 10-38　设置区域内的行高效果

Step 07　选择列标 A 列，在该列上单击鼠标右键，在弹出的快捷菜单中选择“列宽”选项，如图 10-39 所示。

Step 08　弹出“列宽”对话框，设置参数为 6，如图 10-40 所示。

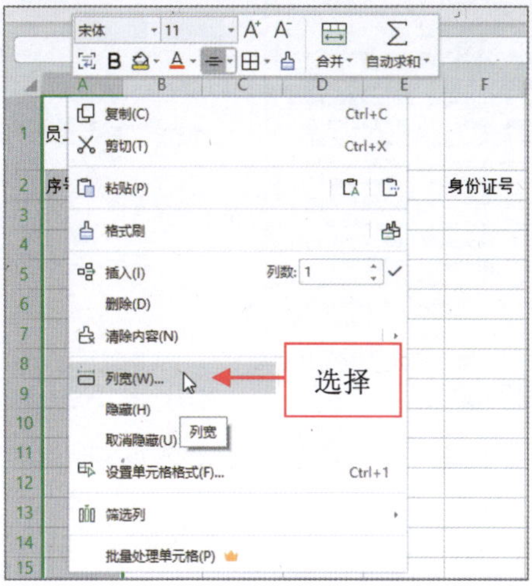

图 10-39　选择“列宽”选项

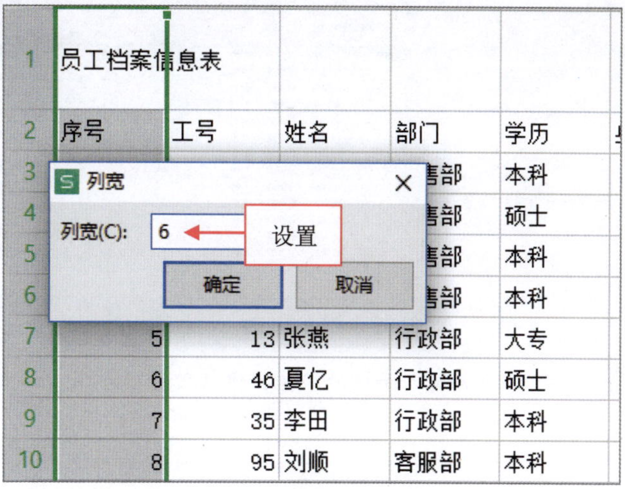

图 10-40　设置“列宽”参数为 6

Step 09　单击“确定”按扭，即可设置列标 A 的列宽，效果如图 10-41 所示。

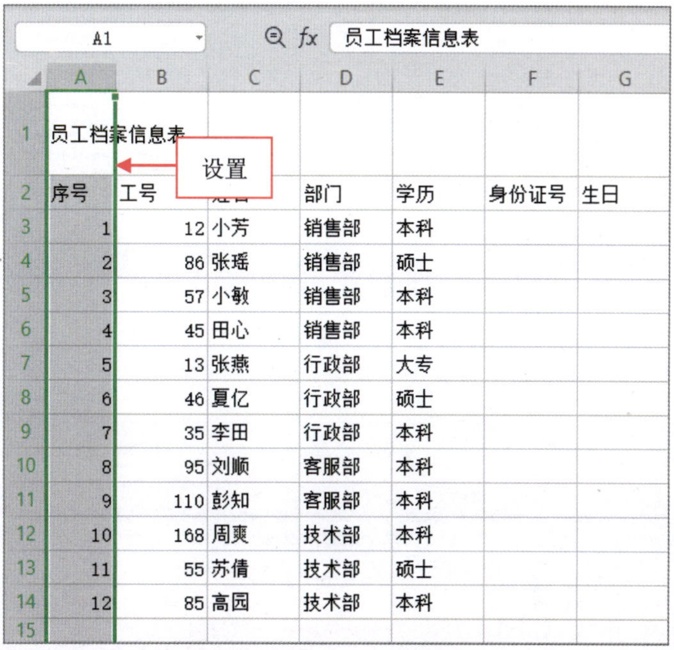

图 10-41　设置列 A 的列宽效果

▶ 专家指点

将鼠标移至编辑区列标 A 列右侧边框上，此时鼠标指标呈✛形状，按住鼠标左键并向右拖曳，也可调整 A 列表格的列宽。

Step 10 用与上述同样的方法，在工作表中设置其他列的列宽，然后选择 A1:L1 单元格区域，如图 10-42 所示。

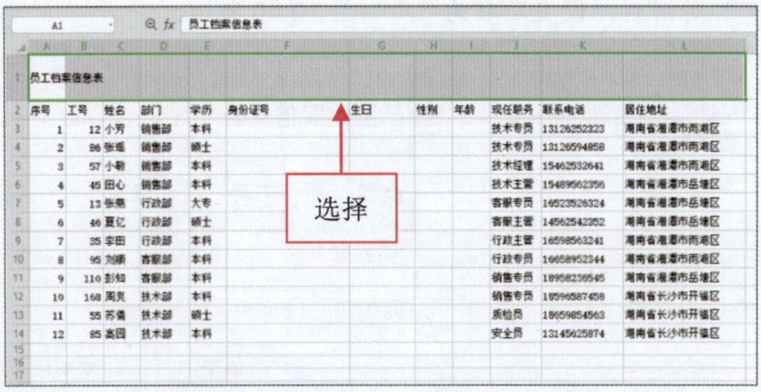

图 10-42　选择 A1:L1 单元格区域

Step 11 在“开始”面板的“对齐方式”选项板中，单击“合并后居中”按钮，效果如图 10-43 所示。

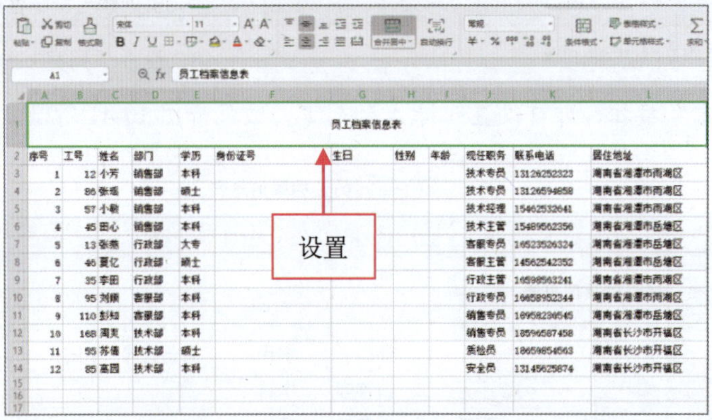

图 10-43　设置 A1:L1 单元格的格式

Step 12 选择 A1 单元格，单击“开始”菜单，在功能区中设置“字体”为“黑体”、“字号”为 24，设置 A1 单元格中的字体格式，效果如图 10-44 所示。

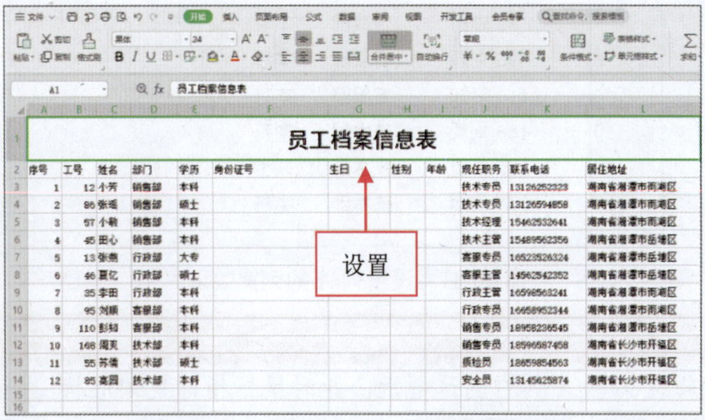

图 10-44　设置 A1 单元格中的字体格式

Step 13　选择 A2:L14 单元格区域，在“开始”面板的“对齐方式”选项板中，单击“居中”按钮，设置单元格区域的居中对齐方式，效果如图 10-45 所示。

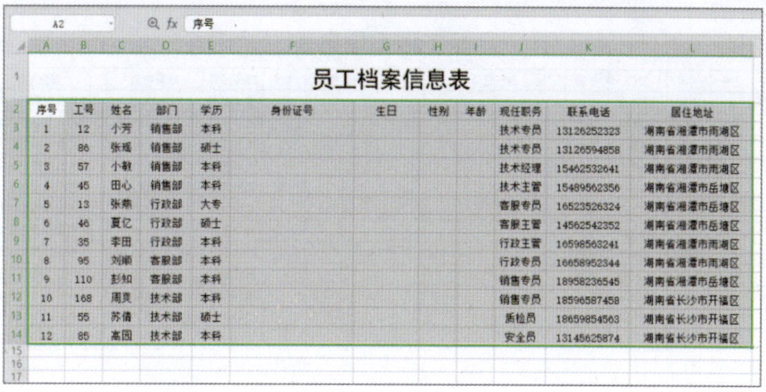

图 10-45　设置单元格区域的居中对齐方式

Step 14　❶选择 A2:L2 单元格区域，在单击“开始”菜单，在功能区中单击“加粗”按钮 **B**，设置字体加粗显示；❷选择 A1:L14 单元格区域，如图 10-46 所示。

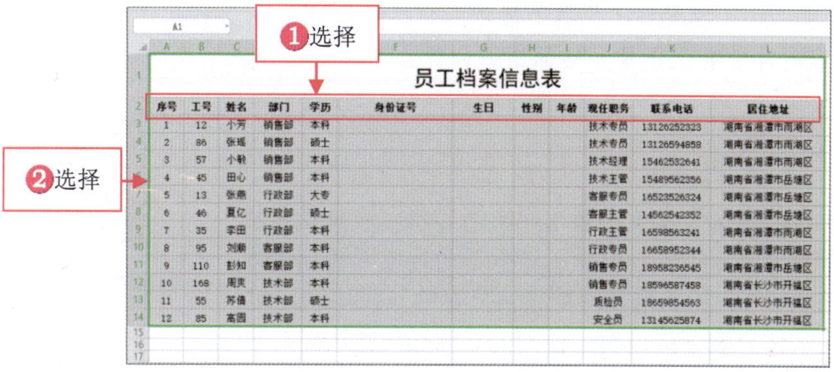

图 10-46　选择 A1:L14 单元格区域

Step 15　单击“开始”菜单，在功能区中单击“无框线”下三角按钮，如图 10-47 所示。

Step 16　在弹出的列表框中选择“所有框线”选项，如图 10-48 所示。

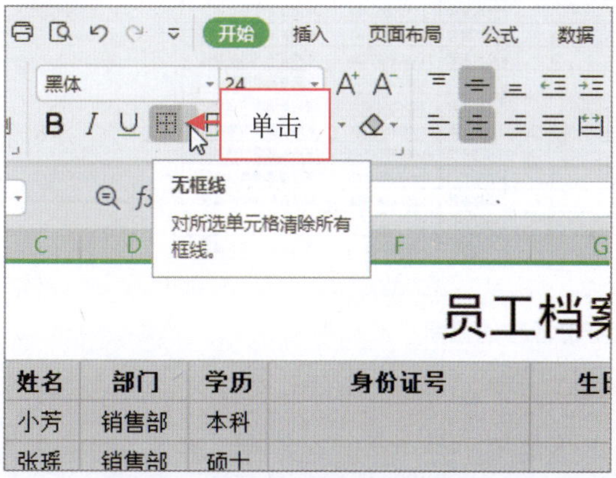

图 10-47　单击“边框”下三角按钮

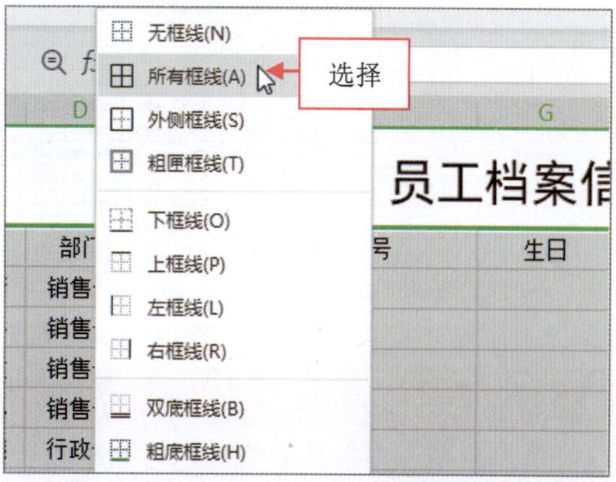

图 10-48　选择“所有框线”选项

Step 17 执行上述操作后，即可查看设置边框格式，效果如图 10-49 所示。

员工档案信息表

序号	工号	姓名	部门	学历	身份证号	生日	性别	年龄	现任职务	联系电话	居住地址
1	12	小芳	销售部	本科					技术专员	13126252323	湖南省湘潭市雨湖区
2	86	张瑶	销售部	硕士					技术专员	13126594858	湖南省湘潭市雨湖区
3	57	小敏	销售部	本科					技术经理	15462532641	湖南省湘潭市雨湖区
4	45	田心	销售部	本科					技术主管	15489562356	湖南省湘潭市岳塘区
5	13	张燕	行政部	大专					客服专员	16523526324	湖南省湘潭市岳塘区
6	46	夏亿	行政部	硕士					客服主管	14562542352	湖南省湘潭市岳塘区
7	35	李田	行政部	本科					行政主管	16598563241	湖南省湘潭市雨湖区
8	95	刘顺	客服部	本科					行政专员	16658952344	湖南省湘潭市雨湖区
9	110	彭知	客服部	本科					销售专员	18958236545	湖南省湘潭市岳塘区
10	168	周爽	技术部	本科					销售专员	18596587458	湖南省长沙市开福区
11	55	苏倩	技术部	硕士					质检员	18659854563	湖南省长沙市开福区
12	85	高园	技术部	本科					安全员	13145625874	湖南省长沙市开福区

图 10-49　设置边框格式

> ▶ 专家指点
>
> 在 WPS 表格中，默认情况下工作区所显示的网格线是打印不出来的。所以，用户在打印工作表中的内容时，需要设置单元格的边框和背景。

10.2.3　从信息表中提取员工性别

从信息表中提取员工性别

人力资源部制作的是整个企业的员工档案信息表，信息量非常庞大，手动输入所有信息，不仅会降低工作效率而且还容易出错。相比较而言可以使用 Excel 的函数填写档案信息表的一些信息，提高效率。下面介绍从信息表中提取员工性别的具体操作方法。

Step 01 在表中 F3:F14 单元格区域，依次输入员工身份证号的信息，如图 10-50 所示。

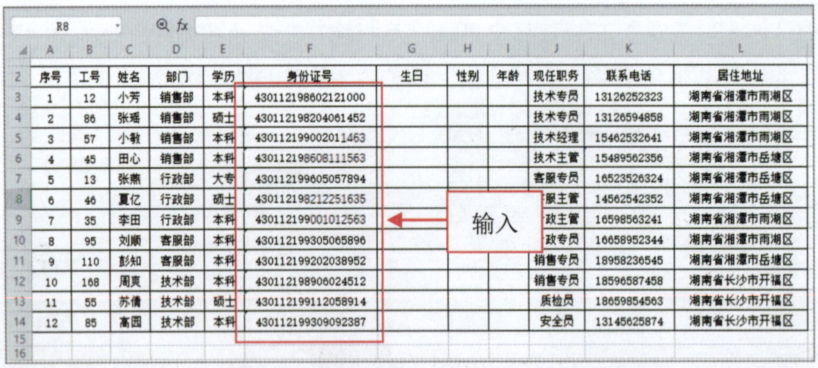

序号	工号	姓名	部门	学历	身份证号	生日	性别	年龄	现任职务	联系电话	居住地址
1	12	小芳	销售部	本科	430112198602121000				技术专员	13126252323	湖南省湘潭市雨湖区
2	86	张瑶	销售部	硕士	430112198204061452				技术专员	13126594858	湖南省湘潭市雨湖区
3	57	小敏	销售部	本科	430112199002011463				技术经理	15462532641	湖南省湘潭市雨湖区
4	45	田心	销售部	本科	430112198608111563				技术主管	15489562356	湖南省湘潭市岳塘区
5	13	张燕	行政部	大专	430112199605057894				客服专员	16523526324	湖南省湘潭市岳塘区
6	46	夏亿	行政部	硕士	430112198212251635				服主管	14562542352	湖南省湘潭市岳塘区
7	35	李田	行政部	本科	430112199001012563				政主管	16598563241	湖南省湘潭市雨湖区
8	95	刘顺	客服部	本科	430112199305065896				政专员	16658952344	湖南省湘潭市雨湖区
9	110	彭知	客服部	本科	430112199202038952				销售专员	18958236545	湖南省湘潭市岳塘区
10	168	周爽	技术部	本科	430112198906024512				销售专员	18596587458	湖南省长沙市开福区
11	55	苏倩	技术部	硕士	430112199112058914				质检员	18659854563	湖南省长沙市开福区
12	85	高园	技术部	本科	430112199309092387				安全员	13145625874	湖南省长沙市开福区

图 10-50　在表中输入身份证号的信息

> ▶ 专家指点
>
> 在表中输入身份证号的时候，先输入英文状态下的单引号“'”，这是为了避免 WPS 表格以默认的科学计数法保存数据，这样就可以显示超长的数据并且被保存。

Step 02 选择 H3 单元格，在单元格中输入公式：=IF(MOD(RIGHT(LEFT(F3,17)),2),"男","女")，如图 10-51 所示。

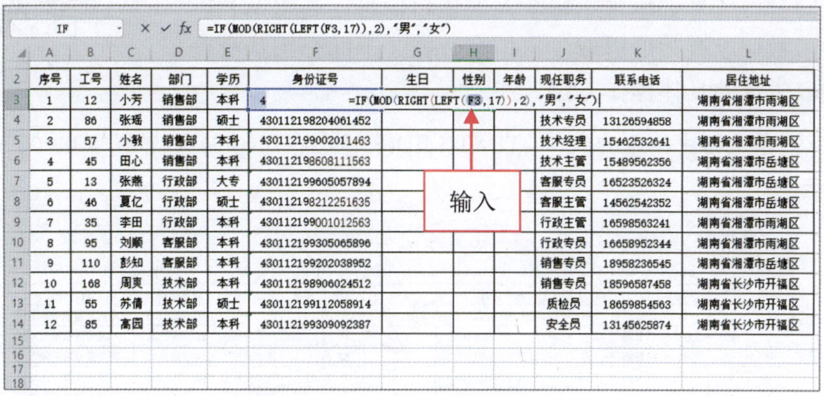

序号	工号	姓名	部门	学历	身份证号	生日	性别	年龄	现任职务	联系电话	居住地址
1	12	小芳	销售部	本科	4 =IF(MOD(RIGHT(LEFT(F3,17)),2),"男","女")						湖南省湘潭市雨湖区
2	86	张瑶	销售部	硕士	430112198204061452				技术专员	13126594858	湖南省湘潭市雨湖区
3	57	小敏	销售部	本科	430112199002011463				技术经理	15462532641	湖南省湘潭市雨湖区
4	45	田心	销售部	本科	430112198608111563				技术主管	15489562356	湖南省湘潭市岳塘区
5	13	张燕	行政部	大专	430112199605057894				客服专员	16523526324	湖南省湘潭市岳塘区
6	46	夏亿	行政部	硕士	430112198212251635				客服主管	14562542352	湖南省湘潭市岳塘区
7	35	李田	行政部	本科	430112199001012563				行政主管	16598563241	湖南省湘潭市雨湖区
8	95	刘顺	客服部	本科	430112199305065896				行政专员	16658952344	湖南省湘潭市雨湖区
9	110	彭知	客服部	本科	430112199202038952				销售专员	18958236545	湖南省湘潭市岳塘区
10	168	周爽	技术部	本科	430112198906024512				销售专员	18596587458	湖南省长沙市开福区
11	55	苏倩	技术部	硕士	430112199112058914				质检员	18659854563	湖南省长沙市开福区
12	85	高园	技术部	本科	430112199309092387				安全员	13145625874	湖南省长沙市开福区

图 10-51 在单元格中输入公式

Step 03 按【Enter】键确认，即可在 H3 单元格显示数据结果，如图 10-52 所示。

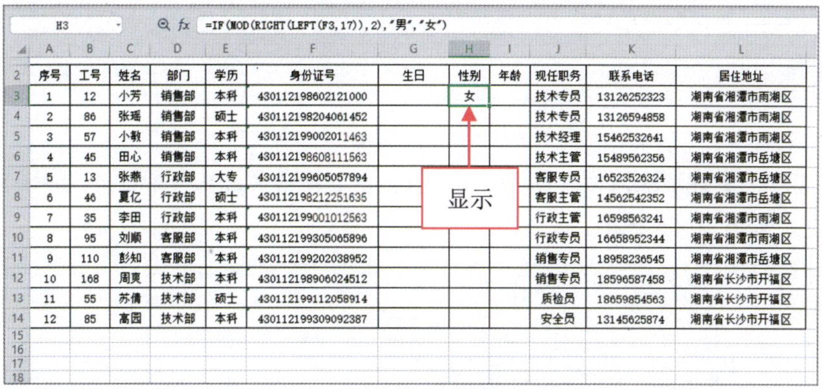

序号	工号	姓名	部门	学历	身份证号	生日	性别	年龄	现任职务	联系电话	居住地址
1	12	小芳	销售部	本科	430112198602121000		女		技术专员	13126252323	湖南省湘潭市雨湖区
2	86	张瑶	销售部	硕士	430112198204061452				技术专员	13126594858	湖南省湘潭市雨湖区
3	57	小敏	销售部	本科	430112199002011463				技术经理	15462532641	湖南省湘潭市雨湖区
4	45	田心	销售部	本科	430112198608111563				技术主管	15489562356	湖南省湘潭市岳塘区
5	13	张燕	行政部	大专	430112199605057894				客服专员	16523526324	湖南省湘潭市岳塘区
6	46	夏亿	行政部	硕士	430112198212251635				客服主管	14562542352	湖南省湘潭市岳塘区
7	35	李田	行政部	本科	430112199001012563				行政主管	16598563241	湖南省湘潭市雨湖区
8	95	刘顺	客服部	本科	430112199305065896				行政专员	16658952344	湖南省湘潭市雨湖区
9	110	彭知	客服部	本科	430112199202038952				销售专员	18958236545	湖南省湘潭市岳塘区
10	168	周爽	技术部	本科	430112198906024512				销售专员	18596587458	湖南省长沙市开福区
11	55	苏倩	技术部	硕士	430112199112058914				质检员	18659854563	湖南省长沙市开福区
12	85	高园	技术部	本科	430112199309092387				安全员	13145625874	湖南省长沙市开福区

图 10-52 在 H3 单元格显示数据结果

Step 04 将光标移至 H3 单元格右下角，当光标呈现✚形状时，按住鼠标左键并向下拖曳至 H14 单元格，即可统计出所有员工的性别信息，效果如图 10-53 所示。

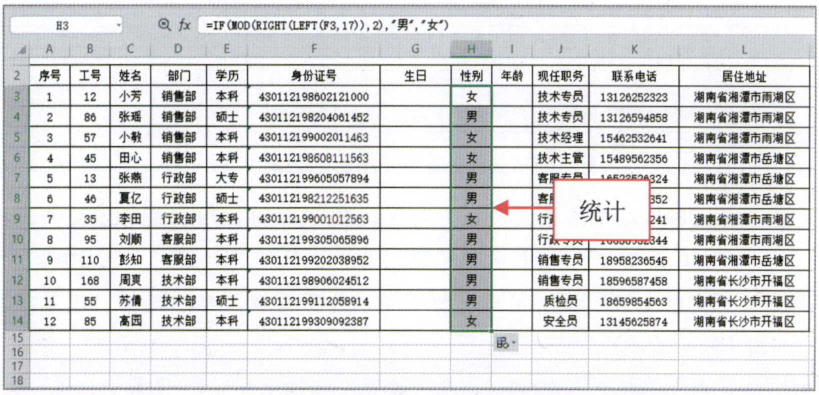

序号	工号	姓名	部门	学历	身份证号	生日	性别	年龄	现任职务	联系电话	居住地址
1	12	小芳	销售部	本科	430112198602121000		女		技术专员	13126252323	湖南省湘潭市雨湖区
2	86	张瑶	销售部	硕士	430112198204061452		男		技术专员	13126594858	湖南省湘潭市雨湖区
3	57	小敏	销售部	本科	430112199002011463		女		技术经理	15462532641	湖南省湘潭市雨湖区
4	45	田心	销售部	本科	430112198608111563		女		技术主管	15489562356	湖南省湘潭市岳塘区
5	13	张燕	行政部	大专	430112199605057894		男		[illegible]	[illegible]324	湖南省湘潭市岳塘区
6	46	夏亿	行政部	硕士	430112198212251635		男		客[illegible]	[illegible]352	湖南省湘潭市岳塘区
7	35	李田	行政部	本科	430112199001012563		女		行[illegible]	[illegible]241	湖南省湘潭市雨湖区
8	95	刘顺	客服部	本科	430112199305065896		男		行[illegible]	[illegible]344	湖南省湘潭市雨湖区
9	110	彭知	客服部	本科	430112199202038952		男		销售专员	18958236545	湖南省湘潭市岳塘区
10	168	周爽	技术部	本科	430112198906024512		男		销售专员	18596587458	湖南省长沙市开福区
11	55	苏倩	技术部	硕士	430112199112058914		男		质检员	18659854563	湖南省长沙市开福区
12	85	高园	技术部	本科	430112199309092387		女		安全员	13145625874	湖南省长沙市开福区

图 10-53 统计出所有员工的性别信息

10.2.4 从身份证号码中提取生日

每个人的身份证号都包含了每个人的生日信息，利用 WPS 表格的相关函数可以有效地提取生日信息数据，下面介绍从身份证号码中提取生日的具体操作方法。

从身份证号码中提取生日

Step 01 在 G3 单元格中输入公式：=--TEXT(MID(F3,7,6+(LEN(F3)=18)*2),"#-00-00")，如图 10-54 所示。

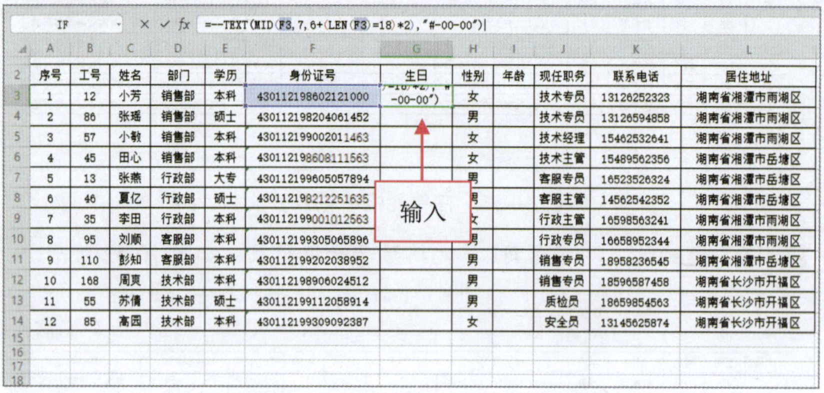

序号	工号	姓名	部门	学历	身份证号	生日	性别	年龄	现任职务	联系电话	居住地址
1	12	小芳	销售部	本科	430112198602121000	)=18)*2),"#-00-00")	女		技术专员	13126252323	湖南省湘潭市雨湖区
2	86	张瑶	销售部	硕士	430112198204061452		男		技术专员	13126594858	湖南省湘潭市雨湖区
3	57	小敏	销售部	本科	430112199002011463		女		技术经理	15462532641	湖南省湘潭市雨湖区
4	45	田心	销售部	本科	430112198608111563		女		技术主管	15489562356	湖南省湘潭市岳塘区
5	13	张燕	行政部	大专	430112199605057894		男		客服专员	16523526324	湖南省湘潭市岳塘区
6	46	夏亿	行政部	硕士	430112198212251635		男		客服主管	14562542352	湖南省湘潭市岳塘区
7	35	李田	行政部	本科	430112199001012563		女		行政主管	16598563241	湖南省湘潭市雨湖区
8	95	刘顺	客服部	本科	430112199305065896		男		行政专员	16658952344	湖南省湘潭市雨湖区
9	110	彭知	客服部	本科	430112199202038952		男		销售专员	18958236545	湖南省湘潭市岳塘区
10	168	周爽	技术部	本科	430112198906024512		男		销售专员	18596587458	湖南省长沙市开福区
11	55	苏倩	技术部	硕士	430112199112058914		男		质检员	18659854563	湖南省长沙市开福区
12	85	高园	技术部	本科	430112199309092387		女		安全员	13145625874	湖南省长沙市开福区

图 10-54 在 G3 单元格中输入公式

Step 02 按【Enter】键确认，即可在 G3 单元格显示数据结果，从身份证号码中提取员工的生日信息，如图 10-55 所示。

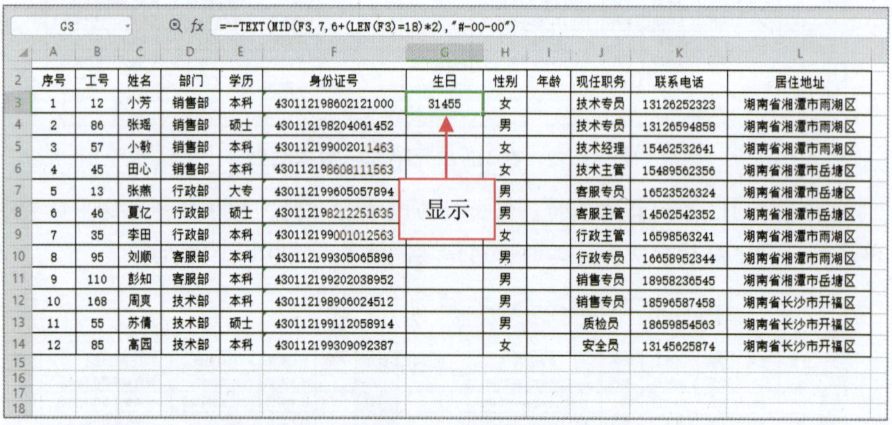

序号	工号	姓名	部门	学历	身份证号	生日	性别	年龄	现任职务	联系电话	居住地址
1	12	小芳	销售部	本科	430112198602121000	31455	女		技术专员	13126252323	湖南省湘潭市雨湖区
2	86	张瑶	销售部	硕士	430112198204061452		男		技术专员	13126594858	湖南省湘潭市雨湖区
3	57	小敏	销售部	本科	430112199002011463		女		技术经理	15462532641	湖南省湘潭市雨湖区
4	45	田心	销售部	本科	430112198608111563		女		技术主管	15489562356	湖南省湘潭市岳塘区
5	13	张燕	行政部	大专	430112199605057894		男		客服专员	16523526324	湖南省湘潭市岳塘区
6	46	夏亿	行政部	硕士	430112198212251635		男		客服主管	14562542352	湖南省湘潭市岳塘区
7	35	李田	行政部	本科	430112199001012563		女		行政主管	16598563241	湖南省湘潭市雨湖区
8	95	刘顺	客服部	本科	430112199305065896		男		行政专员	16658952344	湖南省湘潭市雨湖区
9	110	彭知	客服部	本科	430112199202038952		男		销售专员	18958236545	湖南省湘潭市岳塘区
10	168	周爽	技术部	本科	430112198906024512		男		销售专员	18596587458	湖南省长沙市开福区
11	55	苏倩	技术部	硕士	430112199112058914		男		质检员	18659854563	湖南省长沙市开福区
12	85	高园	技术部	本科	430112199309092387		女		安全员	13145625874	湖南省长沙市开福区

图 10-55 在 G3 单元格显示数据结果

Step 03 将光标移至 G3 单元格右下角，当光标呈现✚形状时，按住鼠标左键并向下拖曳至 G14 单元格，即可从身份证号码中提取其他员工的生日信息数据，如图 10-56 所示。

Step 04 选择 G3:G14 单元格区域，单击鼠标右键，弹出快捷菜单，选择“设置单元格格式”选项，如图 10-57 所示。

Step 05 弹出“设置单元格格式”对话框，在“数字”选项卡中，❶设置“分类”为“日期”；❷设置“类型”为 2001/3/7 格式；❸单击“确定”按钮，如图 10-58 所示。

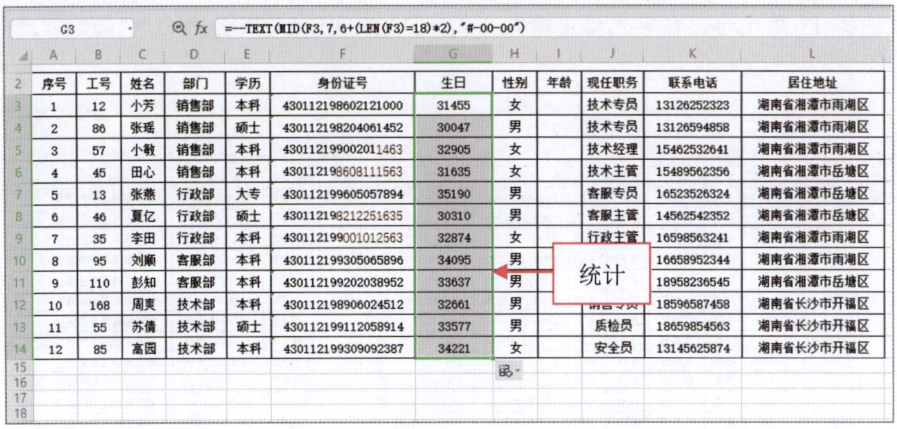

图 10-56 提取其他员工的生日信息

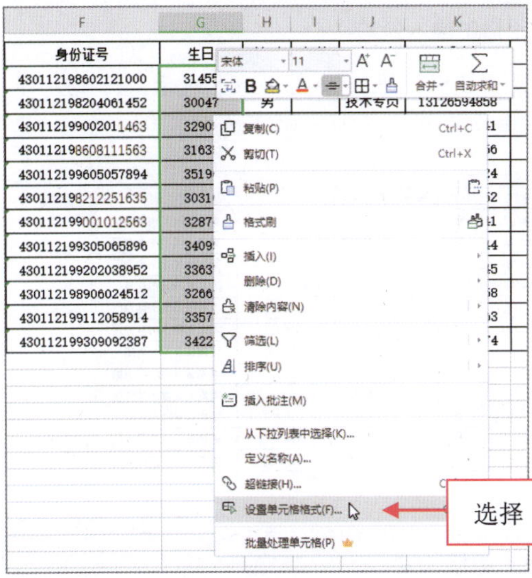

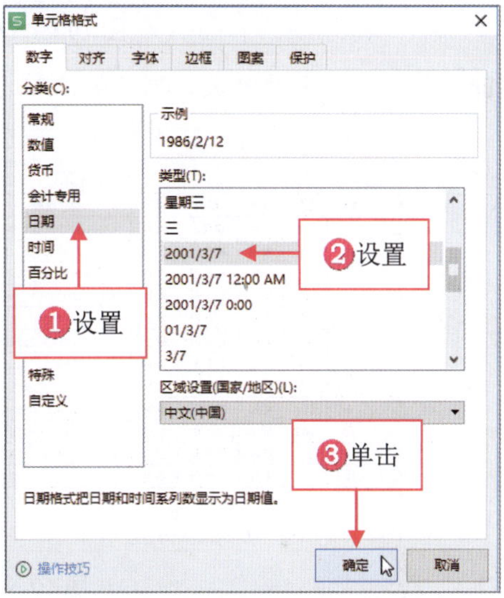

图 10-57 选择“设置单元格格式”选项

图 10-58 单击“确定”按钮

Step 06 执行上述操作后，即可设置生日的日期格式，效果如图 10-59 所示。

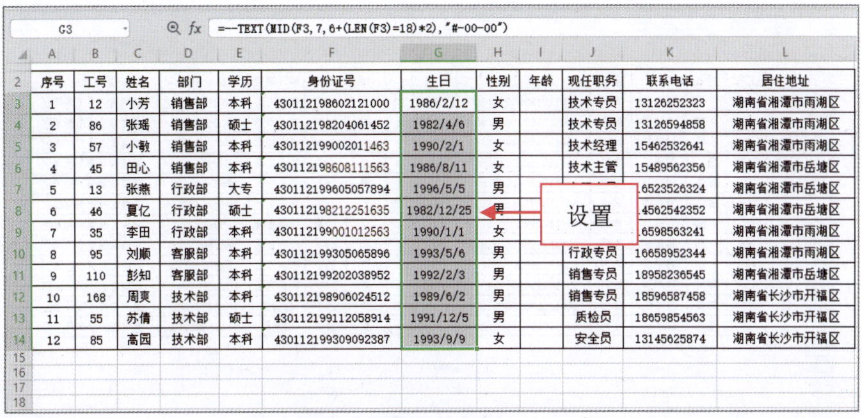

图 10-59 设置生日的日期格式

Step07 选择 I3 单元格，在单元格中输入公式:=DATEDIF(G3,TODAY(),"y")&"岁"，如图 10-60 所示。

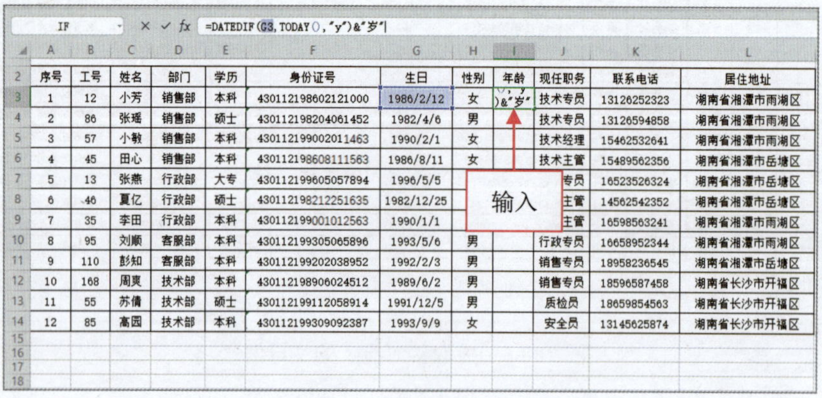

序号	工号	姓名	部门	学历	身份证号	生日	性别	年龄	现任职务	联系电话	居住地址
1	12	小芳	销售部	本科	430112198602121000	1986/2/12	女	)&"岁"	技术专员	13126252323	湖南省湘潭市雨湖区
2	86	张瑶	销售部	硕士	430112198204061452	1982/4/6	男		技术专员	13126594858	湖南省湘潭市雨湖区
3	57	小敏	销售部	本科	430112199002011463	1990/2/1	女		技术经理	15462532641	湖南省湘潭市雨湖区
4	45	田心	销售部	本科	430112198608111563	1986/8/11	女		技术主管	15489562356	湖南省湘潭市岳塘区
5	13	张燕	行政部	大专	430112199605057894	1996/5/5			专员	16523526324	湖南省湘潭市岳塘区
6	46	夏亿	行政部	硕士	430112198212251635	1982/12/25			主管	14562542352	湖南省湘潭市岳塘区
7	35	李田	行政部	本科	430112199001012563	1990/1/1			主管	16598563241	湖南省湘潭市雨湖区
8	95	刘顺	客服部	本科	430112199305065896	1993/5/6	男		行政专员	16658952344	湖南省湘潭市雨湖区
9	110	彭知	客服部	本科	430112199202038952	1992/2/3	男		销售专员	18958236545	湖南省湘潭市岳塘区
10	168	周爽	技术部	本科	430112198906024512	1989/6/2	男		销售专员	18596587458	湖南省长沙市开福区
11	55	苏倩	技术部	硕士	430112199112058914	1991/12/5	男		质检员	18659854563	湖南省长沙市开福区
12	85	高园	技术部	本科	430112199309092387	1993/9/9	女		安全员	13145625874	湖南省长沙市开福区

图 10-60　在单元格中输入公式

Step08 按【Enter】键确认，即可在 I3 单元格显示数据结果，如图 10-61 所示。

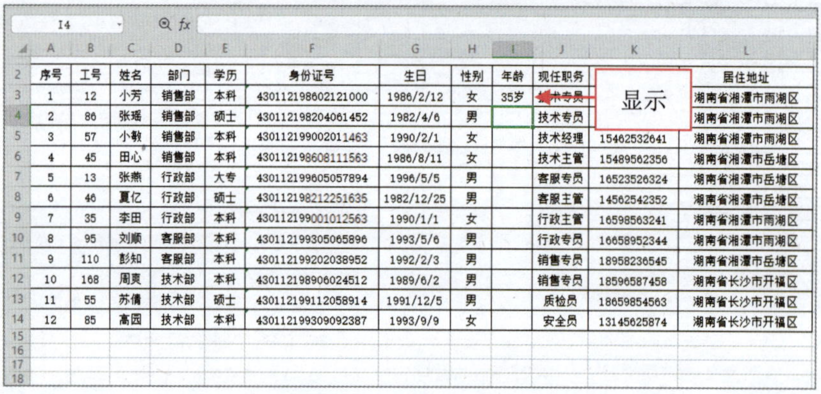

序号	工号	姓名	部门	学历	身份证号	生日	性别	年龄	现任职务	联系电话	居住地址
1	12	小芳	销售部	本科	430112198602121000	1986/2/12	女	35岁	术专员		湖南省湘潭市雨湖区
2	86	张瑶	销售部	硕士	430112198204061452	1982/4/6	男		技术专员		湖南省湘潭市雨湖区
3	57	小敏	销售部	本科	430112199002011463	1990/2/1	女		技术经理	15462532641	湖南省湘潭市雨湖区
4	45	田心	销售部	本科	430112198608111563	1986/8/11	女		技术主管	15489562356	湖南省湘潭市岳塘区
5	13	张燕	行政部	大专	430112199605057894	1996/5/5	男		客服专员	16523526324	湖南省湘潭市岳塘区
6	46	夏亿	行政部	硕士	430112198212251635	1982/12/25	男		客服主管	14562542352	湖南省湘潭市岳塘区
7	35	李田	行政部	本科	430112199001012563	1990/1/1	女		行政主管	16598563241	湖南省湘潭市雨湖区
8	95	刘顺	客服部	本科	430112199305065896	1993/5/6	男		行政专员	16658952344	湖南省湘潭市雨湖区
9	110	彭知	客服部	本科	430112199202038952	1992/2/3	男		销售专员	18958236545	湖南省湘潭市岳塘区
10	168	周爽	技术部	本科	430112198906024512	1989/6/2	男		销售专员	18596587458	湖南省长沙市开福区
11	55	苏倩	技术部	硕士	430112199112058914	1991/12/5	男		质检员	18659854563	湖南省长沙市开福区
12	85	高园	技术部	本科	430112199309092387	1993/9/9	女		安全员	13145625874	湖南省长沙市开福区

图 10-61　显示数据结果

Step09 用与上述同样的方法，统计其他员工的年龄信息，如图 10-62 所示，至此完成员工档案信息表的制作。

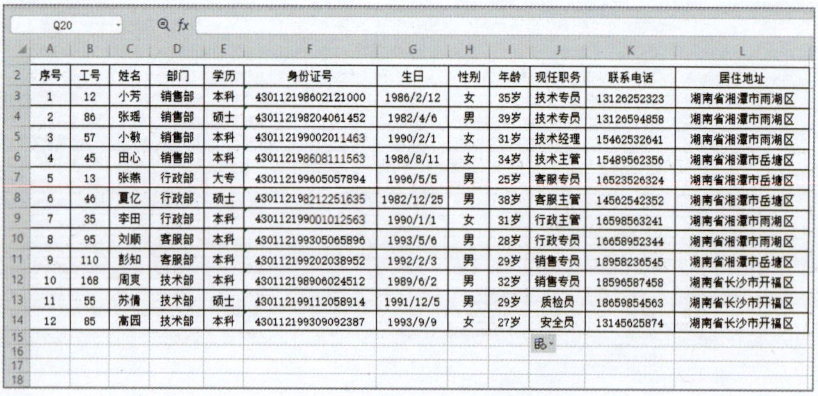

序号	工号	姓名	部门	学历	身份证号	生日	性别	年龄	现任职务	联系电话	居住地址
1	12	小芳	销售部	本科	430112198602121000	1986/2/12	女	35岁	技术专员	13126252323	湖南省湘潭市雨湖区
2	86	张瑶	销售部	硕士	430112198204061452	1982/4/6	男	39岁	技术专员	13126594858	湖南省湘潭市雨湖区
3	57	小敏	销售部	本科	430112199002011463	1990/2/1	女	31岁	技术经理	15462532641	湖南省湘潭市雨湖区
4	45	田心	销售部	本科	430112198608111563	1986/8/11	女	34岁	技术主管	15489562356	湖南省湘潭市岳塘区
5	13	张燕	行政部	大专	430112199605057894	1996/5/5	男	25岁	客服专员	16523526324	湖南省湘潭市岳塘区
6	46	夏亿	行政部	硕士	430112198212251635	1982/12/25	男	38岁	客服主管	14562542352	湖南省湘潭市岳塘区
7	35	李田	行政部	本科	430112199001012563	1990/1/1	女	31岁	行政主管	16598563241	湖南省湘潭市雨湖区
8	95	刘顺	客服部	本科	430112199305065896	1993/5/6	男	28岁	行政专员	16658952344	湖南省湘潭市雨湖区
9	110	彭知	客服部	本科	430112199202038952	1992/2/3	男	29岁	销售专员	18958236545	湖南省湘潭市岳塘区
10	168	周爽	技术部	本科	430112198906024512	1989/6/2	男	32岁	销售专员	18596587458	湖南省长沙市开福区
11	55	苏倩	技术部	硕士	430112199112058914	1991/12/5	男	29岁	质检员	18659854563	湖南省长沙市开福区
12	85	高园	技术部	本科	430112199309092387	1993/9/9	女	27岁	安全员	13145625874	湖南省长沙市开福区

图 10-62　统计其他员工的年龄信息

10.2.5　保存员工档案信息表

保存员工档案信息表

制作好员工档案信息表后，应该将其保存起来，以备以后修改或编辑使用。应该养成经常存盘的好习惯，每隔一段时间存盘一次，这样在突然停电或死机时就可以把损失降到最小。下面介绍保存员工档案信息表的操作方法。

Step 01　在 WPS 表格工作界面中，单击“文件”下拉按钮，弹出列表框单击“文件”|“另存为”命令，如图 10-63 所示。

Step 02　弹出“另存文件”对话框，❶设置相应位置、工作簿的名称和保存路径，❷单击“保存”按钮，如图 10-64 所示。

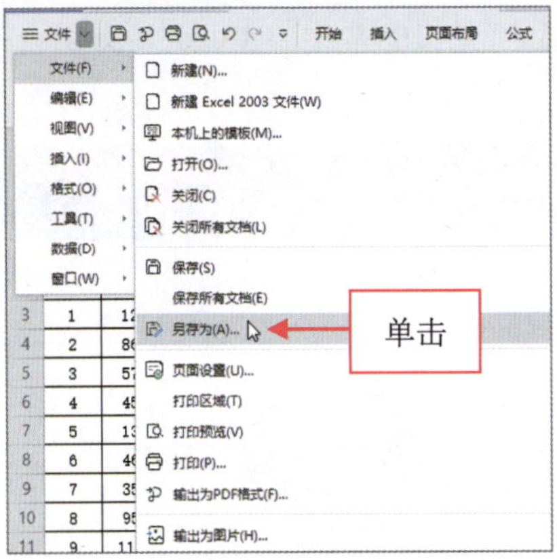

图 10-63　单击“另存为”按钮

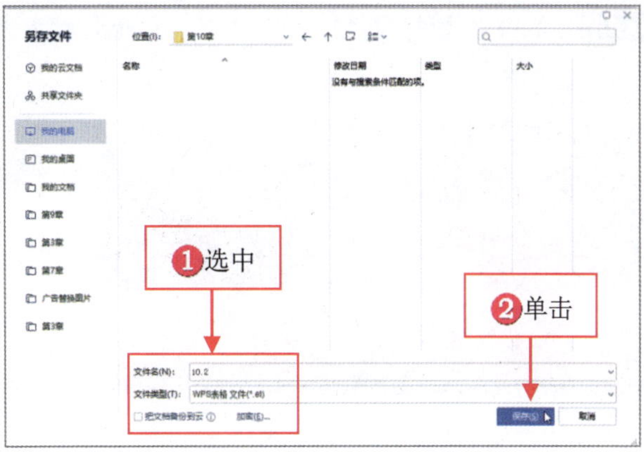

图 10-64　单击“保存”按钮

Step 03　返回工作界面，即可将工作簿保存至指定文件夹，在 10.2.et 的标题栏中显示了保存的文件路径，如图 10-65 所示。

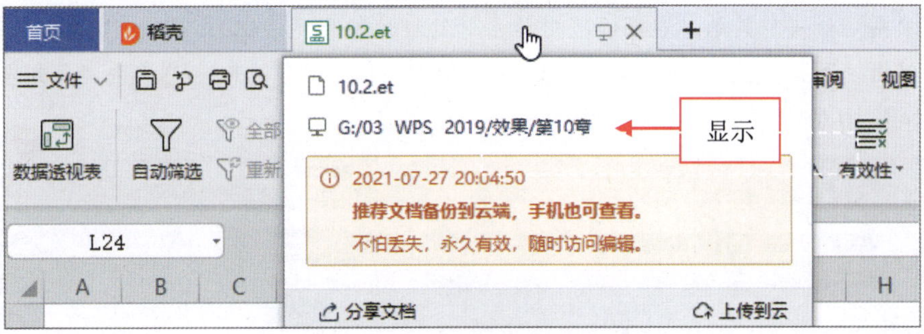

图 10-65　显示了保存的文件路径

▶ 专家指点

在 WPS 表格工作界面中，用户还可以通过以下三种方法保存工作簿。

- 快捷键 1：按【Ctrl + S】组合键。
- 快捷键 2：按【Shift + F10】组合键。
- 快捷键 3：依次按【Alt】、【F】和【S】键。

10.3 制作活动策划演示文稿

活动策划是一种市场策划案，也属于文案，但与文案之间存在一定的区别。文案仅限于文字的表达，而活动策划是一种为活动而进行的文字策划案，需要在实际工作中兑现、实操。一个好的活动策划，可以推广企业的品牌、提高市场占有率。

10.3.1 设置幻灯片的编号

设置幻灯片的编号

在 WPS 演示文稿中，设置演示文稿中幻灯片的编号，可以方便用户对幻灯片的数量进行统计，下面介绍设置幻灯片编号的操作方法。

Step 01 单击“文件”|“打开”命令，打开素材文件“素材\第 10 章\10.3.1.dps”，如图 10-66 所示。

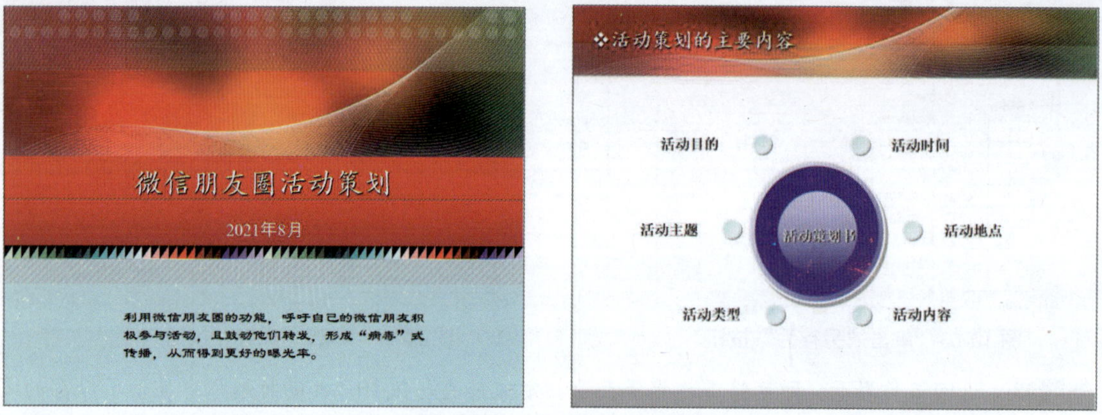

图 10-66 打开素材文件

Step 02 单击“插入”菜单，在功能区中单击“幻灯片编号”按钮，如图 10-67 所示。

Step 03 弹出“页眉和页脚”对话框，❶选中“幻灯片编号”复选框；❷单击“全部应用”按钮，如图 10-68 所示。

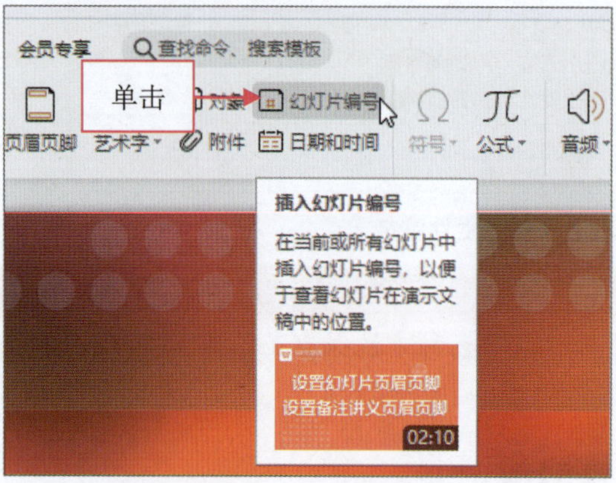

图 10-67 单击“幻灯片编号”按钮

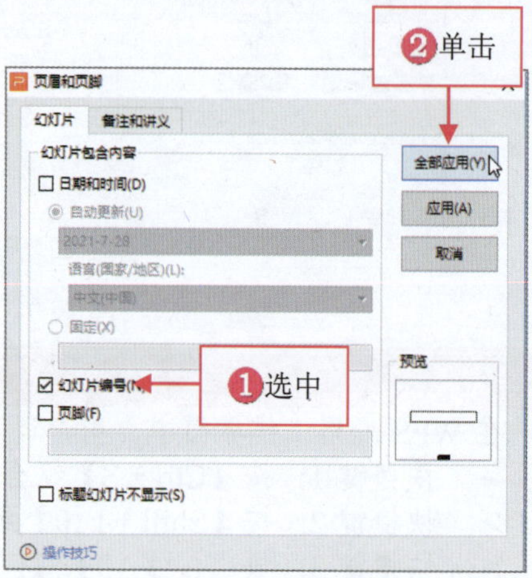

图 10-68 单击“全部应用”按钮

Step 04　执行上述操作后，即可在幻灯片的底部，添加编号数字，如图 10-69 所示。

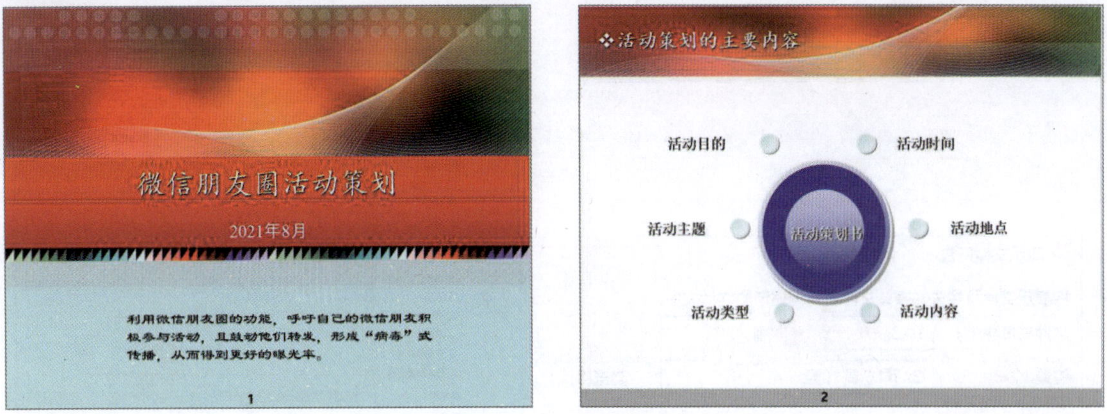

图 10-69　添加编号数字

10.3.2　将演示文稿打包

将演示文稿打包

在没有安装 WPS 演示文稿的电脑上运行演示文稿，需要 Microsoft Office、PowerPoint Viewer 的支持。默认情况下，在安装 WPS 演示文稿时，将自动安装 PowerPoint Viewer，因此可以直接使用“将演示文稿打包”功能。从而将演示文稿以特殊的形式复制到网络或本地磁盘驱动器中，并集成一个 PowerPoint Viewer，以便在任何电脑上都能进行演示。下面介绍将演示文稿打包的操作方法。

Step 01　❶单击“文件”下拉按钮；❷弹出列表框选择“文件”选项，在弹出的子菜单中单击“文件包”|“打包成文件夹”命令，如图 10-70 所示。

图 10-70　单击“打包成文件夹”命令

Step 02　弹出“演示文件打包”对话框，❶输入相应文件夹名称；❷在“位置”右侧单击“浏览”按钮，如图 10-71 所示。

Step 03 弹出“选择位置”对话框，❶设置保存路径；❷单击“选择文件夹”按钮，如图 10-72 所示。

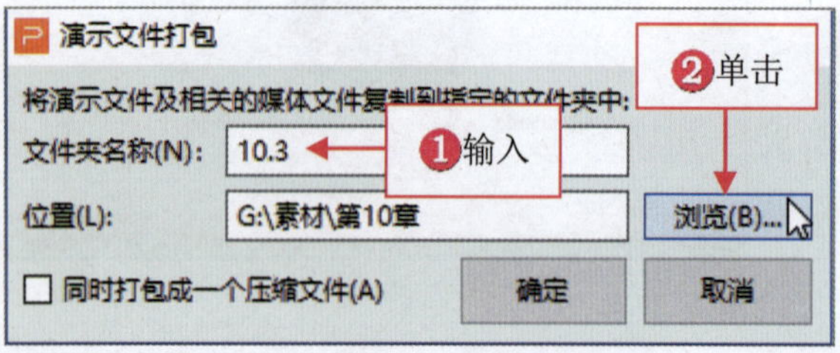

图 10-71　单击“浏览”按钮

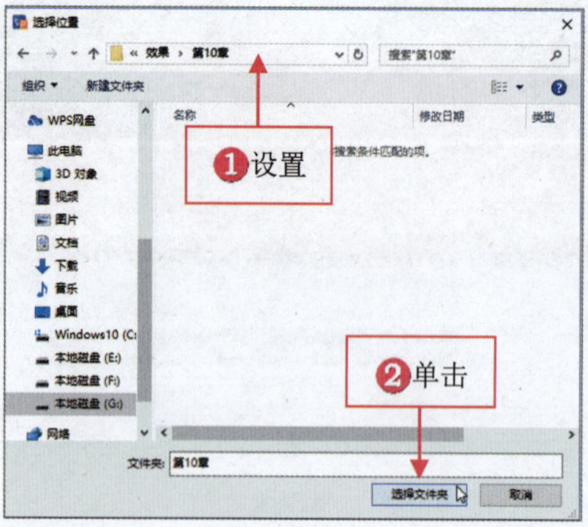

图 10-72　单击“选择文件夹”按钮

Step 04 返回“演示文件打包”对话框，单击“确定”按钮，如图 10-73 所示。

Step 05 弹出“已完成打包”对话框，单击“打开文件夹”按钮，如图 10-74 所示。

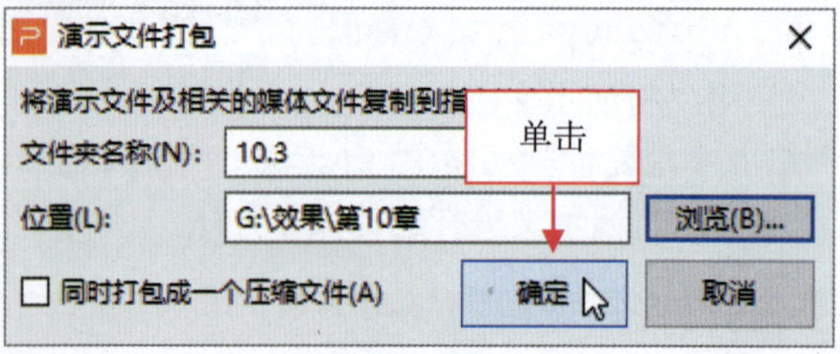

图 10-73　单击“确定”按钮

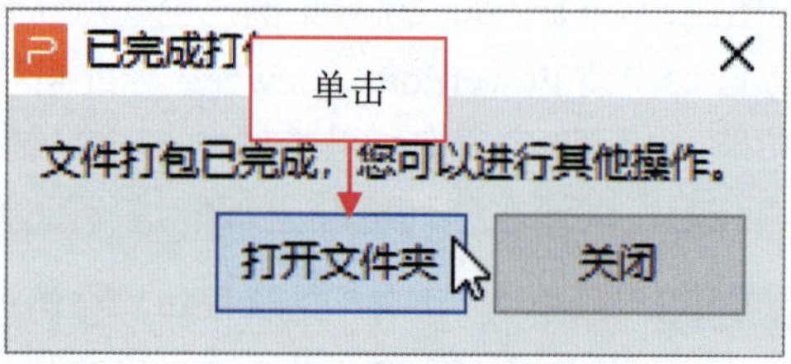

图 10-74　单击“打开文件夹”按钮

Step 06 执行上述操作后，即可在保存位置查看打包的文件，如图 10-75 所示。

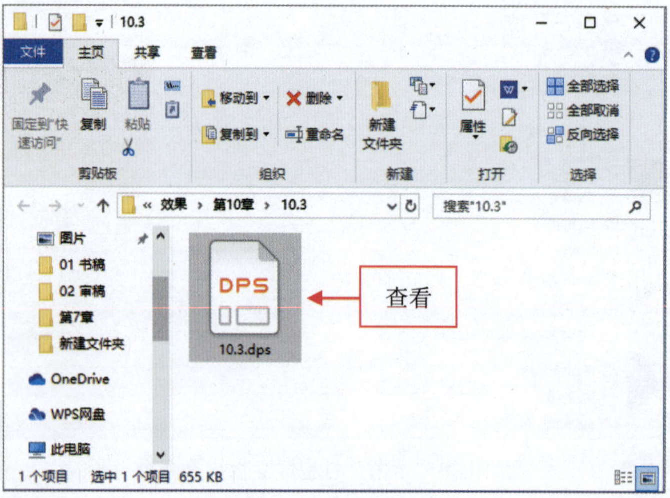

图 10-75　查看打包的文件

10.3.3　输出为图形文件

输出为图形文件

在 WPS 演示文稿中，文件编辑完成后，即可对其进行输出和保存操作。下面主要介绍具体的操作方法。

Step01　❶单击“文件”下拉按钮；❷在弹出列表框中单击“文件”|“另存为”命令，如图 10-76 所示。

Step02　弹出“另存文件”对话框，❶设置相应的保存位置；❷单击“文件类型”右侧下拉按钮，如图 10-77 所示。

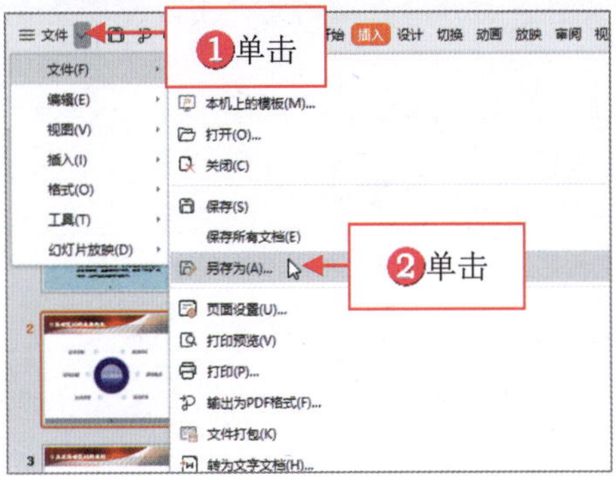

图 10-76　单击“另存为”命令

图 10-77　单击“文件类型”右侧下拉按钮

Step03　在弹出列表框中选择“JPEG 文件交换格式（*.jpg）”选项，如图 10-78 所示。

Step04　设置完成后，单击“保存”按钮，如图 10-79 所示。

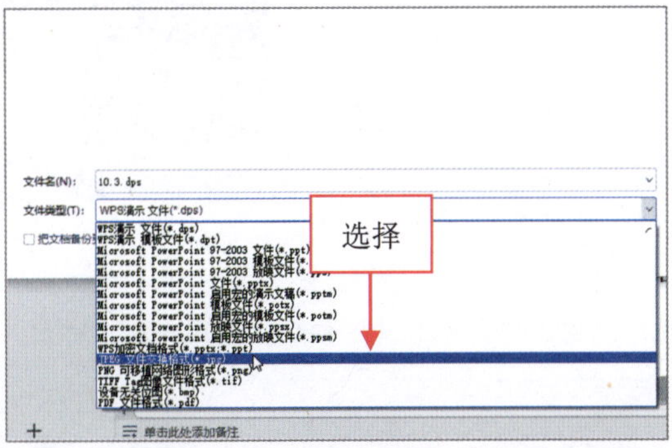

图 10-78　选择“JPEG 文件交换格式（*.jpg）”选项

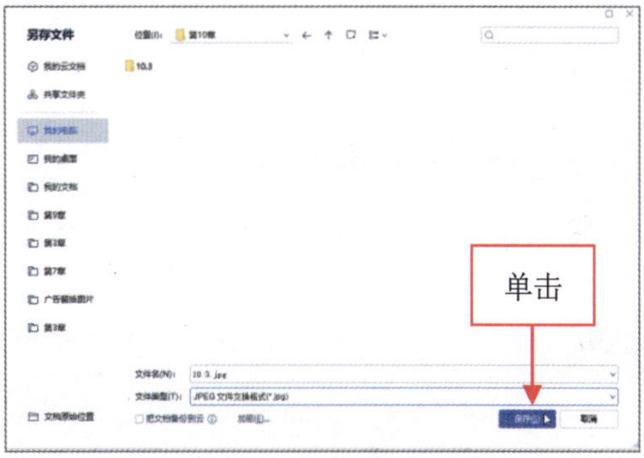

图 10-79　单击“保存”按钮

Step05　弹出提示信息对话框，单击“每张幻灯片”按钮，如图 10-80 所示。

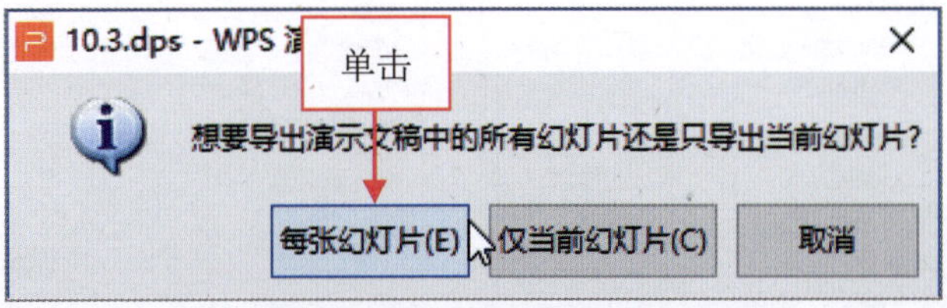

图 10-80　单击“每张幻灯片”按钮

Step 06 再次弹出“WPS 演示”对话框，单击“确定”按钮，如图 10-81 所示。

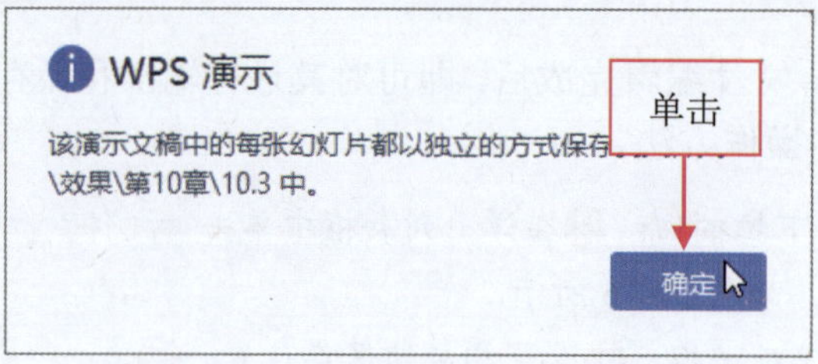

图 10-81　单击“确定”按钮

Step 07 执行上述操作后，即可输出演示文稿为图形文件，打开所存储的文件夹，即可查看文件夹中输出的图像文件，如图 10-82 所示。

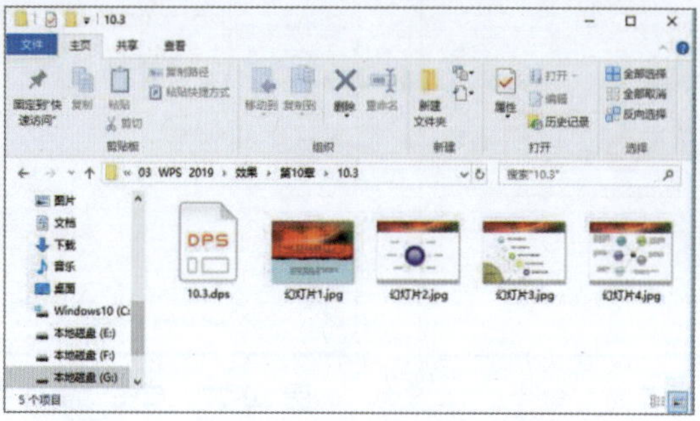

图 10-82　查看文件夹中输出的图像文件

10.3.4　打印当前演示文稿

在 WPS 演示文稿中，可以将制作好的演示文稿打印出来，下面介绍打印当前演示文稿的操作方法。

打印当前演示文稿

Step 01 ❶单击“文件”下拉按钮；❷在弹出列表框中单击“文件”|“打印”命令，如图 10-83 所示。

Step 02 弹出“打印”对话框，在“打印范围”选项区选中“当前幻灯片”按钮，如图 10-84 所示。

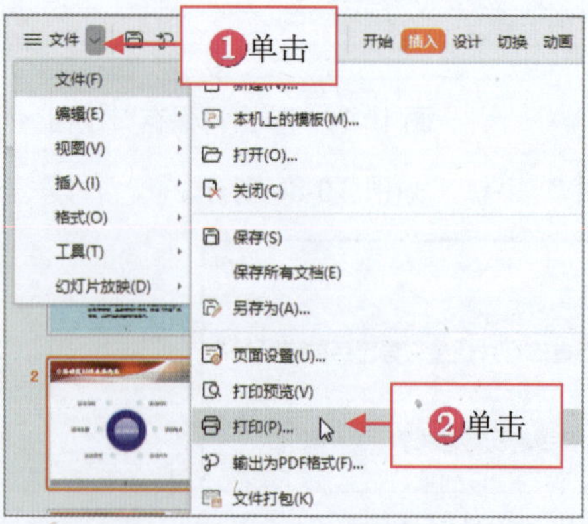

图 10-83　单击“打印”命令

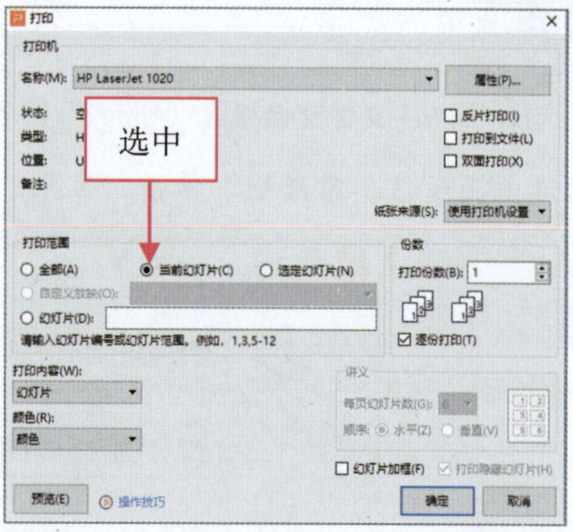

图 10-84　选中“幻灯片加框”复选框

Step 03　在“份数”选项区中输入打印份数为 5，如图 10-85 所示。

Step 04　执行上述操作后，选中“幻灯片加框”复选框，如图 10-86 所示。

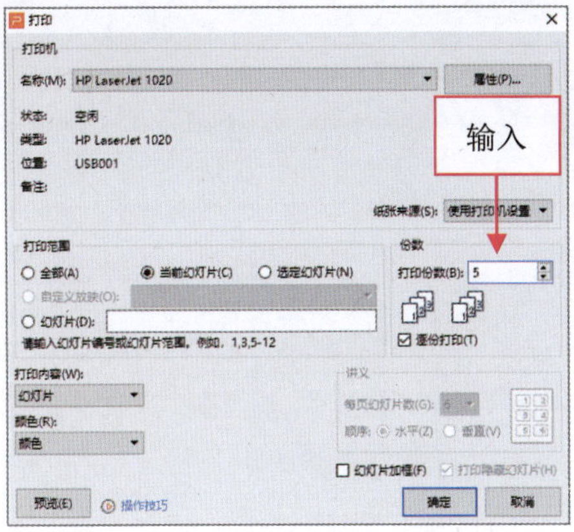

图 10-85　输入打印份数为 5

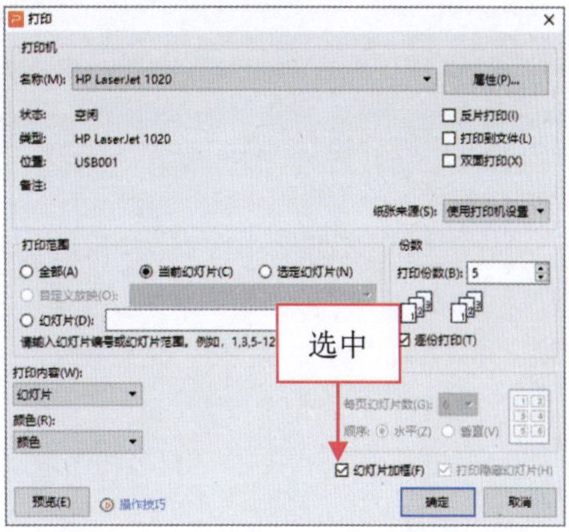

图 10-86　选中“幻灯片加框”复选框

Step 05　执行上述操作后，单击“确定”按钮，即可打印演示文稿。如图 10-87 所示。

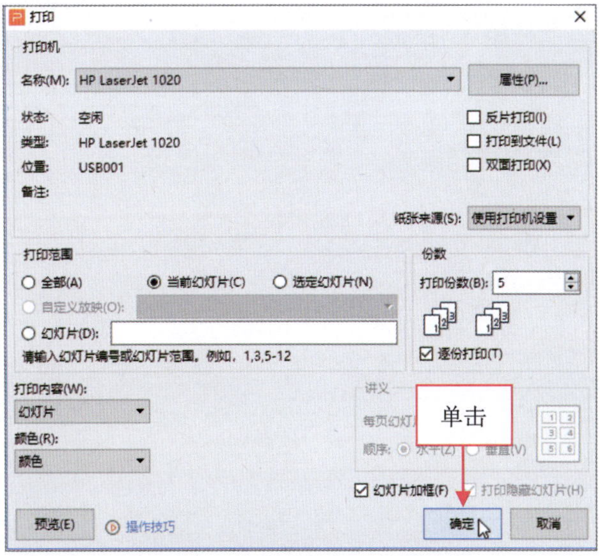

图 10-87　单击“确定”按钮